内容提要

三河口水利枢纽是引汉济渭工程的重要水源工程之一，也是整个引汉济渭工程的调蓄中枢，其145m高拱坝曾是国内前二、亚洲前三的碾压混凝土高坝。本书以三河口碾压混凝土拱坝地质勘察为基础，系统研究了坝基岩体的工程地质及结构岩体力学特性，提出了新的研究思路和分析方法，建立一部分新的理论和概念，充分应用于三河口碾压混凝土拱坝工程地质实践，取得良好的成果，并得到了施工开挖及运行效果的验证。

本书属于工程勘察技术类的书籍，为重大工程勘察的技术总结、提炼及延伸。本书相关技术内容在本行业处于领先水平，可供水利水电工程勘察、设计，以及从事其他工程地质、岩土工程人员研究参考，也可供高等院校、科研院所等相关专业本科生和研究生学习参考。

图书在版编目（CIP）数据

引汉济渭工程三河口高拱坝工程地质特性研究 / 宋文搏等著. -- 北京 : 中国水利水电出版社, 2024. 12.
ISBN 978-7-5226-3046-5

Ⅰ. TV642.4

中国国家版本馆CIP数据核字第2024AC4080号

书　名	**引汉济渭工程三河口高拱坝工程地质特性研究** YIN HAN JI WEI GONGCHENG SANHEKOU GAOGONGBA GONGCHENG DIZHI TEXING YANJIU
作　者	宋文搏　张兴安　蒋　锐　王春永　王　帆　等著
出版发行	中国水利水电出版社 （北京市海淀区玉渊潭南路1号D座　100038） 网址：www.waterpub.com.cn E-mail：sales@mwr.gov.cn 电话：(010) 68545888（营销中心）
经　售	北京科水图书销售有限公司 电话：(010) 68545874、63202643 全国各地新华书店和相关出版物销售网点
排　版	中国水利水电出版社微机排版中心
印　刷	北京印匠彩色印刷有限公司
规　格	184mm×260mm　16开本　16.75印张　387千字
版　次	2024年12月第1版　2024年12月第1次印刷
印　数	0001—1000册
定　价	**148.00**元

U0490269

引汉济渭二
三河口高拱
工程地质特性研

宋文搏　张兴安　蒋
王春永　王帆

·北京·

本书编委会

序

引汉济渭工程，作为国家战略性水资源调配的关键工程之一，宛如一颗璀璨的明珠镶嵌在国家水网的宏伟版图之上。该工程跨越长江、黄河两大流域，乃是陕西省重大跨流域调水工程，更是国家水网建设至关重要的一环。它以磅礴之势成功破解了陕西省水资源瓶颈，实现了水资源配置的空间均衡，其犹如一座坚实的桥梁，对建设南北调配、东西互济的国家水网格局，协调东西南北发展不平衡问题起着至关重要、不可或缺的战略作用。

在这宏大的工程体系中，三河口水利枢纽工程作为引汉济渭工程的重要组成部分，地位举足轻重。它好似一颗跳动的心脏，是整个引汉济渭工程中具有较大水量调节能力的核心项目，同时具备向关中地区供水、生态放水、结合发电等功能，展现出卓越的综合利用价值。三河口水利枢纽工程起着“承上启下”的关键作用，当之无愧地成为整个引汉济渭工程的水量调蓄中枢，为工程的顺利推进和高效运行发挥着不可替代的核心作用。

《引汉济渭工程三河口高拱坝工程地质特性研究》一书聚焦三河口坝址地质条件、岩体工程特性以及碾压混凝土双曲拱坝的关键地质问题，进行了全面且深入的研究论述。从对区域地质背景的缜密剖析开始，逐步深入到坝址选择、坝型论证等关键环节，对坝基岩体特性展开了深入研究，精心选择坝基利用岩体，并对拱座持力范围岩体的变形和抗滑稳定边界条件进行了系统分析。该书内容丰富翔实，涵盖了从宏观的区域地质构造到微观的岩体结构特征等各个方面内容；体系完整严谨，逻辑清晰严密，为读者呈现出一幅完整的三河口水利枢纽工程地质画卷。

在漫长的研究过程中，科研工作者以无畏的勇气和创新的精神，在诸多关键领域取得了重大突破。他们深入探究岩体声波波速、地震波波速与变形模量的相关性，构建建基岩体量化指标体系，优化建基面技术方案，精准确定坝肩抗滑稳定边界及滑移模式。这些创新成果不仅为三河口水利枢纽工程提供了强大而坚实的技术支撑，使其在复杂的地质条件下能够稳步推进，确保工程的安全性与可靠性；而且为地质工程领域的理论与实践提供了宝贵经验，为该领域的发展注入了新的活力与动力。

该书的编写历时两年之久，在此期间，编写团队多方收集资料，广泛征求各方意见，以严谨的态度和不懈的努力，对内容进行反复修改完善。它是众多专业人员秉持严谨科学态度和无私奉献精神的结晶，凝聚着他们的智慧与汗水。该书为从事工程地质、岩土、水利水电工程专业的生产、科研、教学人员提供了有益的参考价值，等待着读者们去挖掘和探索。

最后，衷心祝愿这本著作能够在水利工程地质领域充分发挥重要作用，引领更多的专业人士投身于水利事业的发展与创新之中。让我们共同为国家的繁荣富强铸就更加坚实的水利基石，为实现中华民族伟大复兴的中国梦贡献水利人的力量。

高玉生

全国工程勘察设计大师

2024年9月　天津

前　言

新世纪以来，水利工程科学技术与地质工程科学技术日新月异，在习近平总书记“节水优先、空间均衡、系统治理、两手发力”治水思路的有力引领下，我国水利工程建设无论是在规模、技术还是其效益，皆取得了举世瞩目的辉煌成就。引汉济渭工程作为国家战略性水资源调配工程，对陕西省乃至整个黄河流域的经济发展和生态保护都举足轻重，将产生深远的影响。三河口水库工程作为引汉济渭工程的重要组成部分，其坝址选择、坝型论证及坝基建基面选择等重大工程地质问题研究以及工程实施过程中的各项技术难题，成为广大水利工程勘察技术人员和科研工作者关注的重点。

本书以三河口碾压混凝土拱坝工程地质条件和主要工程地质问题为研究对象，在定性研究的基础上，以岩体风化及卸荷特征、岩体结构面特征、岩体特征等作为定量指标多维分类分析研究。本书着重探究岩体风化及卸荷的宏观特征，细致分析了各项物理力学参数，选取波速、波速比及完整性系数等作为代表性指标进行坝址岩体风化及卸荷的量化分带。同时，通过对坝肩岩体结构进行分区，深入研究了坝址岩体风化及卸荷的空间分布特征，将坝区结构面分为5大类11个亚类。分析研究坝基肩结构面单元面积裂隙数及其变化规律、裂隙间距及变化特征、裂隙型侧向切割面及底滑面的连通率等特征，综合岩石室内试验、岩体原位试验及物探波速测试成果，提出了坝址区主要结构面力学参数建议指标，并创新性地构建了岩体声波波速、地震波波速与变形模量的相关性模型。以风化及坝肩岸坡应力（卸荷）分带、岩体结构、岩体质量级别等作为表征拱坝坝基的关键指标，进行了拱坝建基面位置的选择和主要力学参数的论证，建立了建基岩体量化指标体系及建基面优化技术方案，并为开挖后建基面优化提供了标准，为复核验证提供了有力的判据。对上述这些问题的深入探究，不仅为国内水利工程建设提供了强大的技术支撑，更是地质工程领域理论的一次精彩实践。此外，本书对坝肩岩体抗滑稳定性开展了系统的分析研究，明确了坝肩抗滑稳定的边界，并且确定了滑移模式。本书还对工程建设期建基面的优化问题进行了深入探讨，为保障工程安全、提升工程效益提供了科学依据。最后，本书通过对三河口水利枢纽工程蓄水运行效果的验证，充分证明了各项技术措施的正确性和有效性。

在三河口水利枢纽工程的勘察过程中，实现了多项创新实践。例如本书在“岩体声波波速、地震波波速与变形模量相关性研究”“建基岩体量化指标体系及建基面优化技术方案”“坝肩抗滑稳定边界及滑移模式确定”等方面均取得了极具创新性的成果。本书属于工程勘察技术领域的专业书籍，是对重大工程勘察技术的总结、提炼以及延伸，能够作为国内从事工程地质、岩土、水利水电工程专业生产、科研、教学相关人员的参考用书。

本书是陕西省水利水电勘测设计研究院在三河口水利枢纽工程2003—2015年期间开展的综合勘察成果和科研成果的基础上提炼总结而成的，由宋文搏、张兴安、蒋锐、王春永、王帆、卢功臣、孙杰、赵永辉、王增强、孙新权执笔，武罡、王德辉、杜飞、宗岩、赵猛、郑璐璐、赵军参加了部分章节的资料整理、图表绘制等工作。水利部水利水电规划设计总院副总工程师司富安、长江三峡勘测研究院有限公司总工程师李会中、中国科学院地质与地球物理研究所研究员尚彦军、陕西省水利电力勘测设计研究院原副院长赵宪民、中国电建集团西北勘测设计研究院有限公司副总工程师赵志祥、黄河勘测规划设计研究院有限公司副总工程师周益民对全书进行了审核，同时陕西省水利电力勘测设计研究院原副总工程师濮声荣也贡献了很多有益的经验和才智，正高级工程师孙云博、宁满顺对本书进行了多次校对工作。本书历经两年，经多方收集相关资料，征求各方面意见，不断得到修改完善。在此，我们由衷地感谢所有参与工程勘察的技术人员，他们严谨的科学态度和无私的奉献精神，为本书提供了弥足珍贵的数据与经验。本书在编撰过程中，参考借鉴了国内同仁的诸多研究成果，在此一并表示衷心感谢。这部著作的完成离不开广大同行和专家的支持与帮助，我们期待在未来的研究中与大家共同努力，为推动我国新时期水利工程高质量发展贡献更多的智慧和力量。

鉴于引汉济渭工程三河口水利枢纽碾压混凝土高拱坝修建于岩性多样、小构造发育的变质岩地区，存在诸多困难和复杂问题，以及水利枢纽工程勘察设计技术及研究方法的飞速发展，加之作者的水平有限，时间仓促，书中难免有纰漏或不当之处，恳请各位读者批评指正。

作者

2024年8月西安

目　　录

第 1 章

概　　述

1.1　工程概况

1.1.1　引汉济渭工程

引汉济渭工程地跨长江、黄河两大流域，是陕西省内重大的跨流域调水工程，是“十三五”期间国务院确定的172项节水供水重大水利工程之一，是国家南水北调工程的重要补充，更是国家水网建设的重要一环，对建设南北调配、东西互济的国家水网格局，扭转东西南北发展不平衡问题具有重大战略意义。引汉济渭工程横穿秦岭，是全球首次从底部洞穿高大山脉的尝试，秦岭输水隧洞全长98.3km，最大埋深达到2012m，隧洞长度、埋深等都居世界首位，秦岭地质情况复杂，在施工过程中面临岩爆、涌水、高地温湿、高磨蚀硬岩和软岩大变形等工程地质问题，施工难度堪称世界第一。全断面硬岩隧道掘进机（TBM）连续掘进距离创世界工程史纪录。

引汉济渭工程是破解陕西省水资源瓶颈、实现水资源配置空间均衡的一项全局性、基础性、公益性、战略性重大水利基础设施建设项目，也是陕西省历史上规模最大、影响深远的水利民生工程。《国家水网建设规划纲要》明确了引汉济渭工程是“国家水网”主网中南北输水通道，是西安都市圈和关中平原城市群核心区域重大水源工程，是形成陕西省水网“五纵十横多库”总体格局的大动脉，同时也是改善区域水生态环境的关键工程措施。《陕西省水网建设规划》提出引汉济渭工程为国家水网主骨架中心增加了一条“南北调配”骨干输水通道，对推动区域高质量发展、改善渭河流域生态环境、构建国家水网格局等具有重大意义。

引汉济渭工程从陕南汉江流域调水至关中渭河流域，解决西安、咸阳、渭南、杨凌4个重点城市，西咸新区5个新城，渭河两岸长安区、临潼区、兴平市、富平县等11个县城以及渭北工业园区生活与工业用水需求，受水区域总面积1.4万km^2，受益人口1411万人，可支撑受水区内地区生产总值1.1万亿元，新增500万人口规模的城市用水；

同时，可有效改变关中地区超采地下水、挤占生态水的状况，实现地下水采补平衡，防止城市环境地质灾害；可增加渭河入黄河水量年均6亿～7亿m^3，通过水权置换，为陕北国家能源化工基地从黄河干流取水提供用水指标，保障黄河流域高质量发展，对构建陕西省水网、实现全省水资源优化配置、保障水安全、改善渭河水生态环境、推动全省高质量发展、谱写中国式现代化建设陕西篇章具有十分重要的意义。整个调水工程由黄金峡水利枢纽、黄金峡泵站、黄三隧洞、三河口水利枢纽及秦岭隧洞五部分组成，工程等别为Ⅰ等工程，规模为大（1）型。引汉济渭工程由调水工程（一期工程）和输配水工程（包括二期工程和三期工程）组成，总投资约516亿元。引汉济渭调水工程首部黄金峡水利枢纽位于汉江上游陕西省汉中市洋县境内，尾部秦岭输水洞越岭段出口位于西安市周至县渭河二级支流、黑河一级支流黄池沟内，引汉济渭工程总体方案布置如图1.1-1所示。

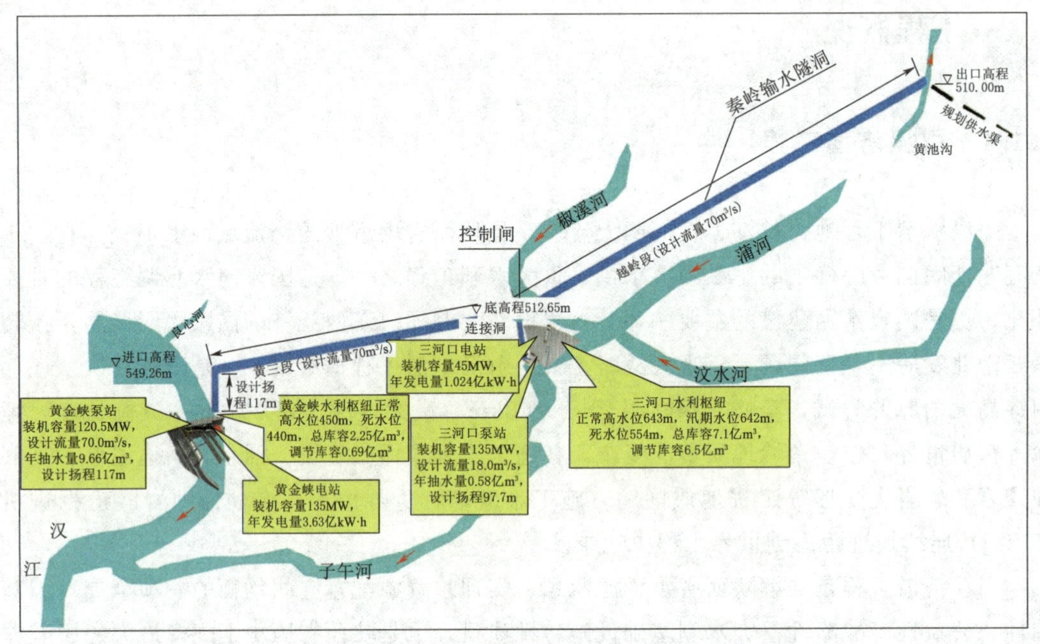

图1.1-1 引汉济渭工程总体方案布置图

1993年，陕西省启动省内南水北调工程查勘。2003年，陕西省水利电力勘测设计研究院（以下简称“陕西院”）组织人员经过一系列前期查勘和线路比对，最终完成陕西省水利厅《陕西省南水北调总体规划》，确定以引汉济渭工程为骨干线路。2004年年初，针对陕西省关中地区日益严重的缺水问题，启动了引汉济渭一期工程项目建议书阶段勘测设计工作。2007年年初，根据陕西省委、省人民政府全面启动引汉济渭工程的决策，陕西院受陕西省水利厅和陕西省引汉济渭工程协调领导小组办公室委托，牵头负责编制引汉济渭整体工程项目建议书。2007年12月，水利部与陕西省人民政府联合组织对引汉济渭工程项目建议书进行了咨询论证工作。按照咨询意见，于2008年4月修编完成项目建议书并上报水利部、国家发展和改革委员会（以下简称“国家发展改革委”）。2008年12月和

2009年3月，水利部对引汉济渭工程项目建议书进行了审查和复审。2009年6月，水利部部长办公会审议通过了引汉济渭工程项目建议书。2009年7月，水利部以水规计〔2009〕355号文将审查意见函报送国家发展改革委。2009年11月和12月，国家发展改革委委托中国国际工程咨询有限公司对引汉济渭工程项目建议书进行了评估和复评。2010年5月，以咨农发〔2010〕278号文将咨询评估报告上报国家发展改革委，国家发展改革委于2011年7月正式批复了引汉济渭工程项目建议书。2011年8月，水利部水利水电规划设计总院对《陕西省引汉济渭工程可行性研究报告》进行了审查。2012年4月，水利部正式向国家发展改革委以水规计〔2012〕134号文报送《陕西省引汉济渭工程可行性研究报告审查意见》。2012年6月，国家发展改革委委托中国国际工程咨询有限公司对可行性研究报告进行了评估，并于2014年9月以发改农经〔2014〕2210号文正式批复了陕西省引汉济渭工程可行性研究报告。2015年，水利部批复工程初步设计报告，工程的推进前后经过了20多年。2021年10月12日，三河口水利枢纽首台机组（4号机组）顺利完成72h试运行，正式投产发电。2022年2月22日，秦岭输水隧洞98.3km全线贯通。2023年7月9日，黄金峡水利枢纽下闸蓄水。

2023年7月16日，引汉济渭工程实现了先期通水，从长江最大支流汉江引来的汩汩清水，穿过近百公里的秦岭隧洞后，最终补给黄河最大支流渭河，长江、黄河两大母亲河由此在三秦大地成功“牵手”。引汉济渭工程的进一步推进，有助于构建陕西水资源优化配置的网络格局，有利于解决水资源的时空分布不均问题，可显著增强陕西省水资源的调控能力和供给能力，加快构建陕西水网，保障水安全，助推经济社会高质量发展，助力谱写中国式现代化建设的陕西新篇章。

1.1.2 三河口水利枢纽工程

三河口水利枢纽工程是引汉济渭工程的重要水源工程之一，也是整个引汉济渭工程中具有较大水量调节能力的核心项目，具有调蓄子午河径流量和汉江干流由黄金峡水利枢纽工程抽存水量向关中地区供水、生态放水、结合发电等综合利用的功能。枢纽位于引汉济渭工程调水线路的中间位置，具有“承上启下”作用，其规模和布置与其他调水组成部分的工程规模和布置紧密联系，相互影响；其主要任务是调蓄子午河来水与汉江干流不能直供受水区的水量，并结合发电，三河口水利枢纽工程是整个引汉济渭工程的水量调蓄中枢。

三河口水利枢纽工程位于陕西省佛坪县与宁陕县交界、汉江一级支流子午河中游峡谷段，坝址位于大河坝乡三河口村下游约3.8km处，公路里程北距西安市约170km，南距汉中市约120km，东距安康市约140km，北距佛坪县城约36km，东距宁陕县城约55km，南距安康市石泉县城约53km，西距洋县县城约60km。枢纽主要由拦河大坝、泄洪放空系统、供水系统和连接洞等组成。水库总库容为7.1亿m^3，调节库容为6.5亿m^3；引水（送入输水洞）设计最大流量为$70m^3/s$，下游生态放水设计流量为$2.71m^3/s$；设计抽水流量为$18m^3/s$，发电引水设计流量为$72.71m^3/s$，抽水采用2台可逆式机组，发电除采用2台常规水轮发电机组外，还与抽水共用2台可逆式机组。发电总装机容量为60MW，其中常规水轮发电机组装机容量为40MW，可逆式机组装机容量为20MW，年平均抽水量为1.078亿m^3，年平均发电量为1.22亿kW·h；引水（送入输水洞）设计最大流量为$70m^3/s$，下游生态放水设计流量为$2.71m^3/s$。

枢纽大坝为碾压混凝土双曲拱坝，最大坝高145m，按1级建筑物设计，供水、泄水建筑物为2级建筑物，次要建筑按3级建筑物设计，临时建筑物为4级建筑物；大坝按Ⅶ度地震设防，100年超越概率2%的情况下，地震峰值加速度为0.146g，地震动反应谱特征周期为0.57s。枢纽大坝设计洪水标准为500年一遇，校核洪水标准为2000年一遇，抽水发电系统及连接洞按100年一遇洪水标准设计，200年一遇洪水标准校核；大坝下游消能防冲建筑物按50年一遇洪水设计。工程主要建筑物（大坝、厂房、连接洞等）合理使用年限为100年。

2011年12月，陕西省水利厅和陕西省引汉济渭工程协调领导小组办公室委托陕西院牵头负责引汉济渭工程三河口水利枢纽工程初步设计阶段勘测设计工作。接到任务后，陕西院立即组织各专业技术骨干，进行工程全面、系统的实地综合考察，结合以前工作成果，开展了测量、地质勘察和设计工作，经过了2年多的努力工作，结合设计期间的几次技术咨询意见，于2014年10月完成了《陕西省引汉济渭工程三河口水利枢纽初步设计报告（送审稿）》（以下简称《初设报告》）。陕西省水利厅、陕西省发展和改革委员会联合以陕水字〔2014〕91号文将《初设报告》报送水利部。2014年11月29日至12月4日，水利部水利水电规划设计总院对《初设报告》进行了审查。根据审查意见，陕西院对《初设报告》进行了补充和修改，于2015年3月中旬完成《陕西省引汉济渭工程三河口水利枢纽初步设计报告（审定稿）》。

三河口水利枢纽工程位于整个引汉济渭工程调水线路的中间位置，是整个引汉济渭工程的调蓄中枢。引汉济渭工程每年调水10亿m^3和15亿m^3时，三河口水利枢纽可供水4.53亿m^3和5.46亿m^3，作用显著。2015年11月成功截流后开始大坝主体工程施工，2019年年底实现导流洞下闸蓄水，2020年11月大坝浇筑至坝顶高程，2021年2月通过正常蓄水位下闸蓄水阶段验收，2021年12月底电站首台机组投产发电。

1.2 三河口水利枢纽工程勘察研究的技术难点和问题

三河口水利枢纽工程位于秦岭山区峡谷地带，坝址位于陕西省佛坪县与宁陕县境交界处的子午河中游峡谷段。三河口水库枢纽工程作为引汉济渭调水工程的调蓄中枢，为国内前三高的碾压式混凝土双曲拱坝、大（2）型水利枢纽工程，无论是从其重要性、影响性、规模上，还是从技术特点及典型性、代表性上，该工程勘察过程中研究的技术难点和地质问题都有其总结的价值和必要，对前期的勘察设计工作提出了更高的挑战和要求。

1. 工程区大比例尺区域地质资料为空白区

工程区域位于秦岭褶皱系的南秦岭褶皱束上，南部与扬子准地台北缘台缘褶皱带相邻，跨越了两个一级大地构造单元区。水利水电工程坝址的选择受制于区域内地貌特征、构造特征和构造稳定性等影响因素，因而完成工程区域大比例尺地质资料成为工程关键技术难点和问题。

2. 岩体结构分类标准的确定

岩体结构是评价岩体工程地质特性、岩体质量分级的基础，所以确定坝址区岩体结构分类标准尤为重要。坝址区基岩为志留系下统梅子垭组变质岩，主要以变质砂岩、结晶灰岩为主，局部夹有大理岩及印支期侵入花岗伟晶岩脉、石英岩脉，岩性多样，大部分均存在变质作用影响。坝址区小构造极为发育，发育多个方向的数十条小型断层及4组优势裂隙，风化岩体的体密度、线密度较大。根据以上坝址区多样的岩性和极为复杂的构造特征，如何确定岩体结构分类标准成为一项工程关键技术难题。

3. 建立三河口坝址区建基岩体的质量分级标准

三河口坝址区岩体由于其岩相、岩性、构造、岩体完整程度、风化程度、岩体的工程特性、所处的环境条件、岩体的水稳性等的不同，因而使岩体的质量差别较大，稳定性也各不相同。建基岩体的稳定性不仅受上述多因素的影响，而且受工程类型及荷载因素的影响。将复杂的地质体按其工程地质条件的优劣以简单的类型进行概化，从单因素向多因素、从定性描述向定性与定量相结合，尝试进行岩体声波波速、地震波波速与变形模量相关性研究，总结出相应的代表性指标及其取值标准，根据现有国内外岩体质量分级标准，结合三河口水库建基岩体质量特征，建立三河口坝址区建基面的岩体质量分级标准成为新的突破。

4. 建基岩体量化指标体系及建基面优化技术方案

三河口坝址区岩性多样，主要为变质砂岩、结晶灰岩、大理岩脉、伟晶岩脉等各种岩性，构造极为发育，对于地质条件复杂的水利水电工程，在选择建基面时需考虑到拱坝承载要求、拱坝应力、岩体的力学特性、岩体整体稳定性等多种因素，以及不同的工程、不同的技术人员的认识深度不同。因此，结合具体工程的特点，选择合理、科学的方法，如何提取准确描述岩体特性的定量指标确定建基面岩体量化指标体系，如何确定建基面选择优化技术方案成为工程的关键技术难题。

5. 坝肩（基）抗滑稳定边界及滑移模式确定

三河口坝址区小构造极为发育，两岸坝肩及坝基发育多个方向的数十条小型断层及4组优势裂隙，坝基（肩）抗滑稳定影响较大。三河口选择的拱坝坝型对两岸受力岩体的要求较高，坝肩抗滑稳定主要受缓倾角结构面、顺河向结构面、断层带等各类结构面组合控制，因而明确坝基（肩）抗滑稳定边界，并分析确定其滑动模式也是工程技术难点问题之一。

三河口坝区河谷呈V形发育，谷底宽79～87m。两岸坡度35°～55°，大部分基岩裸露，地形基本对称，岩性主要为结晶灰岩及变质砂岩，两岸主要为岩质边坡。两坝肩发育有断层及4～5组裂隙，断层的组合大部分倾向与自然边坡相反，对自然边坡整体稳定有利，但对坝肩结合槽开挖边坡稳定不利。经地质勘察分析，该工程边坡稳定性问题不突出，本书中不进行专项分析研究。

1.3 本书研究内容、过程及技术路线

1.3.1 勘察研究过程回顾

三河口水利枢纽工程的前期工作从2004年3月开始，至2015年3月结束，历时11年。坝址工程地质、岩体力学综合研究工作历时较长，完整地按《水利水电工程地质勘察规范》(GB 50487—2008) 各个阶段的精度要求完成地质勘察工作。总体可分为四个阶段，各阶段的工作侧重点不同，但前后连续、全面系统。

1. 项目建议书阶段

地质勘察工作从2004年3月开始，至2004年11月结束，2007年1—5月对上坝址方案开展了地质勘察补充工作。2008年12月和2009年3月，水利部对引汉济渭工程项目建议书进行了技术审查和复审，2009年11月和12月，国家发展改革委委托中国国际工程咨询有限公司对引汉济渭工程项目建议书进行了评估和复评，并于2011年7月正式批复了引汉济渭工程项目建议书。

该阶段主要围绕原项目建议书阶段任务开展。收集区域内已有的地质、地震、水文等相关资料，因为缺少工程区中大比例尺区域地质图件，组织地质人员开展大范围的野外实测工作，重点是对水利枢纽工程所在区域的地形地貌、地层岩性、地质构造活断层等进行初步了解和分析，评估区域地质的稳定性；初步确定水利枢纽坝址的可行河段，初步判断工程建设的宏观地质条件是否适宜。

2. 可行性研究阶段

地质勘察工作从2009年9月开始，至2010年10月结束。2011年8月，水利部水利水电规划设计总院对《陕西省引汉济渭工程可行性研究报告》通过了技术审查。2012年6月，国家发展改革委委托中国国际工程咨询有限公司对可行性研究报告进行了评估，并于2014年9月正式批复了《陕西省引汉济渭工程可行性研究报告》。

该阶段主要围绕原可行性研究的任务开展，重点完成了《陕西省引汉济渭工程地震安全性评价工作报告》，分析整理了工程区区域地质构造和地质背景的主要特征成果。配合设计人员针对拟定的各坝址位置，主要结合坝址比选勘察坝址区岩体的风化、卸荷、断裂构造、物理力学特性等基本条件，进行了大量钻探、物探、平洞勘察和坑槽探工作。综合考虑地形、地质、枢纽布置、施工等条件，特别要重视各坝址存在的重大地质问题及处理方案的可靠性和经济性。经过综合分析，该阶段所选的两坝址均具有修建高坝的地形地质条件，但相比较而言，上坝址河谷顺直，岸坡基本对称，两岸地形完整，分析认为上坝址

建坝条件较优，因此推荐上坝址为三河口水利枢纽坝址。对碾压混凝土重力坝方案、碾压混凝土拱坝方案、混凝土面板堆石坝方案进行比选，由于坝址区小构造极为发育，从地质角度分析坝型以混凝土重力坝的适宜性最好。设计人员经过对三种坝型方案的技术经济综合比较论证，可行性研究阶段最终推荐碾压混凝土拱坝作为初定坝型。地质人员针对高拱坝坝址发现的主要地质情况如下：①两岸坝肩发育缓倾角结构面、断层裂隙较多，坝肩存在抗滑稳定问题，坝基基本不存在抗滑稳定问题；②谷底和坡脚存在应力集中现象，发现有钻孔饼状岩芯、洞壁剥落和劈裂等高地应力现象；③坝基岩体以变质砂岩为主，弱风化及微风化岩体均为坚硬岩，坝基无软弱夹层及较大规模的断层分布，在大坝荷载作用下，坝基不会出现较大的压缩变形及不均匀变形；④坝址区工程边坡稳定性问题不突出。

3. 初步设计阶段

地质勘察工作从 2011 年 1 月开始，至 2012 年 5 月结束。2014 年 11 月 29 日至 12 月 4 日，《陕西省引汉济渭工程初步设计报告》通过了水利部水利水电规划设计总院的技术审查，2015 年 3 月，通过了国家发展改革委的最终评估。在原可行性研究选定上坝址后，开始进行初步设计阶段的勘察研究。勘察工作采用了工程地质测绘与调查、钻探、物探、平洞、坑槽探、岩体原位试验、岩土水室内试验等综合手段，完成了大量的勘察工作，获得了极为丰富的各类勘察成果资料，同时还开展了多项专题研究工作。针对高拱坝坝基，重点开展坝基岩体结构面特征、坝基岩体质量、主要物理力学参数、坝基可利用岩标准及建基面选择的研究，完成了初步设计报告。通过这一阶段的工作，较为详细地了解和掌握了坝基（肩）岩体风化、卸荷、断裂构造发育规律、密度、性状等基本工程地质条件：对岩体的变形、抗剪等工程特性进行了大量的多方法系统研究；同时对坝基岩体应力场进行了系统测试和综合分析；完成了区域地质情况调查研究，建立了工程区中比例的 1∶50000 区域地质图以及其他区域地质资料；进行了坝线选择，上坝线分布有大面积大理岩，下坝线存在多条伟晶岩脉，岩相变化相对较大，且大理岩与伟晶岩脉的变形模量偏低，可能存在因岩性差异而产生的压缩变形及不均匀变形，而中坝线岩脉相对较少，岩性相对单一，推荐中坝线为选定坝线；建立了建基面优化量化评价指标体系，选定坝线河床坝基建基面可置于高程 504.80m 的微风化 A_{II} 类岩体内，基岩面以下开挖深度 13～15m，并对 f_{60} 断层进行专门处理；重点分析评价了坝基（肩）抗滑稳定问题；选定了天然建筑材料料场，对粗骨料或用于制作粗骨料的岩石实施了碱活性检验，并对天然建材质量进行合理的评价。

4. 施工详图设计阶段

2015 年 11 月至 2020 年 11 月，陕西院对三河口水利枢纽工程开展了施工地质工作以及若干专门性工程勘察工作；建基面开挖完成后，以施工地质编录为基础，实施了全面且系统的地质调查，并进行了数据统计分析、复核试验以及检测，从而验证了此前坝址区的岩体力学参数；同时，还开展了坝基防渗线路的水文地质复核、坝基（肩）抗滑稳定性复核、坝基（肩）变形稳定性复核、坝基建基面高程优化等工作。

1.3.2 研究技术路线

陕西院自20世纪90年代起着手引汉济渭工程项目的初期筹备工作，勘察工作面临了极大的挑战，技术难题层出不穷，勘察周期漫长，勘察任务繁重。三河口水利枢纽作为陕西院近年来的重要勘察成果，已成为标志性工程。本书详细介绍了工程项目建议书、可行性研究以及初步设计等阶段中，工程勘察实践过程的不同侧重点，不仅总结了前人的工程经验，也融入了现今的实践成果，为坝基工程地质主要问题的研究提供了思路和方法，具有较高的实际指导价值。勘察研究技术路线如图1.3-1所示。

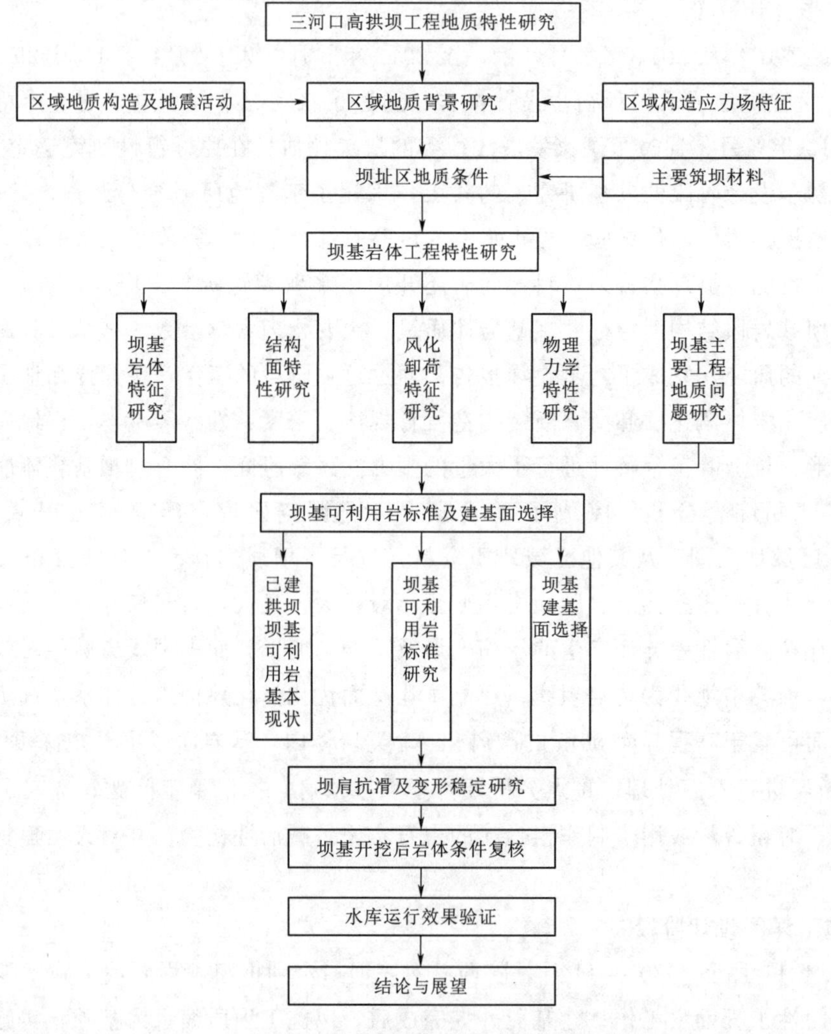

图1.3-1 勘察研究技术路线图

首先，研究工作从对区域地质背景的全面探究开始。这包括对区域地形地貌的详细调查，以了解其整体特征；对区域地层岩性的深入分析，以明确地层的组成和分布；对区域地质构造及地震活动情况的研究，以把握地质结构和潜在的地震风险，以及对区域构造应力场特征的分析，为后续研究奠定基础。其次，研究聚焦于坝址区的地质条件，包括地形地貌、地层岩性、地质构造、可溶岩发育特征、水文地质条件，以及岩体风化与卸荷等方面的细致勘察和分析。

再次，研究转向主要筑坝材料，尤其是混凝土骨料的质量和适用性，以确保其符合工程要求。在坝基岩体工程特性方面，深入探究坝基岩体风化卸荷特征、结构面特性、物理力学特性、坝基岩体特征以及坝基岩体渗透特性等，为坝基的稳定性和安全性提供数据支持。进一步开展坝基可利用岩标准及建基面选择的研究，包括调研已建拱坝坝基可利用岩基本现状，坝基可利用岩的标准研究，并合理选择坝基建基面。

在坝肩抗滑及变形稳定研究中，对坝肩抗滑稳定进行边界条件分析，建立精确的数值分析模型，计算结果并进行分析，以评价建基岩体的稳定性。同时，开展坝肩岩体变形稳定分析。坝基开挖后，对岩体条件进行复核，包括坝基开挖揭示地质条件的复核，如岩体和结构面特征，以及建基岩体工程地质分区；对坝基建基岩体工程地质进行复核，涵盖抗滑稳定、变形稳定和渗漏及渗透稳定等方面；处理坝基地质缺陷，并复核建基岩体力学参数。

最后，通过对水库运行效果的验证，包括拱坝坝体和基岩的变形监测、坝基渗流监测、坝体应力应变监测等，并对监测成果进行综合评价，全面评估坝体和坝基的运行状况。

整个技术路线环环相扣，旨在全面、系统、深入地对坝体及相关地质条件进行勘察研究，为工程的安全、稳定和高效运行提供有力的科学保障。

1.4 主要创新点及研究成果

1.4.1 主要创新点

1. 填补了工程区大比例尺区域地质资料空白区

三河口水利枢纽工程位于秦巴山区，其地质构造极度复杂。在项目建设工作的起始阶段，仅收集到工程区比例为 1∶200000 的区域地质图，缺乏该区域的大中比例尺区域资料，对该区域地质构造及区域稳定性的研究深度相对较低。陕西院组织地质人员从工程区的褶皱、断层、裂隙等地质构造以及地层岩性方面着手，开展大范围的野外实测工作。在可行性研究阶段，结合《陕西省引汉济渭工程地震安全性评价工作报告》，对工程区区域地质构造和地质背景的主要特征成果进行分析整理。在初步设计阶段，从分析区域构造应力切入，以整个东秦岭地区为背景，结合坝址区、黄三隧洞实测的地应力数据，从区域角度反演剖析河谷应力场的演变进程和当下状态，运用有限元模拟的方法，对区域应力场的特征展开分析研究，通过模拟分析综合确定坝址区构造应力场最大主应力的特点，并实施坝基岸坡地应力测试和回归分析。经过综合测试分析，坝址区应力场中水平应力占据主导地位，基本查明了坝址区建基面岩体的应力状况，为坝址的选择和建基面的优化奠定了基础，同时给出了场地工程建设适宜性的结论。通过综合手段及专题研究，弄清楚了区域稳定性特征，建立了比例为1∶50000的区域地质图以及其他区域地质资料，填补了工程区区域资料的空白区域。

2. 建立了三河口坝址区的岩体质量分级标准

陕西院通过三河口水利枢纽工程将国内外较有影响的坝基岩体质量分级标准有机地联系起来，针对相关定量指标在岩体质量分级中发挥的作用，以及指标测试获取的难易程度、评价的简便易用性等要素展开综合剖析。同时，就物探成果里的声波波速与地震波波速的相关性、波速和变形模量的相互关系展开研究。依据三河口坝址区建基岩体的基本特征，以及原位变形试验、抗剪试验等岩体力学特性成果，并结合国内外大型水电站岩体质量分级的方案，具体选定纵波波速、完整性系数、变形模量、抗剪断强度等定量指标，同时结合定性指标，全面构建起三河口坝址区建基岩体质量分级标准，并且确定了三河口的力学参数取值方式及标准。为能够更精准地对三河口坝址区岩体质量进行分级，选取岩体基本质量指标（BQ）分级标准以及《水利水电工程地质勘察规范》（GB 50487—2008）分级标准这两种相对成熟的岩体质量分级方法，作为三河口岩体分级方案的对比方案。通过对前两种分级标准的分析，筛选出最优坝线，接着运用三河口坝址区建基岩体质量分级标准，对最优坝线的岩体质量进行分级。

3. 建立了建基面优化量化评价指标体系

国内水利水电拱坝建基面选择的标准《混凝土拱坝设计规范》（SL 282—2003）和《水利水电工程地质勘察规范》（GB 50487—2008），分别从岩体风化特性和岩体质量的角度提出了要求，并且有着明确具体的量化指标。陕西院通过对国内外高拱坝坝基岩体允许承载力、抗变形能力、抗剪强度等方面进行对比分析，对三河口坝址区岩体工程特性展开研究，从岩体力学性质、风化程度、岩体结构、应力条件等方面进行分析论证，构建了以岩体变形模量、岩体波速、抗剪强度、岩体结构、应力分带等参数作为建基面优化参数的量化评价指标体系。该体系在符合当前两项国家标准的基础上，还与三河口工程特征完美适配。建基面开挖完成后，陕西院开展了全面且系统的地质调查以及数据统计分析，研究了坝基岩体的完整性程度、爆破开挖对岩体的扰动程度，明确爆破影响带的范围，对坝基建基面高程予以优化，为坝基开挖施工及工程处理措施提供了依据。

4. 确定了坝肩抗滑稳定边界及滑移模式

三河口水利枢纽工程采用定性定量的方法对坝肩岩体的抗滑稳定性予以分析。重点探究由缓倾角结构面构成的底滑面、顺河向结构面构成的侧滑面、垂直于河流走向结构面切割岩体构成的后缘拉裂面、下游临空面的组合特性及滑移模式，以及各类控制性结构面的连通率。与此同时，采用弹塑性—本构模型展开数值模拟分析，最终对坝基（肩）岩体的抗滑稳定性做出分析判断。

5. 天然建筑材料选择

三河口水利枢纽采用碾压混凝土拱坝，地质专业团队针对碾压混凝土骨料的选取开展了多维度的研究与论证。首先，在初步设计阶段的料场选择及勘察进程中，就已经将碱活性骨料对工程的影响纳入考量范畴，并对粗骨料或用于制作粗骨料的岩石实施了碱活性检验，这一动作早于水利水电工程碱活性骨料规程的发布。其次，在关于骨料质量评价的一项关键指标——软弱颗粒含量方面，其在不同行业或专业之间的评价理解与使用存在着争议和分歧，最终由地质专业团队牵头，有效地化解了问题并达成了共识。

1.4.2 主要研究成果

陕西院通过三河口水利枢纽工程地质勘察过程中的系统综合研究，在高拱坝建基岩体工程地质与岩体力学综合研究上取得了丰富的成果，有些方面在学科上具有开创性的意义，在工程实践上，总结了前人和现今经验，提供了坝基工程地质和岩体力学研究的思路和方法，在本学科上具有推广价值，对设计、施工具有指导意义。重点成果内容如下。

(1) 重要的报告成果资料。首先，《陕西省引汉济渭工程三河口水利枢纽工程地质勘察项目建议书报告》的编制在工程初期阶段起到了关键的作用，为项目的立项和后续勘察工作提供了科学依据和建议。其次，《陕西省引汉济渭工程三河口水利枢纽工程地质勘察可行性研究报告》的完成在项目可行性研究阶段发挥了重要作用，通过对工程地质条件的全面分析，评估了项目的可行性，为工程决策提供了重要参考。最后，《陕西省引汉济渭工程三河口水利枢纽工程地质勘察初步设计报告》的编制在工程初步设计阶段起到了指导作用，为工程的设计和施工提供了详细的地质信息和专业建议。

(2) 专题研究成果资料。针对三河口水利枢纽工程在勘察过程各个阶段中遇到的主要工程地质问题以及关键的技术难题，专业技术人员进行了深入的研究和分析。他们不仅关注工程的实际需求，还充分考虑了地质条件的复杂性和不确定性，以确保工程的安全性和可靠性。在这些研究的基础上，他们先后编制了《陕西省引汉济渭工程地震安全性评价工作报告》《三河口水利枢纽工程地质灾害风险评估与防治措施》《三河口水利枢纽工程地应力测试与回归分析报告》等专题研究成果资料。这些专题研究成果资料不仅详细记录了勘察过程中的关键数据和发现，还提出了针对性的解决方案和预防措施。这些成果资料的编制，不仅为三河口水利枢纽工程的设计和施工提供了科学依据，也为类似工程提供了宝贵的参考和借鉴。通过这些资料的积累和传承，专业技术人员为水利工程领域的发展作出了积极的贡献。

(3) 专业技术论文。在对三河口水利枢纽工程进行深入勘察的过程中，专业技术人员凭借对工程实际情况的客观认识和深刻理解，结合国内外相关领域的先进资料和研究成果，不断总结经验，积极进行知识创新和学术交流。其成果体现在共计30余篇专业技术论文的撰写和发表上。这些论文不仅展示了专业技术人员在水利工程领域的专业知识和实践能力，也为同行业的技术人员提供了宝贵的参考资料和经验借鉴。其中，部分论文如

《三河口水库拱坝建基面选择及优化效果验证》《引汉济渭工程三河口水库拱坝坝基岩体质量特征与建基面优化选择》《三河口水利枢纽工程平硐波速特征及其岩体质量指示意义》《三河口水利枢纽主要技术问题和设计方案》等，发表在国内外知名的水利工程学术期刊上，如《工程地质学报》《地球科学与环境学报》《长江科学院院报》《中国水利》等，这些论文因其深入的研究和创新的见解，被广泛引用和检索，显示出其在学术界和实践领域的重要影响力。这些论文的高引用检索次数，不仅反映了专业技术人员在学术研究上的成就，也证明了其研究成果对于推动水利工程专业技术和理论发展的贡献。

（4）发明专利与实用新型专利。在三河口水利枢纽工程的勘察实践中，专业技术人员面临了一系列具体的技术难题。通过不懈努力和探索，成功地研发了一系列解决方法和措施。先后获取发明专利授权 2 项，包括“一种岩石双面剪切试验装置及试验方法”“一种测量设备与测量方法”；实用新型专利授权 5 项，包括“一种骨料直剪试验仪”“一种野外渗水试验装置”“水利工程勘测取样钻头”“一种压水试验用测量装置”“一种现场岩体剪切试验装置”。这些创新成果不仅解决了现场的实际问题，还体现了专业技术人员在工程领域的深厚专业素养和创新思维能力。

这些完成的主要研究成果，不仅为三河口水利枢纽工程的建设提供了重要的技术支持，也为类似工程提供了宝贵的经验和参考。将进一步推动水利水电工程的建设，为我国水利工程领域的技术进步作出贡献。

第2章

地 质 条 件 综 述

2.1 区域地质背景

2.1.1 区域地形地貌

陕南山地亦称秦巴山地，包括秦岭、大巴山及汉江盆地等。秦岭是秦岭山系的骨干，山势巍峨壮丽，是一个在褶皱基础上断块掀升作用形成的中、高山地，高出关中盆地与汉中盆地1000～3000m，主脉分布在山地的北部；大巴山位于川陕之间，呈西北东南走向，属褶皱—断裂山地，一般海拔1500～2000m，高出汉中谷地1000～1300m，东西长300余km；盆地缀于群山之间，以汉中盆地最大，沿汉江从勉县武侯镇至洋县龙亭镇，东西长约100km，南北宽5～25km，是汉江形成的冲积平原，河谷开阔平缓，高程约600.00m。

工程区位于陕南山地（Ⅳ）内的秦岭高中山、中山亚区（$Ⅳ_2$），南接汉江谷地中低山亚区（$Ⅳ_3$）。区域地貌单元划分如图2.1-1所示。高中山主要分布在秦岭主脊玉皇山—终南山—华山、紫柏山—摩天岭—羊山及大巴山、化龙山一带，海拔2000～3000m。山坡陡峻，山顶突兀、尖削，多齿状和刃状山脊。沟谷切割深度为500～1200m，现代地质作用以风化、重力崩塌和剥蚀侵蚀为主；中山主要分布于汉中地区的略阳县、佛坪县—宁陕县，以及商州地区的镇安县—山阳县—丹凤县等地，海拔600～1800m。山脊一般狭长平缓，起伏较小，局部有陡峭孤峰，切割深度为500～1000m，以流水侵蚀作用为主，季节冻融作用也较为普遍，冻土深度小于60cm。

2.1.2 区域地层岩性

秦巴山区地层分属华北区、秦岭区和扬子区。华北区地层在本区仅分布于东北部石门—卢氏断裂以北，由太古界构成结晶基底，元古界以上为盖层沉积，各系之间均为不整合接触。秦岭区位于华北之南，自长城系至中三叠统为海相沉积，上三叠统以上为陆相沉

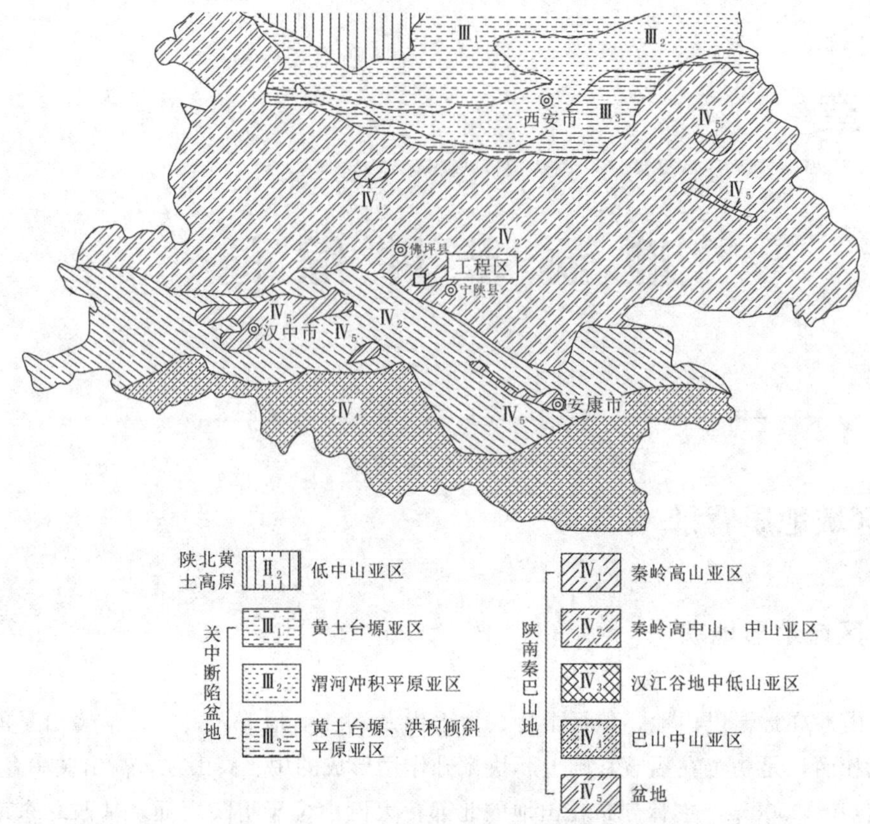

图 2.1-1　区域地貌单元划分图

积，除东部地区震旦系与寒武系、泥盆系至二叠系为连续沉积外，其余各系之间为不整合接触。扬子区位于秦岭区之南，二者之间以宽区断裂、饶峰—麻柳断裂为蓟县系构成结晶基底，震旦系至中三叠统为海相沉积，上三叠统以上为陆相沉积。各系之间以整合、平行不整合接触为主。

工程区发育的岩性主要以侵入岩、变质岩、沉积岩及第四系松散堆积为主。工程区区域地质如图 2.1-2 所示。由图可知：工程区岩浆活动比较频繁，侵入岩分布广泛，主要有下元古代、海西期、印支期侵入岩，岩性以花岗岩为主；变质岩及沉积岩主要有下元古界西乡群、寒武系、奥陶系-志留系、志留系下统梅子垭组、泥盆系，在工程区坝址附近主要以志留系下统梅子垭组和泥盆系发育，岩性以变质岩、结晶灰岩及大理岩为主；第四系地层广泛分布于山麓及河谷地带，岩性主要为砂卵（砾）石、砂、砂壤土、壤土、黄土等。

2.1.3　区域地质构造及地震

1. 区域构造特征

秦巴山区地质构造极为复杂，主要为东西向的复式褶皱带和大断裂。工程区在大地构

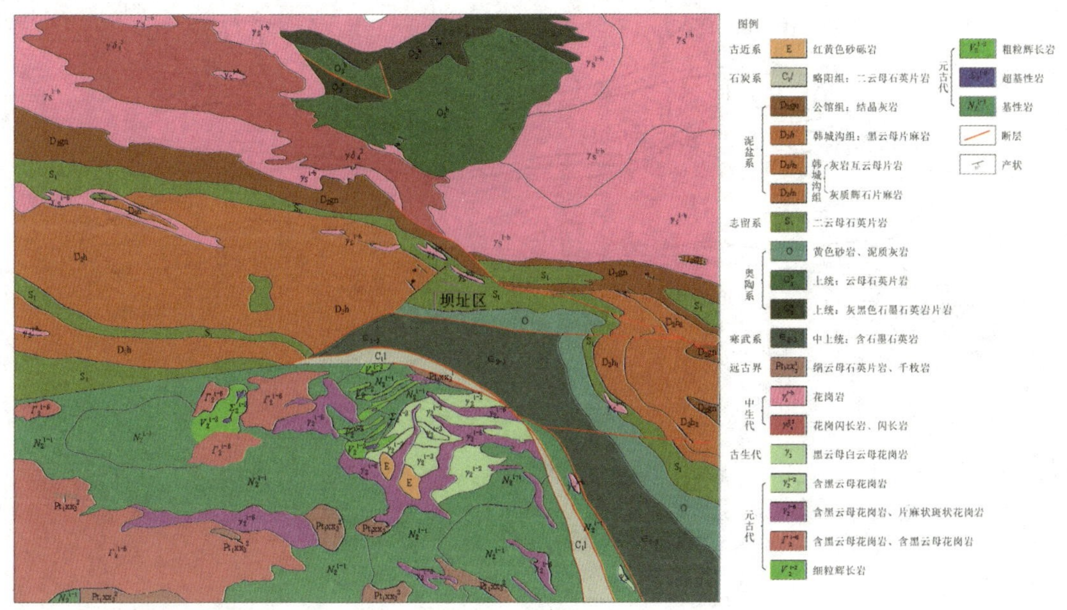

图 2.1-2　工程区区域地质图

造上处于扬子板块（羌塘—扬子—华南）（Ⅲ）南秦岭边缘海槽（$Nh-T_2$）内的留坝—旬阳晚古生代陆缘海盆（S-P）和佛坪古岛孤杂岩带（Ar_3-Pt_1）；南接北大巴山—西倾山东旱古生代裂谷带（Pz_1）内的舟曲—安康早古生代裂谷（O-S），两单元之间以西岔河—两河口—狮子坝断裂为界。工程区综合大地构造单元划分如图 2.1-3 所示。

区域构造稳定性是指建设场地所在的一定范围、一定时间段内，内动力地质作用可能对工程建筑物产生的影响程度。一般按距离可分为远场区、近场区及工程场区。

远场区可根据工程场地所处的大地构造单元和地震区（带）的分布特点确定，通常包括坝址所在的Ⅱ级、Ⅲ级大地构造单元及相邻单元的有关地区，以及发生强烈地震对坝址的影响烈度有可能达到或超过Ⅵ度的地震带，但无须超出距坝址 300km 的范围，为确保能进行合理的宏观分析和评估，一般距坝址不宜小于 150km 范围。

近场区是区域构造背景研究的关键地区，需要详细搜集和分析各项资料，对穿过此范围的区域性断裂和地震带进行现场调查复核，判定对坝址可能有直接影响的活动断裂。研究范围可根据第一层次研究的结果确定，一般应包括坝址所在的Ⅳ级（或Ⅲ级）构造单元及邻近地区，研究范围一般距坝址 20～40km。

工程场区在上一层次研究中，若判定坝址区存在活断层或处在历史强震的极震区，以及确定的发震断层通过工程场区或区域性活动断裂的延长线指向工程场区，要对坝址周围 8km 的范围内进行专门的现代活动断层研究。

区域主要断裂带分布示意如图 2.1-4 所示。由图可知，区域断裂较为发育，远场区（距坝址 150km 范围内）发育 5 条一级断裂和 9 条二级断裂；近场区距坝址（20～40km 范围内）发育 2 条一级断裂和 5 条二级断裂；工程场区（距坝址 8km 范围内）发育 1 条

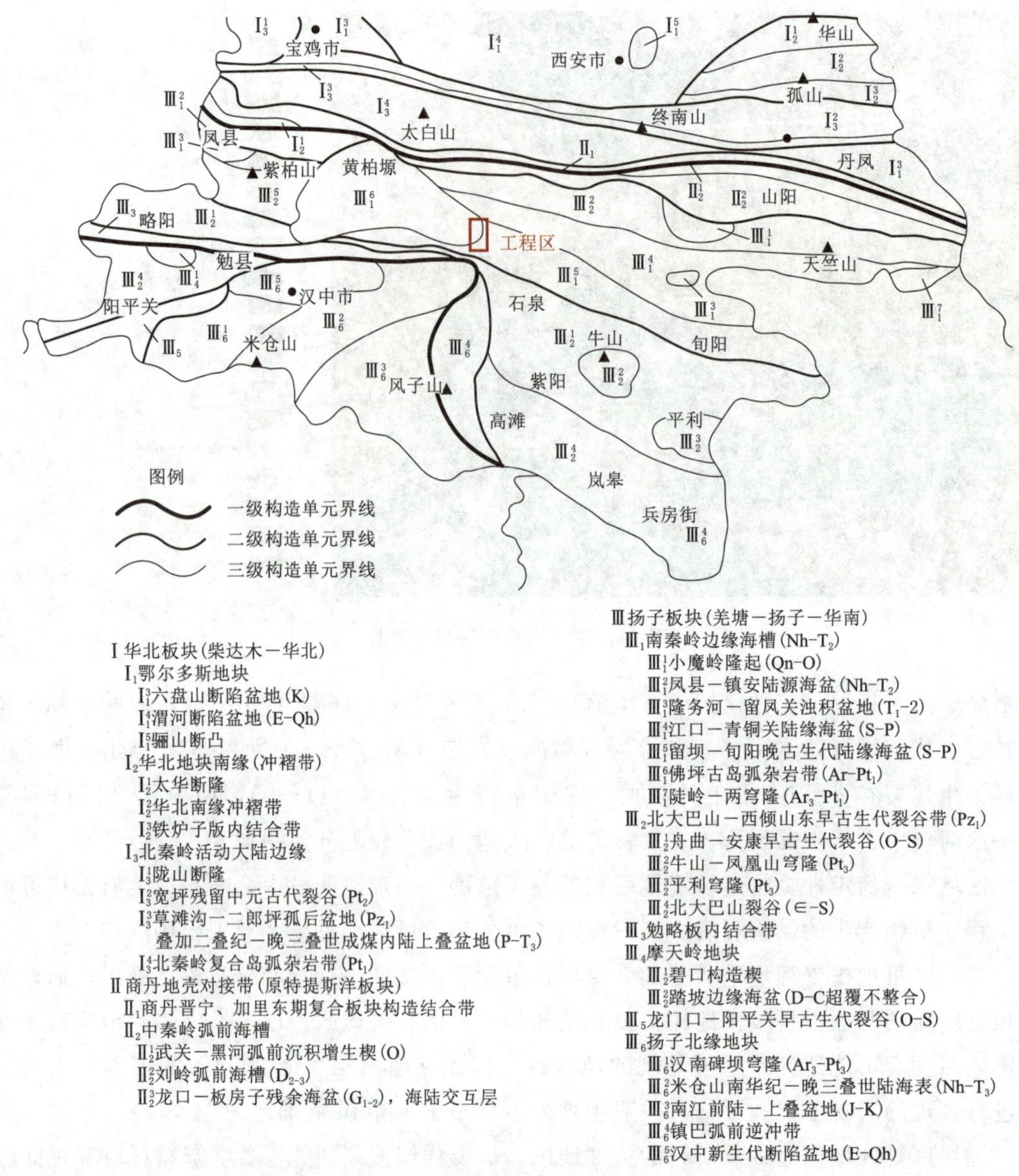

图 2.1-3 工程区综合大地构造单元划分图

一级断裂和5条二级断裂；断裂走向主要以近东西向为主，具有多序次构造特点。工程区一级断裂发育特征及二级断裂发育特征论述如下。

(1) 宝鸡—兰田—华阴秦岭山前活动断裂带（ⅠF_2）：断裂是秦岭北界与关中盆地南界的天然分界线。横贯全省，近东西向。规模巨大，省内长达360km，呈一向南弯曲的弧形，从周至县以西渐转为北西西向，在兰田县以东骤转为北东向，过华县又近东西向。断裂先压后张，总体倾向北，倾角为70°～80°。断裂带切割了太古界太华群、长城系宽坪群和陶湾群、各时期岩浆岩以及新生代地层。由于第四纪以来秦岭山区上升，盆地下沉，断层三角面发育，地貌特征明显。沿断裂带附近有地震发生，如华县、华阴市、潼关县、

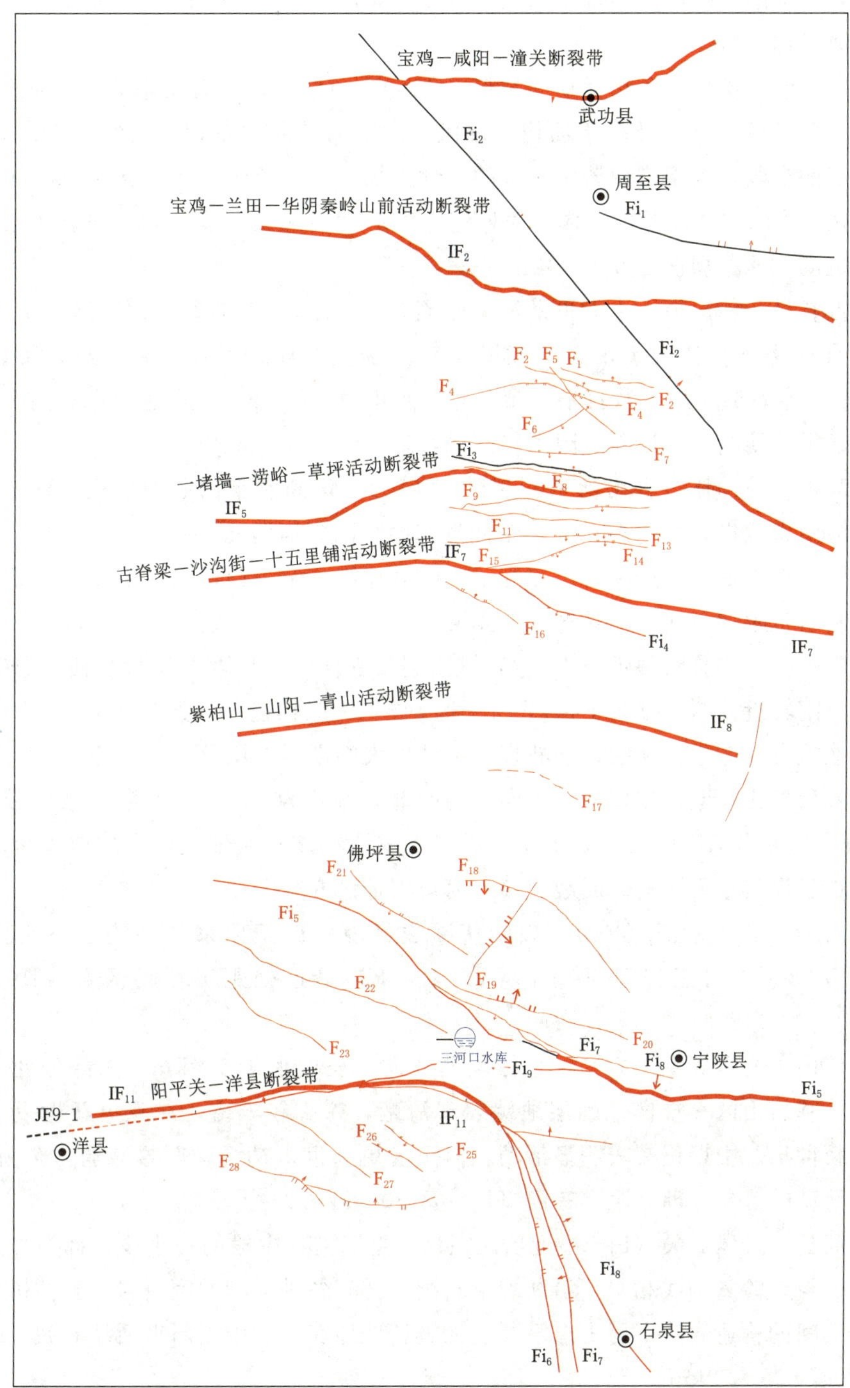

Fi_1：周至一余下断裂　Fi_2：岐山一马召断裂　Fi_3：商县一丹凤断裂　Fi_4：风镇一山阳断裂
Fi_5：西岔河一两河口一狮子坝断裂　Fi_6：两河口一光头山断裂　Fi_7：饶峰一麻柳坝一钟宝断裂
Fi_8：饶峰一石泉断裂　Fi_9：大河坝一白光山断裂

图 2.1-4　区域主要断裂带分布示意图

兰田县等处发生的4级以上地震及弱震。这表明该断裂带为继承性活动的断裂带。该断裂带距离三河口坝址区82～85km。

(2) 一堵墙—涝峪—草坪活动断裂带（ⅠF_5）：该断裂带西起汤峪镇，向东经一堵墙、首阳山、纸房一带，至草坪交于汤峪—丹凤—商南活动断裂带，全长约300km。工程区在该断裂带的中段，断裂带由若干复杂的韧性、韧—脆性及脆性断层组成。断裂带倾角较陡，一般在60°～80°，多数向北倾。第四纪以来活动性大大减弱，为中更新世活动断裂。该断裂带距离三河口坝址区65～70km。

(3) 古脊梁—沙沟街—十五里铺活动断裂带（ⅠF_7）：该断裂带西起太白红岩河，向东经周至县板房子、沙沟街，至十五里铺交于汤峪—丹凤—商南活动断裂带，全长约350km。破碎带宽数十米至数百米，倾向北，倾角为60°～80°，据安全评价结果，该断裂带为中更新世活动断裂。该断裂距离三河口坝址区50～55km。

(4) 紫柏山—山阳—青山活动断裂带（ⅠF_8）：该断裂带西起西沙街，向东经凤镇、山阳县至河南省境内，长约160km，走向近东西，断裂面西北，倾角为50°～60°，早期为压性逆断层，喜山期转为正断层。控制了山阳盆地第三纪沉积，该断裂带为中更新世活动断裂带。断裂带距离三河口坝址区36～40km。

(5) 阳平关—洋县断裂带（ⅠF_{11}）：该断裂带在两河口以西基本近东西向分布，从两河口以东向南转折，断裂分为Fi_6、Fi_7、Fi_8（详见二级构造）三支，其中东侧以Fi_6为主构成扬子准地台东侧边界断裂。该断裂为区域性大断裂，具压及压扭性特点，两侧岩石破碎剧烈，有角砾化及糜棱化现象，倾向时南时北，倾角为60°～80°，断层破碎带宽600～700m；属中更新世活动断裂；晚更新世以来，东段在该断裂带上产生的地震活动明显微弱，对工程建设基本无影响。断裂距离三河口坝址区6～8km。

(6) 周至—余下断裂（Fi_1）：属隐伏断裂，晚第四纪以来活动迹象不明显，为中更新世活动断裂，对工程建设基本无影响。断裂最近处距工程场区直线距离100～105km。

(7) 岐山—马召断裂（Fi_2）：总体呈北西向，长度大于140km，大部分处于隐伏状态，仅秦岭基岩山区有裸露。断层地貌表现清楚，露头较丰富，在晚更新世以前活动强烈，晚更新世早、中期仍有较明显活动，但至晚更新世末期活动明显减弱，全新世时期，断裂没有活动的迹象。断裂距离三河口坝址区80～8km。

(8) 商县—丹凤断裂（Fi_3）：近场区在该巨型断裂带中段的一小段，称为陈家咀—黑疙瘩断裂。与越岭隧洞线相交。沿断裂带断续出露有各种类型的糜棱岩、脆性构造角砾岩及夹持于其间的构造岩块。历史上沿断裂无破坏性地震，为中更新世活动断裂。断裂距离三河口坝址区76～78km。

(9) 风镇—山阳断裂（Fi_4）：又分布在秦岭隧洞区，又称六窝峰—双庙子断裂。该断裂从凤县的何家庄经太白县黄柏源至镇安县东川街，地表北倾，倾角为60°～80°，逆断层，断层破碎带宽数十至数百米，形成于元古代。该断裂在虎豹河一带与秦岭隧洞近垂直相交。第四纪以来活动性大大减弱，历史上沿断裂无破坏性地震，为中更新世活动断裂。

断裂距离三河口坝址区 47～50km。

(10) 西岔河—两河口—狮子坝断裂 (Fi_5)：该断裂又称两岔河—铁佛寺—白庙断裂，三河口一带是蒲河、汶水河和湫溪河三条较大河流交汇的地方，各条河谷均为明显的沟谷地形。分别是呈北西向的湫溪河河谷和汶水河河谷。在其中间交汇的岛状基岩山丘的河边，仅有近直立的挤压带，未发现明显的规模较大的断层破碎带。断裂距离三河口坝址区 6～7km。

(11) 两河口—光头山断裂 (Fi_6)：断裂断面向东倾，倾角为 45°，正断层，宽 10～20m，沿断裂线上普遍存在着破碎岩、压碎岩、糜棱岩和角砾岩存在。断裂距离三河口坝址区 6～10km。

(12) 饶峰—麻柳坝—钟宝断裂 (Fi_7)：该断裂与两河口—光头山断裂大致平行，近南北向呈弧形展布，从两河口以西折向西北，与阳平关—洋县断裂相连，断面倾向多变，北段 E 倾，南段 SW 倾，倾角为 60°～80°逆断层，破碎带宽 20～50m，沿断裂线上普遍存在着破碎、压碎、糜棱岩化和角砾岩化。可能发生于下元古代末期前震旦纪以前，后期有复活，表现在沿断裂线上所有新老地层均被所切。

(13) 饶峰—石泉断裂 (Fi_8)：该断裂与 Fi_6、Fi_7 大致平行，断面向 NE 倾，倾角为 50°～70°，正断层，破碎带宽 200～500m，沿断裂发育大量糜棱岩、压碎岩和断层角砾岩，在地貌上形成陡崖。在新生代活动最为明显，控制了月河断陷盆地的形成和发展，至第四系仍有活动，使第三纪盆地遭到破坏。断裂距离三河口坝址区 6～10km。

(14) 大河坝—白光山断裂 (Fi_9)：该断裂属区域性洋县—宁陕—镇安大断裂的组成部分，是其西段的主要断裂之一。在大河坝及其以北汶水河左岸，该断裂表露清楚，断裂北侧地层近直立，南侧为片麻岩，断裂走向南东东，倾向南东，倾角为 70°～80°，断带宽度约 200m，破碎带发育，其中有糜棱岩多处，属中更新世活动断裂。断裂距离三河口坝址区 6～9km。

根据《陕西省引汉济渭工程地震安全性评价工作报告》（复评报告）的评价结论，近场区秦岭山地内场地周邻的断层均为第四纪早、中期活动断裂，晚更新世 (Q_3) 以来基本不再活动，属于非全新活动断裂，设计中可不考虑断裂错动对工程的影响。地震作用下边坡可能会有落石发生。

2. 区域构造稳定性评价

三河口水利枢纽工程位于秦岭基岩山区，构造运动以整体上升为主，内部差异运动较小，地震活动相对较弱。工程区域地处新构造活动和地震活动都较弱的东秦岭地区，活动构造不发育，晚更新世 (Q_3) 以来断裂不活动，历史和现代震级小，遭受的地震影响烈度低，属于构造较稳定地区。

三河口水利枢纽工程场地地面地震动参数 50 年超越概率 10％的情况下，地震动峰值加速度为 0.062g，特征周期为 0.53s，相应地震基本烈度为Ⅵ度。工程地震设防分类为重点设防类。

2.1.4 构造应力场特征

受力物体内的每一点都存在与之对应的应力状态，物体内各点的应力状态在物体占据的空间内组成的总体，称为应力场。应力场的研究，对于地震预报分析和工程场地稳定性评价，具有重要的意义。工程区应力场的特征对该地区的岩体物理力学特征有着较大的影响，也是拱坝建基面选择的一个重要影响方面。因此，有必要在确定区域构造应力场特征之后，进行坝址区的应力场研究。坝址区应力场是构造应力场和重力场的耦合，其应力水平及特征受构造应力、岩性特征、节理裂隙、河谷变化等多种因素的影响。

2.1.4.1 区域构造应力场主应力方位

1. 坝址区应力场测试结果

(1) 钻孔围岩应力状态。为研究坝址区地应力分布情况，对坝址区多个钻孔采用水压致裂法测试地应力。采用水压致裂法进行地应力测试时，对岩体作了下列假定：围岩是线性、均匀、各向同性的弹性体；围岩为多孔介质时，注入的流体按达西定律在岩体孔隙中流动。另外，当钻孔为铅直方向时（如本次测试孔），假定铅直向应力 σ_V 为主应力之一，大小等于上覆岩层的自重压力，则水压致裂法地应力测试的力学原理可以简化为弹性平面问题。含有圆孔的无限大平板受两向应力 σ_A 和 σ_B（$\sigma_A>\sigma_B$）的作用时，则孔周附近的二次应力状态为

$$\begin{aligned}
\sigma'_\theta &= \frac{\sigma_A+\sigma_B}{2}\left(1+\frac{a^2}{r^2}\right)-\frac{\sigma_A-\sigma_B}{2}\left(1+\frac{3a^4}{r^4}\right)\cos 2\theta \\
\sigma'_r &= \frac{\sigma_A+\sigma_B}{2}\left(1-\frac{a^2}{r^2}\right)+\frac{\sigma_A-\sigma_B}{2}\left(1+\frac{3a^4}{r^4}-\frac{4a^2}{r^2}\right)\cos 2\theta \\
\sigma'_{r\theta} &= \frac{\sigma_A-\sigma_B}{2}\left(1-\frac{3a^4}{r^4}+\frac{2a^2}{r^2}\right)\sin 2\theta
\end{aligned} \tag{2.1-1}$$

式中：a 为钻孔半径；r 为径向距离；θ 为极径与轴 X 的夹角；σ'_r、σ'_θ和 $\sigma'_{r\theta}$分别为径向应力、切向应力和剪切应力；σ_A和 σ_B 分别为钻孔横截面上的最大主应力和最小主应力。

在孔周岩壁（$r=a$）的应力状态为

$$\begin{aligned}
\sigma'_\theta &= (\sigma_A+\sigma_B)-2(\sigma_A-\sigma_B)\cos 2\theta \\
\sigma'_r &= 0 \\
\sigma'_{r\theta} &= 0
\end{aligned} \tag{2.1-2}$$

水压致裂测试时，施加液压 P_w 产生的附加应力为

$$\begin{aligned}
\sigma''_\theta &= -P_w\frac{a^2}{r^2} \\
\sigma''_r &= P_w\frac{a^2}{r^2}
\end{aligned} \tag{2.1-3}$$

式中：σ''_θ为切向附加应力，σ''_r为径向附加应力。

在孔周岩壁（$r=a$）的附加应力为

$$\sigma''_\theta=-P_w$$

$$\sigma''_r=P_w \tag{2.1-4}$$

由此，钻孔岩壁上的应力为

$$\sigma_\theta=\sigma'_\theta+\sigma''_\theta=(\sigma_A+\sigma_B)-2(\sigma_A-\sigma_B)\cos 2\theta-P_w \tag{2.1-5}$$

破坏裂缝产生在钻孔孔壁拉应力最大的部位。因此，围岩二次应力场中最小应力出现的部位最为关键。由式（2.1-5）可见，在孔壁$\theta=0$或$\theta=\pi$处切向应力最小：

$$\sigma_\theta=3\sigma_B-\sigma_A-P_w \tag{2.1-6}$$

（2）水压致裂法地应力测试的基本公式。由于深孔围岩存在着孔隙水压力P_0，因此岩体的地应力由有效应力（岩石晶格骨架所承受的应力）和孔隙水压力（岩石孔隙中的液体压力）组成，即有效应力为$\sigma-P_0$，在压裂过程中，随着压力段的液压增大，孔壁上有效应力逐渐下降，最终变为拉应力，当切向有效应力值等于或大于岩石的抗拉强度σ_t时，孔壁上开始出现破裂缝，岩石破裂出现的临界压力P_b由海姆森给出：

$$P_b-P_0=\frac{3(\sigma_B-P_0)-(\sigma_A-P_0)+\sigma_t}{K} \tag{2.1-7}$$

式中，K为孔隙渗透弹性系数，可在试验室内确定，其变化范围为$1\leqslant K\leqslant 2$，对非渗透性岩石，K值近似等于1；σ_t为岩石抗压强度。

故式（2.1-7）简化为

$$P_b-P_0=3\sigma_B-\sigma_A+\sigma_t-2P_0 \tag{2.1-8}$$

当测试钻孔为铅直向情况时，σ_A和σ_B为最大和最小水平主应力σ_H和σ_h，若以地应力代替式（2.1-8）中的有效应力，得到：

$$P_b=3\sigma_h-\sigma_H+\sigma_t-P_0 \tag{2.1-9}$$

根据破裂缝沿最小阻力路径传播的原理，关闭压力泵后，维持裂隙张开的瞬时关闭压力P_s，就等于垂直破裂面方向的压应力，即最小水平主应力：

$$\sigma_h=P_s \tag{2.1-10}$$

按式（2.1-9）确定最大水平主应力：

$$\sigma_H=3\sigma_h-P_b-P_0+\sigma_t \tag{2.1-11}$$

式（2.1-11）中的抗拉强度σ_t可在现场对封隔段的多次循环加压过程中求出。在第一次加压循环过程中，使完整的孔壁围岩破裂，出现明显的破裂压力P_b，而在以后的加压循环过程中，因岩石已破裂，故其抗拉强度σ_t为0，则重张压力P_r为

$$P_r=3\sigma_h-\sigma_H-P_0 \tag{2.1-12}$$

这样在求解最大水平主应力时，也可直接采用重张压力计算：

$$\sigma_H=3\sigma_h-P_r-P_0 \tag{2.1-13}$$

比较式（2.1-9）和式（2.1-12）可近似得到孔壁岩石的抗拉强度：

$$\sigma_t=P_b-P_r \tag{2.1-14}$$

水压致裂破裂面一般沿垂直于横截面上最小主应力方向的平面扩展（一般形成平行于钻孔轴线的裂缝），其延伸方向为钻孔横截面上的最大主应力方向。

（3）水压致裂法应力场测试结果。对坝址区右岸边坡钻孔ZK33、左岸边坡钻孔ZK41及河床钻孔ZK47进行了地应力测试。钻孔ZK33、钻孔ZK41、钻孔ZK47水压致裂法地应力测试结果见表2.1-1～表2.1-3，钻孔ZK33、钻孔ZK41、钻孔ZK47最大（小）水平主应力与孔深的关系曲线如图2.1-5～图2.1-7所示。

表2.1-1　钻孔ZK33水压致裂法地应力测试结果

序号	深度/m	高程/m	P_b/MPa	P_r/MPa	P_s/MPa	P_0/MPa	σ_t/MPa	σ_H/MPa	σ_h/MPa	σ_z/MPa	λ	σ_H方位
1	98.7	582.00	4.9	3.5	1.5	0.4	1.4	2.6	2.5	2.7	1.0	
2	112.8	567.90	2.7	1.7	0.7	0.5	1.0	2.1	1.8	3.0	0.7	N31°E
3	131.6	549.10	4.8	4.1	2.4	0.7	0.7	5.0	3.7	3.6	1.4	
4	145.7	535.00	11.3	9.6	5.6	0.9	1.7	9.3	7.1	3.9	2.4	
5	159.8	520.90	13.0	7.9	5.6	1.0	5.1	11.1	7.2	4.3	2.6	N43°E
6	173.9	506.80	8.1	4.4	3.4	1.1	3.7	8.1	5.1	4.7	1.7	
7	188.0	492.70	8.9	7.1	3.9	1.3	1.8	7.1	5.8	5.1	1.4	
8	202.1	478.60	7.8	6.6	4.6	1.4	1.2	9.8	6.6	5.5	1.8	
9	220.9	459.80	5.8	5.5	2.6	1.6	0.3	5.1	4.8	6.0	0.9	
10	239.7	441.00	9.3	6.5	4.0	1.8	2.8	8.5	6.4	6.5	1.3	N25°E
11	249.1	431.60	6.8	4.6	3.5	1.9	2.2	9.0	6.0	6.7	1.3	
12	263.2	417.50	7.6	5.3	3.4	2.0	2.3	8.1	6.0	7.1	1.1	N16°E
13	272.6	408.10	6.8	5.8	4.1	2.1	1.0	9.8	6.8	7.4	1.3	
14	286.7	394.00	6.2	4.7	2.6	2.3	1.5	6.6	5.5	7.7	0.8	

注：测试时钻孔水位约为60m。

表2.1-2　钻孔ZK41水压致裂法地应力测试结果

序号	深度/m	高程/m	P_b/MPa	P_r/MPa	P_s/MPa	P_0/MPa	σ_t/MPa	σ_H/MPa	σ_h/MPa	σ_z/MPa	λ	σ_H方位
1	49.2	616.10	4.2	3.4	1.5	0.0	0.8	2.1	2.0	1.3	1.6	
2	68.0	597.30	3.9	2.1	1.1	0.0	1.8	2.6	1.8	1.8	1.4	
3	86.8	578.50	3.4	2.6	1.3	0.0	0.8	3.0	2.2	2.3	1.3	N39°E
4	95.6	569.70	2.8	2.5	1.6	0.0	0.3	4.2	2.6	2.5	1.7	
5	118.1	547.20	3.3	3.1	2.0	0.0	0.2	5.2	3.2	3.1	1.7	
6	141.6	523.70	5.8	4.5	3.7	0.3	1.3	9.2	5.1	3.7	2.5	N45°E
7	160.4	504.90	3.9	3.4	2.6	0.4	0.5	7.2	4.2	4.2	1.7	
8	183.9	481.40	3.3	3.0	1.6	0.7	0.3	4.8	3.4	4.8	1.0	
9	202.7	462.60	6.6	5.4	4.3	0.9	1.2	10.7	6.3	5.3	2.0	
10	221.5	443.80	3.8	2.2	1.4	1.1	1.6	5.4	3.6	5.8	0.9	
11	239.5	425.80	6.9	5.6	3.6	1.2	1.3	8.8	6.0	6.2	1.4	N24°E

续表

序号	深度/m	高程/m	P_b/MPa	P_r/MPa	P_s/MPa	P_0/MPa	σ_t/MPa	σ_H/MPa	σ_h/MPa	σ_z/MPa	λ	σ_H 方位
12	253.6	411.70	4.3	4.0	2.8	1.4	0.3	8.1	5.3	6.6	1.2	
13	271.6	393.70	6.8	5.5	3.7	1.6	1.3	9.5	6.4	7.1	1.3	N29°E
14	287.3	378.00	6.6	5.4	3.6	1.7	1.2	9.4	6.5	7.5	1.3	

注： 测试时钻孔水位约为116.4m。

表 2.1-3　　钻孔 ZK47 水压致裂法地应力测试结果

序号	深度/m	高程/m	P_b/MPa	P_r/MPa	P_s/MPa	P_0/MPa	σ_t/MPa	σ_H/MPa	σ_h/MPa	σ_z/MPa	λ	σ_H 方位
1	40.4	486.90	12.5	11.1	6.4	0.4	1.4	8.5	6.8	1.1	7.8	
2	45.2	482.10	17.6	15.7	9.7	0.5	1.9	13.9	10.2	1.2	11.4	
3	49.9	477.40	18.8	13.1	8.1	0.5	5.7	11.7	8.6	1.3	8.7	N39°W
4	54.6	472.70	10.3	6.3	4.2	0.5	4.0	6.8	4.7	1.5	4.6	
5	59.4	467.90	12.6	7.3	4.3	0.6	5.3	6.2	4.9	1.6	3.9	
6	64.1	463.20	6.2	4.4	3	0.6	1.8	5.2	3.6	1.7	3.0	N29°W
7	68.9	458.40	—	10.2	5.3	0.7	—	6.4	6.0	1.9	3.4	
8	73.6	453.70	13.2	10.4	5.6	0.7	2.8	7.1	6.3	2.0	3.6	
9	78.3	449.00	11.2	10.4	5.6	0.8	0.8	7.2	6.4	2.1	3.4	N12°E
10	93.0	434.30	12.7	9.5	5.6	0.9	3.2	8.2	6.5	2.5	3.3	
11	97.3	430.00	12.2	9.4	5.8	1.0	2.8	9.0	6.8	2.6	3.4	N21°E

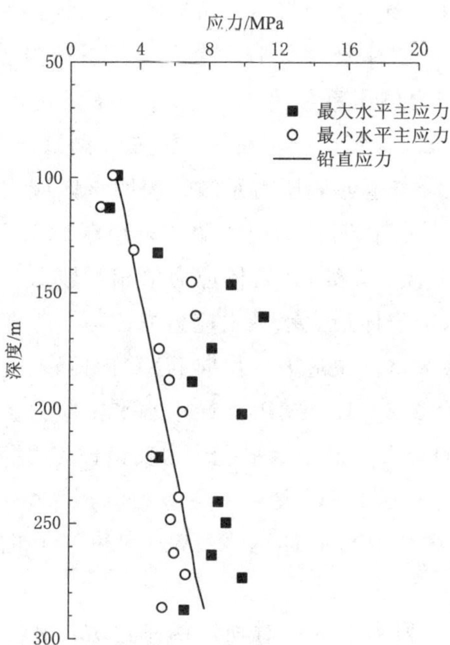

图 2.1-5　钻孔 ZK33 最大（小）水平主应力与钻孔深度的关系曲线

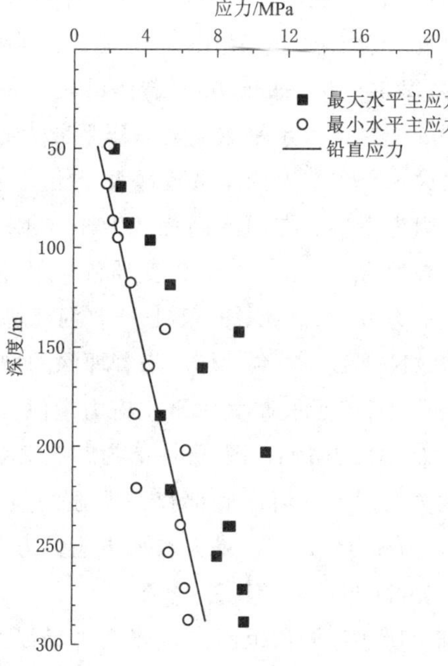

图 2.1-6　钻孔 ZK41 最大（小）水平主应力与钻孔深度的关系曲线

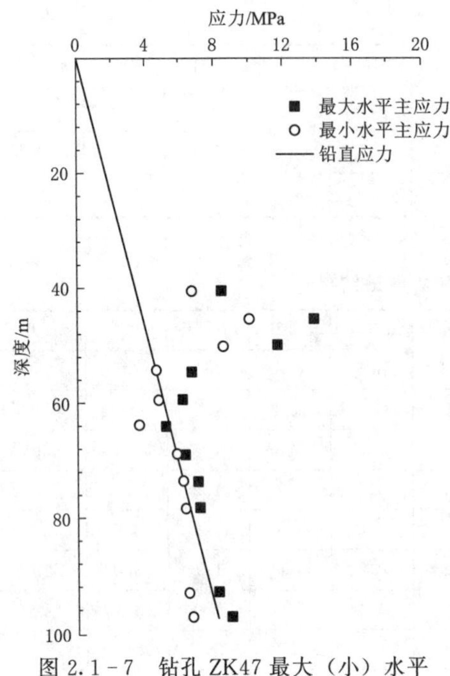

图 2.1-7 钻孔 ZK47 最大（小）水平主应力与钻孔深度的关系曲线

钻孔 ZK33 在测试区域内最大水平主应力量值范围为 2.1～11.1MPa，最小水平主应力量值范围为 1.8～7.2MPa。高程 530.00m 以上岩体最大水平主应力侧压系数（$\lambda=\sigma_H/\sigma_z$）为 0.7～1.4；高程 500.00～530.00m 岩体最大水平主应力侧压系数为 1.7～2.6；高程 370.00～500.00m 岩体最大水平主应力侧压系数为 0.8～1.8，集中分布在 1.3 左右。岩体最大水平主应力侧压系数远大于铅直应力 σ_z 产生的侧压力系数 $\mu/(1-\mu)$，表明该区应力场以水平应力为主导。在钻孔浅部，由于边坡的卸荷松弛作用，岩体应力相对较小，在河床高程 526.40m（孔深 145.7m）附近岩体存在明显的应力集中现象。埋深 220.9m 及埋深 286.7m 处岩体裂隙发育，岩体应力值相对较低。最大水平主应力方位为 N16°E～N43°E。河床高程以上岩体最大水平主应力方位与子午河及山体走势（N51°E）基本平行，随着埋深的增加最大水平主应力方位向 NNE 向偏转。

钻孔 ZK41 在测试区域内最大水平主应力量值范围为 2.1～10.7MPa，最小水平主应力量值范围为 1.8～6.5MPa。高程 530.00m 以上岩体最大水平主应力侧压系数为 1.3～1.7；高程 500.00～530.00m 岩体最大水平主应力侧压系数为 1.7～2.5；高程 370.00～500.00m 岩体最大水平主应力侧压系数为 0.9～2.0，集中分布在 1.3 左右。测试范围内，岩体最大水平主应力侧压系数远大于铅直应力 σ_z 产生的侧压力系数，表明该区应力场以水平应力为主导。在河床高程 526.40m 附近岩体存在明显的应力集中。埋深 221.5m 处岩体裂隙发育（埋深 221m 为变质砂岩及结晶灰岩交界处），岩体应力值相对较低。最大水平主应力方位为 N24°E～N45°E。河床高程以上岩体最大水平主应力方位与子午河及山体走势（N51°E）基本平行，随着埋深的增加最大水平主应力方位向 NNE 向偏转。

钻孔 ZK47 测孔最大水平主应力量值范围为 5.2～13.9MPa，最小水平主应力量值范围为 3.6～10.2MPa，图 2.1-7 为钻孔 ZK47 的最大、最小水平主应力及铅直应力随深度变化的关系，可见河床底部存在明显的应力集中现象。最大水平主应力测压系数（$\lambda=\sigma_H/\sigma_z$）为 3.0～11.4。最大水平主应力方位由浅部 NNW 向（N29°W～N39°W）向深部 NNE 向（N12°E～N21°E）过渡。

综上所述：测试范围内岩体应力场以水平应力为主导；对坝址两岸边坡，在钻孔浅部，由于边坡的卸荷松弛作用，岩体应力相对较小。随深度增加地应力也逐渐增加，增加到一定值后，基本趋于稳定，钻孔 ZK33 地应力稳定值为 8.4MPa，钻孔 ZK41 地应力稳定值为 8.1MPa。在河床高程附近，最大水平主应力略高，说明有应力集中现象，随深度增加，地应力也逐渐趋于定值 8.2MPa；河床高程附近及以上测点地应力方位受局部地形控制，河床以上岩体最大水平主应力方位与子午河及山体走势（N51°E）基本平行，深部岩体最大水平主应力方位集中分布在 NNE 向。

2. 构造应力场最大主应力的方位

坝址区构造应力场最大主应力的特征可以由地应力测试结果及区域构造应力场数值模拟结果综合确定。坝址区的地应力测试钻孔 ZK33（右岸）的最大主应力方位为 N16°E～N43°E，钻孔 ZK41（左岸）的最大主应力方位为 N24°E～N45°E，钻孔 ZK47（河床）的最大主应力方位为 N12°E～N39°E，3 个钻孔测得的最大主应力平均方位为 N29.4°E。根据区域地应力场的数值模拟结果，三河口坝址区的最大主应力方位为 N25.8°E～N30.5°E，与地应力测试的方位较为接近，因此，综合确定三河口坝址区构造应力场最大主应力的方位为 N29°E。

3. 构造应力场主应力的量值

根据坝址区地应力测试结果及数值模拟，坝址区以水平应力为主导，最大水平主应力量值为 2.1～13.9MPa，随深度增加，地应力逐渐趋于稳定值。因此，以地应力测试的最大水平应力稳定值 8.2MPa 作为坝址区构造应力场的最大主应力，以最小水平应力稳定值 6.5MPa 作为坝址区构造应力场的中间主应力。

2.1.4.2 坝址区应力场特征

初步设计阶段选取了上、中、下三条坝线进行勘察，上坝线分布有大面积大理岩，拱座及抗力体上发育 f_{44} 断层，为横跨河谷断层，规模较大，对拱座变形影响较大；下坝线存在多条伟晶岩脉，岩相变化相对较大，且大理岩与伟晶岩脉的变形模量偏低，可能存在因岩性差异而产生的压缩变形及不均匀变形，并且距离下游穹窿褶曲较近，小构造发育，风化卸荷深度相对较大；中坝线岩脉相对较少，岩性相对单一，故推荐中坝线为选定坝线。为研究坝线位置的应力场情况，选取与拱坝轴线较为接近的Ⅲ—Ⅲ′地质剖面作为研究坝址区应力场的计算剖面。

1. 计算模型、参数及边界条件

几何模型以Ⅲ—Ⅲ′工程地质剖面图为基础，剖面两侧分别予以适当延长，剖面底部向下延长 90m。计算剖面的宽度为 530m，河床至底部高度为 175m，坡顶至底部高度为 385m。地层岩性主要为变质砂岩、结晶灰岩、石英岩脉，考虑不同风化程度的影响，建立Ⅲ—Ⅲ′工程地质剖面计算模型如图 2.1-8 所示。

采用四边形单元对几何模型进行网格划分，对河床区域进行加密，整个模型共划分为 34272 个节点，11219 个单元，Ⅲ—Ⅲ′计算剖面单元网格划分如图 2.1-9 所示。左右边界作 X 向约束，底边界作 X 向、Y 向约束；荷载施加自重应力及构造应力，构造应力以最大水平主应力 8.2MPa、最小水平主应力 6.5MPa 按正常构造应力施加。

岩体参数以现场原位试验、室内试验为基础，结合坝址区平洞岩体声波测试成果、坝址区钻孔弹性模量测试成果，综合确定岩体力学计算参数建议值见表 2.1-4。

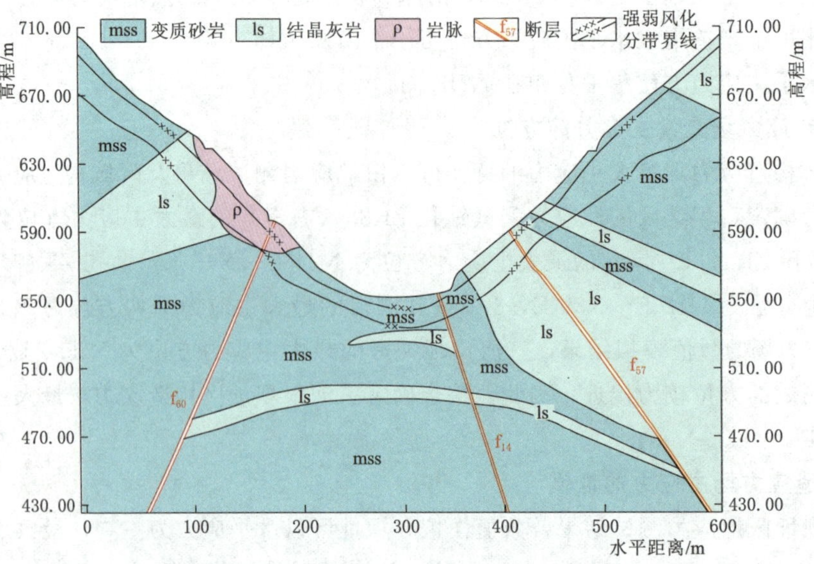

图 2.1-8 Ⅲ—Ⅲ′工程地质剖面计算模型

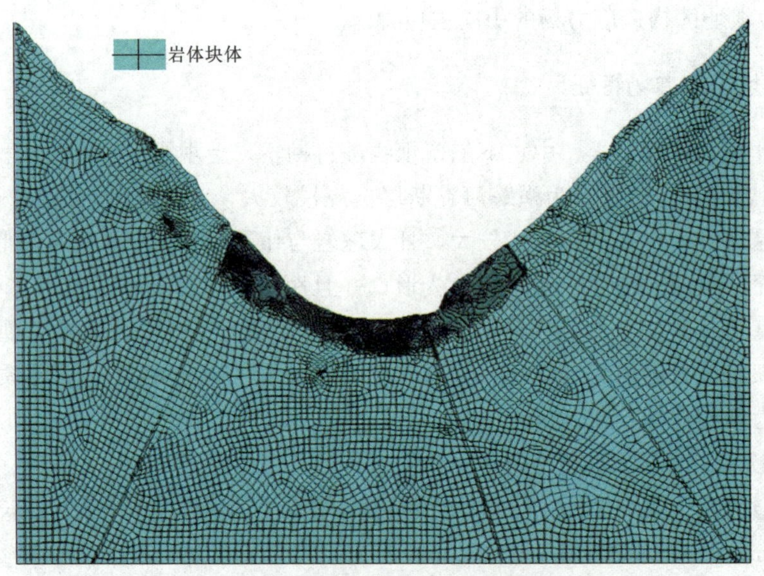

图 2.1-9 Ⅲ—Ⅲ′计算剖面单元网格划分图

表 2.1-4　　岩体力学计算参数建议值表

岩　　性		容重 /(kN/m³)	变形模量 /GPa	泊松比	内摩擦角 /(°)	黏聚力 /MPa
变质砂岩	强风化	27.1	4.5	0.35	34.9	0.15
	弱风化	27.6	15.5	0.31	45.0	1.25
	微风化	27.6	18.0	0.27	52.4	1.60

续表

岩性		容重 /(kN/m³)	变形模量 /GPa	泊松比	内摩擦角 /(°)	黏聚力 /MPa
结晶灰岩	强风化	26.4	5.0	0.35	34.6	0.20
	弱风化	27.7	16.0	0.31	47.7	1.30
	微风化	27.7	19.0	0.25	54.4	1.90
大理岩	弱风化	26.5	11.0	0.30	43.5	0.90
伟晶岩脉	微风化	25.5	8.0	0.29	38.6	0.60
断层带		23.5	2.0	0.35	33.0	0.08

2. 河谷应力特征及应力集中情况

通过计算得到Ⅲ—Ⅲ′剖面河谷区的应力状态。Ⅲ—Ⅲ′剖面河谷主应力矢量如图 2.1-10 所示。由图可知，河床以上受两岸地形的影响主应力发生偏转，中间主应力方向与地形线平行，最小主应力与地形线垂直；河床地带主应力随河谷底部形态而偏转，最大主应力与剖面线接近平行，说明河床区域为应力集中地带；其他位置最大主应力方向垂直于剖面方向。

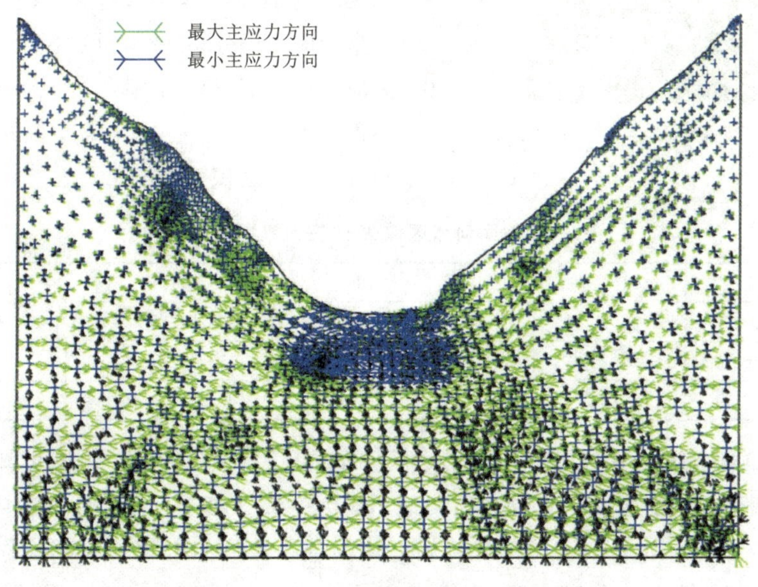

图 2.1-10　Ⅲ—Ⅲ′剖面河谷主应力矢量图

Ⅲ—Ⅲ′剖面河谷区的 X 向应力及剪应力云图如图 2.1-11 所示。由图可知：河谷区的 X 向应力主要为压应力，岸坡较高部位应力值较小，随深度增大应力值逐渐增大，岸坡 X 向应力为 0.5～6MPa。河床位置 X 向应力较大，为 9～13MPa，说明河床地带有一定的应力集中，但应力集中的范围不大。在河床地带靠近岸坡坡脚位置剪应力集中明显，河床两侧剪应力分布大致相同，剪应力集中带与坡脚地形平行，应力值为 2～4.5MPa。在河床中心位置剪应力值较小，为 0.1～1MPa。

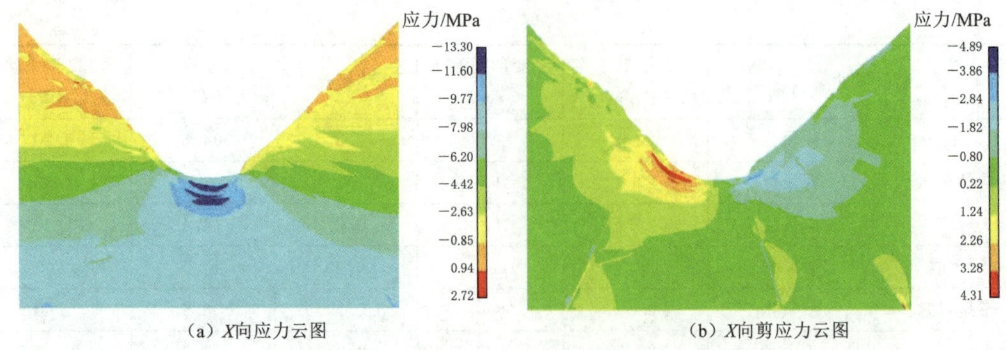

(a) X向应力云图 (b) X向剪应力云图

图 2.1-11 Ⅲ—Ⅲ′剖面河谷区的 X 向应力及剪应力云图

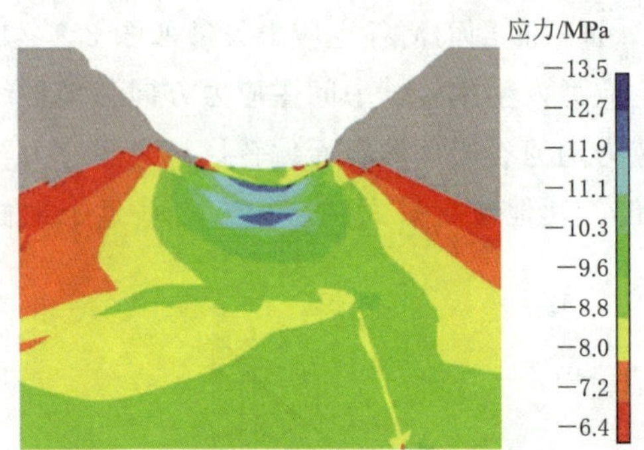

图 2.1-12 Ⅲ—Ⅲ′剖面河床 X 向应力集中云图

经细化处理后，Ⅲ—Ⅲ′剖面河床 X 向应力集中云图如图 2.1-12 所示。由图可知：应力集中带较为明显，但范围较小，应力集中值为 9～13MPa，Ⅲ—Ⅲ′剖面河床区域 X 向应力集中统计见表 2.1-5。从表可知：Ⅲ—Ⅲ′剖面河床区域 X 向应力集中值不大，范围也较小，较大集中应力仅分布在很小的区域。以 10MPa 作为应力集中值较高的界限，则 X 向应力集中分布的范围为宽度 96m、高度 48m、底部高程 476.00m、面积 3656m^2。

表 2.1-5　Ⅲ—Ⅲ′剖面河床区域 X 向应力集中统计表

应力/MPa	>9	>10	>11	>12
面积/m^2	9491	3656	2038	378
最大宽度/m	126	96	72	33
深度/m	73	48	36	15

Ⅲ—Ⅲ′剖面河床两岸坡脚剪应力集中云图如图 2.1-13 所示。由图可知：剪应力集中区域的形状受地形的控制，长轴方向与地形较为一致。剪应力集中区的剪应力值左岸为 2.2～4MPa，右岸为 2.1～4.8MPa，两侧剪应力值基本一致。以 2.5MPa 作为剪应力集中的界限，则左岸剪应力集中区域总面积为 1602m^2，右岸剪应力集中区域总面积为 777m^2。

3. Ⅲ—Ⅲ′剖面岸坡应力变化特征及应力分带

选取Ⅲ—Ⅲ′剖面岸坡分别为高程 550.00m、高程 590.00m、高程 630.00m、高程 670.00m 位置的 X 向主应力来分析应力的变化，左岸高程 550.00m、高程 590.00m、高程 630.00m、高程 670.00m 应力变化曲线如图 2.1-14～图 2.1-17 所示，右岸高程 550.00m、高程 590.00m、高程 630.00m、高程 670.00m 应力变化曲线如图 2.1-18～图 2.1-21 所示。

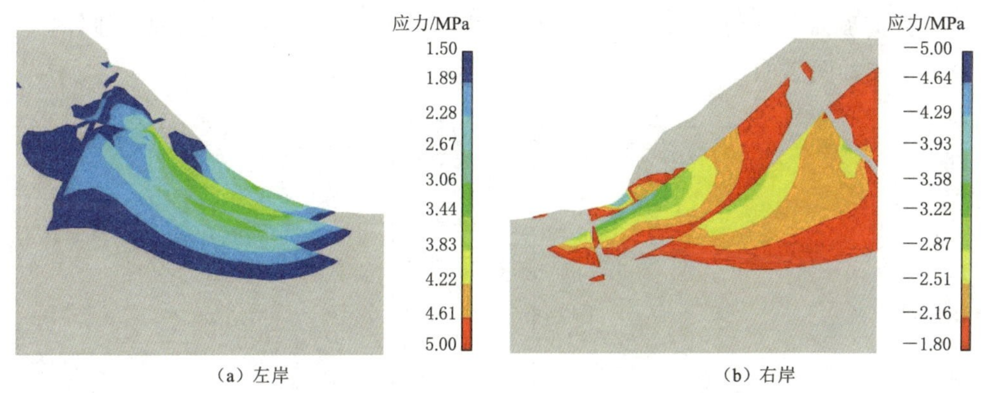

(a) 左岸　　(b) 右岸

图 2.1-13　Ⅲ—Ⅲ′剖面河床两岸坡脚剪应力集中云图

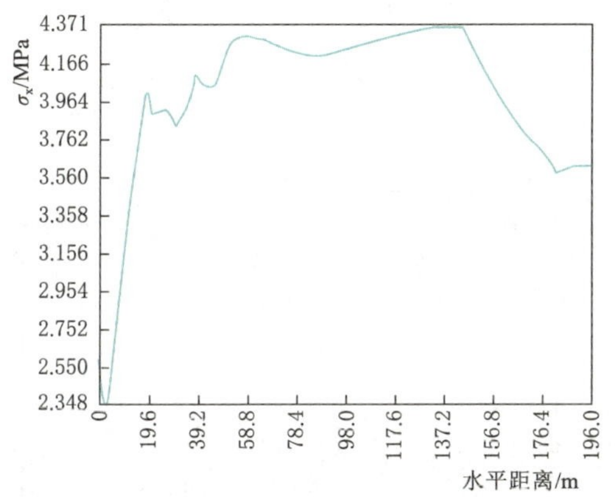

图 2.1-14　左岸高程 550.00m 应力变化曲线

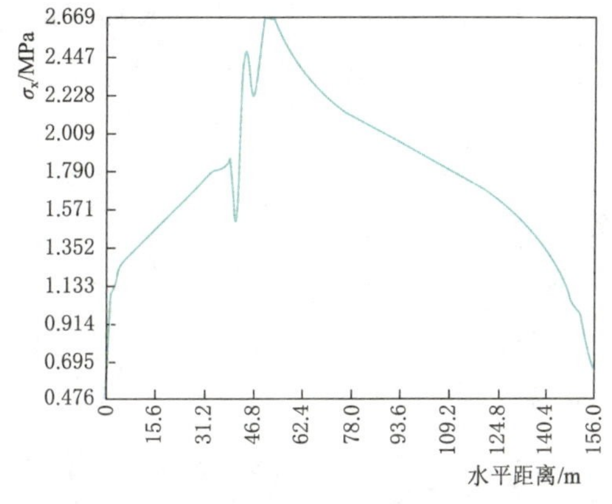

图 2.1-15　左岸高程 590.00m 应力变化曲线

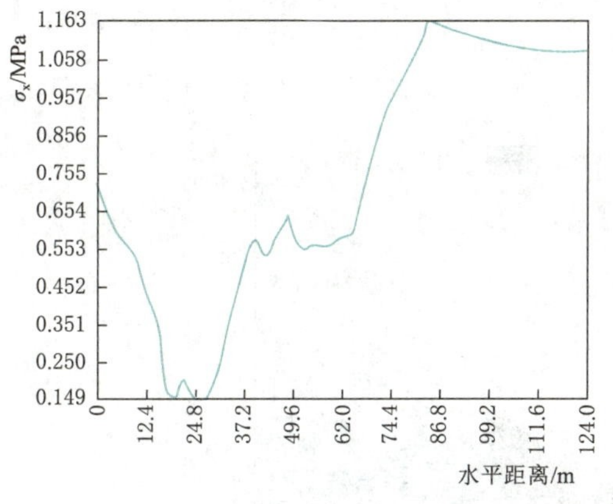

图 2.1-16　左岸高程 630.00m 应力变化曲线

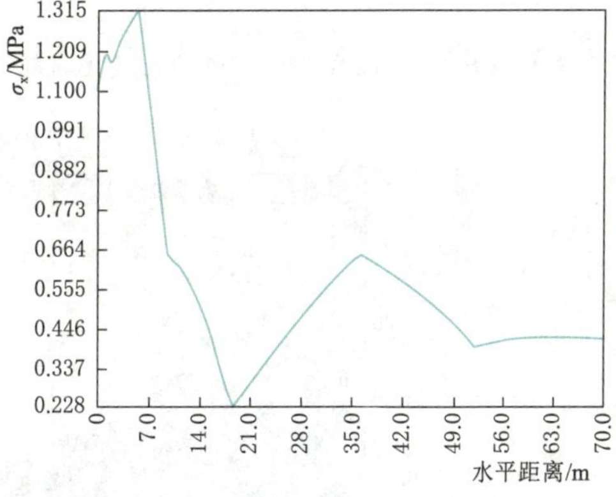

图 2.1-17　左岸高程 670.00m 应力变化曲线

根据 σ_x 的变化趋势，确定左岸岸坡外部较低应力区为高程 550.00m 距离坡面 19m 处、高程 590.00m 距离坡面 40m 处、高程 630.00m 距离坡面 62m 处。右岸岸坡外部较低应力区为高程 550.00m 距离坡面 21m 处、高程 590.00m 距离坡面 45m 处、高程

630.00m 距离坡面 70m 处。根据以上分析结果及 σ_x 的应力变化特征，Ⅲ—Ⅲ′剖面河谷应力特征分带如图 2.1-22 所示。

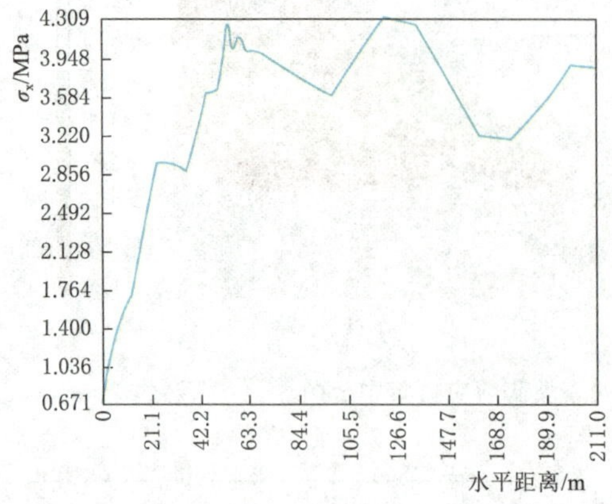

图 2.1-18　右岸高程 550.00m 应力变化曲线

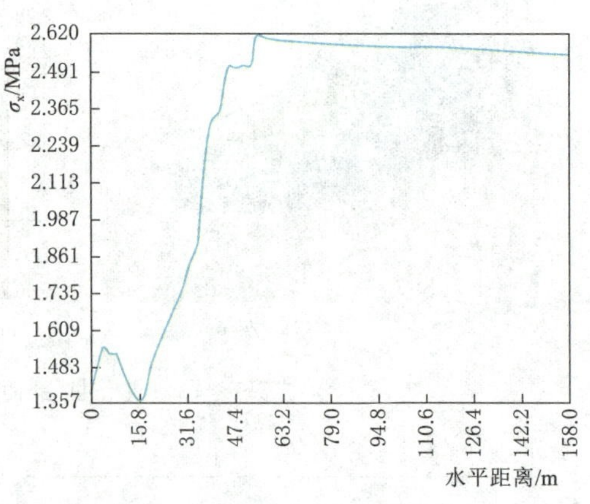

图 2.1-19　右岸高程 590.00m 应力变化曲线

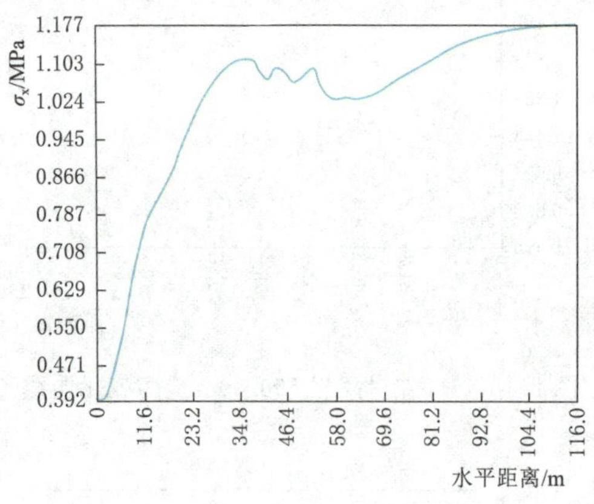

图 2.1-20　右岸高程 630.00m 应力变化曲线

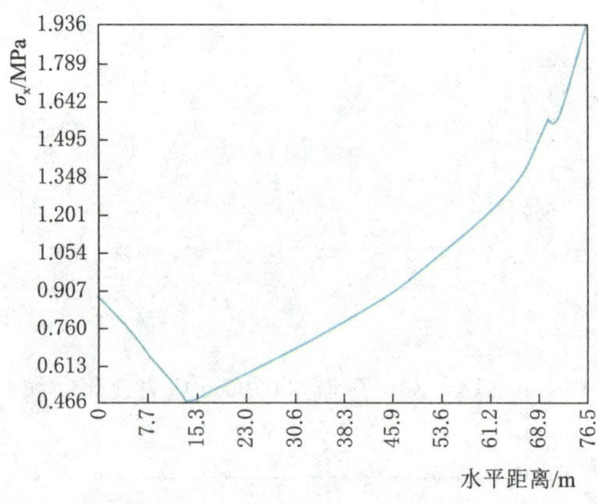

图 2.1-21　右岸高程 670.00m 应力变化曲线

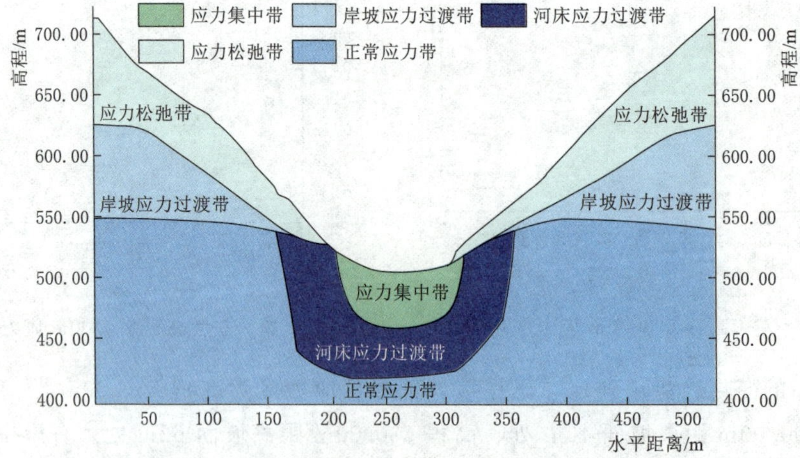

图 2.1-22　Ⅲ—Ⅲ′剖面河谷应力特征分带

2.1.4.3 河谷应力场特征的综合分析

1. 建基位置构造应力场特征

通过区域构造、地震震源机制解、地应力测试成果的分析及区域构造应力场数值模拟，确定建基位置构造应力场特征：$\sigma_1=8.2$MPa，$\sigma_2=6.5$MPa，构造应力场最大主应力的方位为N29°E。

2. 河谷应力分带特征

根据Ⅲ—Ⅲ′剖面的分析结果，坝址位置河谷应力场分为5个带，坝址区河谷各应力带特征见表2.1-6。从表中可以看出，两个最为重要的应力带，即岸坡应力松弛带及河床应力集中带，所呈现的分布规律如下：

（1）河床应力集中带应力大于10MPa的宽度按100m考虑。

（2）河床应力集中带应力大于10MPa的高度为41～48m，高程为476.00～524.00m。

（3）岸坡应力松弛带应力为0.2～2.5MPa。

（4）岸坡应力松弛带厚度由下至上逐渐增大，厚度为50～80m。

表2.1-6　坝址区河谷各应力带特征表

河谷应力分带	Ⅲ—Ⅲ′剖面应力值/MPa	特　征
岸坡应力松弛带	0.2～2.5	下部宽度为20～45m，上部宽度为50～80m
河床应力集中带	最大15	大于10MPa的宽度按100m考虑，高程为476.00～524.00m，高度为41～48m
岸坡应力过渡带	1.5～4.5	宽度大于150m
河床应力过渡带	5～9.5	河床应力集中带以外40～55m范围
正常应力带		应力随深度有规律变化，不受河谷影响，与工程关系不大

2.2 坝址区工程地质条件

2.2.1 地形地貌

三河口坝址位于陕西省佛坪县大河坝乡东北约3.8km的汉江北岸一级支流子午河及其三条支流（椒溪河、蒲河、汶水河）上，属秦岭中段南麓中低山区，子午河在坝址区流向SW52°，河流比降为3.0‰～4.5‰。河谷呈V形发育，两岸地形基本对称，山体雄厚，自然边坡坡度为35°～50°。坝址河床高程524.80～526.50m，谷底宽79～87m，河床覆盖层厚度为5.8～11.8m，两岸河流阶地不发育，除下游枫桶沟沟口处河谷左岸有一级、二级阶地分布，坝轴线附近无阶地发育。坝址区河谷地貌及地质剖面如图2.2-1所示。

坝区发育有3条较大冲沟，分别为柳树沟、枫桶沟、陈家沟，其中柳树沟位于左岸上

(a) 河谷地貌

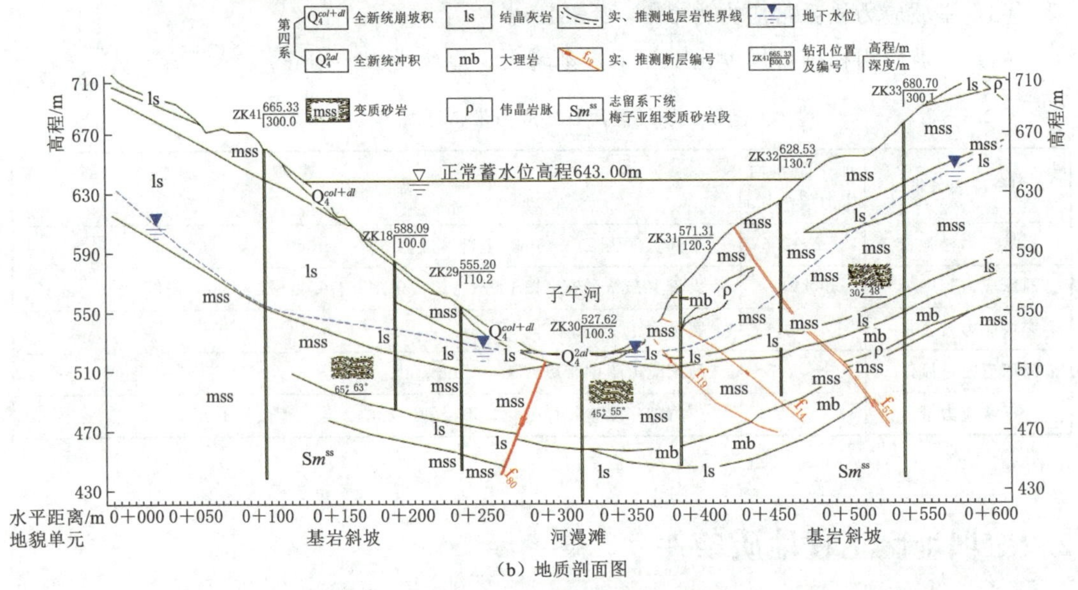

(b) 地质剖面图

图 2.2-1 坝址区河谷地貌及地质剖面图

游，距离坝线 600m，枫桶沟位于左岸下游，距离坝线 1.0km，陈家沟位于右岸下游，距离坝线 530m；各冲沟枯水期沟谷多有泉水，流量一般为 3～10L/min，丰水期沟谷有山洪水流。坝址区两岸冲沟发育特征见表 2.2-1。

表 2.2-1　　坝址区两岸冲沟发育特征表

名称	分布位置	泉水高程/m	流量/(L/min)	冲沟形态特征
柳树沟	中坝线左岸上游约 600m	770.00	8～10	高程 650.00m 处为树枝状沟系，沟头发育高程为 1130.00～1150.00m，长度约 2.2km，出口高程为 532.00m，比降为 1∶0.28，纵剖面上局部呈阶梯状，有明显跌水陡坎，沟口有冲洪积物，沟谷走向与河流此段走向夹角近于正交，左岸自然坡比约为 60°，右岸自然坡比为 63°

续表

名称	分布位置	泉水高程/m	流量/(L/min)	冲沟形态特征
枫桶沟	中坝线左岸下游约 1000m	855.00	7	沟头发育高程为 1200.00m，入河口高程为 521.00m，长度约为 2.1km，高程 650.00m 以上比降为 1∶0.4，左岸坡度为 53°，右岸坡度为 62°，走向与河流交角为 60°～80°；高程 650.00m 以下比降为 1∶0.62，左岸坡度为 51°，右岸坡度为 51°，沟谷走向与河流交角为 60°～70°
陈家沟	中坝线右岸下游 530m	670.00	3～5	发育高程为 1010.00m，出口高程为 530.00m，长度为 800m，比降为 1∶0.6，左岸坡度为 53°，右岸坡度为 55°，纵剖面上呈阶梯状，有跌水陡坎，出口有洪积台地，宽 20m、长 40m，沟谷走向与河流此段近于正交

2.2.2　地层岩性

坝址区出露地层为志留系下统梅子垭组变质砂岩段（Sm^{ss}）变质砂岩、结晶灰岩，局部夹有大理岩及印支期侵入花岗伟晶岩脉、石英岩脉；表面断续覆盖有第四系松散堆积物。坝址区岩性分布示意如图 2.2-2 所示。

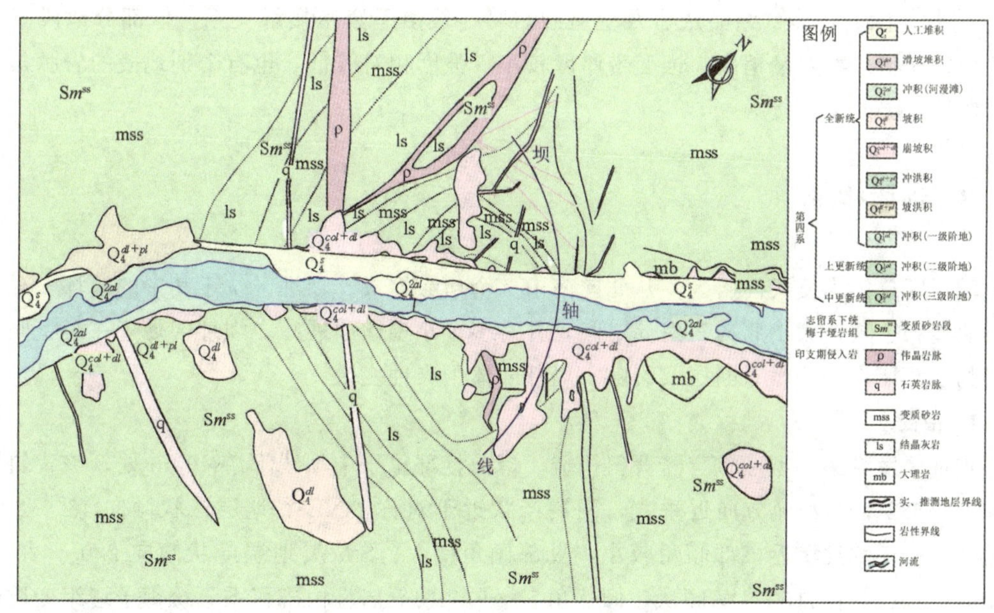

图 2.2-2　坝址区岩性分布示意图

1. 第四系松散堆积物（Q）

表面断续覆盖的松散堆积物主要以人工堆积（Q_4^s）、冲积（Q_4^{2al}）、坡积（Q_4^{dl}）、坡洪积（Q_4^{dl+pl}）及崩坡积（Q_4^{col+pl}）为主，岩性以碎块石、碎石土、漂卵石、卵（砾）石及砂壤土为主，厚度一般为 1～5m，河床最厚达 11.8m，零星分布在峡谷缓坡、冲沟沟口及河谷等。

2. 志留系下统梅子亚组变质砂岩段 (Sm^{ss})

岩性以变质砂岩（mss）、结晶灰岩（ls）为主，局部夹有大理岩（mb）。其中中坝线左岸及下坝线右岸以结晶灰岩为主，其他坝肩以变质砂岩为主，结晶灰岩厚度不大；河床以下的主要为变质砂岩；坝区大理岩分布面积较小，与变质砂岩及结晶灰岩多呈夹层分布或断层接触。

变质砂岩：浅灰～灰褐色，成分以长石、石英为主，次为云母及暗色矿物，变余砂状结构，块状及层状构造，局部夹有呈条带状分布的薄层结晶灰岩，夹层厚度一般小于3.0～5.0m。结晶灰岩：浅灰色，致密较坚硬，成分以方解石为主，次为石英，粒状变晶结构或纤维变晶结构，块状构造，局部夹有呈条带状分布的薄层变质砂岩，夹层厚度一般小于5.0m。大理岩：白色～浅灰白色，成分以方解石为主，粒状变晶结构，块状构造，呈条带状及线状分布，与变质砂岩及结晶灰岩多呈夹层分布或断层接触，地面出露宽度一般为20～50m。

3. 岩脉

坝址区发育岩脉以石英脉（q）及伟晶岩脉（ρ）为主，前者浅灰白色或乳白色，后者多为肉红色或灰白色，微晶结构，块状构造，坝址两岸均有出露，出露厚度一般为3～8m。岩脉与围岩岩体（结晶灰岩及变质砂岩）一般多呈紧密接触关系，但部分地段因围岩蚀变，片状矿物含量稍高，蚀变带厚度较小，强度相对较低，也有个别地段的岩脉与围岩岩体呈断层或裂隙接触。

2.2.3 地质构造

工程区总体为复式向斜区，从北向南由7个褶皱组成。坝址区位于其中的汤坪—东河背斜北翼和宁陕—太山庙向斜南翼之间，并有多个小型褶曲展布，坝址区处于一小型倾伏背斜的东北翼，并伴生有断层及裂隙，局部岩体中夹蚀变带。

1. 褶曲

坝址区发育一小型倾伏穹隆背斜构造，褶曲核部位于中坝线下游400m处。该背斜轴向315°～332°，与河流方向近垂直，两翼产状近于对称，NE翼地层产状倾向45°～80°、倾角25°～75°，且靠近核部倾角较小，翼部倾角变大；SW翼地层产状倾向220°～255°、倾角30°～56°，背斜向NW倾伏，倾伏角5°～9°。两翼岩性由志留系下统梅子垭组变质砂岩及结晶灰岩组成，局部夹有伟晶岩脉及石英脉。靠近背斜轴部，有断层、纵向剪性裂隙及横向张性裂隙发育，产状主要以倾向230°～240°、倾角40°～65°及倾向140°、倾角65°～75°为主。

2. 断层

坝线及附属建筑物附近地面出露的断层共19条，其中跨河断层3条，左岸断层5条，右岸断层11条，断层规模一般不大，断层破碎带宽度一般为30～150cm，影响带宽度为

1.0～8.0m，多为逆断层，力学性质以压性及压扭性为主。

3. 裂隙

经统计，坝线上的19个平洞裂隙总条数达7667条，其中缓倾角裂隙共有656条，缓倾角裂隙主要发育三组：①组产状为走向300°～335°，倾向NE/SW，延伸3～7m，与河流走向近垂直；②组产状为走向50°～85°，倾向NW/SE，延伸2～5m，与河流走向夹角小于30°；③组产状为走向15°～355°，倾向W/E，延伸5～10m，与河流走向夹角大于50°。

两岸裂隙主要发育在强风化岩体、弱风化岩体及微风化岩体的中上部，并且从各洞口向洞内，单位长度的裂隙密度具有减少的趋势。统计各风化带内的裂隙线密度分别为强风化岩体4～8条/m，弱风化岩体上部3～6条/m，弱风化岩体下部2～4条/m，微风化岩体上部0.5～2条/m。各风化带内的裂隙体密度分别为强风化岩体25～35条/m^3，弱风化岩体上部14～24条/m^3，弱风化岩体下部8～16条/m^3，微风化岩体上部2～8条/m^3。

4. 蚀变带

在坝基开挖中左岸坝线附近高程处585.20～592.40m处发育一条蚀变带，为在结晶灰岩中所夹的变质砂岩蚀变带，厚度为0.2～1.0m，靠近坝基一侧较薄，为0.2m，靠近河谷一侧较厚，约为1.0m，中段大部分厚度为0.4～0.6m，且从PD2下游支洞附近向坝基方向分为上下两条分支带，分支宽约0.2m，垂直间距最大处约3m。上部的分支产状为335°∠20°，至坝基消失；下部的分支一直近水平延伸，横穿大部分坝基后遇断层消失。该蚀变带为缓倾角结构面，总体上倾向下游及河谷方向，在边坡开挖面上已知的分布高程为585.20～592.40m。

蚀变带内岩层为浅黄色或杂色，矿物似粗砂、成片状近水平排列，易开挖，手易掰碎，手捻后大部分呈粗砂状，并含少量稍坚固的砾状核。蚀变带中未见泥质、揉皱或滑动迹象。蚀变带出露特征如图2.2-3所示。

图2.2-3 蚀变带出露特征

2.2.4 可溶岩发育特征

坝址区分布的可溶岩有大理岩及结晶灰岩，与非可溶岩变质砂岩呈互层状结构。大理岩多呈囊状切层分布，出露宽度一般为20～30m，结晶灰岩一般为35～60m，可溶岩约占60%。未发现可溶岩地层中有明显的溶洞及落水洞，岩溶类型特征以溶蚀裂隙为主，其特点是沿裂隙面溶蚀而使裂隙面凹凸不平，常附着有方解石晶体及钙质薄膜。溶隙多沿可溶岩与非可溶岩接触面及两组构造张性裂隙发育，一般延伸不大于10m，溶隙宽度小于2cm，连通性差。

左坝肩高程518.00m以上，右坝肩高程525.00m以上，河床高程485.00m以上，溶蚀裂隙断续分布，厚度一般小于1cm。可溶岩表面还发育小型溶沟、溶槽及溶孔，规模很小。溶沟、溶槽宽深小于 1cm；溶孔一般仅几毫米，仅在钻孔 ZK33 高程 638.00m 附近可溶岩与非可溶岩的接触带发育一高约 1.5m 的溶洞，充填泥质。总体而言，坝址区可溶岩地层中岩溶发育程度轻微，连通性差，对工程无明显影响。

2.2.5 水文地质条件

1. 坝址区地下水类型及补给关系

坝址区地下水类型主要为第四系松散堆积层孔隙潜水和基岩裂隙水两种类型。第四系松散堆积层孔隙潜水分布于河床河谷漫滩及低级阶地上，含水层为中粗砂、卵（砾）石层，厚度为 1～11m，主要接受大气降雨补给，向河流排泄。基岩裂隙水分布于河谷基岩强～弱风化带裂隙中，主要受大气降雨补给；河谷两岸地下水高于河水，向河流或沟谷下游以下降泉的形式排泄。坝区泉水点多分布于两岸沟谷出口处，为下降泉，出露高程一般为 670.00～855.00m，流量一般为 7～12L/min。导流洞进口高程 530.00m 处有一下降泉（泉 3），流量为 1.0～1.5L/s，根据调查分析，泉水主要是从岩石接触面及断层破碎带渗出。

坝址区河床分布高程为 525.00m，根据 36 个钻孔的水位统计，两坝肩钻孔地下水位高于河床，呈现山高水高的特征。

2. 坝址区环境水水化学特征

坝址区地下水、河水及泉水均为矿化度小于 1g/L 的淡水，水化学类型多为 HCO_3^-—Ca^{2+} 型，仅右岸一组泉水为 HCO_3^-—SO_4^{2-}—Ca^{2+}—Mg^{2+} 型水。坝址区环境水对混凝土及钢筋混凝土结构中的钢筋无腐蚀性，对钢结构有弱腐蚀性。

3. 坝址区岩（土）体的分布特征及渗透特性

依据抽水试验数据，河床砂卵石层渗透系数 $K=62$m/d，部分断层破碎带为糜棱岩夹断层泥，其渗透系数 $K=2.82\times10^{-3}\sim3.54$cm/s，属中等～强透水性。

坝址区岩体渗透剖面如图 2.2-4 所示。由图知坝址区强风化及弱风化上部岩体透水率一般大于 10Lu，下限埋深一般为 0～15m，多为强～中等透水性，占总试验段约 3%；弱风化岩体下部及微风化上部岩体透水率一般在 1.5～9.5Lu 之间，下限埋深一般为 75～145m，为弱透水性，占总试验段 70%～80%；微风化下部岩体为微透水性。河床及两岸的透水性差别不大，均随深度的增加透水性减小，依据拱坝中坝线钻孔压水试验资料，相对隔水层（<1Lu）的下限埋深在左岸 78～117m、河床 75～78m、右岸 77～134m。

2.2.6 岩体风化与卸荷

1. 岩体的风化特征

根据勘测资料，结合平洞和钻孔情况，坝址区左坝肩强风化下限水平宽度一般为 10～22m，垂直厚度为 4.2～13m；弱风化下限水平宽度一般为 31～56m，垂直厚度为 25～39m。岩体风化程度整体较均一，局部受构造影响风化相对较深（如 PD13）；河床强

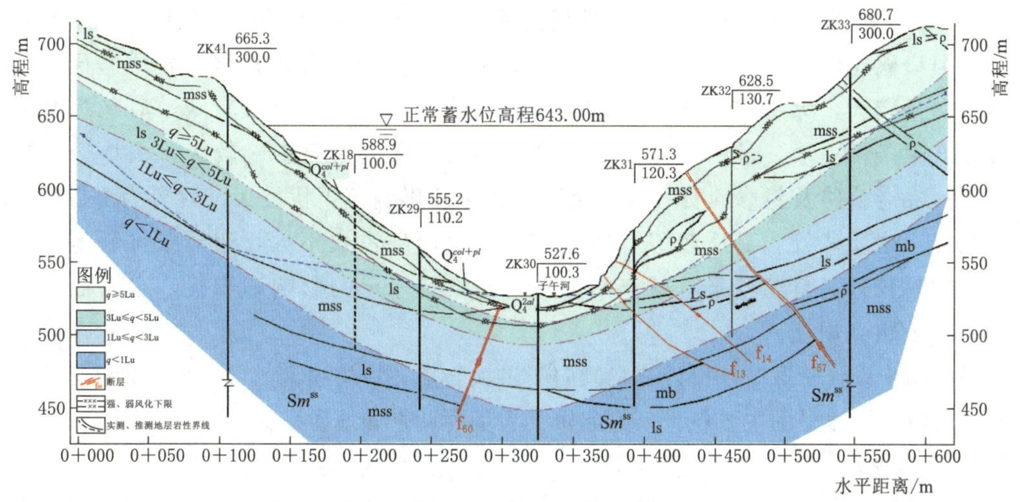

图 2.2-4 坝址区岩体渗透剖面图

风化岩体下限垂直深度一般为 7.3～12.0m，底板高程为 514.00～520.00m；弱风化岩体下限垂直深度一般为 14.0～22.0m，底板高程为 503.50～514.40m。局部受断层影响风化相对较深（如 ZK39、ZK38）；右坝肩强风化下限水平宽度为 8～19m，垂直厚度为 6～14.5m；弱风化下限水平宽度一般为 21～65m，垂直厚度为 13～39m。岩体风化程度总体受地形控制，山梁风化大于山沟，局部受构造影响风化相对较深（如 PD11、ZK14）。

强风化岩体的弹性波纵波速度 V_p=1000～2500m/s，弱风化岩体的纵波速度 V_p=2500～3800m/s，微风化岩体的纵波速度 V_p=3800～5500m/s。

2. 岩体的卸荷特征

两岸卸荷带水平宽度一般为 11～20m，与强风化带下限比较接近。统计显示有两组卸荷裂隙比较发育，一组产状倾向 140°、倾角 60°～65°，裂隙张开度为 1～10cm，充填泥质及岩屑，沿裂面局部有溶蚀现象，延伸长度大于 5m；另一组产状倾向 230°、倾角 60°～70°，裂隙宽 0.5～5cm，充填岩屑，沿裂面具溶蚀现象，延伸长度大于 5m。

2.3 主要筑坝材料

2.3.1 料场选定过程综述

项目建议书及可行性研究阶段侧重于堆石坝、重力坝、拱坝比选，勘探的料源需要量大，勘察工作在充分调查坝址附近各种料源的基础上，选择了 6 个砂砾料场、2 个土料场和 4 个石料场进行了勘察，基本查明了各料场的储量、质量、开采及运输条件。其中，1 个砂砾料场（艾心村）位于坝址下游，5 个砂砾料场位于坝址上游；2 个土料场均位于坝址上游；2 个石料场（二郎砭左岸及右岸）位于坝址下游，2 个石料场（黄草坡及利川沟对面）位于坝址上游。同时，可行性研究阶段地质建议二郎砭石料场和黄草坡石料场作为三河口碾压混凝土坝骨料的备用人工骨料场，前者为硅质板岩，岩质坚硬，品质良好，储量较大，无用层占比较小，运输条件较好，缺点是山坡较陡，后缘为基岩高边坡，开采条件一般，且围堰合龙前对右岸的石—佛老公路影响较大，围堰合龙后对右岸石—佛老公路及新修的石—佛高速公路连接线影响、干扰较大；后者为变质砂岩及结晶灰岩，岩质坚硬，品质较好，储量较大，无用层占比不大，运输条件较好，缺点是运距相对较远，料场开采对新修的陈—三公路有一定的影响和干扰，水库截流后需专修运料公路到坝址。

进入初步设计阶段时，设计方案倾向于拱坝与重力坝的坝型比选，天然骨料及人工骨料是该阶段勘探建材的主要料源，为此做了大量的调查和地质工作。

1. 天然骨料

首先对坝址上下游15km范围内进行了全面调查，确定工程区附近天然砂砾料的基本分布情况，并发现从2004年料场前期勘探以来，当地政府对所选料场的河段进行了流域治理，多处修建了防洪堤，并在堤防外侧平整土地，侵占了大量料源，同时当地村民及各类工程的大量开采使用，使天然骨料的储量较当初有明显的减少。因此初步设计阶段结合项目建议书及可行性研究阶段的6个天然砂砾料场位置、规模储量、品质及开采运输条件等，对各砂砾料场进行了取舍、合并、新增，并按照坝址上下游均有料场分布、侧重于坝址下游料场（受围堰蓄水影响小，不用二次倒运）的原则，初步设计阶段最终确定了5个天然砂砾料场并进行了详查，其中艾心村及两河口2个砂砾料场位于坝址下游，椒溪河、三河口、八字台3个砂砾料场位于坝址上游；与可行性研究阶段比较，艾心村、八字台及三河口砂砾料场基本没有变化，椒溪河砂砾料场为可行性研究阶段古庙岭村与八亩田的合并料场，两河口砂砾料场为初步设计新增加料场，舍弃了可行性研究阶段的回龙寺砂砾料场。

2. 土料

勘察阶段围堰所用防渗土料相对比较少，通过对可行性研究阶段选定的两个土料场进行比较，最终确定选择距坝址较近的$Ⅲ_1$号土料场进行详细勘察。

3. 石料及人工骨料

勘察阶段选择4个石料场，其中，3个料场作为人工骨料料源，1个料场作为块石料源，编号依次为黄草坡$Ⅱ_1$号石料场，二郎砭$Ⅱ_3$号人工骨料场，柳树沟$Ⅱ_5$号人工骨料场，柳木沟$Ⅱ_6$号人工骨料场。

2011年6月19—20日召开的引汉济渭三河口水利枢纽工程施工组织设计专题论证会，与会专家认为天然骨料分布比较分散（主要分布在坝区上下游狭长的河道上）、超粒径含量偏高、各料场砂砾平衡度差，且主要在水下开采，提出三河口碾压混凝土坝的骨料拟采用以人工骨料为主的方案，并建议在上坝址左岸坝顶高程以上的就近区域寻找人工骨料场，要求品质良好、易于开采运输且施工干扰小。根据施工专家咨询意见和前期所选人工骨料场的特点，组织相关人员进行多次查勘，对三河口—大河坝段进行详细地质调查及测绘工作。考虑到子午河在三河口—大河坝段为横向谷，河谷两岸基岩地层岩性的分布基本对称，该河段右岸有老石—佛公路及拟建石—佛公路连接段从斜坡下部及中部通过，相互影响干扰大，如有料源，其存在的问题和二郎砭石料场相同，因此初步设计阶段重点对该段左岸坝顶高程以上进行查勘和调查，因该段大部分山体为二云石英片岩，不宜作为人工骨料场，最终仅确定了两个人工骨料场和一个块石料场进行了详查，其中原来圈定的二郎砭人工骨料场因受石—佛公路连接线的干扰而无法开采使用，初步设计阶段对该人工骨料场扩大范围调查后，重新圈定二郎砭料场作为人工骨料主料场，另外新增的柳树沟料场作为备用人工骨料场，黄草坡料场作为块石料场。

2012 年 7 月，由江河水利水电咨询中心组织的技术咨询会上，专家认为二郎砭人工骨料场和柳树沟人工骨料场石料均具有潜在碱-硅酸反应，属活性骨料，因此建议在原有料场不变的基础上重新寻找新的料源，尽量避免活性物质成分的存在，以减少碱活性不利因素对工程的影响。为此，对坝址 15～20km 范围内进行野外调查和测绘工作，最终确定黄泥包附近的柳木沟Ⅱ_6号人工骨料场作为人工骨料场。

自 2015 年 4 月底正式批复以来，工程全面进入建设期，柳木沟Ⅱ_6号人工骨料场开采过程中出现了以下问题：①该区花岗岩有浅变质，且经过多期构造运动，料场风化厚度较大，裂隙发育，弱风化岩石的完整性较差，同时施工爆破工艺单一，造成弱风化岩石的利用率低，弃量较大；②当柳木沟下游（Ⅱ区）征地范围内的料场开挖至高程 675.00m 时，出现了一条宽度较大（6～11m）的暗色矿物条带及 6 条小断层，影响了石料的成材率，导致有用料储量不能满足工程用量需要；③2017 年 1—2 月，施工方、第三方检测及监理对高程 675.00～660.00m 段的轧制骨料进行了质量抽检，检测成果显示，人工粗骨料小石（5～10mm）的软弱颗粒含量大于 5%，初步判定生产的骨料不能用于主体工程施工。监理因此下达了《关于暂停混凝土浇筑的通知》，大坝浇筑停工。料场开挖问题出现后，重新对料场进行复核和补充勘察，并于 2017 年 3 月 2—5 日组织技术咨询，料场开挖揭示的地质条件与前期勘察结论基本一致。

2.3.2 料场勘察主要结论

（1）料场岩体风化厚度变化较大，均一性差，料场岩体强风化垂直厚度为 9.4～47.5m，弱风化垂直厚度为 14.8～38.1m。一般凹岸风化较薄，凸岸风化较大；山体越陡，风化越薄，山体越缓，风化越厚。

（2）柳木沟Ⅱ_6号花岗岩石料场根据取 18 组岩石样品进行的岩相法鉴定成果，岩性主要以混合花岗岩类为主，局部为花岗岩化黑云斜长角闪岩。岩石的矿物主要由钾长石（含量 15%～35%）、斜长石（含量 35%～55%）及石英（含量 8%～28%）组成，其次为黑云母（含量 2%～10%）及角闪岩（含量微量～15%）。

（3）依成分鉴定，成果暗色矿物主要为黑云母及角闪岩，勘探揭示分布厚度均较薄，一般为 10～20cm，最厚为 40cm，单孔累计厚度小于 80cm，在单孔占比一般为 0.5%～

1.4%。暗色矿物分布随机性较强，且无规律可循，这是由印支早期岩浆岩特有的形成机理造成的，工程区较纯的花岗岩在工程区及周边地区基本不存在。

(4) 破碎带仅对弱～微风化岩体进行说明（不考虑强风化带岩体和厚度小于2m的破碎带）。单孔破碎带一般厚度为4.7～12.1m，最厚为27.7m，一般占比为10.2%～17.9%，最大占比约27.6%。岩体破碎带主要分布在弱风化岩体中，且弱风化上部破碎带厚度相对较大，下部相对较小。

(5) 弱风化内破碎带岩石饱和抗压强度R_b为33.9～75MPa，平均值为49.4MPa；软化系数K_r为0.3～0.54，平均值为0.45；干密度ρ_d为2.62g/cm^3；硫酸盐及硫化物含量为0.1%～0.15%，平均值为0.12%。较完整的弱风化的岩石饱和抗压强度R_b为72.4～148MPa，平均值为114.6MPa；软化系数K_r为0.74～0.86，平均值为0.79；干密度ρ_d为2.62g/cm^3；硫酸盐及硫化物含量为0.13%～0.15%，平均值为0.14%。微风化岩石饱和抗压强度R_b为78.8～182MPa，平均值为116.0MPa；软化系数K_r为0.63～0.82，平均值为0.72；干密度ρ_d为2.63g/cm^3；硫酸盐及硫化物含量为0.10%～0.13%，平均值为0.12%。

(6) 弱风化岩体的破碎带岩石强度较低、软化系数低，不宜作为人工骨料的原岩料源，建议对其进行剔除；较完整弱风化岩体和微风化岩体强度较大，各项指标基本符合规范对人工骨料原岩质量技术要求，可作为工程用料，岩石随着开挖深度的增加岩体完整性变好，强度增加。

(7) 依据岩矿成分鉴定成果，18组样品中石英均含有一定量的波状消光及塑性拉长现象，属于应变石英，可能具有潜在碱活性危害反应，进一步采用砂浆棒快速法进行论证，柳木沟人工骨料场混合花岗岩砂浆试件14d膨胀率均小于0.1%，均为非碱活性骨料。

(8) 对工程区选不同点位取块石进行轧制试验，按骨料级配分类取样试验。人工轧制粗骨料针片状颗粒中，5～20cm粒径含量为0.5%～3.3%，20～40cm粒径含量为0.7%～2.7%，40～80cm粒径含量为0.1%～1.0%，各级配含量一般小于等于3.3%。人工轧制粗骨料软弱颗粒中，5～10cm粒径含量为11.1%～15.0%，10～20cm粒径含量为4.5%～6.3%，20～40cm粒径含量为0.8%～0.6%，粗骨料软弱颗粒含量随粒径的增大，含量减小，向粗粒径逐渐变好。人工轧制细骨料（砂）的云母中，常态砂含量为0.1%～0.87%，碾压砂含量为0.1%～0.93%。石粉中常态砂含量为14.5%～17.5%，碾压砂含量为18%。

(9) 人工轧制粗骨料的表观密度为2.67～2.68g/cm^3，堆积密度为2.67～2.68g/cm^3，吸水率为0.6%～0.7%，针片状颗粒含量为0.46%～2.01%，软弱颗粒含量为3.36%～4.55%，含泥量为0～0.6%，硫酸盐及硫化物含量为0.04%～0.11%，有机质含浅于标准色，粒度模数为6.99，坚固性为0.12%～1.0%，压碎指标为14.3%～16.4%。弱～微风化岩石人工粗骨料除堆积密度偏低外，其余各项指标符合规范对混凝土人工粗骨料质量技术要求。

(10) 人工轧制细骨料的表观密度为 2.63～2.64g/cm^3，堆积密度为 1.52～1.54g/cm^3，云母含量为 0.1%～0.93%，不含泥块，硫酸盐及硫化物含量为 0.04%～0.20%，有机质含浅于标准色，平均粒径为 0.36～0.40mm，细度模数为 2.35～2.79，石粉含量为 14.5%～18.0%，坚固性为 2.7%～3.0%。弱～微风化岩石人工细骨料各项指标符合规范对混凝土人工细骨料质量技术要求。

第 3 章

坝基岩体工程特性研究

3.1 坝基岩体风化特征研究

3.1.1 国内外风化带划分的标准依据

岩体风化的划分一直是水利水电工程地质勘察研究的重要内容之一，是岩体工程分类、确定坝基建基面、边坡岩体稳定性评价的基础工作。岩体风化是指在各种外动力作用下使岩石的矿物成分与岩体结构不断发生变化，从而使其工程地质性质不断下降的过程。影响岩体风化的主要因素有岩石本身抗风化能力、气候条件、地形地貌、地下水、地应力及风化作用时间等。工程地质实践表明，岩体风化带一般具有如下规律：风化带存在于地表以下一定深度内；风化带界线与地面形态大致一致；不同部位，如河床、漫滩、阶地及岸坡，不同高程风化带厚度存在明显差异；岩体风化实际上包括岩石风化与结构面风化两个部分；就同一岩性而言，岩体风化程度由表及里依次为全风化、强风化、弱风化、微风化直至新鲜岩体。岩体风化带的这种进一步划分对水利水电工程设计具有重要意义。岩体工程地质人员常以辨认岩石的颜色与光泽，岩石组织结构的完好程度、崩解程度、风化裂隙发育情况、裂隙两壁矿物蚀变程度或壁隙锈蚀、浸染程度，锤击声响及形变特征、强度特征与开挖方式等作为风化分带的划分依据。这种分带方法，实际上依赖于野外观察与肉眼鉴定，用于判定岩体风化程度的指标多以定性为主，全凭经验宏观把握。但由于经验不同、标准各异，不同的人员常会得出不同的划分结果，存在一定差异，有时甚至差别较大，给工程应用带来不便。

20 世纪 60 年代以前，国内外工程地质人员对岩体风化带的划分主要是借助于一些定性的指标进行的。如岩石的颜色与光泽、岩石组织结构的完好程度、崩解程度、风化裂隙发育状况、锤击声、挖掘的难易程度、裂隙两壁矿物蚀变程度、变形特征等。在很长一段时间内，使用以上定性指标划分风化岩体的工作在水利水电工程中占据主导地位。应用定性方法对风化岩体进行研究也取得了一些成果。但是，单用定性指标去描述风化岩体的风化程度具有很大的局限性，对岩体风化带的划分多取决于地质工作者的经验及对岩体的深入研究程度。这在很大程度上主观性太强，而且不同人对同一区域风化岩体的划分会产生不同的结果，不利于对风化岩体的统一认识及工程利用。60年代以后，行业内的研究人员逐步借助于一些岩体定量指标对岩体风化带进行划分。如地震声波的波速或波速比、岩石质量指标（RQD）、岩石抗压强度、岩石回弹指数、岩石点荷载强度指数等。以上定量指标的使用使岩体风化带划分有了较为客观的统计标准，在岩体风化程度判断上更准确了一些。近几年，我国在岩体风化程度划分研究上，已经取得了不少的成果。三峡工程应用岩石抗压强度、点荷载强度、声波速度、地震波速度、岩体和岩块的回弹指数等指标对坝址区风化岩体进行了分析研究。万宗礼、聂德新等对坝基岩体风化指标选取进行了研究，对岩体风化程度的指标进行了分类。主要包括表征岩石风化程度的定量指标，如岩石化学成分变化的风化势指数 WI、岩石矿物风化变异的矿物风化指数、岩石结构变化的空隙度 n、岩石密度 ρ、岩石回弹值、岩石质量指标（RQD）、风化程度系数 K_y（风化岩石的干燥单轴抗压强度与新鲜岩石的干燥单轴抗压强度之比）、岩石点荷载强度指数 I_s 和风化岩石抗拉强度 I_{wt} 等；表征结构面或节理裂隙变化的定量指标，如不同岩体段节理裂隙数量，节理组数、结构面长开度、结构面间距、结构面开度等；既表征岩石风化程度，又表征结构面风化程度及岩体赋存环境（如地应力场、渗流场、温度场）的综合定量指标，如弹性波波速（纵波 V_p、横波 V_s）、风化岩与新鲜岩石的波速比 K、波速系数 F_n、岩体模量（动弹模量、静弹模量、变形模量）、岩体完整性系数等。

万宗礼、聂德新等在《高拱坝建基岩体研究与实践》中对岩体风化带划分研究上提出了“风化程度及特征与岩体结构有关”的重要概念。其认为研究岩体风化带划分，应当是围绕“岩体结构”这一控制岩体工程地质性质和岩体稳定的基本条件来进行的；更提出了对于风化岩体进行划分时，选择定量划分指标时应遵循“易得”和“可靠”两个原则。依据上述原则，万宗礼等给出了一套推广性的风化分带指标，主要包括波速比、完整性系数、岩体质量指标（RQD）、裂隙间距、裂隙条数等。

我国水利水电工程中现行的《水利水电工程地质勘察规范》（GB 50487—2008）对岩体风化带划分时首次采用了“波速比”量化指标，且从工程实际出发，参考国内多个工程经验，将弱风化带进一步划分为上、下两个亚带。按照《水利水电工程地质勘察规范》（GB 50487—2008），岩体风化带划分见表 3.1-1。

表 3.1-1　　岩体风化带划分

风化分带	主要地质特征	风化岩与新鲜岩波速比
全风化	全部变色，光泽消失。 岩石的组织结构完全破坏，已崩解和分散成松散的土状或砂状，有很大的体积变化，但未移动，仍残留有原始结构痕迹。 除石英颗粒外，其余矿物大部分风化蚀变为次生矿物。 锤击有松软感，出现凹坑；矿物可被手捏碎，用锹可以挖动	<0.4

续表

风化分带		主 要 地 质 特 征	风化岩与新鲜岩波速比
强风化		大部分变色，只有局部岩块保持原有颜色。 岩石的组织结构大部分已破坏，小部分岩石已分解或崩解成土，大部分岩石呈不连续的骨架或心石，风化裂隙发育，有时含大量次生夹泥。 除石英外，长石、云母和铁镁矿物已风化蚀变。 锤击哑声，岩石大部分变酥，易碎，用镐锹可以挖动，坚硬部分需要爆破	0.4～0.6
弱风化	上带	岩石表面或裂隙面大部分变色，断口色泽较新鲜。 岩石原始组织结构清楚完整，但大多数裂隙已风化，裂隙壁风化剧烈，宽一般为5～10cm，大者可达数十厘米。 沿裂隙铁镁矿物氧化锈蚀，长石变得浑浊、模糊不清。 锤击哑声，用镐难挖，需用爆破	0.6～0.8
	下带	岩石表面或裂隙面大部分变色，断口色泽新鲜。 岩石原始组织结构清楚完整，沿部分裂隙风化，裂隙壁风化较剧烈，宽一般为1～3cm。沿裂隙铁镁矿物氧化锈蚀，长石变得浑浊、模糊不清。 锤击发音较清脆，开挖需用爆破	
微风化		岩石表面或裂隙面有轻微褪色。 岩石组织结构无变化，保持原始完整结构。 大部分裂隙闭合或为钙质薄膜充填，仅沿大裂隙有风化蚀变现象，或有锈膜浸染。锤击发音清脆，开挖需用爆破	0.8～0.9
新鲜		保持新鲜色泽，仅大的裂隙面偶见褪色。 裂隙面紧密，完整或焊接状充填，仅个别裂隙面有锈膜浸染或轻微蚀变。 锤击发音清脆，开挖需用爆破	0.9～1.0

3.1.2　三河口水利枢纽工程风化划分标准

参照国内外其他大型水库项目，三河口坝址区岩体风化的划分采用定性与定量指标相结合的方法进行，划分以规范为依据。

1. 风化岩体地质特征的定性判断

定性指标主要为通过野外仔细观察及肉眼鉴定直接获得一定的感性认识，通过经验比对、类比、参照相似工程完成的岩体风化带划分的目的。按照《水利水电工程地质勘察规范》(GB 50487—2008)，表征岩石风化程度的主要地质特征有岩石颜色、结构构造、矿物成分、化学成分的变化、岩石的崩解、解体程度、矿物蚀变程度及其次生矿物成分等，以及对风化岩石的锤击反应。三河口坝址区岩体表部风化特征调查如图 3.1-1 所示。

2. 风化岩体定量指标的确定

定量指标通过室内外对风化岩体的各种性质指标进行测试、试验，根据量测结果按照定量指标划分标准进行风化岩体不同程度的划分。

定量划分指标选择时遵循“易得”和“可靠”的原则。由于坝址区每个平洞及大部分钻孔都进行了波速测试，获得了大量岩体的波速、完整性系数测试数据；取了大量岩样进

图 3.1-1 三河口坝址区岩体表部风化特征调查

行室内试验，获得了岩石抗压强度；对大部分钻孔岩芯成果进行了岩石质量指标的统计。因此结合三河口坝址区进行的试验项目及成果，最终选取波速、完整性系数（K_v）为主要定量指标，综合评定时参考岩石抗压强度、岩石质量指标（RQD）等作为定量指标。

3.1.3 三河口水利枢纽工程岩体风化带的划分

岩体风化是以一定的地质背景为基础的，同时研究岩体风化也是为了应用于工程。因此，鉴于坝址区的地形地貌特征及拱坝工程的特点，三河口坝址区岩体风化的划分按区域分为两岸坝肩区及河床坝基区。针对两岸坝肩与河床坝基不同部位风化特点及试验情况的不同，赋予各自不同的风化划分特征指标，在两岸坝肩以平洞波速、波速比及完整性系数作为定量指标，在河床坝基则主要以波速比作为定量指标。

1. 坝址区风化岩体动力学特性

勘察期在三河口坝址区两岸及河床不同高程进行了钻孔和平洞内的纵波波速测试。坝址区左、右岸及河床钻孔内纵波速度与钻孔深度关系曲线如图 3.1-2 所示，坝址区左、右岸平洞内声波纵波速度与平洞深度关系曲线如图 3.1-3 所示，坝址区左、右岸平洞内地震波纵波速度与平洞深度关系曲线如图 3.1-4 所示。

根据坝址区勘探点波速测试成果，参照《水利水电工程地质勘察规范》（GB 50487—2008），并结合三河口水利枢纽工程地质特点，确定坝址区不同风化带的划分标准为强风化变质砂岩及结晶灰岩岩体纵波速度 V_p=1000～2500m/s，弱风化上带变质砂岩及结晶灰岩岩体纵波速度 V_p=2500～4000m/s，弱风化下带变质砂岩及结晶灰岩岩体纵波速度 V_p=3800～4500m/s，微风化变质砂岩及结晶灰岩岩体纵波速度 V_p>4400m/s；强风化大理岩岩体纵波速度 V_p=900～2300m/s，弱风化上带大理岩岩体纵波速度 V_p=2300～3500m/s，弱风化下带大理岩岩体纵波速度 V_p=3200～4300m/s，微风化大理岩岩体纵波速度 V_p>4800m/s。计算相应的岩体波速比分别为强风化岩体波速比为 0.2～0.5，弱风化上带岩体波速比为 0.5～0.73，弱风化上带岩体波速比为 0.7～0.82，微风化岩体波速

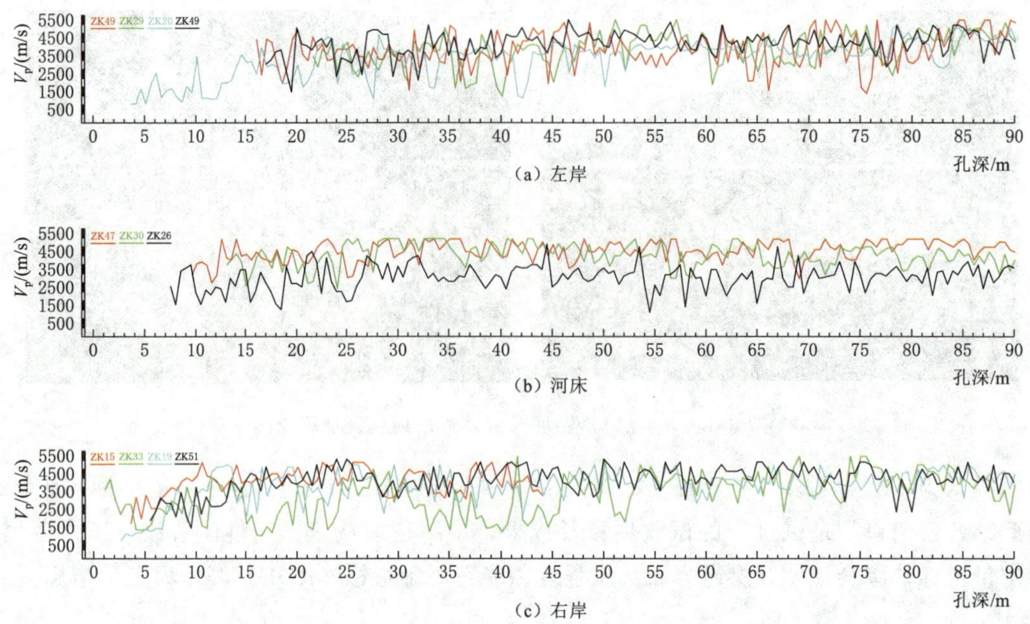

(a) 左岸

(b) 河床

(c) 右岸

图 3.1-2　坝址区左、右岸及河床钻孔内纵波速度与钻孔深度关系曲线

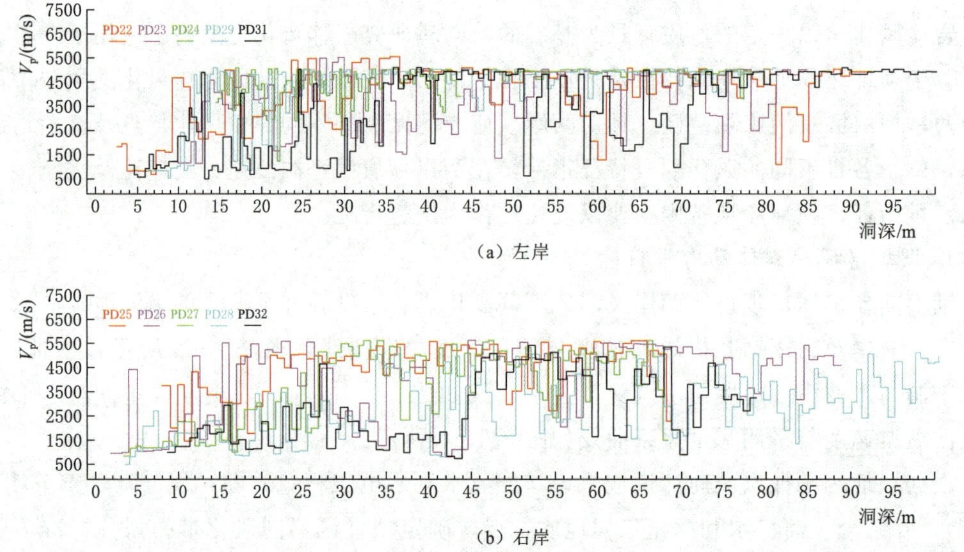

(a) 左岸

(b) 右岸

图 3.1-3　坝址区左、右岸平洞内声波纵波速度与平洞深度关系曲线

比为 0.8～0.95。

通过坝址区钻孔和平洞内纵波波速和声波波速测试可知坝址区岩体风化具有以下特征。

(1) 在相同地质介质下，声波纵波速度普遍比地震波纵波速度高 200～300m/s。根据在原位变形试验点的声波测试成果，受爆破及开挖影响，弱风化岩体松动圈一般为 0.2～

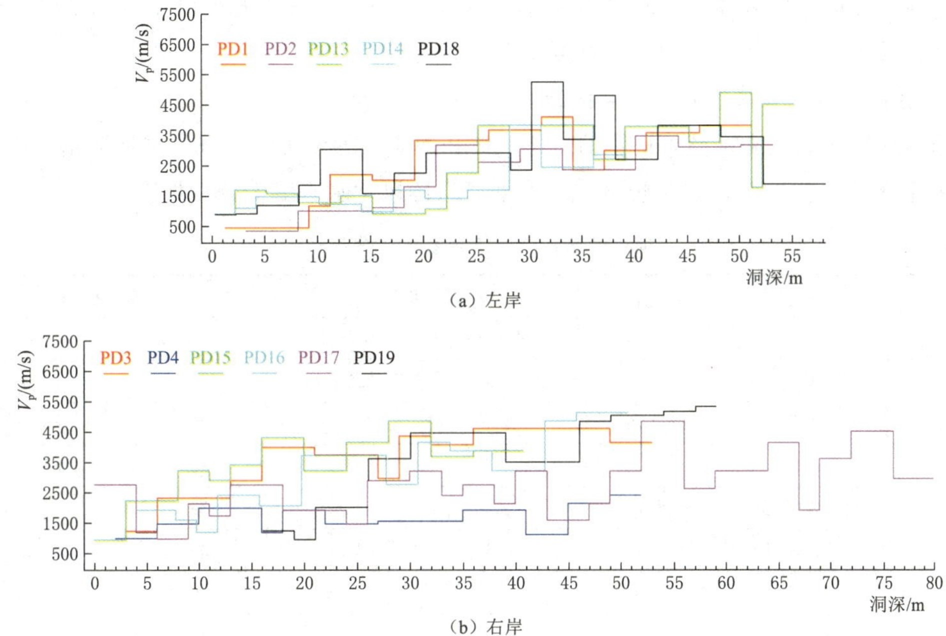

(a) 左岸

(b) 右岸

图 3.1-4 坝址区左、右岸平洞内地震波纵波速度与平洞深度关系曲线

0.5m，微风化岩体松动圈一般为 0.05～0.3m，声波法由于是在洞内 0.8～1.0m 深的孔内进行，已避开了岩体的松动圈，而地震波法是在洞壁进行，有一定厚度的松动岩体，因此纵波速度偏低。经过分析认为，以声波法测试的波速更接近实际，本次主要采用声波波速。

(2) 同一岩性的各个风化带内，纵波速度变化范围很大，如变质砂岩的弱风化上带纵波速度最小值仅为 1200m/s，最大值可达 5800m/s，主要集中在 2400～3900m/s；弱风化下带纵波速度最小值仅为 1500m/s 左右，最大值可达 5800m/s，主要集中在 3800～4800m/s；微风化带纵波速度最小值仅为 2300m/s，最大值可达 5800m/s。主要集中在 4300～5500m/s。结晶灰岩的弱风化上带纵波速度最小值仅为 1000m/s，最大值可达 5200m/s，主要集中在 2500～4100m/s；弱风化下带纵波速度最小值仅为 2000m/s 左右，最大值可达 5200m/s，主要集中在 3900～5100m/s；微风化带纵波速度最小值仅为 3000m/s 左右，最大值可达 5500m/s，主要集中在 4500～5300m/s。即风化程度较弱的岩体中，有多段低波速区；风化程度较强的岩体中，亦有高波速区段。

(3) 各风化带内，变质砂岩及结晶灰岩的纵波速度主要集中范围基本一致。如强风化带主要集中在 1000～2500m/s，弱风化上带主要集中在 2300～4000m/s，弱风化下带主要集中在 3800～5000m/s，微风化带主要集中在 4400～5300m/s。强风化、弱风化上下带内的大理岩纵波速度普遍低于变质砂岩和结晶灰岩，而微风化大理岩的纵波速度普遍高于变质砂岩和结晶灰岩 300～400m/s，显示大理岩“硬、脆、碎”的特点。

(4) 坝区左岸的低波速区（一般小于 3800m/s）大体位于水平宽度 35～38m 以外，

坝区右岸的低波速区大体位于水平宽度 43～50m 以外。这说明右岸风化带水平宽度较左岸更宽；河床低波速区主要位于垂直深度 25～28m 以上。

2. 用岩体动力学特性对坝基岩体的风化带初步划分

依据坝址区钻孔和平洞等揭示的岩体声波和地震波的动力学特征，坝址区钻孔内岩体垂直风化分带见表 3.1-2，坝址区左、右坝肩岩体风化水平宽度分带见表 3.1-3。

表 3.1-2　　坝址区钻孔内岩体垂直风化分带表

位置		孔口高程/m	强风化带		弱风化带	
			深度/m	高程/m	深度/m	高程/m
左岸	ZK4	656.12	4.5	651.62	33.0	623.12
	ZK41	666.00	12.5	653.50	35.0	631.00
	ZK37	646.00	12.5	633.50	30.0	616.00
	ZK20	644.74	12.0	632.74	39.2	605.54
	ZK34	635.45	7.6	627.85	30.0	605.45
	ZK46	610.00	8.6	601.40	26.0	584.00
	ZK49	602.50	6.5	596.00	38.0	564.50
	ZK25	604.65	5.0	599.65	33.6	571.05
	ZK18	587.81	12.5	575.31	30.0	557.81
	ZK21	585.73	4.2	581.53	38.5	547.23
	ZK12	564.72	10.0	554.72	26.0	538.72
	ZK29	555.25	15.0	540.25	28.0	527.25
河床	ZK39	527.59	11.0	516.59	21.0	506.59
	ZK1	527.40	8.7	518.70	13.0	514.40
	ZK47	525.90	9.0	516.90	21.5	504.40
	ZK13	527.35	7.5	519.85	14.0	513.35
	ZK38	527.11	11.0	516.11	21.6	505.51
	ZK30	525.00	10.5	514.50	21.0	504.00
	ZK2	526.50	12.0	514.50	19.5	507.00
	ZK22	525.95	12.5	513.45	21.0	504.95
	ZK26	525.66	8.5	517.16	14.5	511.16
	ZK3	525.99	7.3	518.69	15.8	510.19
	ZK40	525.50	9.5	516.00	22.0	503.50
右岸	ZK33	681.30	10.0	671.30	46.0	635.30
	ZK5	662.49	14.5	647.99	39.2	623.29
	ZK35	647.65	12.7	634.95	35.6	612.05
	ZK36	646.00	8.6	637.40	38.0	608.00
	ZK24	641.83	7.2	634.63	37.3	604.53

续表

位　　置		孔口高程/m	强风化带		弱风化带	
			深度/m	高程/m	深度/m	高程/m
右岸	ZK32	630.00	8.5	621.50	30.1	599.90
	ZK51	615.00	10.0	605.00	31.0	584.00
	ZK48	608.00	15.5	592.50	34.8	573.20
	ZK27	606.94	6.0	600.94	27.0	579.94
	ZK16	606.85	13.5	593.35	35.5	571.35
	ZK14	602.99	13.5	589.49	60.7	542.29
	ZK19	590.00	11.0	579.00	38.8	551.20
	ZK43	590.00	6.0	584.00	24.0	566.00
	ZK23	578.22	6.6	571.62	36.0	542.22
	ZK50	582.01	7.5	574.51	31.5	550.51
	ZK31	570.00	12.5	557.50	30.0	540.00
	ZK15	560.22	10.0	550.22	30.0	530.22
	ZK28	566.09	13.0	553.09	30.0	536.09
	ZK42	564.00	9.5	554.50	32.0	532.00
	ZK44	556.80	5.8	551.00		
	ZK17	553.82	9.5	544.32	30.0	523.82
	ZK11	533.63	6.6	527.03	13.3	520.33

表 3.1-3　　坝址区左、右坝肩岩体风化水平宽度分带表　　单位：m

坝线位置			强风化带	弱风化上带	弱风化下带	微风化带	岩　性
上坝线	左岸	PD31	0～17.5	17.5～34.6		34.6～100.0	31m 以前为结晶灰岩，以后为变质砂岩
		PD1	0～19.0	19.0～41.0	41.0～51.0		结晶灰岩为主
	右岸	PD3	0～11.0	11.0～25.0	25.0～36.0	36.0～51.0	变质砂岩为主
		PD32	0～15.5	15.5～45.5		45.5～80.1	变质砂岩为主
中坝线	左岸	PD22	0～15.5	15.5～31.0		31.0～93.0	结晶灰岩为主
		PD23	0～12.8	12.8～38.4	38.4～52.2	52.2～85.0	PD23f_1 及岩脉以前为变质砂岩，以后为结晶灰岩
		PD2	0～17.0	17.0～47.0	47.0～72.0	72.0～101.5	结晶灰岩为主
		PD20	0～21.0	21.0～36.0	36.0～45.5	45.5～121.5	PD20f_1 以前为变质砂岩，以后为结晶灰岩
		PD24	0～20.7		20.7～41.8	41.8～78.8	25m 以前为变质砂岩，以后为结晶灰岩
	右岸	PD25	0～11.5	11.5～21.0		21.0～69.5	变质砂岩为主
		PD26	0～11.6	11.6～34.9	34.9～45.0	45.0～88.8	变质砂岩为主
		PD21	0～8.0	8.0～21.0	21.0～49.0	49.0～109.0	变质砂岩为主
		PD27	0～15.9	15.9～26.8	26.8～45.4	45.4～70.0	变质砂岩为主
		PD28	0～19.1	19.1～42.5	42.5～65.0	65.0～117.0	变质砂岩为主

续表

坝线位置			强风化带	弱风化上带	弱风化下带	微风化带	岩　性
下坝线	左岸	PD29	0～11.8		11.8～46.3	46.3～81.4	结晶灰岩为主
		PD13	0～22.0	22.0～48.0	48.0～55.4		变质砂岩为主
		PD14	0～28.0	28.0～39.0	0～28.0		伟晶岩脉为主
	右岸	PD15	0～8.0	8.0～24.0	24.0～40.8		结晶灰岩为主
		PD4	0～49.0	49.0～52.0			结晶灰岩为主
		PD16	0～11.8	11.8～30.8	30.8～42.8	42.8～107.0	结晶灰岩、变质砂岩为主
		PD17	0～13.0	0～64.0		64.0～80.1	结晶灰岩、变质砂岩为主

不管是平洞内波速测试，还是钻孔内波速测试，其都反映出岩体波速随垂直深度或水平宽度具有波动式变化特征。一般而言，对于平洞内的波速测试，其 V_p 值总体呈波动上升的特点，反映出沿远离岸坡方向，岩体受风化作用越来越弱的特点；同样，对于钻孔内的波速测试，其 V_p 值总体亦是波动上升，反映出沿远离地表方向，岩体受风化作用越来越弱的特点。

坝址区不同岩性各风化带声波纵波速度和地震波纵波速度散点分布如图 3.1-5 和图 3.1-6 所示（横轴为分段统计的位置）。

按照《水利水电工程地质勘察规范》（GB 50487—2008），参照其他工程风化岩体划分标志，结合三河口岩体实际波速测试成果，并考虑岩性影响以后，三河口坝址区按照岩体风化统计及风化带划分的坝址区岩体声波波速测试成果汇总见表 3.1-4。

表 3.1-4　　坝址区岩体声波波速测试成果汇总表

岩性名称	风化程度	纵波速度 V_p/(m/s)			完整性系数 K_v	
		总体区间值	集中分布区间值	平均值	集中分布区间值	平均值
变质砂岩	强风化带	986～3077	1050～2450	1700	0.08～0.28	0.20
	弱风化上带	1991～4375	2400～3900	3200	0.26～0.61	0.36
	弱风化下带	3528～4826	3800～4800	4200	0.36～0.75	0.57
	微风化带	3846～5800	4300～5500	4800	0.63～0.99	0.74
结晶灰岩	强风化带	793～2788	1000～1600	1500	0.08～0.28	0.22
	弱风化上带	2367～4248	2500～4100	3300	0.23～0.59	0.38
	弱风化下带	3075～5200	3900～5100	4300	0.49～0.76	0.59
	微风化带	4154～5300	4500～5300	4850	0.61～0.99	0.76
大理岩	强风化带	1000～2597	1000～1900	1400	0.04～0.25	0.18
	弱风化上带	2469～4167	2700～3900	3100	0.14～0.44	0.35
	弱风化下带	3125～4626	3300～4000	3800	0.38～0.64	0.53
	微风化带	3846～5800	4800～5500	5000	0.64～0.99	0.80

3. 坝址区岩体风化带划分综合确定

现场根据平洞洞壁岩石（钻孔岩芯）的颜色、光泽、岩石组织结构的完好程度、风化裂隙的发育情况、裂隙壁矿物蚀变程度、锤击声音等定性判断，结合钻孔和平洞内声波及

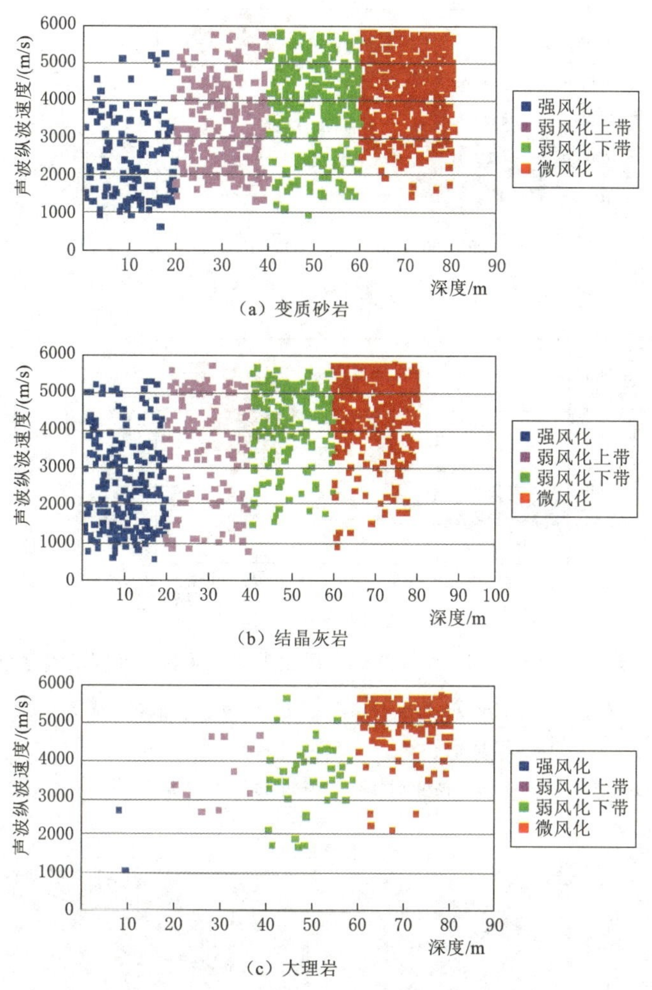

(a) 变质砂岩

(b) 结晶灰岩

(c) 大理岩

图 3.1-5 变质砂岩、结晶灰岩及大理岩各风化带声波纵波速度散点分布图

地震波测试成果的初步风化分带判别，可知坝址区岩体风化整体具有以下综合特征。

左坝肩强风化带下限水平宽度一般为 10～22m，垂直厚度为 4.2～13m；弱风化带下限水平宽度一般为 31～56m，垂直厚度为 25～39m。其中，PD24 因覆盖层较厚强风化较深，PD10 因走向与山体不垂直风化深度较大，岩体风化程度整体较均一，局部受构造影响风化相对较深。河床强风化岩体下限垂直深度一般为 7.3～12.0m，底板高程为 514.00～520.00m；弱风化岩体下限垂直深度一般为 14.0～22.0m，底板高程为 503.50～514.40m。局部受断层影响风化相对较深（如 ZK39、ZK38）。

右坝肩强风化带下限水平宽度为 8～19m，垂直厚度为 6～14.5m；弱风化带下限水平宽度一般为 21～65m，垂直厚度为 13～39m。其中，PD4、PD28 因其走向与山体走向夹角较小而风化数值异常，PD11 及 ZK4 因位于断层密集带风化较深。岩体风化程度总体受地形控制，山梁风化大于山沟，局部受构造影响风化相对较深。

按照综合划分标准，推荐坝址坝轴线岩体风化带划分如图 3.1-7 所示。

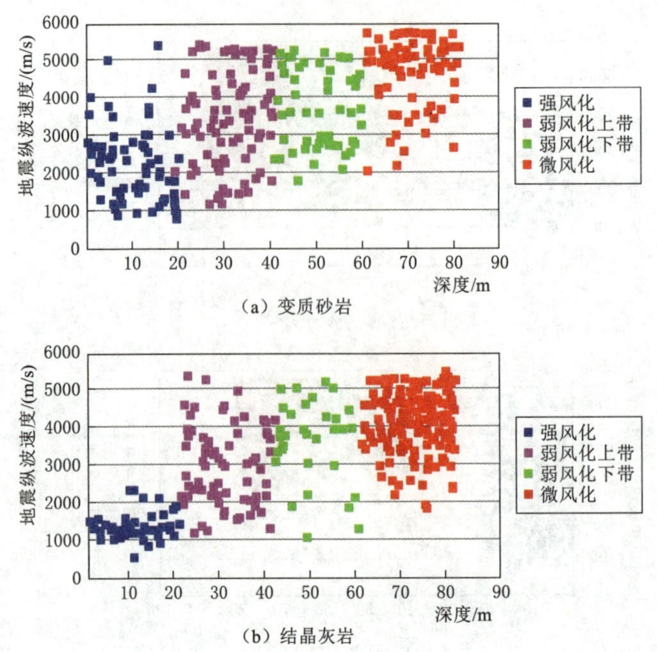

(a) 变质砂岩

(b) 结晶灰岩

图 3.1-6　变质砂岩、结晶灰岩各风化带地震波纵波速度散点分布图

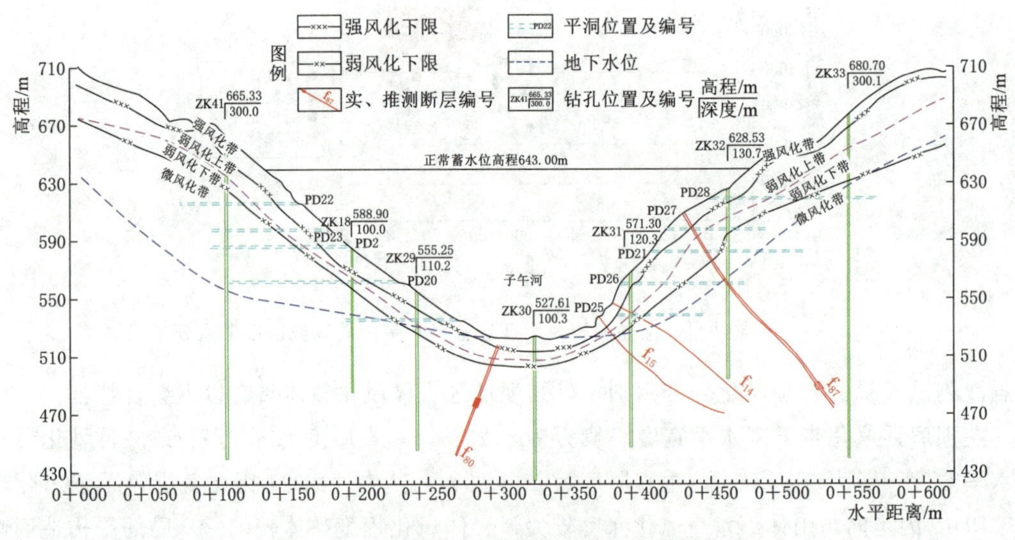

图 3.1-7　推荐坝址坝轴线岩体风化带划分图

3.2　岩体卸荷特征分析及卸荷带划分

3.2.1　国内卸荷划分的标准依据

与岩体风化类似，岩体卸荷是水利水电工程地质勘察研究的重要内容之一，是岩体工

程分类、确定坝基建基面、边坡岩体稳定性评价的基础工作。

长期以来，在水利水电工程建设中没有统一的岩体卸荷带划分标准。在工程实践中，有些工程只划分卸荷带和非卸荷带，有些工程则划分强卸荷带和弱卸荷带。由于划分标准不统一，给岩体质量评价和地基处理设计施工带来诸多不便。我国水利水电工程中现行的《水利水电工程地质勘察规范》（GB 50487—2008）对岩体卸荷带划分见表 3.2-1。其首先把卸荷带以主要工程特征划分为正常卸荷带及异常卸荷带，并采用张开裂隙宽度和波速比作为辅助量化指标，将正常卸荷带划分为强卸荷带和弱卸荷带。

表 3.2-1　　岩体卸荷带划分

卸荷类型	卸荷带分布	主要地质特征	特征指标	
			张开裂隙宽度	波速比
正常卸荷	强卸荷带	近坡体浅表部卸荷裂隙发育的区域；裂隙密度较大，贯通性好，呈明显张开，宽度在几厘米至几十厘米之间，充填岩屑、碎块石、植物根系，并可见条带状、团块状次生夹泥，规模较大的卸荷裂隙内部多呈架空状，可见明显的松动或变位错落，裂隙面普遍锈染；雨季沿裂隙多有线状流水或成串状滴水；岩体整体松弛	张开宽度大于 1cm 的裂隙发育（或每米洞段张开裂隙累计宽度大于 2cm）	<0.5
	弱卸荷带	强卸荷带以里可见卸荷裂隙较为发育区域；裂隙张开，其宽度几毫米，并具有较好的贯通性；裂隙内可见岩屑、细脉状或膜状次生夹泥充填，裂隙面轻微锈染；雨季沿裂隙可见串珠状滴水或较强渗水；岩体部分松弛	张开宽度小于 1cm 的裂隙发育（或每米洞段张开裂隙累计宽度小于 2cm）	0.5～0.75
异常卸荷	深卸荷带	相对完整段以里出现的深部裂隙松弛段；深部裂缝一般无充填，少数有锈染；岩体纵波速度相对周围岩体明显降低	—	—

3.2.2　三河口水利枢纽卸荷划分标准

参照国内外其他大型水库项目，三河口坝址区岩体风化的划分采用定性与定量指标相结合的方法进行，定性划分以规范为依据。

1. 卸荷岩体地质特征的定性判断

定性指标主要通过野外仔细观察及肉眼鉴定直接获得一定的感性认识，通过经验比对、类比、参照相似工程来达到岩体卸荷带划分的目的。按照《水利水电工程地质勘察规范》（GB 50487—2008），表征岩石卸荷程度主要有以下特征：①表部岩体崩塌、松动，地面开裂，严重者使斜坡岩体演化为变形体或滑坡；②新的结构面产生、原有结构面在其尖端表现出裂纹扩展、一些近地表结构面张开拉裂；③节理面充填次生夹泥或其他次生充填物；④在环境场特别是松弛的应力场、活跃的渗流场作用下风化加剧，由此导致岩石某些组织结构破坏，某些矿物成分发生转化，流失或质变；⑤应力释放导致岩体松动松弛、密度降低；⑥岩石卸荷回弹，体积膨胀，力学性能降低；⑦岩体位移明显，在软岩表现为塑性变形强烈，在硬岩表现为结构变形突出；⑧RQD 值、波速值、视电阻率值降低，岩体结构松弛、完整性变差；⑨地下水活跃，水与岩作用显著，洞室开挖后引起围岩渗水、滴水、流水、涌水等特征。

2. 卸荷岩体定量指标的确定

卸荷岩体定量指标的确定与岩体风化划分定量指标选择的原则类似。由于坝址区每个平洞及大部分钻孔都进行了波速测试，获得了大量岩体的波速和完整性系数，还取了大量岩样进行室内试验，获得了岩石抗压强度；对大部分钻孔岩芯成果进行了岩石质量指标的统计。因此结合三河口坝址区进行的试验项目及成果，最终选取了纵波速度（V_p）及完整性系数（K_v）为卸荷岩体的定量指标。

3.2.3　三河口水利枢纽岩体卸荷带的划分

1. 坝址区岩体卸荷带裂隙发育特征

两岸卸荷带水平宽度一般为 11～20m，与强风化带下限比较接近。统计显示有两组卸荷裂隙比较发育，一组产状为 140°∠60°～65°，裂隙张开度为 1～10cm，充填泥质及岩屑，沿裂面局部有溶蚀现象，延伸长度大于 5m；另一组产状为 230°∠60°～70°，裂隙宽为 0.5～5cm，充填岩屑，沿裂面具溶蚀现象，延伸长度大于 5m。

2. 用声波波速对坝基岩体卸荷判定

按照《水利水电工程地质勘察规范》（GB 50487—2008）并参照其他工程卸荷岩体划分标准，结合三河口岩体实际波速测试成果，三河口坝址按照岩体波速测试成果对坝址区岩体卸荷带声波波速测试成果汇总见表 3.2-2。

表 3.2-2　坝址区岩体卸荷带声波波速测试成果汇总表

岩性名称	风化程度	纵波速度 V_p/(m/s)	完整系数 K_v
变质砂岩	强卸荷带	900～2300	0.08～0.28
	弱卸荷带	2300～4000	0.50～0.61
结晶灰岩	强卸荷带	1000～2400	0.08～0.28
	弱卸荷带	2400～4200	0.55～0.59

3. 坝址区岩体卸荷分带的综合确定

根据实施完成的平洞资料中的洞壁裂隙密度、裂隙张开度、充填物质状态、地下水状态等，确定坝址区平洞岩体风化卸荷带水平宽度见表 3.2-3。

表 3.2-3　坝址区平洞岩体风化卸荷带水平宽度表

位置	平洞编号	高程/m	卸荷带水平宽度/m
左岸	PD24	538.57	20
	PD20	564.76	12
	PD14	565.71	11
	PD2	588.98	14
	PD29	605.93	14

续表

位置	平洞编号	高程/m	卸荷带水平宽度/m
右岸	PD25	541.63	9
	PD3	562.30	8
	PD26	563.24	11
	PD15	564.87	6
	PD21	585.26	8
	PD16	598.36	9
	PD27	602.70	13
	PD32	609.20	12
	PD28	622.35	9
	PD17	640.59	11

坝址区岸坡相对高差为 230m，受自重应力作用，边坡岩体向临空存在卸荷回弹变形。卸荷作用主要表现为结构面张开松弛，卸荷带深度主要受岩体风化深度控制，与地形关系密切。上坝址左岸及下坝址右岸岩体风化较为强烈，卸荷深度较大，坝址左岸一般为 10～15m，坝址右岸为 24m，主要卸荷裂隙产状与坡面产状基本一致，卸荷带岩体呈碎裂结构。

3.3 坝基岩体结构面特性研究

3.3.1 坝基岩体结构面分级标准

岩体结构面包含不同成因类型的地质界面，如断层面，不整合接触面，节理裂隙面等。它是构成岩体结构并控制岩体力学性质的主导因素。因此需重视岩体结构面的研究，按一定的标准对结构面进行分级，研究不同结构面发育的位置、间距、连续性及延展性、起伏差、粗糙性以及充填情况等，分析坝基岩体各部位的结构面发育特征，提出不同级别坝基岩体结构面的物理力学性质参数。

现行《水利水电工程地质测绘规程》（SL/T 299—2020）中有关岩体结构面的分级标准有详细说明。岩体结构面分级见表 3.3-1。

表 3.3-1　　岩体结构面分级

分级	分级名称	延伸长度 L/m	宽度 W/m	主要特征
Ⅰ	区域性断裂	$L \geqslant 20000$	$W \geqslant 10.0$	深度至少切穿一个构造层。控制区域构造稳定性、新构造运动、天然地震和水库诱发地震危险性
Ⅱ	大型断层	$1000 \leqslant L < 20000$	$1.0 \leqslant W < 10.0$	贯穿工程区的断层，深度限于盖层。控制山体稳定、大范围岩体稳定

续表

分级	分　级　名　称	延伸长度 L/m	宽度 W/m	主　要　特　征
Ⅲ	中型断层	$100 \leqslant L < 1000$	$0.1 \leqslant W < 1.0$	断层，层间剪切带。控制岩体稳定、边坡稳定、坝基稳定
Ⅳ	小断层、大裂隙	$10 \leqslant L < 100$	$W < 0.1$	小断层，延伸较长的节理、裂隙。影响坝段稳定、地下洞室围岩稳定、局部边坡稳定
Ⅴ	节理（裂隙）	$L < 10$	—	节理、裂隙、劈理。影响局部边坡、围岩块体稳定及岩体完整性

坝址区岩体结构面类型有断层、裂隙及岩脉接触带等，延伸长度及规模差别较大，充填类型多样，结合该工程的实际特点，按照结构面类型、延伸长度及宽度、充填物性质等，对坝址区岩体结构面按岩体结构面分级标准分级，坝址区仅发育Ⅲ～Ⅴ级结构面，其中Ⅲ～Ⅳ级结构面为中小型断层或大裂隙，其发育位置是明确的，对其研究主要采取工程区测绘和工程地质条件评价。Ⅴ级结构面为岩体中各种节理、裂隙，它们在岩体中具有发育数量多、随机性和成组性等特点，受区域构造和风化的影响，控制着岩体的完整性及力学特征。

3.3.2　坝址区Ⅲ～Ⅳ级结构面发育分布特征

根据工程区地质测绘及勘探成果分析，坝线及附属建筑物附近地面出露规模相对较大的断层共19条，其中跨河断层3条，左岸断层5条，右岸断层11条。另外，在坝址区坝线上19个平洞内共揭示小型断层89条。坝线及附属建筑物附近地表出露断层特征见附表1-1，坝线平洞内揭示断层特征统计见附表1-2。

坝线及附属建筑物附近地表揭示的断层大部分属高倾角的逆断层，宽度一般小于0.5m，影响带宽度一般为1～3m，部分可达3～8m，断层带内以糜棱岩为主，局部夹有断层泥、碎裂岩、角砾岩或岩屑等，延伸长度一般都大于100m，属中等断层，即Ⅲ级结构面。

有5条地面出露断层在平洞内获得揭示（即 f_{45}、f_{14}、f_{57}、f_{59}、f_{61}），说明这5条断层规模相对较大，破碎带及影响带较宽，其余84条断层规模很小，破碎带宽度一般为5～40cm，最大宽度为80cm，多为高倾角的逆断层，属Ⅳ级结构面。

仅在平洞内揭示缓倾角断层8条，其中左岸2条，右岸6条，发育长度一般为100m左右，也属Ⅳ级结构面。坝址区缓倾角断层特征（倾角小于30°）见表3.3-2。

坝址区断层走向玫瑰花图如图3.3-1所示。由图可知，坝址区断层总条数为107条，按走向可分为4组：①走向270°～285°、倾向SW、倾角50°～80°，力学性质为压性；②走向300°～320°、倾向NE/SW、倾角58°～88°，力学性质以压扭性为主；③走向330°～350°、倾向SW、倾角50°～80°，力学性质以压扭性为主；④走向10°～20°、倾向NE、倾角50°～80°，力学性质以张性、张扭性为主。

表 3.3-2　　坝址区缓倾角断层特征表（倾角小于 30°）

断层编号	出露位置	高程/m	产状		断层类型	断层带宽度/m	影响带宽度/m	充填情况
			倾向/(°)	倾角/(°)				
PD20f_5	左岸	564.76	290～300	15～30	逆断层	0.15～0.2	0.3～0.5	糜棱岩，角砾岩
PD23f_3 支		601.01	45	25	逆断层	0.1～0.4	0.4～0.6	糜棱岩，角砾岩
PD26f_1	右岸	563.24	150～190	16～30	逆断层	0.1～0.3	0.3～0.5	糜棱岩，角砾岩
PD26$f_{1'}$		563.24	170	25	逆断层	0.05～0.1	0.2～0.3	糜棱岩，角砾岩
PD26f_4		563.24	270～310	25～48	逆断层	0.05～0.2	0.3～0.5	糜棱岩，角砾岩
PD21f_1		585.06	150～190	16～30	逆断层	0.15～0.2	0.3～0.5	糜棱岩，断层泥
PD28f_5		622.35	90	18	逆断层	0.05～0.1	0.2～0.3	糜棱岩，断层泥
PD32f_4		609.20	150	25	逆断层	0.05～0.15	0.2～0.3	糜棱岩，断层泥

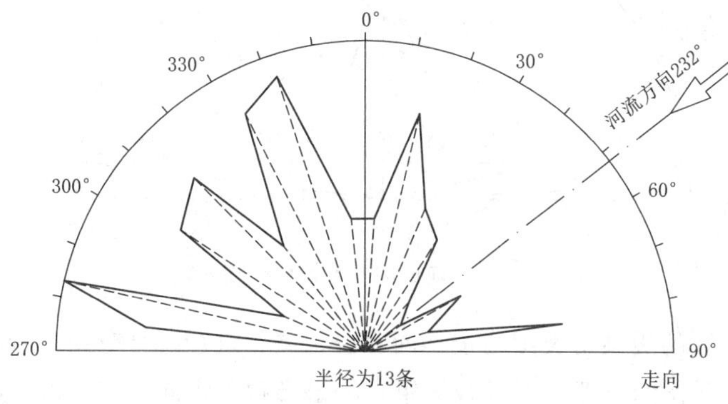

图 3.3-1　坝址区断层走向玫瑰花图

根据地表出露及平洞揭示结构面统计，坝址区发育的中小型断层属Ⅲ级、Ⅳ级结构面，它们贯穿局部岸坡岩体，对工程岩体稳定起到控制作用，是潜在的坝肩抗滑稳定的软弱界面，它们与长大裂隙组合可能构成坝肩抗滑稳定的潜在不稳定体，是坝线比选、坝基岩体抗滑稳定验算及工程处理的重点关注对象。

3.3.3 坝址区Ⅴ级结构面的调查与统计

3.3.3.1 坝址区结构面分组

对坝址区坝线上的 19 个平洞裂隙进行综合统计，裂隙总条数达 7667 条，按走向可分为 4 组，坝址区裂隙特征统计见表 3.3-3。坝址区裂隙走向玫瑰花图如图 3.3-2 所示。

表 3.3-3　　坝址区裂隙特征统计表

组别	走向/(°)	倾向	倾角/(°)	宽度/mm	简 要 描 述
1	50～85	NW 或 SE	65～85	3～5	裂面有黄色铁锈斑，充填岩粉及方解石粉末，局部有溶蚀现象，裂面较粗糙，裂隙发育间距为 0.6～1.5m，延伸小于 5m

续表

组别	走向/(°)	倾向	倾角/(°)	宽度/mm	简要描述
2	0～10	SW	70～85	1～3	以该组裂隙最为发育，裂面有黄色铁锈斑，无充填或钙质充填，裂面较平直，大多闭合，为剪性裂隙，裂隙发育间距为0.3～1.0m，延伸较长，为10m左右
3	270～285	NE或SW	65～75	1～3	裂面有黄色铁锈斑，无充填或钙质充填，裂面较平直，大多闭合，为剪性裂隙，裂隙发育间距为0.5～1.5m，延伸较长，大于5m
4	330～350	SW	65～80	1～3	裂面有黄色铁锈斑，无充填或钙质充填，裂面较平直，大多闭合，为剪性裂隙，裂隙发育间距为0.8～1.6m，延伸较长，为10m左右

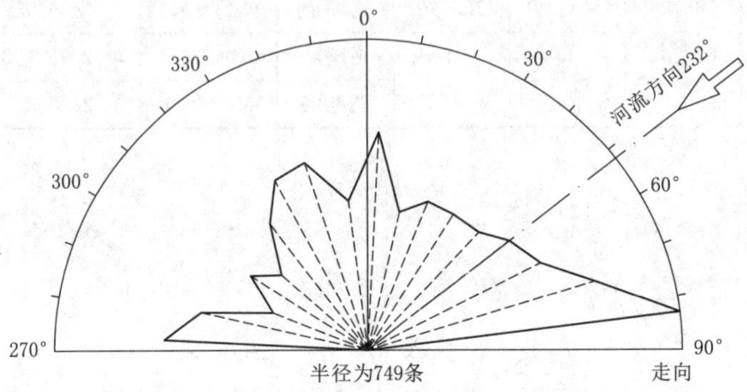

图3.3-2 坝址区裂隙走向玫瑰花图

另外，对坝址区的缓倾角裂隙均按不同部位、高程进行统计分析，统计坝址区缓倾角裂隙共有656条，缓倾角裂隙主要发育3组：①组产状为走向300°～335°，倾向NE/SW，延伸3～7m，与河流走向近垂直；②组产状为走向50°～85°，倾向NW/SE，延伸2～5m，与河流走向夹角小于30°；③组产状为走向15°～355°，倾向W/E，延伸5～10m，与河流走向夹角大于50°。坝址区缓倾角裂隙走向玫瑰花图如图3.3-3所示。

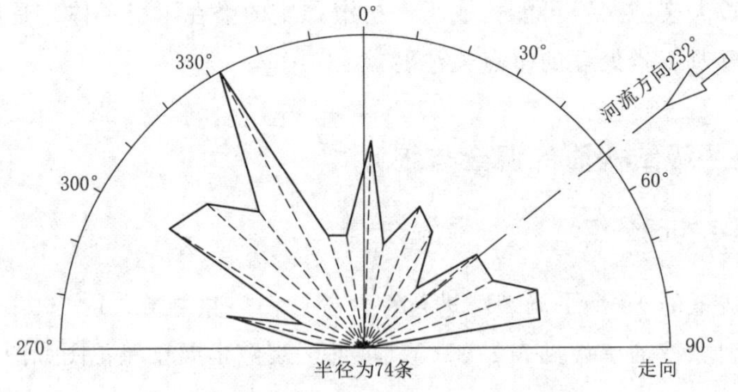

图3.3-3 坝址区缓倾角裂隙走向玫瑰花图

为查明坝址区优势裂隙的发育情况和分布特点，对其进行了详细的统计，坝址区优势裂隙走向分布见附表1-3。为研究坝址区平洞内揭示的各类裂隙的发育特点及规律，坝址区裂隙极点等密度图、裂隙走向玫瑰花图、裂隙倾向玫瑰花图、裂隙倾角直方图如图3.3-4所示。

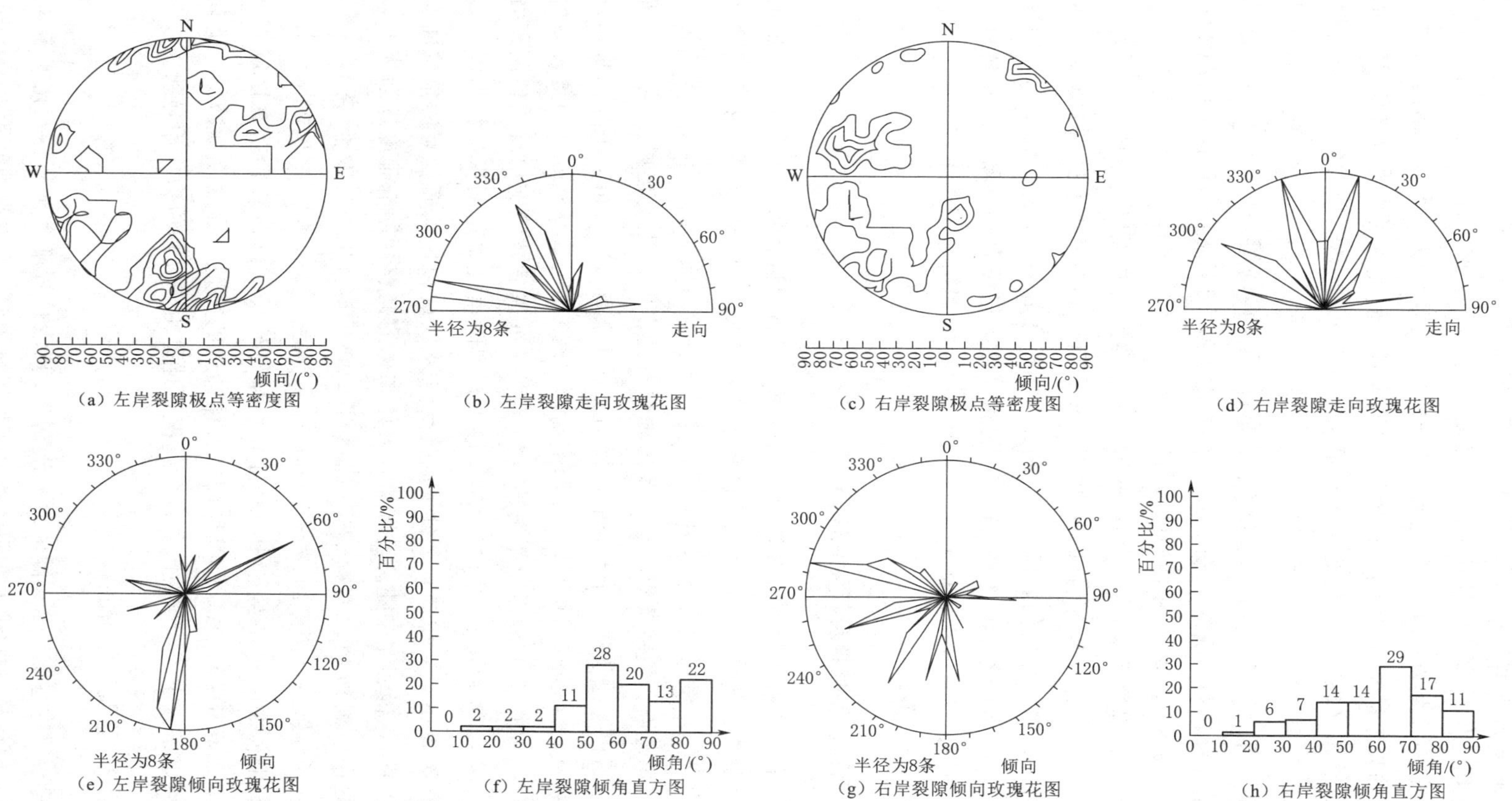

图 3.3-4　坝址区裂隙极点等密度图、裂隙走向玫瑰花图、裂隙倾向玫瑰花图、裂隙倾角直方图

依据坝址区裂隙发育情况的统计，可以看出以下规律。

(1) 坝址区左岸总裂隙统计条数约3272条，右岸总裂隙统计条数约5051条，右岸较左岸裂隙发育；两岸均发育了4个走向方向相同的优势裂隙，且均以走向330°～350°及50°～85°方向的裂隙最发育，前者与河流走向近垂直，后者与河流走向夹角小于30°。

(2) 左岸上部（PD23、PD22）及下部（PD24）以走向50°～85°方向的顺河裂隙发育，中部（PD20、PD2）顺河裂隙不甚发育，并且左岸上部（PD22）顺河向的缓倾角裂隙不发育，中下部（PD23、PD2、PD20、PD24）顺河向的缓倾角裂隙比较发育；右岸顺河向裂隙普遍发育，并且底部（PD25）及上部（PD27、PD28）顺河向的缓倾角裂隙比较发育，中部（PD26、PD21）顺河向的缓倾角裂隙不发育。

(3) 根据平洞编录成果分析，坝区两岸裂隙主要发育在强风化岩体、弱风化岩体及微风化岩体的中上部，并且从各洞口向洞内，单位长度的裂隙密度有减少的趋势。各风化带内的裂隙线密度分别为强风化岩体4～8条/m，弱风化岩体上部3～6条/m，弱风化岩体下部2～4条/m，微风化岩体上部0.5～2条/m；各风化带内的裂隙体密度分别为强风化岩体25～35条/m^3，弱风化岩体上部14～24条/m^3，弱风化岩体下部8～16条/m^3，微风化岩体上部2～8条/m^3。

3.3.3.2　单元面积裂隙数及其变化规律

通过对各平洞裂隙条数进行统计分析，选择优势裂隙进行每5m段统计，坝址区上下游裂隙单位面积条数差异不大，在不同高程上变化较大，坝区两岸裂隙主要发育在强风化岩体、弱风化岩体及微风化岩体的中上部，并且从各洞口向洞内，单位长度的裂隙密度有减少的趋势。单位面积裂隙条数小于5条出现位置随平洞高程变化如图3.3-5所示。整体上两岸单位面积裂隙条数小于5条的位置均出现于洞深20～60m，右岸出现位置比同高程左岸位置深10～20m；不同高程上左岸高高程（620.00～640.00m）位置较靠后（洞深30～40m处，高程640.00m以上平洞甚至在洞深40m以后才稳定出现单位面积裂隙条数小于5条的情况），左岸中高程（620.00m以下）裂隙出现单位面积条数小于5条位置靠前（大约在洞深25m处，中高程部分平洞甚至洞深20m以前就有稳定的单位面积裂隙条数小于5条出现），说明左岸随高度增加，岩体结构的完整性影响程度逐渐降低，可能是由于风化作用影响所致；右岸高高程（620.00～640.00m）及低高程（540.00～560.00m）位置较靠后（洞深约50～60m处），中高程（560.00～620.00m）出现位置较靠前（大约在洞深30～40m处，中高程部分平洞甚至洞深20m以前就有稳定的单位面积裂隙条数小于5条出现），右岸随高度增加岩体结构的完整性程度逐渐降低，低高程出现的单位面积裂隙条数小于5条位置靠后的情况可能是由于高地应力作用导致。

3.3.3.3　裂隙间距及变化特征

选择优势裂隙进行统计，裂隙间距大于0.5m出现位置随平洞高程变化如图3.3-6所示。裂隙间距变化特征与单位面积裂隙条数变化特征相似，左岸裂隙间距大于0.5m的出现位置较右岸靠前，但差别不大，高程差异上也体现了中高程裂隙间距大于0.5m的出现位置较高高程靠前的趋势，进一步验证随高度增加岩体结构的完整性程度逐渐降低的结论。

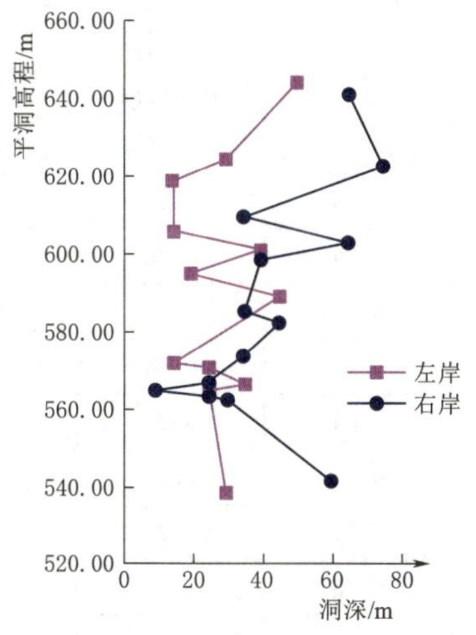

图3.3-5 单位面积裂隙条数小于5条出现位置随平洞高程变化图

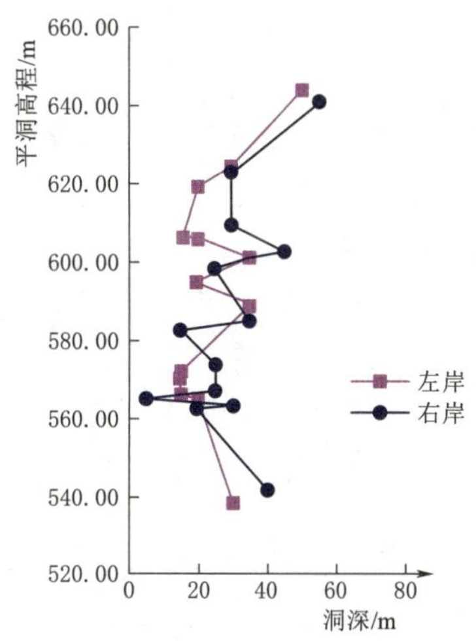

图3.3-6 裂隙间距大于0.5m出现位置随平洞高程变化图

3.3.3.4 裂隙型侧向切割面及底滑面的连通率

结构面的连通率是反映裂隙在岩体中的贯通程度大小的一项重要指标，线连通率定义为

$$k=\frac{l}{l+i} \tag{3.3-1}$$

式中：l为结构面的平均长度；i为结构面的岩桥长度。

通过将优势裂隙及缓倾角裂隙进行带宽投影法，得出中坝线各平洞裂隙连通率统计见表3.3-4。

由表3.3-4可知，各平洞裂隙平均连通率为0.5～0.7，左岸随高程增加，岩体贯通性降低，右岸随高程变化不大。

3.3.4 坝址区岩体结构面分类

坝址区岩体结构面分为Ⅲ级、Ⅳ级、Ⅴ级，并按充填物特性进一步将断层分为岩块岩屑型、岩屑夹泥型，将裂隙分为无充填、钙质充填、岩屑充填等三类。另外坝址区发育的岩脉较多，按其成因类型属侵入结构面。坝址区岩体结构面分级及充填分类综合统计见附表1-4及附表1-5。

对坝址区平洞内揭示的各类结构面取样进行室内中型剪切试验，其成果见附表1。坝址区结构面中型剪切试验成果汇总见附表3-2。

表 3.3-4　　中坝线各平洞裂隙连通率统计表

位置		平洞编号	高程/m	连通率			
				强～弱风化上带岩体		弱风化下带～微风化岩体	
				顺河向陡倾角裂隙	缓倾角裂隙	顺河向陡倾角裂隙	缓倾角裂隙
中坝线	左岸	PD24	538.57	0.52	0.36	0.22	0.15
		PD20	564.76	0.57	0.88	0.26	0.40
		PD2	588.98	0.54	0.29	0.26	0.14
		PD23	601.01	0.44	0.45	0.18	0.21
		PD22	619.12	0.26	0.27	0.18	0.16
	右岸	PD25	541.63	0.69	0.66	0.27	0.26
		PD26	563.24	0.59	0.58	0.24	0.29
		PD21	585.06	0.49	0.74	0.26	0.40
		PD27	602.70	0.72	0.83	0.45	0.51
		PD28	622.35	0.64	0.48	0.40	0.30

3.3.5　坝肩及坝基岩体结构面的力学参数取值

坝址区坝基（肩）岩体结构面进行了大量的原位试验，硬性结构面抗剪断强度采用峰值强度的小值均值作为标准值，抗剪强度采用残余强度平均值作为标准值。软弱结构面抗剪断强度采用峰值强度的小值均值作为标准值。同时根据结构面的粗糙度、起伏程度、张开度、充填胶结特征等因素对标准值进行调整。综合岩石室内试验、岩体原位试验及物探波速测试成果，同时参考其他工程，坝址区主要结构面物理力学参数建议值见表 3.3-5。

表 3.3-5　　坝址区主要结构面物理力学参数建议值表

结构面级别	结构面类型	岩体/岩体			岩体变形模量 E_0/GPa	岩体弹性模量 E_e/GPa
		抗剪断强度		抗剪强度 f		
		f'	c'/MPa			
Ⅲ、Ⅳ	岩块岩屑型（1）	0.45	0.08	0.30	1.3	3.3
	岩屑夹泥型（2）	0.35	0.05	0.25	1.0	2.0
Ⅴ	无充填（1）	0.60	0.15	0.50		
	钙质充填（2）	0.50	0.10	0.40		
	岩屑充填（3）	0.45	0.08	0.30		

3.4　岩体（石）物理力学特性

岩体的物理力学特征，特别是岩体的变形特征及强度特征是拱坝设计和进行坝肩稳定性分析的重要依据，也是建基岩体工程地质特征评价的基础。因此，为了获得三河口坝址区岩体的物理力学特征，针对坝址区不同平洞、不同钻孔中的变质砂岩、结晶灰岩、大理岩脉、伟晶岩脉等各类岩性、不同风化程度的岩体开展了一系列岩石室内物理力学试验、现场岩体力学原位试验。三河口坝址区主要勘探点位置示意如图 3.4-1 所示。

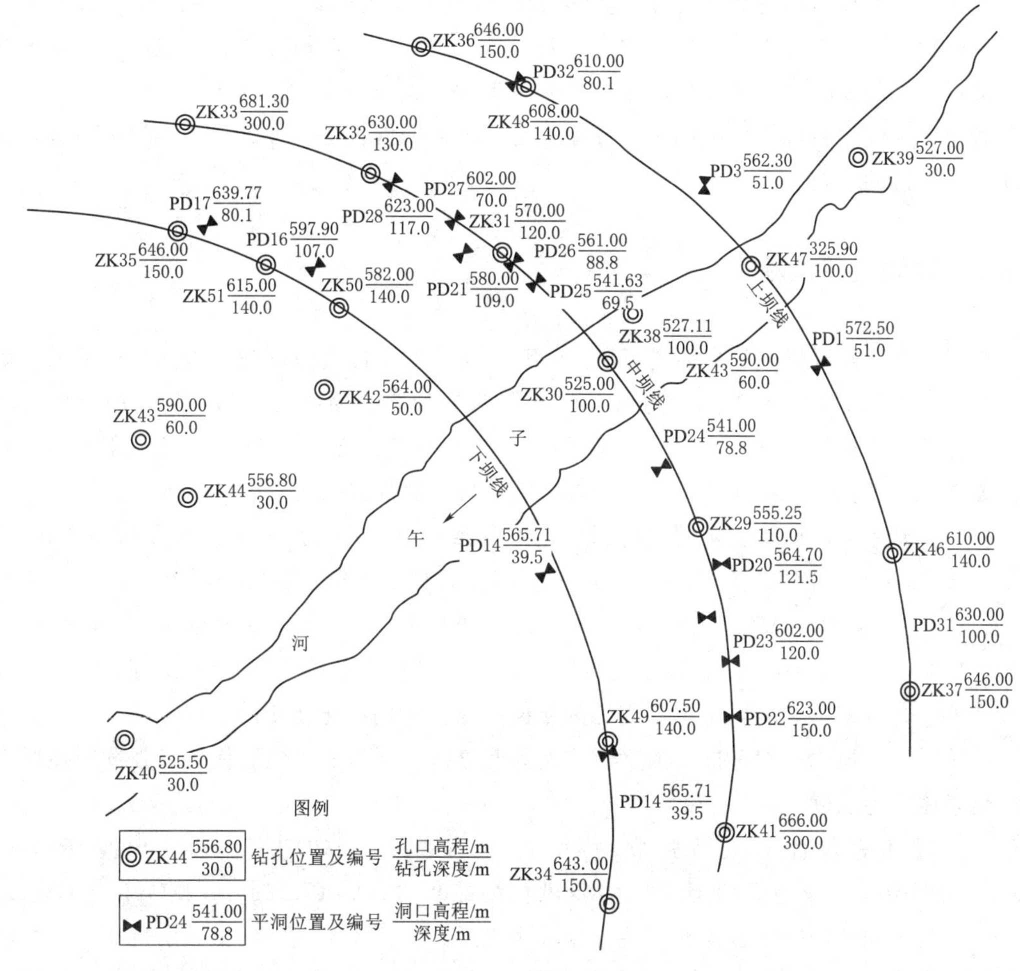

图 3.4-1 三河口坝址区主要勘探点位置示意图

3.4.1 岩石物理力学性质

各个勘察阶段在坝址区钻孔及平洞内，按不同岩性、不同风化程度取岩样 68 组，进行岩石室内试验，坝址区岩石（室内）物理力学试验成果汇总见附表 2。

由附表 2 可见，各类岩石的比重差别不大，为 2.64～2.86。变质砂岩与结晶灰岩的比重基本一致，达到 2.85，大理岩与伟晶岩脉的比重稍小。同一种岩石在干燥和饱和情况下的密度基本一致，说明岩石的吸水率较小，伟晶岩脉的吸水率最大，天然吸水率为

0.53％，饱和吸水率为 0.58％。

变质砂岩、结晶灰岩的饱和单轴抗压强度稍大，大理岩、伟晶岩脉的饱和单轴抗压强度稍小，为 70～108MPa，都大于 60 MPa，属坚硬岩。各类岩石的饱和变形模量一般为 37～69GPa，同一种岩石饱和变形模量比干燥变形模量偏小，特别是伟晶岩脉的饱和变形模量较干燥变形模量降低较大，说明水对变形模量有一定的影响；从各类岩石的对比来看，变质砂岩、结晶灰岩、大理岩的饱和变形模量基本一致，伟晶岩脉的饱和变形模量偏小。岩石的抗剪断强度总体较大，摩擦系数为 1.52～2.12，黏聚力为 6.2～13.9MPa，而大理岩相比其他岩石抗剪强度偏小。总体来看，坝址区岩石是一种比重大、吸水率低、高强度、高模量的岩石。

3.4.2 岩体直剪试验

在坝址区对不同岩性的岩体进行了 17 组 85 个点的岩体直剪试验，包括 6 组微风化变质砂岩、4 组弱风化变质砂岩、5 组微风化结晶灰岩和 2 组弱风化结晶灰岩试验。坝址区岩体直剪试验成果汇总见附表 3－1，岩体直剪试验成果按岩性、风化统计见附表 3－3。由附表 3－1 及附表 3－3 可知，变质砂岩、结晶灰岩的抗剪强度呈现以下规律。

（1）变质砂岩、结晶灰岩的抗剪强度基本一致。微风化变质砂岩抗剪断峰值强度 f' 为 1.38～1.73，c' 为 1.50～3.10MPa。微风化结晶灰岩抗剪断峰值强度 f' 为 1.28～1.75，c' 为 1.10～3.90MPa，两者较为接近。弱风化变质砂岩抗剪断峰值强度 f' 为 1.00～1.60，c' 为 1.20～1.80MPa。弱风化结晶灰岩抗剪断峰值强度 f' 为 1.18～1.26，c' 为 1.06～1.18MPa，弱风化结晶灰岩的黏聚力略低于弱风化变质砂岩。

（2）岩体的风化程度对抗剪强度影响尤为明显，表现为弱风化岩体抗剪强度明显低于微风化岩体抗剪强度。

（3）岩体完整性对抗剪强度特性有一定的影响。PD22τ1、PD23τ1、PD24τ1、PD2τ1、PD20τ1 这 5 组试验对象同为微风化结晶灰岩，而 PD22τ1、PD23τ1、PD24τ1、PD2τ1 均为较完整～完整岩体，完整程度较为接近，故这 4 组试验成果显示抗剪强度参数比较一致，变化范围较小，抗剪强度参数 f 为 1.68～1.75，c 为 2.41～3.90MPa。PD20τ1 试体完整性差，可见裂隙，抗剪强度参数 f 为 1.28，c 为 1.10MPa，其抗剪强度明显小于另外 4 组。

3.4.3 混凝土与岩体直剪试验

在坝轴线左右岸各 3 个平洞内模拟大坝实际受力状态，各布置了一组混凝土与微风化岩体、混凝土与弱风化结晶灰岩岩体的接触面直剪试验，坝址区混凝土与岩体直剪试验成果汇总见附表 3－4。混凝土与不同岩性、风化程度岩体直剪试验成果统计见表 3.4－1。混凝土与弱、微风化变质砂岩、结晶灰岩岩体的抗剪强度呈现以下规律。

表 3.4-1　　　混凝土与不同岩性、风化程度岩体直剪试验成果统计表

岩性	风化程度	平洞编号	位置	抗剪断强度		抗剪强度	
				f'	c'/MPa	f	c/MPa
变质砂岩	弱风化上带	PD28	主洞深 30～40m 处	0.93	1.22	0.6	0.32
		平均值		0.93	1.22	0.6	0.32
	弱风化下带	PD28	主洞深 45～60m 处	1.04	1.06	0.58	0.15*
		PD21	主洞深 25～42m 处	1.15	1.08	0.65	0.36
		平均值		1.1	1.07	0.62	0.36
	微风化	PD25	主洞深 20～30m 处	1.21	1.1	0.89	0.63
		PD25	主洞深 35～50m 处	1.23	1.11	0.91	0.61
		PD21	主洞深 54～70m 处	1.07	1.14	0.67	0.34
		平均值		1.17	1.12	0.82	0.53
结晶灰岩	弱风化上带	PD2	主洞深 30～45m 处	1.22	0.97	0.9	0.56
		平均值		1.22	0.97	0.9	0.56
	弱风化下带	PD22	主洞深 25～38m 处	1.24	1.06	0.95	0.61
		PD24	主洞深 30～45m 处	1.17	1.03	0.85	0.46
		平均值		1.21	1.05	0.9	0.54
	微风化	PD22	主洞深 45～60m 处	1.28	1.42	0.99	0.59
		PD24	主洞深 45～60m 处	1.19	1.05	0.85	0.57
		PD2	主洞深 55～75m 处	1.25	1.15	0.91	0.55
		平均值		1.24	1.21	0.92	0.57

注：带“*”数据离散，不参与平均值计算。

（1）混凝土与微风化变质砂岩接触面抗剪断峰值强度 f' 为 1.07～1.23、c' 为 1.10～1.14MPa，抗剪峰值强度 f' 为 0.67～0.91、c 为 0.34～0.63MPa；混凝土与弱风化变质砂岩接触面抗剪断峰值强度 f' 为 0.93～1.15、c' 为 1.06～1.22MPa，抗剪峰值强度 f 为 0.58～0.65、c 为 0.15～0.36MPa；混凝土与微风化结晶灰岩接触面抗剪断峰值强度 f' 为 1.19～1.25、c' 为 1.05～1.33MPa，抗剪峰值强度 f 为 0.85～1.12、c 为 0.43～0.57MPa；混凝土与弱风化结晶灰岩抗剪断峰值强度 f' 为 1.17～1.22、c' 为 0.97～1.03MPa，抗剪峰值强度 f 为 0.85～0.90、c 为 0.46～0.56MPa。

（2）此次混凝土与岩体接触面直剪试验中的混凝土强度等级为 C25，母岩为变质砂岩和结晶灰岩，其强度远高于 25MPa，混凝土强度比母岩强度低，故接触面抗剪强度主要受混凝土强度和接触面胶结程度控制。所有试件均沿混凝土与母岩接触面剪切破坏。

（3）母岩岩体风化程度虽然对混凝土与基岩接触面抗剪强度参数有一定的影响，但这主要取决于母岩岩体的强度与混凝土强度哪个起主导作用。由于该阶段试验弱风化和微新岩体强度均高于混凝土强度，其受到剪应力作用后，均沿混凝土与母岩接触面破坏，混凝土强度起主导控制作用，所以抗剪强度参数相差不大。

3.4.4　岩体变形试验

结合工程岩体的特性和实际受力情况，分别对不同岩性的岩体进行了 31 组 92 个点的变形特性试验，坝址区岩体变形试验（部分）成果汇总见附表 3-5，岩体原位变形试验分岩性、风化统计成果见附表 3-6。岩体的变形强度呈现以下规律。

（1）岩体变形模量数量级范围：微风化变质砂岩的变形模量为 10～35GPa，弱风化变质砂岩的变形模量为 5～15GPa；微风化结晶灰岩的变形模量为 15～40GPa；弱风化结晶灰岩的变形模量为 8～25GPa；弱风化伟晶岩脉的变形模量为 5～20GPa。坝址区主要建基岩体具有较高的变形模量。

（2）微风化岩体变形模量普遍远大于弱风化岩体，风化程度是影响试验点变形模量差异的最主要因素。

（3）相同风化程度下变质砂岩和结晶灰岩两种不同岩体的变形模量值有一定差别，前者低于后者。这主要是由于变质砂岩、结晶灰岩均属于硬岩，但变质砂岩致密程度低于结晶灰岩，前者抵抗变形的能力低于后者。

（4）个别试验组单点模量值变化范围较大，这主要是由于同组各试验点岩体完整性、裂隙发育程度不同所致。试验点破碎、裂隙发育，变形参数明显偏低；而岩体完整，裂隙发育少的试验点，变形参数明显偏高。这是岩体完整程度对岩体变形模量影响的普遍规律。

（5）结晶灰岩各向异性较明显，其水平向变形模量值与铅直向变形模量值之比约为 1.3；变质砂岩各向异性不明显，其水平向变形模量与铅直向变形模量大致相当。这主要是由于结晶灰岩为缓倾角厚层岩体，层面近水平状，当荷载水平作用时，岩层层面不起控制作用，只是组成岩体矿物颗粒和晶格错动而产生变形，此时的变形量较小，变形模量值较高。当荷载铅直作用时，岩层层面受到压缩而产生变形，此时变形量较大，变形模量值较低。而变质砂岩厚度明显大于结晶灰岩，导致各向异性不太明显。

3.4.5　钻孔变形试验

坝址区共完成 7 个钻孔共 61 个测点的钻孔变形测试，钻孔弹性模量测试结果统计见表 3.4-2，含裂隙变质砂岩变形模量结果见表 3.4-3。由于变质砂岩测点较多，为了检验本次测试值的变化特征，绘制变质砂岩测试结果统计直方图如图 3.4-2 所示。根据表 3.4-2、表 3.4-3，有以下规律。

（1）微风化与弱风化变质砂岩、微风化与弱风化结晶灰岩、微风化大理岩的平均变形模量分别为 27.7GPa、16.0GPa、28.8GPa、9.4GPa、15.3GPa。

（2）同种岩性岩体的平均变形模量受风化程度影响而降低，弱风化岩体的测试结果较微风化岩体的低。

表 3.4-2 钻孔弹性模量测试结果统计表

岩性	风化程度	统计点数	变形模量 E_0/GPa		弹性模量 E_e/GPa	
			范围值	平均值	范围值	平均值
变质砂岩	微风化	27	18.5～36.1	27.7	29.8～56.1	43.9
	弱风化	10	11.9～20.2	16.0	18.4～34.5	25.7
结晶灰岩	微风化	5	18.9～37.5	28.8	31.2～55.2	45.2
	弱风化	3	9.1～9.7	9.4	13.8～16.9	15.4
大理岩	微风化	4	12.1～18.9	15.3	18.3～33.4	24.9

表 3.4-3 含裂隙变质砂岩变形模量结果表

岩性	风化程度	样本数/点	含裂隙测点变形模量均值/GPa
变质砂岩	微风化	8	15.1
	弱风化	4	9.5

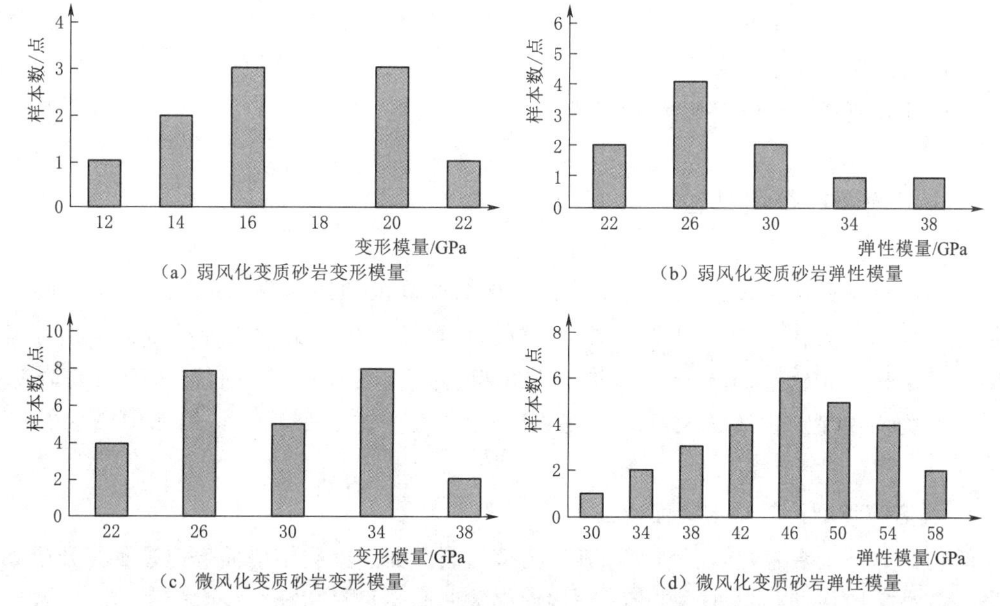

图 3.4-2 变质砂岩测试结果统计直方图

(3) 相同风化程度不同岩体的平均变形模量，变质砂岩与结晶灰岩相当（这与此次测试岩体主要集中为变质砂岩有关，现场平洞内测试岩体以结晶灰岩为主，两者测试结果可以互为补充），大理岩较小，说明岩体变形参数与岩体类别相关性较好。

3.4.6 岩体动力特征

对坝址区钻孔及平洞分别进行了声波波速测试和部分地震波波速测试，可得出以下规律。

(1) 在相同地质介质下，由于声波法是在洞内 0.8～1.0m 深的孔内进行，已避开了岩体的松动圈，而地震波法是在洞壁进行，有一定厚度的松动岩体，因此声波纵波速度普遍比地震波纵波速度高 200～300m/s。地质专业人员认为，以声波法测试的波速更接近实际，因此主要采用声波波速。

(2) 同一岩性内，风化程度不同，纵波速度变化范围很大。如变质砂岩纵波速度最小值仅 1200m/s，最大值可达 5800m/s，主要集中在 2400～4800m/s；结晶灰岩纵波速度最小值仅 1000m/s，最大值可达 5200m/s，主要集中在 2500～4100m/s。好的岩体中，有多段低波速区；风化程度较强的岩体中，也有高波速区段。

(3) 各风化带内，变质砂岩及结晶灰岩的纵波速度主要集中范围基本一致，强风化、弱风化的大理岩纵波速度普遍低于变质砂岩和结晶灰岩，而微风化大理岩的纵波速度普遍高于变质砂岩和结晶灰岩 300～400m/s，显示大理岩“硬、脆、碎”的特点。考虑到大理岩主要分布于上坝址，中、下坝址多以薄层状分布于山体深部，故这种特点主要影响到上坝址建基岩体的选择。

(4) 坝址区左岸的低波速区（一般小于 3800m/s）大致位于水平宽度 35～38m 以外，右岸的低波速区大致位于水平宽度 43～50m 以外。这说明右岸风化带水平宽度较左岸更宽，河床低波速区主要位于垂直深度 25～28m 以上。

3.4.7　结构面中型剪试验

结构面中型剪试验按原位岩体结构面直剪试验规范操作和要求进行，直剪试验采用平推法，坝址区岩体结构面中型剪试验，按结构面的性质划分为 4 种类型：①具有充填物的软弱结构面；②平直无充填结构面；③粗糙起伏无充填结构面；④围岩与岩脉接触面。结构面中型剪试验结果统计见附表 3-2。根据该表分析，结构面中型剪有以下规律。

1. 具有充填物的软弱结构面特征

结构面类型主要为岩体层理面，其次为节理裂隙面，此类结构面普遍显示张开或微张状态，各类充填物具有明显的厚度，结构面多数凹凸不平显粗糙、少数较平直，吸水后有滑腻感，具连续性。

具有充填物的软弱结构面的结晶灰岩抗剪断强度范围值 f' 为 0.81～0.90、c' 为 0.50～0.58MPa，平均值 f' 为 0.85、c' 为 0.54MPa；抗剪强度范围值 f 为 0.53～0.58、c 为 0.26～0.31MPa，平均值 f 为 0.59、c 为 0.29MPa。具有充填物的软弱结构面的变质砂岩抗剪断强度范围值 f' 为 0.67～0.84、c' 为 0.12～0.50MPa，平均值 f' 为 0.75、c' 为 0.37MPa；抗剪强度范围值 f 为 0.47～0.58、c 为 0.08～0.29MPa，平均值 f 为 0.52、c 为 0.19MPa。

2. 平直无充填结构面特征

结构面类型主要为节理裂隙面和岩体层理面，此类结构面特征为延伸较短，连续性差，但分布相对较密集，浅部微张、深部闭合，以闭合为主。

平直无充填结构面的变质砂岩抗剪断强度范围 f' 为 0.73～1.00、c' 为 0.43～0.80MPa，平均值 f' 为 0.84、c' 为 0.60MPa；抗剪强度范围值 f 为 0.53～0.70、c 为 0.17～0.41MPa，平均值 f 为 0.61、c 为 0.28MPa。

3. 粗糙无充填结构面特征

此类结构面的特点，具有明显的粗糙起伏度，结构面起伏不平、粗糙、有陡坎，延伸短，连续性差，主要以多组不连续面形式分布，裂面多为锈黄色，具轻微风化和蚀变现象，普遍附着钙膜及铁锈，结构面受裂隙切割，完整性受到影响。

抗剪断强度范围值 f' 为 0.90～1.37、c' 为 0.40～0.92MPa，平均值 f' 为 1.09、c' 为 0.69MPa；抗剪强度范围值 f 为 0.70～0.89、c 为 0.21～0.64MPa，平均值 f 为 0.80、c 为 0.39MPa。

4. 围岩与岩脉接触面特征

围岩与岩脉接触面按两岩性接触方式划分为两种类型，第一种类型为两岩性紧密接触，第二种类型为两岩性裂隙接触。

（1）围岩与岩脉紧密接触：其特点是没有明显的岩性分界面，只有弯曲延伸的岩性渐变带，渐变带内的岩性互为侵入体，紧密接触，连续性较好，岩体完整，岩石新鲜、致密、坚硬。接触面岩体处天然潮湿状态。围岩与岩脉紧密接触结构面的抗剪断范围值 f' 为 1.28～1.48、c' 为 0.86～4.80MPa，平均值 f' 为 1.40、c' 为 2.43MPa；抗剪范围值 f 为 0.81～0.87、c 为 0.28～1.10MPa，平均值 f 为 0.83、c 为 0.72MPa。

（2）围岩与岩脉裂隙接触：与上相反，两岩性具有明显的分界面，分界面主要为裂隙层面，层面起伏小、较平坦，有风化蚀变现象，可见厚度不等的充填物，充填物主要为风化岩屑、角砾及蚀变泥砂；厚度一般小于 2mm，普遍附着铁锈和钙膜，遇水易软化。接触面处天然潮湿状态。围岩与岩脉裂隙接触结构面的抗剪断强度范围值 f' 为 0.75～1.07、c' 为 0.23～0.86MPa，平均值 f' 为 0.92、c' 为 0.50MPa；抗剪强度范围值 f 为 0.62～0.75、c 为 0.15～0.31MPa，平均值 f 为 0.70、c 为 0.43MPa。

3.4.8 坝基岩体物理力学指标建议

坝址区坝基（肩）岩（石）体进行了大量的原位试验及室内试验。对岩体的密度、单轴抗压强度、波速等物理力学参数采用算术平均值作为标准值；对岩体变形参数采用原位试验的算术平均值作为标准值；对混凝土与岩体及岩体抗剪断强度采用峰值强度的小值均值作为标准值，抗剪强度采用残余强度与比例极限强度的小值作为标准值。在统计过程中采用优定斜率法及最小二乘法进行统计。综合岩石室内试验、岩体原位试验及物探波速测试成果，同时参考其他工程，坝基岩体物理力学参数建议值见表 3.4-4。

表 3.4-4　　　　　　　　　　坝基岩体物理力学参数建议值表

岩性	风化程度		坝基岩体工程地质分类	饱和容重 P_b/(kN/m³)	岩石饱和抗压强度 R_b/MPa	岩体抗拉强度 R_t/MPa	混凝土与岩体				岩体与岩体				岩体变形模量 E_0/GPa	岩体弹性模量 E_e/GPa	泊松比 μ	承载力特征值 f_k/MPa
							抗剪断强度		抗剪强度		抗剪断强度		抗剪强度					
							f'	c'/MPa	f	c/MPa	f'	c'/MPa	f	c/MPa				
大理岩	强风化		B_{IV2}	27	40	0.6	0.65	0.4	0.5	0.3	0.7	0.5	0.5	0.45	3	5	0.35	0.6～0.9
	弱风化	上带	A_{III2}	27	62	0.8	0.85	0.95	0.65	0.6	0.9	0.95	0.6	0.65	4	7.5	0.34	2
		下带	A_{III1}	27.1	66	1	1	1.1	0.7	0.65	0.95	1.1	0.7	0.65	7.4	11	0.3	4
	微风化		A_{II}	27	71.3	1.3	1.1	1.2	0.75	0.7	1.3	1.7	0.75	0.7	15	25	0.26	4.5
结晶灰岩	弱风化	上带	A_{III2}	27	65	0.9	0.95	0.9	0.65	0.6	1	1.1	0.75	0.7	7	12	0.33	2.2
		下带	A_{III1}	28.4	83.6	1	1	1.1	0.7	0.65	1.1	1.4	0.95	0.9	11	18	0.3	4.5
	微风化		A_{II}	28.3	108.4	1.2	1.1	1.15	0.8	0.7	1.4	1.9	1.1	1	17.5	28	0.25	6.0
变质砂岩	强风化		B_{IV2}	27.4	43.9	0.6	0.65	0.4	0.55	0.3	0.7	0.5	0.6	0.5	3	5	0.35	0.5～1.0
	弱风化	上带	A_{III2}	28	67	0.9	0.85	0.9	0.65	0.5	1.1	1.2	0.8	0.6	4.5	7.5	0.33	2.3
		下带	A_{III1}	28.4	83.6	1.2	1	1	0.7	0.6	1.2	1.4	0.85	0.8	10	19	0.3	4
	微风化		A_{II}	28.3	95.1	1.4	1.15	1.2	0.75	0.7	1.4	1.5	0.87	0.85	15	22	0.27	5.5
伟晶岩脉	微风化		A_{III1}	26.1	55	1	0.9	1	0.65	0.6	0.8	0.6	0.65	0.6	5	8	0.29	3.5

3.5　坝基岩体结构特征研究

岩体结构是结构面和结构体两大岩体结构单元在岩体内的排列、组合形式。对岩体结构的研究，是分析评价工程岩体变形、破坏及预测的重要依据。20 世纪 60 年代，谷德振、孙玉科提出了“岩体结构”概念，将岩体视为结构面和结构体的组合，提出了岩体结构控制岩体稳定性的重要观点。1979 年，谷德振在《岩体工程地质力学基础》一书中对岩体结构做了深入分析研究，进一步明确提出了结构面、结构体等基本概念，对岩体结构的成因、分级、分类进行了全面的阐述。1984 年，孙广忠进一步提出“岩体结构控制论”，指出岩体的变形和破坏受岩体结构控制，并系统地建立起岩体结构力学理论体系。

自“岩体结构”理论体系提出以来，国内外专家学者结合水电工程所面临的实际工程问题，对岩体结构进行了不同方面的研究，促进了岩体结构研究理论及方法的发展。岩体结构的主体是结构面，众多学者对其进行了大量研究。张倬元、王士天、王兰生在 20 世纪 80 年代就对岩体原生结构特征和构造结构特征提出了相应的分析方法，并对岩体结构特征的统计分析方法进行了研究；张倬元、黄润秋等将结构面进行三级划分；谷德振、孙玉科、孙广忠、王思敬等根据结构面的不同特征将结构面划分为五级；R J Shannely、Bingham C、P H W Kulatilake 等对岩体中不连续结构面的优势方位、密度估算等方面进行了数理统计研究；唐良琴、聂德新和任光明研究了结构面中的物质组成对结构面强度的影响；随着计算机科学的快速发展，统计学和概率论在岩体力学中广泛用于结构面的网络模拟；聂德新、韩爱果等对岩体结构中的结构面间距如何取值进行了深入的研究。为了查清岩体中结构面的发育情况及赋存环境，声波、地震波、现场地应力测试、数值模拟等多种研究方法逐渐应用于工程实践中。

在岩体结构分类中，国内外学者也进行了较多研究。谷德振首先提出岩体结构分类方案，其主要量化指标（结构面间距及完整性系数）仍为各家采用，仅有部分指标有所调整；王思敬根据结构面的发育程度及组合，选择完整性系数、基本块度、夹泥率、声波指数、质量系数五个量化指标，将结构类型分为整体块状结构、层状结构、碎裂结构及松散结构等；EvertHoek 按结构把岩体分为块状结构、次块状结构、碎裂结构、散体结构。随着各种工程建设的不断发展，我国各个行业有关部门提出了适合于各自行业特点的岩体结构分类标准，如《水利水电工程地质勘察规范》（GB 50487—2008）、《水力发电工程地质勘察规范》（GB 50287—2016）、《中小型水利水电工程地质勘察规范》（SL 55—2005）、《岩土工程勘察规范》（GB 50021—2001）、《工程岩体分级标准》（GB 50218—2014）等，用以指导各个行业工程建设。

3.5.1 坝基岩体结构分类标准研究

岩体结构是评价岩体工程地质特性、岩体质量分级的基础，目前在岩体结构划分方案中，普遍采用结构面间距及完整性系数作为主要的量化指标。现行的《水利水电工程地质勘察规范》（GB 50487—2008）（2022 版）附录 U、《水力发电工程地质勘察规范》（GB 50287—2016）附录 R 均提出了岩体结构分类标准，且两个规范的标准在文本上是一致的，主要考虑了结构面间距及岩体的完整程度。规范中的岩体结构分类见表 3.5-1，规范中岩体完整程度分级见表 3.5-2。

表 3.5-1　规范中的岩体结构分类表

类型	亚类	岩体结构特征
块状结构	整体性结构	岩体完整，呈巨块状，结构面不发育，间距大于 100cm
	块状结构	岩体较完整，呈块状，结构面轻度发育，间距一般为 50～100cm
	次块状结构	岩体较完整，呈次块状，结构面中等发育，间距一般为 30～50cm
层状结构	巨厚层状结构	岩体完整、呈厚层状，层面不发育，间距大于 100cm
	厚层状结构	岩体较完整、呈厚层状，层面轻度发育，间距一般为 50～100cm
	中厚层状结构	岩体较完整、呈中厚层状，层面中等发育，间距一般为 30～50cm
	互层状结构	岩体较完整或完整性差、呈互层状，层面发育或较发育，间距一般为 10～30cm
	薄层结构	岩体完整性差、呈薄层状，层面发育，间距一般小于 10cm
镶嵌结构		岩体完整性差，岩块镶嵌紧密，结构面较发育～很发育，间距一般为 10～30cm

续表

类型	亚类	岩体结构特征
碎裂结构	块裂结构	岩体完整性差，岩块间有岩屑和泥质物充填，嵌合中等紧密～较松弛，结构面较发育～很发育，间距一般为 10～30cm
	碎裂结构	岩体较破碎，结构面很发育，间距一般小于 10cm

表 3.5-2　　规范中岩体完整程度分级表

完整程度	完整	较完整	完整性差	较破碎	破碎
岩体完整性系数	$K_v>0.75$	$0.75\geqslant K_v>0.55$	$0.55\geqslant K_v>0.35$	$0.35\geqslant K_v>0.15$	$K_v\leqslant 0.15$

三河口坝址区岩体为变质砂岩、结晶灰岩及大理岩，大部分均存在变质作用影响，层状岩体与块状岩体区别不大，因此岩体结构按块状、次块状等考虑。结构面为断层、裂隙，研究中主要考虑裂隙类硬性结构面。岩体结构的划分以《水利水电工程地质勘察规范》（GB 50487—2008）为基本依据，两坝肩以完整性系数 K_v 为主，结合结构面间距 D 作为量化指标；河床坝基地段由于只有钻孔资料，因此以 RQD 作为主要量化指标，并辅以完整性系数作为参考指标。三河口坝址岩体结构分类标准见表 3.5-3。

表 3.5-3　　三河口坝址岩体结构分类标准表

结构类型及代号	岩体结构特征	结构面间距 D/cm	完整性系数 K_v	RQD /%
整体状～块状	岩体完整，呈巨块状，结构面稀疏且闭合状态或充填方解石脉，新鲜，微风化	≥100	≥0.85	≥85
块状～次块状	岩体较完整，块状，结构面轻度发育，闭合或充填方解石脉，局部锈染，新鲜或微风化岩体	50～100	0.75～0.85	70～85
次块状	岩体较完整，结构面发育中等，闭合，局部微张开，有风化及锈染，弱风化或微风化岩体	30～50	0.55～0.75	40～70
镶嵌状	岩体完整性差，结构面发育岩块嵌合紧密，弱风化岩体或微风化岩体中的裂隙密集带	10～30	0.35～0.55	20～40
碎裂结构	岩体破碎，结构面很发育，微张或张开岩块接触不紧，强风化岩体或弱风化岩体中的密集带	≤10	≤0.35	≤20

3.5.2 坝肩岩体结构的确定

3.5.2.1 坝肩岩体结构面间距及其变化特征

结构面间距是评价岩体结构的主要要素，它反映了岩体的完整程度，实践操作中，结构面间距通常采用最发育一组裂隙的平均间距作为衡量指标。三河口水利枢纽通过对平洞编录资料的详细分析，以每 5m 洞段作为基本单元，获得大量的每基本单元内各组裂隙间距值，然后选取最发育一组的裂隙间距平均值作为这一洞段结构面的间距值，这样就可以得到每个平洞的结构面间距随洞深的变化规律，为岩体结构的划分提供必需的资料。

左右坝肩代表性平洞岩体裂隙间距随深度变化规律见表 3.5-4，坝址区左右坝肩裂隙间距随洞深变化规律如图 3.5-1 所示。从图 3.5-1 可以看出，无论左岸还是右岸，在高程 620.00m 以上，裂隙间距变化范围较大，总体表现为位于平洞洞口的裂隙间距较小，向洞内间距逐渐增大。高程 570.00～620.00m 段，裂隙间距随洞深的变化表现出较好的规律性，总体表现为从洞深 0～40m 处，裂隙间距小于 0.5m 的占优。洞深 40m 以后越向洞里裂隙间距越大，一般为 0.5～1.5m，局部甚至超过 2.5m。高程 570.00m 以下，裂隙发育规律不明显，但由图可以看出裂隙总体表现为间距较大，且裂隙间距大于 0.5m 的占优。

表 3.5-4　　左右坝肩代表性平洞岩体裂隙间距随深度变化规律表

位置	平洞编号	高程/m	每 5m 洞段岩体裂隙间距/m																	
			0～5m	5～10m	10～15m	15～20m	20～25m	25～30m	30～35m	35～40m	40～45m	45～50m	50～55m	55～60m	60～65m	65～70m	70～75m	75～80m	80～85m	85～90m
左岸	PD14	566.30	0.2	0.42	0.35	0.6	0.5	0.5	0.8	0.5										
	PD20	568.00	1.02	0.3	0.41	0.58	0.53	0.71	0.5	0.56	0.45	0.4	0.67	1.45	0.48	0.3	0.61	1.01	1.07	0.68
	PD18	569.90	0.12	0.15	0.15	0.15	0.2	0.25	0.45	0.33	0.35	0.32	0.55	0.41						
	PD1	572.50	0.15	0.35	0.4	0.5	0.3	0.7	0.5	0.52	0.51	0.48								
	PD19	582.20	—	—	—	0.32	0.23	0.48	1.6	0.42	0.6	0.75	1.4	0.75						
	PD2	588.90	—	0.32	0.14	0.35	0.22	0.35	0.27	0.8	0.18	0.36	0.31	0.5	0.62	0.55	0.55	0.26	0.44	1.03
	PD13	594.30	0.42	0.37	0.12	0.3	0.21	0.35	0.3	0.42	0.35	0.24	0.35							
	PD29	610.00	0.75	0.8	0.8	0.5	0.72	0.5	0.4	0.8	0.45	0.9	1.2	0.9	0.6	0.5	1.1	0.7	0.5	
	PD12	643.20	0.4	0.29	0.36	0.25	0.45	0.34	0.35	0.27	0.45	0.5	0.49	0.85	1.1	1.5	0.75			
右岸	PD25	541.60	0.21	0.25	0.40	0.78	0.48	0.41	0.33	0.34	0.80	0.65	0.52	0.33	0.54	0.37				
	PD26	561.00	0.35	0.8	0.49	0.54	0.44	0.63	0.57	0.52	0.38	0.24	0.22	0.37	0.43	0.38	0.34	0.24	0.39	0.48
	PD3	562.30	0.39	0.61	0.52	0.44	0.42	0.45	0.46	0.86	0.74	0.6								
	PD15	564.00	0.24	0.46	0.45	1.1	0.4	0.84	0.82	0.44										
	PD11	566.80	0.27	0.25	0.34	0.57	0.74	0.82	0.9	0.84	0.34	0.25	0.61	0.55	0.78	0.7	0.54	0.52		
	PD4	572.70	0.17	0.22	0.37	0.52	0.44	0.37	0.52	0.45	0.58	0.43	0.25							
	PD19	582.20	—	—	—	0.75	0.28	0.35	0.85	0.53	0.71	1.24	1.62	1.8						
	PD21	589.00	0.36	0.45	0.38	0.4	0.48	0.63	0.45	0.47	0.62	0.52	0.85	0.75	0.57	0.55	0.58	0.63	0.39	0.4
	PD16	597.90	0.29	0.24	0.27	0.31	0.22	0.38	0.46	0.55	0.57	0.59	0.65	0.45	0.31	0.44	0.69	0.46	0.58	
	PD27	602.00	0.18	0.27	0.24	0.32	0.31	0.28	0.4	0.33	0.46	0.42	0.41	0.53	0.39	0.44				0.58
	PD32	610.00	0.22	0.25	0.3	0.25	0.46	0.5	0.3	0.72	0.38	0.75	0.78	0.63	0.8	0.58	1.05	0.91		
	PD28	623.00	0.18	0.24	0.28	0.33	0.44	0.75	0.54	0.72	0.58	0.6	0.24	0.7	0.61	0.54	0.42	0.64	0.54	
	PD17	639.70	0.24	0.16	0.32	0.5	0.16	0.42	0.23	0.37	0.47	0.46	0.44	0.27	0.22	0.46	0.41	0.37		

另外通过对间距大于 0.5m 的优势裂隙出现的洞深情况进行对比，可获得以下规律。裂隙间距变化特征与单位面积裂隙条数变化特征相似，裂隙间距大于 0.5m 的洞深左岸较右岸靠前，但差别不大，高程差异上也体现了中高程以下裂隙间距大于 0.5m 的比高高程

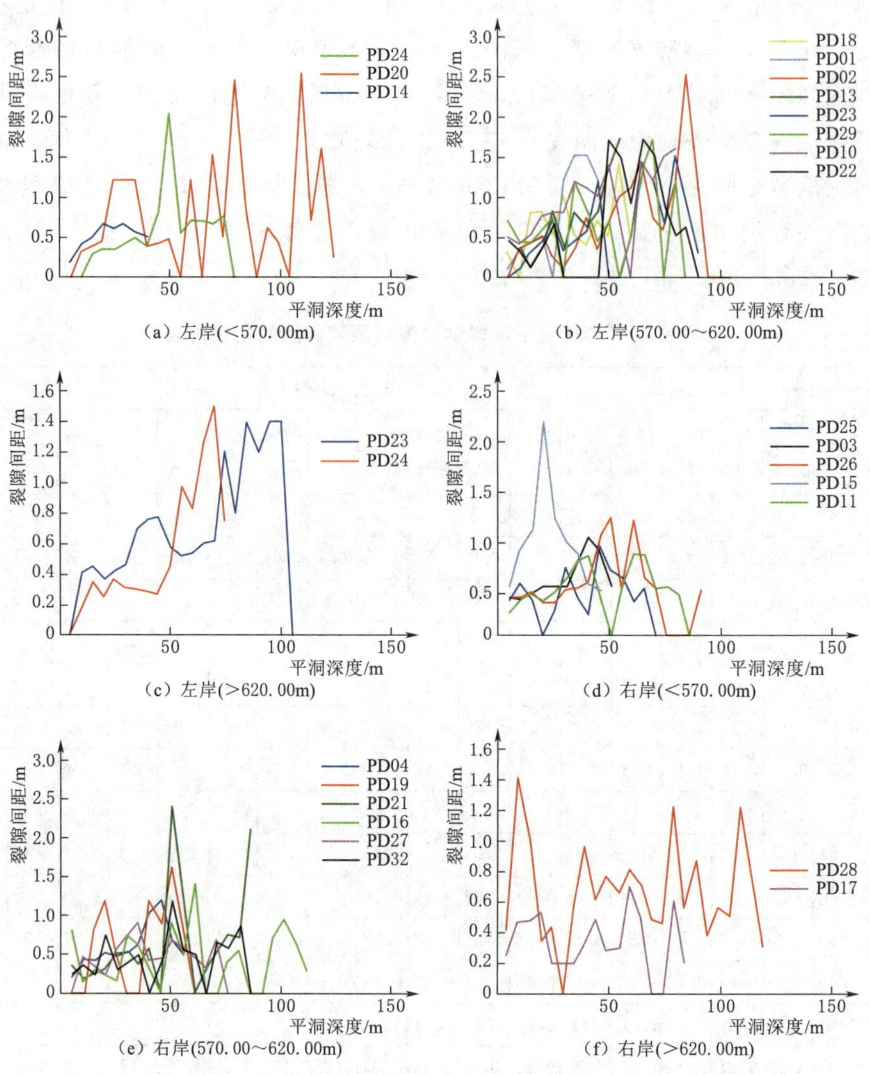

(a) 左岸(<570.00m)　(b) 左岸(570.00～620.00m)

(c) 左岸(>620.00m)　(d) 右岸(<570.00m)

(e) 右岸(570.00～620.00m)　(f) 右岸(>620.00m)

图 3.5-1　坝址区左右坝肩裂隙间距随洞深变化规律图

靠前的趋势，这说明随高度增加岩体结构的完整性程度在逐渐降低。两岸坝肩岩体从坡外向坡内结构面间距逐步增大，显示岩体结构逐步变好，完整性增加。这种分布规律说明岩体结构的变化，是河谷岸坡形成后，岩体风化、卸荷造成的；深部局部段存在的异常，根据编录成果显示大部分异常段均发育有断层构造，表明断层对岩体结构的影响是明显的。左右坝肩裂隙间距大于 0.5m 的典型裂隙发育情况如图 3.5-2 所示。

3.5.2.2　坝肩岩体完整性及其变化特征

根据上述岩体结构分类标准，划分岩体结构类型时除了考虑结构面间距外，还要考虑岩体完整性系数。岩体完整性受结构面发育程度、岩体风化、卸荷等因素控制，它是综合反映岩体强度及变形特征的重要指标。在岩体工程地质分类中，不论是定性分类，还是定

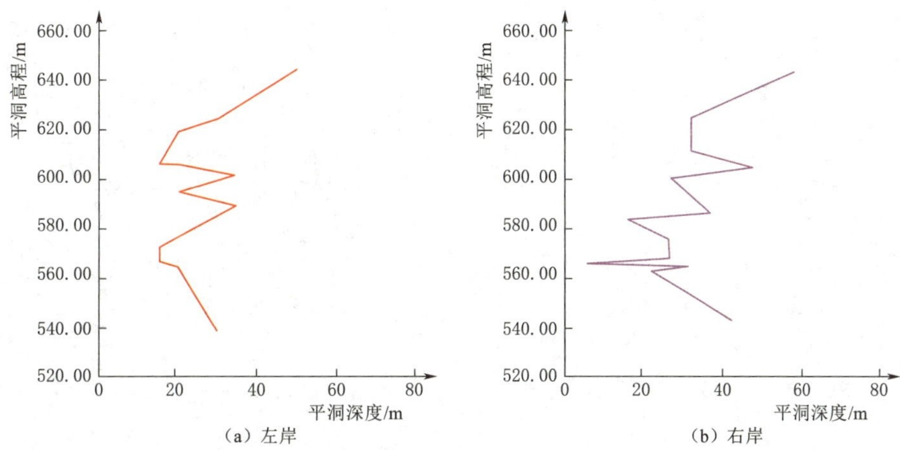

图 3.5-2　左右坝肩裂隙间距大于 0.5m 的典型裂隙发育情况图

量评价，都涉及岩体完整性问题。目前评价岩体完整性的参数主要有岩体完整性系数（K_v）、岩石质量指标（RQD）、结构面间距（D）。结构面间距及其分布特征已在前文结构面发育特征中有详细的分析，下面就岩体完整性系数（K_v）对坝肩岩体完整性进行分析。

岩体完整性的定义是岩体纵波速度与新鲜岩石纵波速度之比的平方值。因此，岩体完整性系数的大小直接与选取的新鲜岩石纵波速度的大小密切相关。对坝址区各种岩性进行的大量声波、地震波测试成果分析表明，岩体中仅出现少量大于 5800m/s 的相对高波速值，而绝大多数波速值均在 5800m/s 之下，对测试成果中少量大于 5800m/s 的波速值，其完整性系数评价为 $K_v=1$。

根据该区的岩块波速测试，新鲜岩石纵波速度：变质砂岩岩块纵波速度取 5800m/s；大理岩岩块纵波速度取 5500m/s；结晶灰岩岩块纵波速度取 5300m/s。考虑到不同岩性波速值有差异，因此统一采用完整性系数进行评价。

在左岸坝肩上坝线以 PD1、PD31 作为典型平洞代表，PD1 及 PD31 完整性系数随洞深变化规律如图 3.5-3、图 3.5-4 所示；在右岸坝肩上坝线以 PD3、PD32 作为典型平洞代表，PD3 及 PD32 完整性系数随洞深变化规律如图 3.5-5、图 3.5-6 所示。

左岸坝肩上坝线 PD1 及 PD3 属于高程 560.00～570.00m 段的代表性平洞。由图 3.5-3 及图 3.5-5 可见，根据完整性系数趋势线可以判断，在洞深 50m 时完整性系数已经趋于 1，且趋势线斜率较大。PD31 及 PD32 是高程 600.00m 以上的代表性平洞，由图 3.5-4 及图 3.5-6 可见，完整性系数变化幅度较大，但总体变化规律在洞深 100m 之前完整性系数未能趋于 1，而是介于 0.7～0.8 之间，并且趋势线的斜率值较小。分析 PD1 及 PD3、PD31 及 PD32 完整性系数的两种不同的变化规律，主要原因在于随着高程的升高，坝肩岩体受风化、卸荷作用的影响逐渐增强，致使即使洞深增加较大，完整性仍较差。

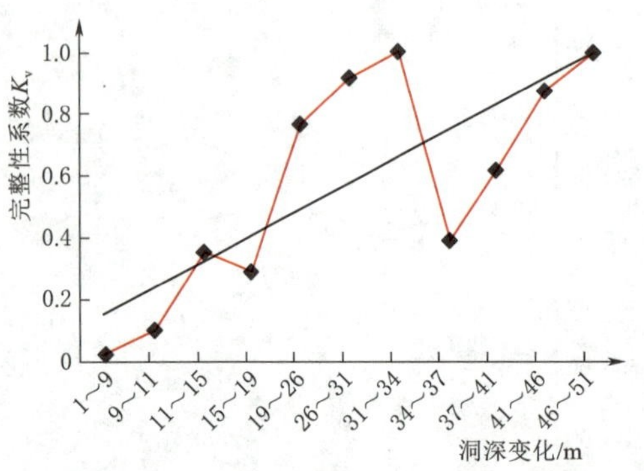

图 3.5－3　PD1 完整性系数随洞深变化规律

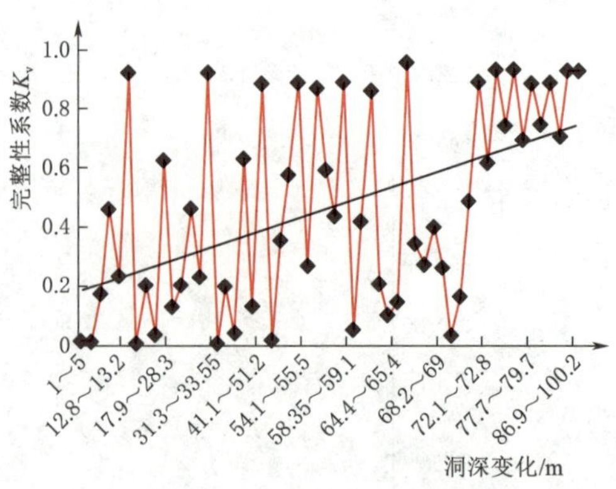

图 3.5－4　PD31 完整性系数随洞深变化规律

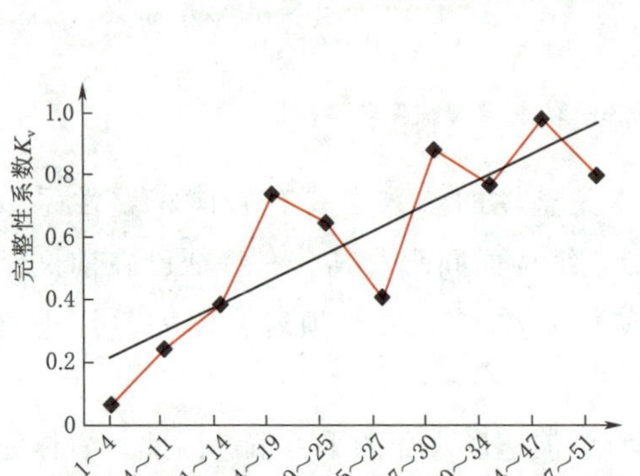

图 3.5－5　PD3 完整性系数随洞深变化规律

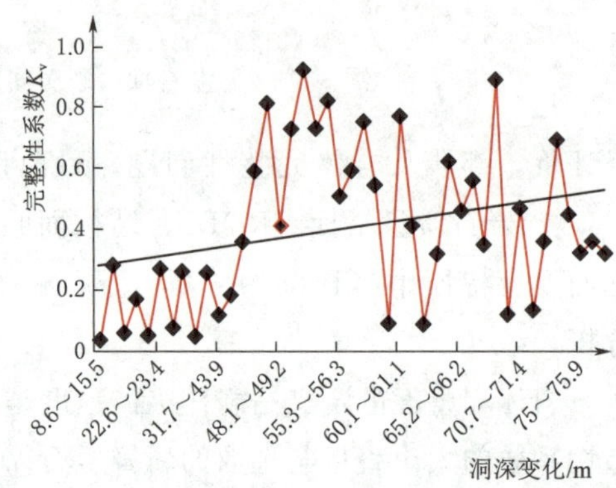

图 3.5－6　PD32 完整性系数随洞深变化规律

在左岸坝肩中坝线以 PD22、PD24 为典型平洞代表，PD22 及 PD24 完整性系数随洞深变化规律如图 3.5－7、图 3.5－8 所示。在右岸坝肩中坝线以 PD25、PD28 为典型平洞代表，PD25 及 PD28 完整性系数随洞深变化规律如图 3.5－9、图 3.5－10 所示。

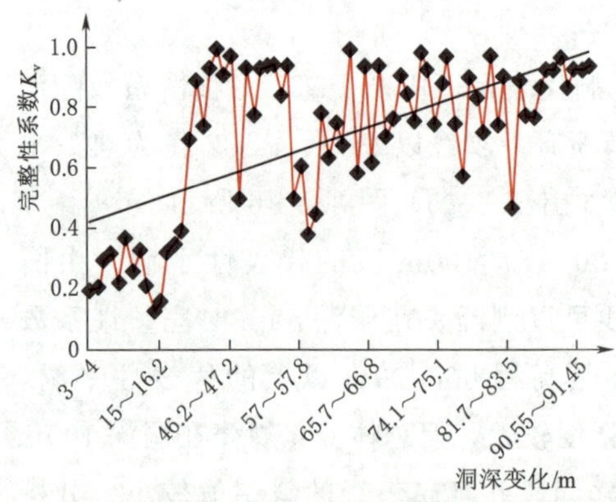

图 3.5－7　PD22 完整性系数随洞深变化规律

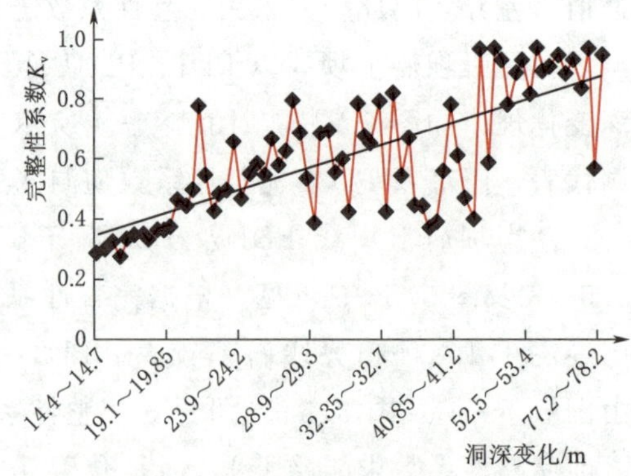

图 3.5－8　PD24 完整性系数随洞深变化规律

由图可知，中坝线具有与上坝线相同的规律，但中坝线表现出上坝线所不具有的其他特性，图 3.5－7 中，中坝线左岸上段 PD22 完整性系数随洞深有所起伏，但由趋势线可以看出随着洞深增加，岩体完整性系数总体呈现增大的规律。图 3.5-8 中，中坝线左岸下段 PD24 完整性系数的变化规律具有很强的线性关系，完整性系数普遍较上坝线下段大，趋势线斜率较小说明完整性系数处于较大值并且变化平稳，也说明了中坝线左岸下段岩体完整性较上坝线完整性好。由图 3.5-9、图 3.5-10 可见，中坝线右岸下坝线 PD25 具有与 PD22 近似相同的规律，而 PD28 规律性较 PD32 更明显。总体来说中坝线完整性要比上坝线好。

在左岸坝肩下坝线以 PD14 作为代表，PD14 完整性系数随洞深变化规律如图 3.5-11 所示，在右岸坝肩下坝线以 PD16 作为代表，PD16 完整性系数随洞深变化规律如图 3.5-12 所示。

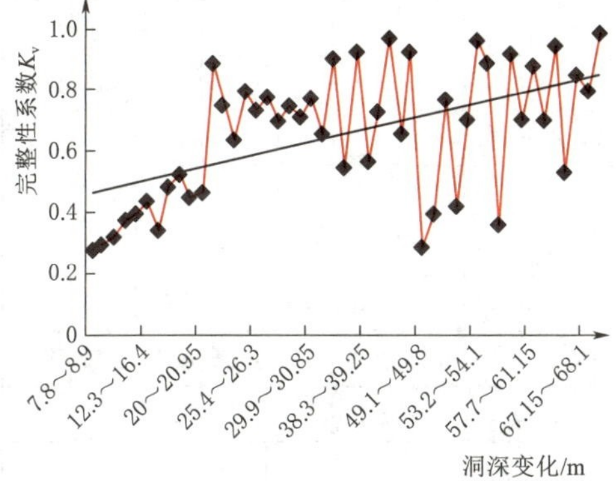

图 3.5-9　PD25 完整性系数随洞深变化规律

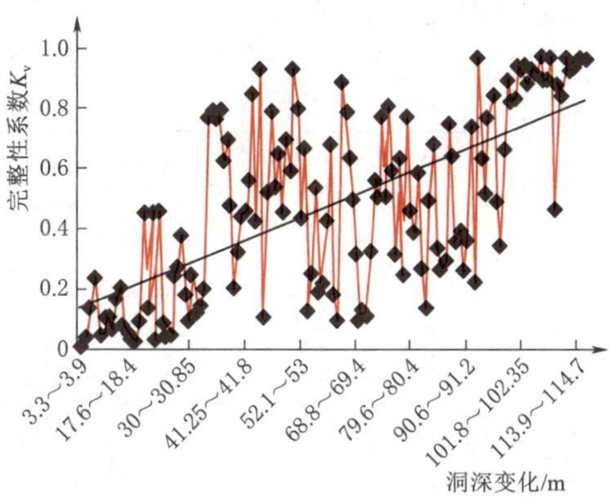

图 3.5-10　PD28 完整性系数随洞深变化规律

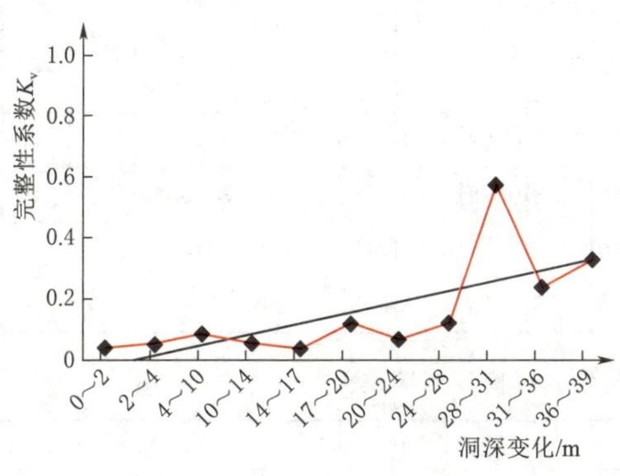

图 3.5-11　PD14 完整性系数随洞深变化规律

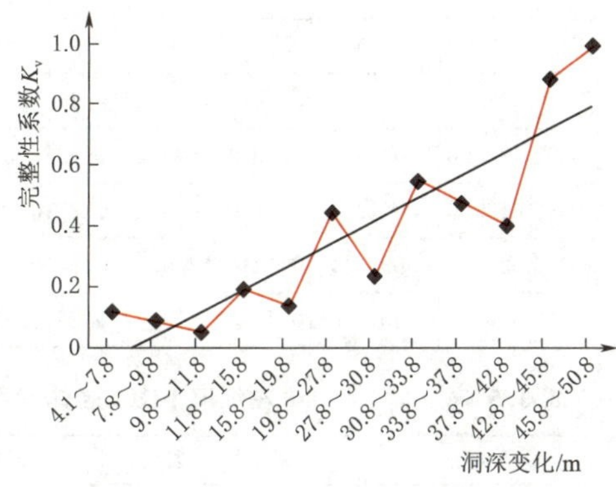

图 3.5-12　PD16 完整性系数随洞深变化规律

3.5.2.3　坝肩岩体结构面间距与完整性系数耦合特征

为探究完整性系数与结构面间距是否存在对应关系，对结构面间距与完整性系数进行耦合分析，按每 5m 洞段统计平洞完整性系数的加权平均值，形成两岸坝肩代表性平洞完整性系数随深度变化规律见表 3.5-5。选取部分平洞，将岩体结构面间距与完整性系数进行综合对比，分析两者之间的耦合特征。高高程部位以 PD12、PD28 为代表，中低高程以 PD20、PD26 为代表，左坝肩 PD12、右坝肩 PD28、左坝肩 PD20、右坝肩 PD26 岩体完整性系数与结构面间距对照见表 3.5－6～表 3.5－9。

表 3.5－5　　两岸坝肩代表性平洞完整性系数随深度变化规律表

位置	平洞编号	高程/m	每 5m 洞段岩体完整性系数																	
			0～5m	5～10m	10～15m	15～20m	20～25m	25～30m	30～35m	35～40m	40～45m	45～50m	50～55m	55～60m	60～65m	65～70m	70～75m	75～80m	80～85m	85～90m
左岸	PD14	566.30	0.05	0.09	0.06	0.09	0.08	0.30	0.31	0.40										
	PD20	568.00	0.39	0.23	0.16	0.10	0.13	0.24	0.62	0.60	0.23	0.70	0.46	0.62	0.69	0.81	0.43	0.43	0.66	0.83
	PD18	569.90	0.04	0.09	0.31	0.14	0.34	0.29	0.78	0.56	0.46	0.65	0.50	0.33						
	PD1	572.50		0.04	0.07	0.17	0.43	0.26	0.59	0.38	0.38	0.56	0.75	0.74						
	PD19	582.20				0.05	0.11	0.36	0.63	0.58	0.39	0.68	0.81	0.70						
	PD2	588.90	0.01	0.03	0.05	0.10	0.38	0.32	0.35	0.25	0.51	0.43	0.44	0.41	0.48	0.48	0.55	0.58	0.85	0.81
	PD13	594.30	0.09	0.09	0.08	0.04	0.14	0.57	0.39	0.53	0.60	0.69	0.66							
	PD29	610.00		0.03	0.42	0.58	0.60	0.83	0.90	0.92	0.91	0.83	0.85	0.88	0.90	0.94	0.91	0.90	0.96	
	PD12	643.20	0.07	0.12	0.12	0.09	0.48	0.18	0.44	0.54	0.76	0.73	0.89	0.86	0.79	0.99	0.95			
右岸	PD25	541.60		0.42	0.44	0.42	0.74	0.74	0.72	0.76	0.87	0.74	0.58	0.78	0.86	0.67				
	PD26	561.00	0.23	0.06	0.27	0.68	0.75	0.45	0.17	0.60	0.27	0.78	0.83	0.51	0.93	0.90	0.77	0.53	0.72	0.75
	PD3	562.30	0.07	0.17	0.31	0.49	0.45	0.46	0.56	0.67	0.67	0.59								
	PD15	564.00	0.10	0.27	0.38	0.65	0.45	0.69	0.55	0.47										
	PD4	572.70	0.04	0.07	0.15	0.10	0.09	0.08	0.08	0.12	0.05	0.15	0.19							
	PD19	582.20				0.05	0.11	0.36	0.63	0.58	0.39	0.67	0.81	0.88						
	PD21	589.00		0.52	0.93	0.71	0.80	0.94	0.28	0.42	0.38	0.74	0.86	0.57	0.63	0.61	0.85	0.64	0.58	0.83
	PD16	597.90	0.12	0.10	0.14	0.16	0.44	0.35	0.48	0.45	0.62	0.98								
	PD27	602.00	0.04	0.06	0.09	0.18	0.29	0.59	0.84	0.67	0.62	0.83	0.62	0.68	0.70	0.59				
	PD32	610.00		0.05	0.11	0.10	0.15	0.27	0.14	0.07	0.09	0.58	0.78	0.50	0.38	0.48	0.36	0.32		
	PD28	623.00	0.03	0.12	0.14	0.12	0.19	0.24	0.42	0.58	0.40	0.43	0.58	0.38	0.39	0.49	0.52	0.46	0.31	0.45
	PD17	639.70	0.20	0.06	0.17	0.19	0.11	0.23	0.27	0.20	0.23	0.16	0.58	0.35	0.37	0.35	0.56	0.35		

表 3.5－6　　左坝肩 PD12 岩体完整性系数与结构面间距对照表

洞深/m	完整性系数	岩体完整性	结构面间距/m	岩体结构
0～5	0.07	破碎	0.4	次块状
5～10	0.12	破碎	0.29	镶嵌状
10～15	0.12	破碎	0.36	次块状
15～20	0.09	破碎	0.25	镶嵌状
20～25	0.48	完整性差	0.45	次块状
25～30	0.18	较破碎	0.34	次块状
30～35	0.44	完整性差	0.35	次块状
35～40	0.54	完整性差	0.27	镶嵌状
40～45	0.76	完整	0.45	次块状

续表

洞深/m	完整性系数	岩体完整性	结构面间距/m	岩体结构
45～50	0.73	较完整	0.5	块状～次块状
50～55	0.89	完整	0.49	次块状
55～60	0.86	完整	0.85	块状～次块状
60～65	0.79	完整	1.1	整体状～块状
65～70	0.99	完整	1.5	整体状～块状
70～75	0.95	完整	0.75	块状～次块状

表 3.5-7　右坝肩 PD28 岩体完整性系数与结构面间距对照表

洞深/m	完整性系数	岩体完整性	结构面间距/m	岩体结构
0～5	0.03	破碎	0.18	镶嵌状
5～10	0.12	破碎	0.24	镶嵌状
10～15	0.14	破碎	0.28	镶嵌状
15～20	0.12	破碎	0.33	次块状
20～25	0.19	较破碎	0.44	次块状
25～30	0.24	较破碎	0.75	块状～次块状
30～35	0.42	完整性差	0.54	块状～次块状
35～40	0.58	较完整	0.72	块状～次块状
40～45	0.4	完整性差	0.58	块状～次块状
45～50	0.43	完整性差	0.6	块状～次块状
50～55	0.58	较完整	0.24	镶嵌状
55～60	0.38	完整性差	0.7	块状～次块状
60～65	0.39	完整性差	0.61	块状～次块状
65～70	0.49	完整性差	0.54	块状～次块状
70～75	0.52	完整性差	0.42	次块状
75～80	0.46	完整性差	0.64	块状～次块状
80～85	0.31	较破碎	0.54	块状～次块状

表 3.5-8　左坝肩 PD20 岩体完整性系数与结构面间距对照表

洞深/m	完整性系数	岩体完整性	结构面间距/m	岩体结构
0～5	0.39	完整性差	1.02	整体状～块状
5～10	0.23	较破碎	0.3	次块状
10～15	0.16	较破碎	0.41	次块状
15～20	0.1	破碎	0.58	块状～次块状
20～25	0.13	破碎	0.53	块状～次块状
25～30	0.24	较破碎	0.71	块状～次块状
30～35	0.62	较完整	0.5	块状～次块状
35～40	0.6	较完整	0.56	块状～次块状
40～45	0.23	较破碎	0.45	次块状
45～50	0.7	较完整	0.4	次块状

续表

洞深/m	完整性系数	岩体完整性	结构面间距/m	岩体结构
50～55	0.46	完整性差	0.67	块状～次块状
55～60	0.62	较完整	1.45	整体状～块状
60～65	0.69	较完整	0.48	次块状
65～70	0.81	完整	0.3	次块状
70～75	0.43	完整性差	0.61	块状～次块状
75～80	0.43	完整性差	1.01	整体状～块状
80～85	0.66	较完整	1.07	整体状～块状
85～90	0.83	完整	0.68	块状～次块状
90～95	0.83	完整	0.88	块状～次块状

表 3.5-9　　右坝肩 PD26 岩体完整性系数与结构面间距对照表

洞深/m	完整性系数	岩体完整性	结构面间距/m	岩体结构
0～5	0.23	较破碎	0.35	次块状
5～10	0.06	破碎	0.8	块状～次块状
10～15	0.27	较破碎	0.49	次块状
15～20	0.68	较完整	0.54	块状～次块状
20～25	0.75	较完整	0.44	次块状
25～30	0.45	完整性差	0.63	块状～次块状
30～35	0.17	较破碎	0.57	块状～次块状
35～40	0.6	较完整	0.52	块状～次块状
40～45	0.27	较破碎	0.38	次块状
45～50	0.78	完整	0.24	镶嵌状
50～55	0.83	完整	0.22	镶嵌状
55～60	0.51	完整性差	0.37	次块状
60～65	0.93	完整	0.43	次块状
65～70	0.9	完整	0.38	次块状
70～75	0.77	完整	0.34	次块状
75～80	0.53	完整性差	0.24	镶嵌状
80～85	0.72	较完整	0.39	次块状
85～90	0.75	较完整	0.48	次块状

表 3.5-6～表 3.5-9 反映了结构面间距与完整性系数整体具有较好的一致性，坝肩岩体整体由洞口的破碎～较破碎向洞内逐渐过渡为完整性差～完整；岩体结构也由镶嵌状逐步过渡为次块状、块状结构。平洞岩体揭示的结构面间距与完整性系数耦合较好，可依据两者进行坝肩岩体结构综合划分。

3.5.2.4　坝肩岩体结构综合确定

在分析了结构面间距与岩体的完整性系数，同时论证了二者耦合较好的情况下，根据前述岩体结构分类标准，对左、右坝肩不同高程平洞按结构面间距和完整性系数综合确定坝肩岩体结构分类，综合分类原则如下。

(1) 结构面间距具有一定的人为因素，因此以完整性系数为主要依据，结构面间距为辅。

(2) 完整性系数与结构面间距存在划分标准不一致时，就低不就高。

(3) 统计时为方便工作，采用每5m洞段作为一个单元段，划分时有些偏长，因此结合具体的波速测试成果及编录资料，对分段进行了细化调整。

(4) 对局部的夹层单独进行了细分。

最终综合确定的坝肩岩体结构分类统计见表3.5-10。根据分区成果，三河口拱坝上、中、下坝线岩体结构分级如图3.5-13～图3.5-15所示。

表3.5-10　　坝肩岩体结构分类统计表

位置	平洞编号	高程/m	洞段深度/m					
			碎裂状	镶嵌状	次块状	块状/次块状	整体状/块状	夹层
左岸	PD1	571.98	0～19	19～51				
	PD31	624.32	0～17.5	17.5～34.6			34.6～100	51.0～71.5，碎裂状
	PD24	538.57	0～20.7		20.7～41.8		41.8～78.8	
	PD20	564.76	0～21.0	21.0～45.5			45.5～121.5	52～63.0，次块状
	PD2	588.98	0～17.0	17.0～47.0	47.0～72.0	72～101.5		
	PD23	601.01	0～12.8	12.8～38.4	38.4～52.2		52.2～85.0	
	PD22	619.12	0～15.5	15.5～31.0			31.0～93.0	56.0～68.5，次块状
	PD14	566.30	0～28	28～39				
	PD13	595.08	0～22	22～48	48～55.4			
	PD29	605.93	0～11.8		11.8～46.3		46.3～81.4	
右岸	PD3	562.30	0～11	11～25	25～36		36～51	
	PD32	609.20	0～15.5	15.5～45.5		45.5～80.1		59.0～63.2，67～78，碎裂状
	PD25	541.63	0～11.5	11.5～21.0		21～69.5		
	PD26	563.24	0～11.6	11.6～45.5		45.0～88.8		55.5～59.5，镶嵌状
	PD21	585.06	0～21.0		21～49	49～109		
	PD27	602.70	0～15.9	15.9～45.4		45.4～70.0		
	PD28	622.35	0～19.1	19.1～65			65～117	49～65，碎裂状
	PD15	564.87	0～8	8～24	24～40.8			
	PD4	573.71	0～49	49～52				
	PD16	598.36	0～11.8	11.8～42.8		42.8～107		
	PD17	640.59	0～13	0～64		64～80.1		

由图3.5-13可见，上坝线高程600.00m以上，距岸坡水平距离35m以前为碎裂状～镶嵌状岩体，35m以后为岩体结构较好的整体状～块状岩体，中间间断夹有岩体结构

较差的碎裂状～镶嵌状岩石；左岸高程 600.00m 以下，距岸坡水平距离 60m 前均为岩体结构较差的碎裂状～镶嵌状岩体。右岸高程 600.00m 以上距岸坡水平距离 45m 以前碎裂状～镶嵌状岩体，45m 后出现岩体结构较好的岩体；高程 600.00m 以下低距岸坡水平距离 30m 前为碎裂状～镶嵌状岩体，30m 后为完整性较好的整体状～块状岩体。

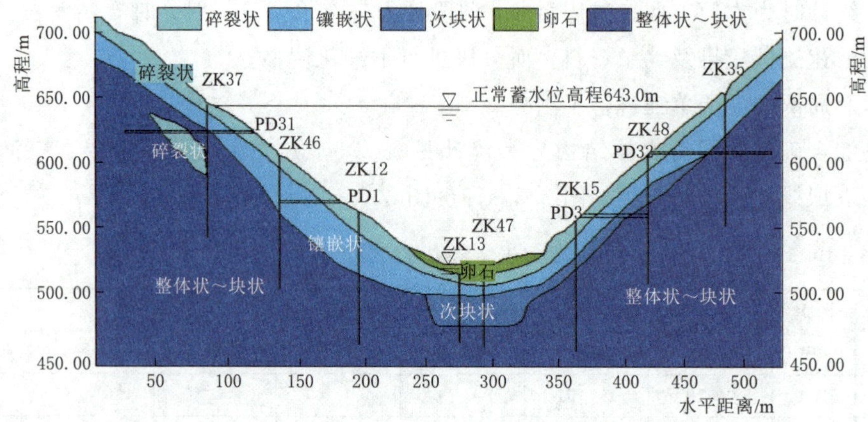

图 3.5－13　三河口拱坝上坝线岩体结构分级图

由图 3.5－14 可见，中坝线左岸各高程距岸坡水平距离 20m 左右以前为碎裂状结构；左岸高程 600.00m 以下距岸坡水平距离 44m 以前尚有一段镶嵌状岩体，44m 以后岩体结构为较好的次块状～块状～整体状岩石。各高程段平洞中由于断层及爆破影响也存在间断的镶嵌状～碎裂状岩体。右岸高程 600.00m 以下距岸坡水平距离 46m 以前为碎裂状～镶嵌状岩体，岩体结构较差，46m 以后为完整性较好的整体状～块状岩体；高程 600.00m 以上，距岸坡水平距离 58m 以前为碎裂状～镶嵌状岩体，在 58m 以后出现完整性较好的块状～整体状岩体，其中高程 620.00m 以上，整体岩体结构较差，距岸坡水平距离 65m 以后出现完整性较好的块状～整体状结构，间断可见碎裂状～镶嵌状岩体，连续性较强。

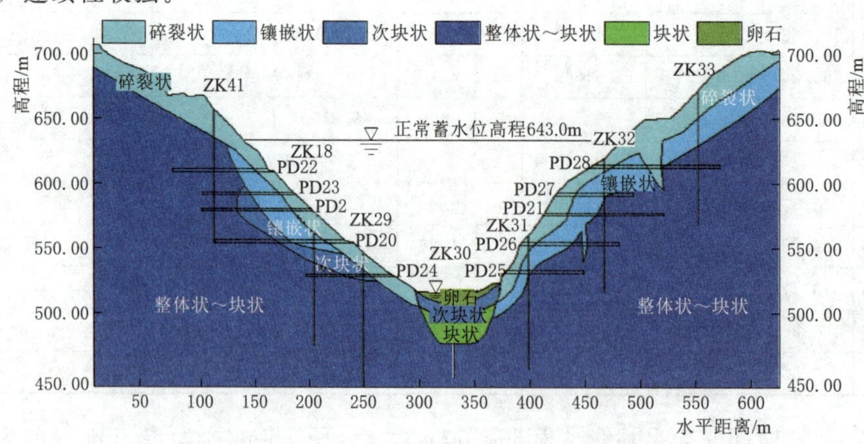

图 3.5－14　三河口拱坝中坝线岩体结构分级图

由图 3.5－15 可知，下坝线左岸高程 600.00m 以下，镶嵌状～碎裂状岩体距岸坡距离可达 80m 左右，高程 600.00m 以上距岸坡水平距离 45m 以后可见完整性较好的块状～整体状岩体。右岸高程 600.00m 以下距岸坡水平距离 45m 以后可见完整性较好的块状～整体状岩体，高程 600.00m 以上距岸坡水平距离 65m 左右以后可见完整性较好的岩体。

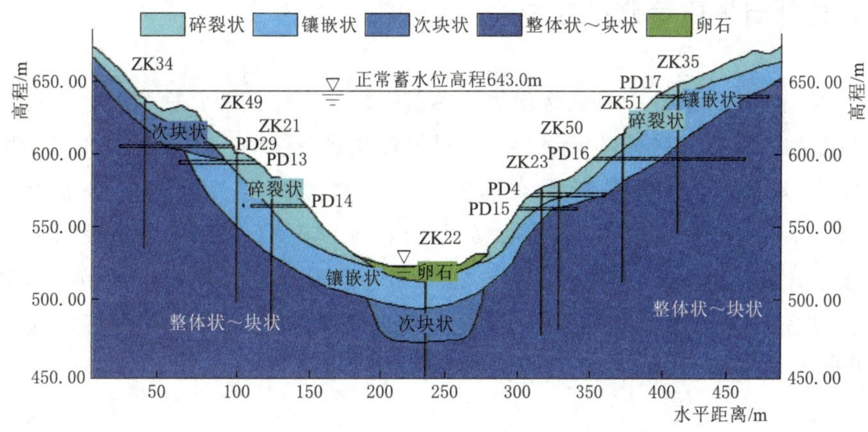

图 3.5－15 三河口拱坝下坝线岩体结构分级图

总体而言，岩体结构在中坝线较好，其左右坝肩完整性较好的次块状～块状～整体状岩体在低高程区距岸坡距离较小，适合建坝；在高高程区岩体完整性较好岩体虽距离岸坡较远，但拱坝对该高程段要求相对较低，可以利用部分完整性较差的岩体。

根据 3.1 节岩体风化的划分，可以看出强风化岩体一般为碎裂～散体状结构，弱风化上带岩体一般为镶嵌～次块状结构，弱风化下带岩体一般为次块状～块状结构，微风化岩体一般为块状结构。

3.5.2.5 河床坝基岩体结构综合确定

为了解河床不同高程的岩体结构，按照 2m 间距对第四系覆盖层下 20m 深度范围内的岩体进行结构划分，划分从高程 480.00m 开始，以每 2m 为一单元进行 RQD 值加权平均，作为这一高程段的 RQD 值，然后根据各孔 RQD 值做出这一高程段的等值线图，这些等值线图实际上就是按照 RQD 值划分的岩体结构图。

容易得出，在河床位置上坝线高程 488.00m 以下以次块状岩体为主，高程 488.00～498.00m 逐渐出现镶嵌状岩体，高程 498.00m 以上以镶嵌状岩体为主，岩体结构完整性较差；中坝线各高程段均以次块状结构为主，岩体结构较好；下坝线高程 498.00m 以下以次块状结构为主，高程 498.00m 以上主要为镶嵌状结构，因此坝基在中坝线高程 504.00m 以下较为合适。

根据 3.1 节岩体风化的划分，可以看出河床强风化岩体一般为碎裂～散体状结构，弱风化上带岩体一般为次块状结构，弱风化下带岩体一般为次块状～块状结构，微风化岩体一般为块状结构。

3.6　建基面岩体质量分级研究

3.6.1　国内外岩体质量分级方法

坝肩（基）岩体质量分级，是将坝体作用范围内的岩体按照其完整性、工程特性的优劣及其对建坝的适宜度而进行的等级划分，是岩体质量分级的一种。目前我国大型水利水电坝基岩体质量评价可遵循的标准有国家标准《水力发电工程地质勘察规范》（GB 50287—2016）和《水利水电工程地质勘察规范》（GB 50487—2008），以及行业标准《混凝土重力坝设计规范》（NB/T 35026—2022）和《混凝土重力坝设计规范》（SL 319—2018），四种规范中对坝基岩体质量分类基本一致。这些规范都是老一辈工程技术人员在实践中不断总结、不断完善得来的，是目前适用性最强、最能区分坝基岩体工程地质类别的。

岩体由于其岩相、岩性、构造、岩体完整程度、风化程度、工程特性、所处的环境条件、水稳性等的不同，因而使岩体的质量差别较大，稳定性也各不相同。建基岩体的稳定性不仅受上述多因素的影响，而且受工程类型及荷载因素的影响。岩体质量分级是当前岩体工程地质评价的一个重要方面，是将复杂的地质体按其工程地质条件的优劣以简单的类型进行划分，进而成为地质、设计、施工、监理等工程人员共同认识、判断坝基岩体质量的优劣，进而合理选择可利用岩体的交流语言。虽然现今对于岩体质量进行划分时只能做到对岩体的“质”的划分，尚很难做到对岩体工程特性参数的精确量化。但是随着水利水电工程大量研究工作的开展，及科学技术手段的不断进步，对于岩体质量分级已逐渐从单因素向多因素、从定性描述向定性与定量相结合的方向发展，目前已有一些此方面的方案出现。

由于工程类型的不同，岩体质量分级的目的和应考虑的主要因素也有差异。为了能很好地进行三河口水库建基岩体的质量分级，需根据国内外已有的岩体质量分级标准，将三河口水库建基岩体质量分级与国内外较有影响的分级标准有机地联系起来。具有代表性的坝基工程岩体质量分类或分级方法如下。

1.《水利水电工程地质勘察规范》(GB 50487—2008) 分类方法

《水利水电工程地质勘察规范》（GB 50487—2008）中的坝基岩体质量分类，突出了岩体结构、完整性系数 K_v、岩体纵波波速 V_p 和岩石介质的强度特性等，并附有这些因素的量化指标。其中岩体完整性系数 K_v 和纵波波速 V_p 两项指标具有普遍代表性，也是国际上较为通用的参数。与此同时，还附有供参考的岩体力学参数，这是我国当前适用于不同地质环境，对高度大于 70m 的混凝土坝坝基岩体质量划分较为系统的分类方法。

2.《工程岩体分级标准》(GB 50218—2014) 分类方法

国家标准《工程岩体分级标准》（GB 50218—2014）中的 BQ 工程岩体质量分类方法，

依据岩石的坚硬程度和岩体的完整程度两个基本控制要素确定“岩体基本质量指标 BQ”，对岩体进行初步分级，然后考虑岩体质量的影响因素，如地下水状态、初始应力状态、结构面特征等，对岩体的基本质量进行修正，计算出岩体基本质量指标修正值［BQ］，进行工程岩体详细定级。BQ 工程岩体基本质量分级方法采用定性与定量相结合的方法，将岩体基本质量分为 5 级，当定性和定量确定的级别不一致时，应通过对定性划分和定量指标的综合分析确定岩体的基本质量。

3. 三峡水利枢纽工程坝基岩体质量分级方法

三峡水利枢纽工程是我国最大的水利水电工程，坝基岩石主要为花岗岩。该工程地质工作不仅时间长，勘察、试验工作量大，考虑的因素也比较多，而且研究的深度在国内外也是空前的。三峡水利枢纽工程坝基岩体质量分级主要考虑了岩体完整性、岩体强度特性、结构面状态及强度特性、岩体透水性、岩体变形特性等 5 项因子，将岩体质量分为 5 级。

4. 比尼奥斯基（Bieniawski）地质力学分类方法（RMR 分类）

比尼奥斯基地质力学分类方法是适用隧道围岩分类的一种方法，与 Barton 及 Q 分类一致，在欧洲有很广泛的应用。国内有些工程也应用地质力学分类方法评价坝基、边坡岩体的质量。从 RMR 分类的分值、有关参数及评分标准可以得出，RMR 分类考虑的主要因素是结构面性状、间距、完整性和地下水等，这与前面的坝基岩体质量分类的考虑因素是一致的。由于隧道一般位于新鲜岩石中，所以在 RMR 分类中未考虑岩石风化程度。

5. 雅砻江二滩水电站坝基岩体质量分级

二滩水电站坝型为双曲拱坝，坝址区岩石主要为二叠系玄武岩及正长岩，枢纽区岩体质量分级考虑的因素较多，包括岩体结构（裂隙间距）、岩体的紧密程度、嵌合程度、RQD、风化程度、岩体水文地质特征等，共划分为 7 个岩级 12 个亚级，各岩级有其对应的力学参数。是国内外坝基岩体质量分级中考虑因素较多的分级方案，目前已经应用于已建的工程。

3.6.2 三河口坝址区岩体质量分级指标及分类标准

3.6.2.1 代表性、控制性指标的选取

良好的坝基岩体质量分级标准应包含影响坝基岩体质量的主要因素，同时还要总结出相应的代表性指标及其取值标准，各个指标要具有相对独立性，并且这些指标应易于获取。基于此的坝基岩体质量分级标准才更方便应用于坝基岩体质量分级的实践。

国内外用于坝基岩体质量分级的指标很多，使应用者难以区分其优劣。当前应用于规范中的坝基岩体分级指标主要有岩石单轴饱和抗压强度 R_b、岩体质量指标 RQD 值、结构面间距、声波纵波速、岩体完整性系数等。工程实践中还使用变形模量、岩体抗剪断强度参数 f' 和 c'、块度模数、岩体块度系数、岩体块度指数、波速比、吕荣值等。这些指标基本涵盖了岩体质量分级的大部分定量指标，但在工程应用中不可能全部采用，只能根据

具体工程的特点，结合岩体特征、原位试验结果及相应测试结果选取几个有代表性的指标进行岩体质量分类。因此，如何从这些众多指标中选取具有较强代表性的指标至关重要。现对以上常用定量指标的含义及在岩体质量分级中所起的作用进行简单分析。

岩体是由结构面和结构体组成的地质体。岩体的基本质量应由表征结构体特征的岩石坚硬程度与表征结构面发育程度的岩体完整程度两个指标来确定。岩石的饱和单轴抗压强度代表了岩块本身的基本质量，对于坚硬岩来说，组成岩体的岩块本身具有很好的强度，不是对岩体力学特性造成弱化作用的因素。而结构面的发育程度及发育特征就成为影响岩体力学特性的最主要因素。

岩体结构面间距是当前规范和工程实践中划分岩体结构的主要指标，规范中岩体结构面间距主要指结构面的平均间距，大部分岩体用平均间距得到的结果是准确的，但是若在良好岩体中遇到裂隙集中带时，用平均间距划分岩体结构就会出现一定的偏差。因此，在进行岩体质量分级时，结构面间距不能作为唯一指标或控制性指标，需要和其他指标结合使用。

岩体完整性系数 K_v 为风化岩体声波纵波速与新鲜岩石纵波波速比值的平方，这项指标是反映岩体中结构面紧密程度的。但是单纯地根据 K_v 值是不能判断岩体的优劣的，仅对于岩块本身强度及刚度基本相同的岩体，岩体完整性系数 K_v 能较好地代表岩体结构面的发育程度。

波速比是一项用来表征岩体风化卸荷程度的指标。它与岩体完整性系数具有相同的应用缺陷，即不能表征岩体绝对力学性质的好坏。但是，如果岩块自身的强度和刚度基本相同，波速比是可以很好地表现岩体的风化程度及完整程度的。

RQD 由于阈值问题及受到测线方向的影响，因此具有明显的各向异性，使其适用范围受到了很大的限制。

对于坚硬岩体，吕荣值能够表征岩体渗透性的强弱。由于岩体卸荷最直观的表现就是岩体裂隙的增大，裂隙越发育渗透性越强，因此吕荣值被应用于岩体卸荷带的划分是比较适合的一项指标。

岩体纵波波速一直以来被广泛应用于工程实践中，由于岩体纵波波速在岩体中传播的速度取决于岩体的完整程度、结构面的发育程度、胶结状态、充填物性质、岩石密度等综合状况，因此岩体纵波波速能够较合理地反映岩体总体质量。多年的工程实践及相关的坝基岩体质量研究表明，岩体波速与岩体变形模量具有良好的相关关系。应用岩体纵波波速表征岩体的工程地质特性的优势在于，现场易于获得数据、评价简单易用，并且可以表征岩体的力学性质，划分岩体的风化程度。因此，岩体纵波波速成为一个广泛使用的通用指标。国内外岩体纵波波速相关研究表明，各级岩体的纵波波速的分布范围有明确的界限，进一步证明岩体的纵波波速作为一项定量划分岩体质量等级的指标是可行的。

拱坝运营后，建基岩体的力学性质控制着拱坝的稳定性及变形情况，对拱坝的安全起着决定性的作用。岩体的力学性质主要表现为变形特征和强度特征，这就要求岩体要有适宜的力学参数，即岩体要有较高的变形模量和抗剪强度。较高的变形模量保证坝基的变形较小，较高的抗剪强度保证大坝较高的抗滑稳定性。

用于坝基岩体质量分级的指标还有一些未列出，比如点荷载强度、岩芯采取率、岩体块度指数、岩体体积节理数等，这些指标在特定工程实例中取得了较好的评价结果，但有些指标具有很强的针对性，不具有普遍适用性，这里不再论述。

综上所述，可选用的岩体质量分级代表性指标有岩石饱和单轴抗压强度、纵波波速、完整性系数或结构面间距、波速比、吕荣值、岩体的变形模量和抗剪强度参数等。其中，变形模量和纵波波速由于具有普遍性，可以作为坝基岩体质量分级的控制性指标。

3.6.2.2 三河口坝址区建基岩体质量分级标准

通过以上对建基岩体质量分级中各个指标的评价，依据三河口坝址区建基岩体基本特征及原位试验结果，结合国内外大型水电站岩体质量分级的方案，具体选取纵波波速、完整性系数、变形模量、抗剪断强度等定量指标以及结合定性指标，综合建立三河口坝址区建基岩体质量分级标准见表 3.6-1。

表 3.6-1　　三河口坝址区建基岩体质量分级标准表

岩级	定性指标	主要量化指标					
		岩体结构类型	纵波波速 V_p/(m/s)	完整性系数 K_v	变形模量 E_0/GPa	抗剪断强度	
						f'	c'/MPa
Ⅰ	岩体呈整体状或块状，结构面不发育～轻度发育，延展性差，多闭合	块状～整体状	>5000	>0.85	>12	>1.6	>2.0
Ⅱ	岩体呈块状或次块状，结构面中等发育，软弱结构面局部分布，完整性系数高，抗变形能力较强，透水性弱，是可直接利用的岩体	次块状～块状	>4000	>0.75	>10	>1.4	>1.5
Ⅲ	岩体呈次块状或镶嵌结构，结构面中等发育，岩体中分布有缓倾角或陡倾角（坝肩）的软弱结构面，存在影响局部坝基或坝肩稳定的楔体或棱体	镶嵌次～块状	2900～4000	0.55～0.75	5～10	1.0～1.4	1.1～1.5
Ⅳ	岩体碎裂结构，层间结合较差，存在不利于坝基（肩）稳定的软弱结构面、较大楔体或棱体；结构面很发育，且多张开或夹碎屑和泥，岩块间嵌合力弱	镶嵌～碎裂	1800～2900	0.35～0.55	2～5	0.6～1.0	0.6～1.1
Ⅴ	岩体呈散体结构，由岩块夹泥或泥包岩块组成，具松散连续介质特征	碎裂	<1800	<0.35	<2	—	—

上述分级标准中，考虑了变形模量、岩体结构类型、纵波波速、完整性系数、抗剪断强度等多个指标，但这些指标不可能在每个平洞或钻孔中全部获得，因此必须选择既能反映岩体质量，又易于获取的指标。纵波速度既能反映岩体的风化程度、完整程度，与变形模量之间又有较好的对应关系，并且测试方法简便、快速，在建基岩体质量评价中被广泛应用。因此，按照表 3.6-1 的分级标准，采用以纵波波速为主并参考其他指标综合进行

三河口坝址区建基岩体质量的分级评价。

3.6.3　三河口坝址区建基岩体质量分级

为了更准确地对三河口坝址区岩体质量进行分级，本文选取《工程岩体分级标准》(GB 50218—2014) 分级标准（以下简称“BQ 分级标准”）及《水利水电工程地质勘察规范》(GB 50487—2008) 分级标准这两种比较成熟的岩体质量分级方法，作为三河口坝基建基岩体质量分级方案的对比方案，通过对两种分级标准的分析，选出最优坝线，再用本书分级标准对最优坝线进行岩体质量分级。

3.6.3.1　坝肩岩体基本质量分级（BQ 分级标准）

三河口坝址区基岩为志留系下统梅子垭组变质砂岩段变质砂岩、结晶灰岩，局部夹有大理岩及印支期侵入花岗伟晶岩脉、石英岩脉。根据《工程岩体分级标准》(GB 50218—2014)，岩石的坚硬程度和岩体完整性程度决定岩体的基本质量。

根据岩石饱和单轴抗压强度、完整性系数及结构面、地下水状态和地应力情况，对坝址区岩体基本质量指标 BQ 及岩体基本质量指标修正值 [BQ] 进行了计算，坝址区岩体基本质量计算结果见表 3.6-2。岩体基本质量分级标准见表 3.6-3，据此确定岩体基本质量分级及对应承载力经验值见表 3.6-4。

表 3.6-2　坝址区岩体基本质量计算结果

风化程度	岩性	计算参数	完整性系数	修正系数			质量指标		基本质量级别
		R_c	K_v	K_1	K_2	K_3	BQ	[BQ]	
强风化	变质砂岩	30～40	0.2	0.4	0.3	0	230.0～260.0	160	Ⅴ～Ⅳ
	结晶灰岩	33～44	0.22	0.4	0.3	0	244.0～277.0	174	Ⅴ～Ⅳ
	大理岩	30～40	0.18	0.4	0.3	0	225.0～255.0	155	Ⅴ～Ⅳ
弱风化上带	变质砂岩	67	0.36	0.3	0.3	0	367.2	307.2	Ⅲ
	结晶灰岩	65	0.38	0.3	0.3	0	377.6	317.6	Ⅲ
	大理岩	66	0.35	0.3	0.3	0	362.0	302	Ⅲ
弱风化下带	变质砂岩	83.6	0.57	0.2	0.3	0	439.6	389.6	Ⅲ
	结晶灰岩	83.6	0.59	0.2	0.3	0	445.2	395.2	Ⅲ
	大理岩	71.3	0.53	0.2	0.3	0	409.2	359.2	Ⅲ
微风化	变质砂岩	108	0.74	0.2	0.3	0	487.2	437.2	Ⅱ
	结晶灰岩	108.4	0.76	0.2	0.3	0	492.8	442.8	Ⅱ
	大理岩	94.7	0.8	0.2	0.3	0	482.1	432.1	Ⅱ

注：1. $BQ=90+3R_c+250K_v$，$[BQ]=BQ-100(K_1+K_2+K_3)$。其中，K_1 为地下水影响修正系数，K_2 为主要结构面产状修正系数，K_3 为初始应力状态修正系数。当 $R_c>90K_v+30$ 时，以 $R_c=90K_v+30$ 代入式中计算。当 $K_v>0.04K_v+0.4$ 时，以 $K_v=0.04K_v+0.4$ 代入计算。

2. 由于强风化岩体难以取样试验，其饱和抗压强度根据弱风化岩体试验数据进行折减得到。

表 3.6-3 **岩体基本质量分级标准**

基本质量级别	岩体基本质量的定性特征	岩体基本质量指标 BQ
Ⅰ	坚硬岩，岩体完整	>550
Ⅱ	坚硬岩，岩体较完整；较坚硬岩，岩体完整	550～451
Ⅲ	坚硬岩，岩体较破碎；较坚硬岩或软硬岩互层，岩体较完整；较软岩，岩体完整	450～351
Ⅳ	坚硬岩，岩体破碎；较坚硬岩，岩体较破碎～破碎；较软岩或软硬岩互层，且以软岩为主，岩体较完整～较破碎；较软岩，岩体完整～较完整	350～251
Ⅴ	较软岩，岩体破碎；软岩，岩体较破碎～破碎	≤250
	全部极软岩及全部破碎岩	

表 3.6-4 **岩体基本质量分级及对应承载力经验值**

位置		平洞编号	高程/m	Ⅳ级及以下/m	Ⅲ级/m	Ⅱ级/m	夹层质量及出现位置/m
左岸	上坝线	PD31	624.32	0～34.6		34.6～100.0	51.0～71.5，Ⅳ级
	上坝线	PD1	571.98	0～41.0	41.0～51.0		
	中坝线	PD24	538.57	0～20.7	20.7～41.8	41.8～78.8	
	中坝线	PD20	564.76	0～36.0	36.0～45.5	45.5～121.5	52.0～63.0，Ⅲ级
	中坝线	PD2	588.98	0～47.0	47.0～72.0	72.0～101.5	
	中坝线	PD23	601.01	0～12.8	12.8～52.2	52.2～85.0	
	中坝线	PD22	619.12	0～31.0		31.0～93.0	56.0～68.5，Ⅲ级
	下坝线	PD14	566.30	0～39.0			
	下坝线	PD29	605.93	0～11.8	11.8～46.3	46.3～81.4	
	距下坝线 10m	PD13	595.08	0～48.0	48.0～55.4		
右岸	上坝线	PD3	562.30	0～25.0		25.0～51.0	
	上坝线	PD32	609.20	0～45.5		45.5～80.1	59.0～63.2，67.0～78.0，Ⅳ级
	中坝线	PD25	541.63	0～21.0		21.0～69.5	
	中坝线	PD26	563.24	0～34.9	34.9～45.0	45.0～88.8	55.5～59.5，Ⅲ级
	中坝线	PD21	585.06	0～21.0	21.0～49.0	49.0～109.0	
	中坝线	PD27	602.70	0～26.8	26.8～45.4	45.4～70.0	
	中坝线	PD28	622.35	0～42.5	42.5～65.0	65.0～117.0	49.0～65.0，Ⅳ级
	距下坝线 18m	PD15	564.87	0～24.0	24.0～40.8		
	距下坝线 6m	PD4	573.71	0～52.0			
	下坝线	PD16	598.36	0～30.8	30.8～42.8	42.8～107.0	
	下坝线	PD17	640.59	0～64.0		64.0～80.1	
承载力容许值 f_o/MPa				2.0～0.5	4.0～2.0	>4.0	

根据分级成果，绘制三河口拱坝上、中、下坝线岩体基本质量分级如图 3.6－1～图 3.6－3 所示，各坝线分级结果分述如下。

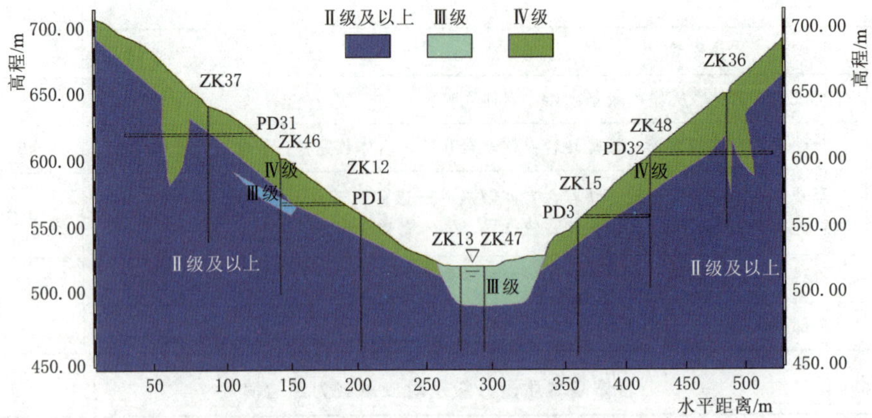

图 3.6－1　三河口拱坝上坝线岩体基本质量分级图

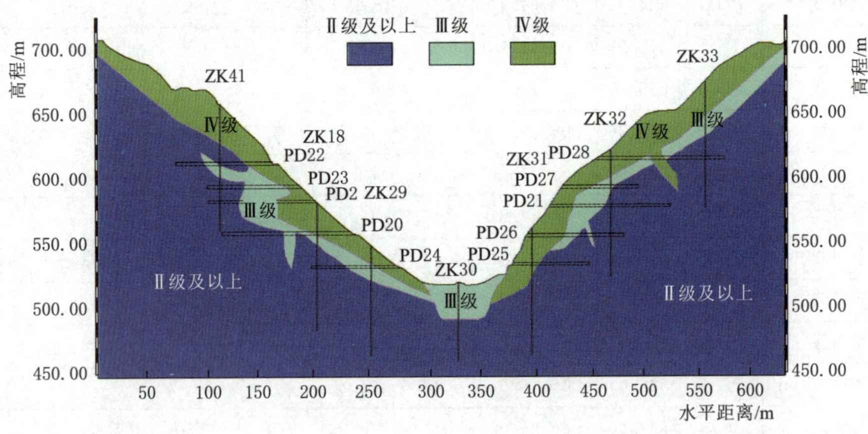

图 3.6－2　三河口拱坝中坝线岩体基本质量分级图

1. 上坝线分级结果

由图 3.6－1 可见，上坝线左岸高程 620.00m 以上，距岸坡水平距离 35m 前为基本质量较差的Ⅳ级岩体，距岸坡水平距离 35m 后为岩体质量较好的Ⅱ级及以上岩体，距岸坡水平距离 51.0～71.5m 间断夹有Ⅵ级岩体；高程 620.00m 以下，距岸坡水平距离 40m 以前为基本质量较差的Ⅳ级岩体，距岸坡水平距离 40～50m 为Ⅱ级岩体。上坝线右岸高程 600.00m 以下，距岸坡水平距离 25m 前为Ⅳ级岩体，之后为连续的质量较好的Ⅱ级及以上岩体；高程 600.00m 以上，距岸坡水平距离 30～45.5m 为Ⅳ级岩体，距岸坡水平距离 45.5m 以后为Ⅱ级岩体，中间局部夹Ⅳ级岩体。河床坝基基本质量相对较好，高程 498.00m 以上为Ⅲ级岩体，以下为Ⅱ级及以上岩体。

2. 中坝线分级结果

从图 3.6－2 可以看出，中坝线左岸高程 600.00m 以下，距岸坡水平距离 45m 以前为岩

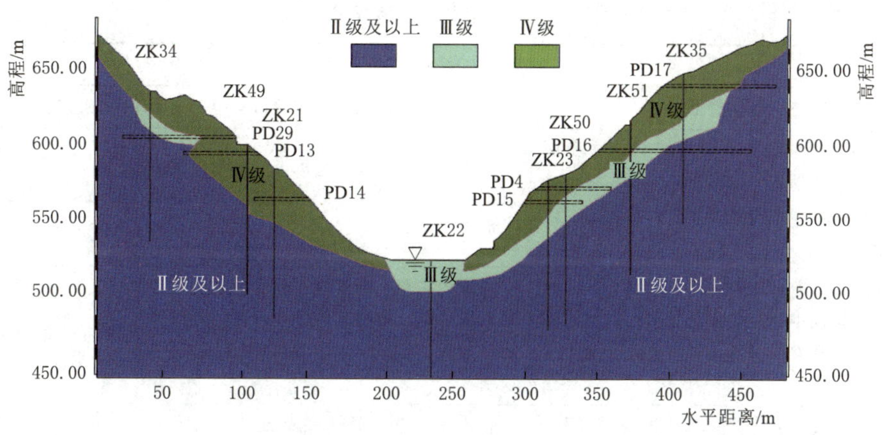

图 3.6-3 三河口拱坝下坝线岩体基本质量分级图

体质量较差的Ⅲ级、Ⅳ级岩体，之后为连续的质量较好的Ⅱ级岩体；高程 600.00m 以上，距岸坡水平距离 30m 以前为岩体质量较差的Ⅳ级岩体，之后除 56～68m 出现的Ⅲ级岩体夹层外，其他均为连续的质量较好的Ⅱ级岩体。中坝线右岸高程 600.00m 以下，距岸坡水平距离 45m 前为Ⅲ级、Ⅳ级岩体，之后为质量较好的Ⅱ级及以上岩体；高程 600.00m 以上，距岸坡水平距离 45～65m 为Ⅲ级、Ⅳ级岩体，之后出现质量较好的Ⅱ级及以上岩体，中间局部夹Ⅳ级岩体。中坝线河床位置，高程 496.00m 以上为Ⅲ级岩体，以下为Ⅱ级及以上岩体。

3. 下坝线分级结果

下坝线左岸高程 550.00m 以上Ⅳ级岩体厚度较大，距岸坡水平距离 45～55m；在高程 600.00m 局部出现Ⅲ级岩体，之后为连续的Ⅱ级及以上岩体。右岸高程 600.00m 以下，距岸坡水平距离 45m 以前为Ⅲ级、Ⅳ级岩体，之后为Ⅱ级岩体；高程 600.00m 以上，距岸坡水平距离 65m 前均为Ⅲ级、Ⅳ级岩体，之后为质量较好的Ⅱ级及以上岩体。下坝线河床位置，在高程 506.00m 以上为Ⅲ级岩体，以下为Ⅱ级及以上岩体。

3.6.3.2 《水利水电工程地质勘察规范》(GB 50487—2008) 质量分级

本节通过《水利水电工程地质勘察规范》(GB 50487—2008) 中关于岩体质量分类的规定进一步对三河口水库坝基（肩）岩体质量进行分类，进而与第 3.6.3.1 节分析结果进行对比、分析。

《水利水电工程地质勘察规范》(GB 50487—2008) 中提出的坝基岩体质量分类突出了岩体结构、岩体完整性和岩石介质的强度特性，并附有这些因素的量化指标，其中岩体完整性系数和纵波波速两项指标具有普遍代表性，也是国际上较为通用的参数。按照《水利水电工程地质勘察规范》(GB 50487—2008) 附录 V，依据各平洞、钻孔的测试数据及现场调查结果进行岩体质量分类，坝基（肩）岩体工程地质分类见表 3.6-5。

根据上述标准，岩体质量分类及建议处理方式见表 3.6-6，根据分级结果，分别作出三河口坝址区岩体质量分级如图 3.6-4～图 3.6-6 所示。各坝线分级结果分述如下。

表 3.6-5　坝基（肩）岩体工程地质分类表

类别	A 坚硬岩（R_b>60MPa）		
	岩体特征	岩体工程性质评价	岩体主要特征值
Ⅰ	$A_Ⅰ$：岩体呈整体状或块状、巨厚层状、厚层状结构，结构面不发育～轻度发育，延展性差，裂隙多闭合，具各向同性力学特征	岩体完整，强度高，抗滑、抗变形性能强不需要做专门地基处理，属于良好混凝土坝基	R_b>90MPa，V_p>5000m/s，RQD>85%，K_v>0.85
Ⅱ	$A_Ⅱ$：岩体呈块状或次块状，厚层结构，结构面中等发育，软弱结构面分布不多，或不存在影响坝基和坝肩稳定的楔体或棱体	岩体较完整，强度高，软弱结构面不控制岩体稳定，抗滑变形性能较高，专门性地基处理工作量不大，属良好高混凝土坝基	R_b>60MPa，V_p>4500m/s，RQD>70%，K_v>0.75
Ⅲ	$A_{Ⅲ1}$：岩体呈次块状或中厚层状结构，结构面中等发育，岩体中分布有缓倾角或陡倾角（坝肩）的软弱结构面或存在影响坝基或坝肩稳定的楔体或棱体	岩体较完整，局部完整性差，强度较高，抗滑抗变形性能在一定程度上受结构面控制，对影响岩体变形和稳定的结构面应该做专门处理	R_b>60MPa，V_p=4000～4500m/s，RQD=40%～70%，K_v=0.55～0.75
	$A_{Ⅲ2}$：岩体呈互层状或镶嵌碎裂结构，结构面发育，但贯穿性结构面不多见，结构面延展差，多闭合，岩块间嵌合力较好	岩体完整性差，强度仍较高，抗滑、抗变形性能受结构面和岩块间嵌合能力以及结构面抗剪强度特性控制，对结构面应作专门性处理	R_b>60MPa，V_p=3000～4500m/s，RQD=20%～40%，K_v=0.35～0.55
Ⅳ	$B_{Ⅳ1}$：岩体呈互层状或薄层状结构，层间结合较差，存在不利于坝基及坝肩稳定的软弱结构面、较大楔体或棱体	岩体完整性差，抗滑抗变形性能明显受结构面和岩块间嵌合能力控制。能否作为高混凝土坝地基视处理效果而定	R_b=30～60MPa，V_p=2000～3500m/s，RQD=20%～40%，K_v<0.35
	$B_{Ⅳ2}$：岩体呈薄层状或碎裂状，结构面发育～很发育，且多张开，岩块间嵌合力差	岩体较破碎，抗滑、抗变形性能差，不宜作为高混凝土坝地基。当局部存在该类岩体时需做专门性处理	R_b=30～60MPa，V_p<2000m/s，RQD<20%，K_v<0.35
Ⅴ	$A_Ⅴ$：岩体呈散体结构由岩块夹泥或泥包岩块组成，具松散连续介质特性	岩体破碎，不能作为高混凝土坝地基。当坝基局部地段分布该类岩体，需做专门性处理	—

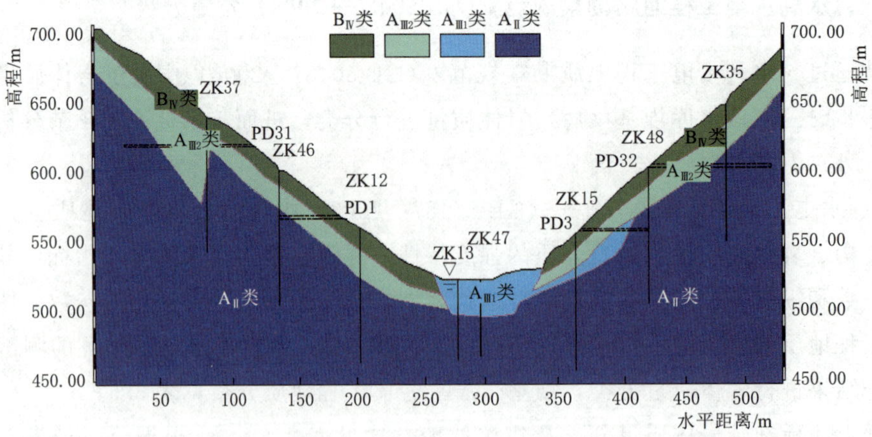

图 3.6-4　三河口坝址区上坝线岩体质量分级

表 3.6-6　　岩体质量分类及建议处理方式

<table>
<tr><th colspan="2">位置</th><th>洞号</th><th>高程/m</th><th colspan="8">岩体质量分类及处理方式/m</th><th>局部夹层位置/m</th></tr>
<tr><td rowspan="10">左岸</td><td>上坝线</td><td>PD1</td><td>571.98</td><td>0～19.0</td><td rowspan="21">B_{IV}类：不考虑做建基面，直接开挖处理</td><td>19.0～41.0</td><td rowspan="21">A_{III2}类：以提高整体性为重点进行基础处理</td><td>41.0～51.0</td><td rowspan="21">A_{III1}类：对影响岩体变形和稳定性的结构面进行局部专门处理</td><td>—</td><td rowspan="21">A_{II}类：直接利用</td><td>—</td></tr>
<tr><td>上坝线</td><td>PD31</td><td>624.32</td><td>0～17.5</td><td>17.5～34.6</td><td>34.6～100.0</td><td>—</td><td>51.0～71.5(B_{IV2})</td></tr>
<tr><td>中坝线</td><td>PD24</td><td>538.57</td><td>0～20.7</td><td>—</td><td>20.7～41.8</td><td>41.8～78.8</td><td>—</td></tr>
<tr><td>中坝线</td><td>PD20</td><td>564.76</td><td>0～36.0</td><td>—</td><td>36.0～45.5</td><td>45.5～121.5</td><td>52.0～63.0(A_{III1})</td></tr>
<tr><td>中坝线</td><td>PD2</td><td>588.98</td><td>0～17.0</td><td>17.0～47.0</td><td>47.0～72.0</td><td>72.0～101.5</td><td>—</td></tr>
<tr><td>中坝线</td><td>PD23</td><td>601.01</td><td>0～12.8</td><td>12.8～38.4</td><td>38.4～52.2</td><td>52.2～85.0</td><td>—</td></tr>
<tr><td>中坝线</td><td>PD22</td><td>619.12</td><td>0～15.5</td><td>15.5～31.0</td><td>—</td><td>31.0～93.0</td><td>56.0～68.5(A_{III1})</td></tr>
<tr><td>下坝线</td><td>PD14</td><td>566.3</td><td>0～28.0</td><td>28.0～39.0</td><td>—</td><td>—</td><td>—</td></tr>
<tr><td>下坝线</td><td>PD13</td><td>595.08</td><td>0～22.0</td><td>22.0～48.0</td><td>48.0～55.4</td><td>—</td><td>—</td></tr>
<tr><td>下坝线</td><td>PD29</td><td>605.93</td><td>0～11.8</td><td>—</td><td>11.8～46.3</td><td>46.3～81.4</td><td>—</td></tr>
<tr><td rowspan="11">右岸</td><td>上坝线</td><td>PD3</td><td>562.3</td><td>0～11.0</td><td>11.0～25.0</td><td>25.0～36.0</td><td>36.0～51.0</td><td>—</td></tr>
<tr><td>上坝线</td><td>PD32</td><td>609.2</td><td>0～15.5</td><td>15.5～45.5</td><td>—</td><td>45.5～80.1</td><td>59.0～63.2 (B_{IV2})，67.0～78.0(B_{IV1})</td></tr>
<tr><td>中坝线</td><td>PD25</td><td>541.63</td><td>0～21.0</td><td>—</td><td>—</td><td>21.0～69.5</td><td>—</td></tr>
<tr><td>中坝线</td><td>PD26</td><td>563.24</td><td>0～34.9</td><td>—</td><td>34.9～45.0</td><td>45.0～88.8</td><td>55.5～59.5(A_{III2})</td></tr>
<tr><td>中坝线</td><td>PD21</td><td>585.06</td><td>0～8.0</td><td>8.0～21.0</td><td>21.0～49.0</td><td>49.0～109.0</td><td>—</td></tr>
<tr><td>中坝线</td><td>PD27</td><td>602.7</td><td>0～15.9</td><td>15.9～26.8</td><td>26.8～45.4</td><td>45.4～70.0</td><td>—</td></tr>
<tr><td>中坝线</td><td>PD28</td><td>622.35</td><td>0～42.5</td><td>—</td><td>42.5～65.0</td><td>65.0～117.0</td><td>49.0～65.0(B_{IV2})</td></tr>
<tr><td>下坝线</td><td>PD15</td><td>564.87</td><td>0～8.0</td><td>8.0～24.0</td><td>24.0～40.8</td><td>—</td><td>—</td></tr>
<tr><td>下坝线</td><td>PD4</td><td>573.71</td><td>0～52.0</td><td>—</td><td>—</td><td>—</td><td>—</td></tr>
<tr><td>下坝线</td><td>PD16</td><td>598.36</td><td>0～11.8</td><td>11.8～30.8</td><td>30.8～42.8</td><td>42.8～107.0</td><td>—</td></tr>
<tr><td>下坝线</td><td>PD17</td><td>640.59</td><td>0～13.0</td><td>13.0～64.0</td><td>—</td><td>64.0～80.1</td><td>—</td></tr>
</table>

1. 上坝线分级结果

高程 520.00～570.00m 段，左岸距岸坡距离最小 20m、最大 34m 前全部为 B_{IV} 类岩体，右岸距岸坡距离最小 11m、最大 15m 范围内全部是 B_{IV} 类岩体；左岸距 B_{IV} 类岩体界限距离最小 22m、最大 27.5m 范围内为 A_{III2} 类岩体，右岸距 B_{IV} 类岩体分类界限距离最 14m、最大 17m 范围内为 A_{III2} 类岩体。高程 570.00～650.00m 段，左岸距岸坡距离最小 16.5m、最大 19.5m 范围内为 B_{IV} 类岩体，右岸距岸坡距离最小 11m、最大 16m 范围内为 B_{IV} 类岩体；左岸距 B_{IV} 类岩体界限距离最小 19m、最大 25m 范围内为 A_{III2} 类岩体，右岸距 B_{IV} 类岩体分类界限距离最小 17m、最大 30m 范围内为 A_{III2} 类岩体。A_{III} 类岩体之后全部为 A_{II} 类岩体。

上坝线河床位置，高程 498.00m 以上为 A_{III1} 类岩体，以下为 A_{II} 类岩体。在右岸高程 500.00～550.00m 区间，A_{II} 类岩体中局部夹 A_{III1} 类岩体。总体而言，上坝线在距岸坡水平距离 15～20m 为 B_{IV} 类岩体，在距岸坡水平距离 20～50m 为 A_{III2} 类岩体，距岸坡水

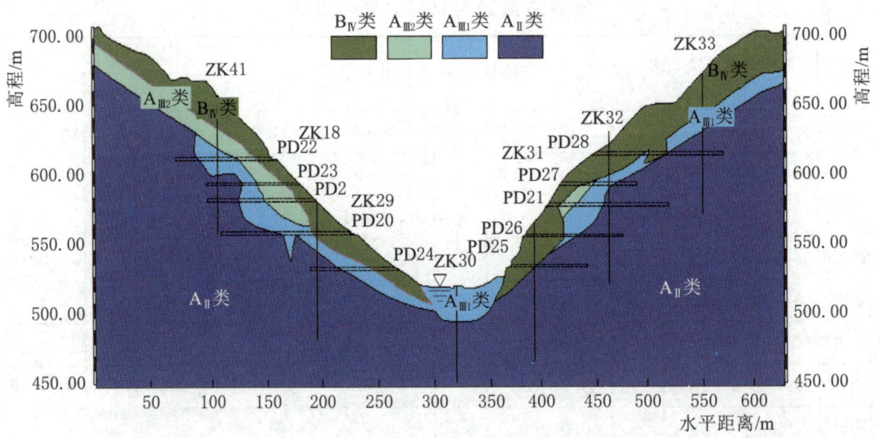

图 3.6－5　三河口坝址区中坝线岩体质量分级

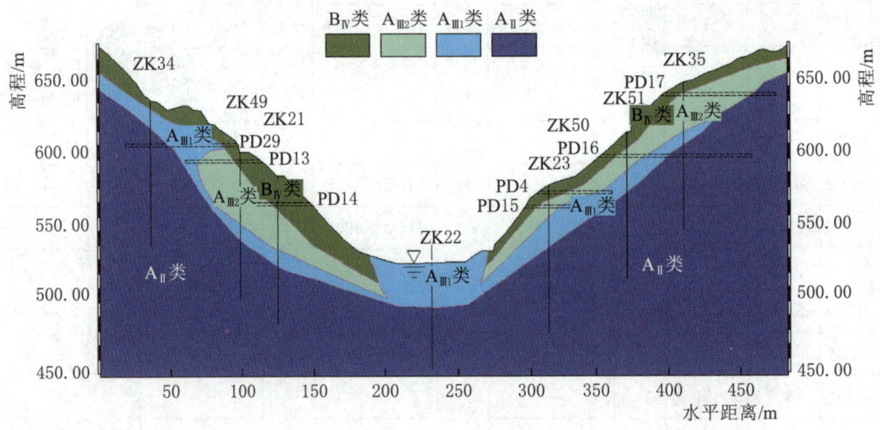

图 3.6－6　三河口坝址区下坝线岩体质量分级

平距离 50m 以后为 A$_{Ⅱ}$ 类岩体，右岸高程 500.00～550.00m 局部夹 A$_{Ⅲ1}$ 类岩体。

对比 BQ 分级标准结果，两种分级标准结果在Ⅱ类岩体界限划分上基本一致，但在Ⅲ类岩体划分上有所差别，BQ 分级标准结果只有在左岸有局部Ⅲ级岩体，而《水利水电工程地质勘察规范》（GB 50487—2008）的分级结果在该坝线左右坝肩都有连续的分布，说明《水利水电工程地质勘察规范》（GB 50487—2008）在岩体质量划分上更加全面、细致。

2. 中坝线分级结果

中坝线左岸，距岸坡水平距离 20m 以前为 B$_{Ⅳ}$ 类岩体，高程 620.00m 以下除 PD2（高程 588.00m 位置）外，距岸坡水平距离 45m 左右可达到 A$_{Ⅱ}$ 类岩体，高程 620.00m 以上距岸坡水平距离 31m 以后可达到 A$_{Ⅱ}$ 类岩体，中间夹 A$_{Ⅲ1}$、A$_{Ⅲ2}$ 类岩体。

中坝线右岸，高程 620.00m 以下，距岸坡水平距离 20m 以前为 B$_{Ⅳ}$ 类岩体；高程 620.00m 以上，B$_{Ⅳ}$ 类岩体可延伸至距岸坡水平距离 43m 左右；高程 620.00m 以下，距岸坡水平距离 50m 左右以后可达 $A_{Ⅱ}$ 类岩体；高程 620.00m 以上，距岸坡水平距离 65m 后方达到 $A_{Ⅱ}$ 类岩体；中间夹 $A_{Ⅲ1}$ 类岩体。

中坝线河床位置，高程 497.00m 以上为 $A_{Ⅲ1}$ 类岩体，以下为 $A_{Ⅱ}$ 类岩体。

对比 BQ 分级标准结果，两种方案在Ⅱ级、Ⅲ级、Ⅳ级岩体界限划分上基本一致，而《水利水电工程地质勘察规范》（GB 50487—2008）在Ⅲ级划分上更加详细，分出了$Ⅲ_1$级、$Ⅲ_2$级，更有利于可利用岩体的选择。

3. 下坝线分级结果

下坝线左岸高程 600.00m 以下，距岸坡水平距离 25m 左右以前为 $B_{Ⅳ}$ 类岩体，距岸坡水平距离 25～50m 为 $A_{Ⅲ2}$ 类岩体；距岸坡水平距离 50m 以后为 $A_{Ⅱ}$ 类岩体。高程 600.00m 以上，距岸坡水平距离 12m 前为 $B_{Ⅳ}$ 类岩体，距岸坡水平距离 12～45m 为 $A_{Ⅲ1}$ 类岩体，之后为 $A_{Ⅱ}$ 类岩体。

右岸距岸坡水平距离 15m 以前都为 $B_{Ⅳ}$ 类岩体。高程 620.00m 以上，距岸坡水平距离 15～64m 为 $A_{Ⅲ2}$ 类岩体；高程 620.00m 以下，距岸坡水平距离 15～30m 为 $A_{Ⅲ2}$ 类岩体，距岸坡水平距离 30～42m 为 $A_{Ⅲ1}$ 类岩体，距岸坡水平距离 42m 后可达 $A_{Ⅱ}$ 类岩体。

下坝线河床位置，高程 498.00m 以上为 $A_{Ⅲ1}$ 类岩体，以下为 $A_{Ⅱ}$ 类岩体。

对比 BQ 分级标准结果，两种方案在Ⅱ级岩体界限划分上基本一致，在Ⅲ级、Ⅳ级划分上有较大差别，BQ 分级标准划分的Ⅳ级岩体厚度更大，而《水利水电工程地质勘察规范》（GB 50487—2008）划分的Ⅳ级岩体厚度较小，有一部分划分为了$Ⅲ_2$级岩体。总体而言，BQ 分级标准与《水利水电工程地质勘察规范》（GB 50487—2008）在Ⅱ级岩体界限划分上基本一致，在Ⅲ级、Ⅳ级划分上有较大差别。

根据《水利水电工程地质勘察规范》（GB 50487—2008）对三河口坝址区岩体质量分级划分的结果，三条坝线Ⅱ级岩体的界限深度分别为上坝线在高程 550.00m 以下Ⅱ级岩体界限深度约为 43m，高程 550.00m 以上Ⅱ级岩体界限深度约为 37～50m；中坝线在高程 550.00m 以下Ⅱ级岩体界限深度约为 30m，高程 550.00m 以上Ⅱ级岩体界限深度约为 50～62m；下坝线在高程 550.00m 以下Ⅱ级岩体界限深度约为 50m，高程 550.00m 以上Ⅱ级岩体界限深度约为 45～66m。从三条坝线Ⅱ级岩体界限深度对比结果可以看出，高程 550.00m 以上，上坝线界限深度最小，中坝线和下坝线较为一致，都大于上坝线界限深度。高程 550.00m 以下，中坝线的Ⅱ级岩体界限深度最小，上坝线次之，下坝线最大。由于拱坝主要是下部产生的荷载最大，中上部较小，因此一般要求下部建基岩体要为Ⅱ级岩体，中上部可以适当放宽，建基岩体不必一定为Ⅱ级岩体。因此，从下部高程区Ⅱ级岩体的界限深度考虑，中坝线较为适合建坝，达到可直接利用的 $A_{Ⅱ}$ 类岩体深度较浅，所需开挖的岩体较少，有利于工程的施工及节约资金。因此，建议选择中坝线为推荐坝线，设计也采用中坝线为推荐坝线。

3.6.3.3 三河口坝址区推荐坝线建基岩体质量分级

从上述两节坝基岩体分级结果可以看出，每种分级方法均是在考虑各种因素后提出的，且均将坝基岩体分为五级，但由于各类岩体分级方法对建基岩体分级的侧重点不同，就造成了每种分级方法对于三河口坝址区建基岩体分级结果的差异性，但其总体趋势是一致的，特别是在Ⅱ级岩体界限划分上较为一致。根据三河口坝址区建基岩体质量分类标准表3.6-1（本文标准），对推荐的中坝线建基岩体质量进行进一步的划分。

按照三河口坝址区建基岩体质量分类标准，利用钻孔及平洞中获取的大量声波数据及原位试验结果，对建基岩体总体质量进行定量的分级及评价。建基岩体质量分级及作图规则为根据中坝线平洞及钻孔高程，依据声波数据，分段统计钻孔中测得的纵波速值，依据表3.6-1中提出的岩体质量界限值，根据从高高程到低高程、从右岸到左岸的顺序，对坝肩及坝基进行质量分级。通过对钻孔及平洞声波波速的界定，对不同波速测试段进行颜色划分，形成与中坝线比例相同的平洞及钻孔质量分级色谱图。三河口坝址区中坝线岩体质量分级色谱如图3.6-7所示。根据图3.6-7色谱划分的结果，通过在中坝线剖面上对各平洞及钻孔岩体质量分级边界的对应划分可得到三河口坝址区中坝线岩体质量分级如图3.6-8所示。

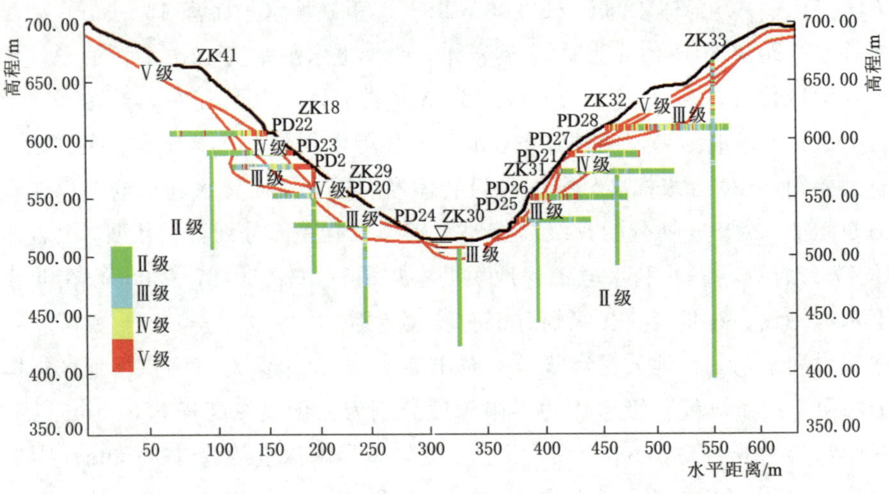

图3.6-7　三河口坝址区中坝线岩体质量分级色谱图

由图3.6-8可以看出，两坝肩高程620.00m以上，左右岸Ⅱ类以上岩体分布平均深度约为30m。高程570.00～620.00m以上（坝高大于70m的坝肩地段），Ⅱ类以上岩体分布深度较大，平均深度约50m（沿坝轴线距离）。其中，右岸高程570.00m以上，Ⅱ类以上岩体分布深度最大约80m、最小约为25.5m；左岸高程570.00m以上，Ⅱ级以上岩体分布深度最大约为71m，最小约为36m。根据规范规定，此建基段可以以Ⅲ类岩体作为建基岩体，因此需要开挖30～45m，相对而言左岸Ⅲ类岩体出露深度大于右岸。高程520.00～570.00m（坝高低于70m地段）根据规范要求以Ⅱ类以上岩体作为高拱坝嵌深的标准，左岸平均分布深度约为40m，右岸Ⅱ类岩体平均分布深度约为30m。高程520.00m以下河床部位，坝基岩体Ⅱ类以上分布深度约为20m，Ⅴ类岩体分布深度约为11m，两岸向河床过渡段均为Ⅲ类岩体。

BQ分级标准分类中，对于中坝线左岸，高程620.00m以下，距岸坡距离45m以后

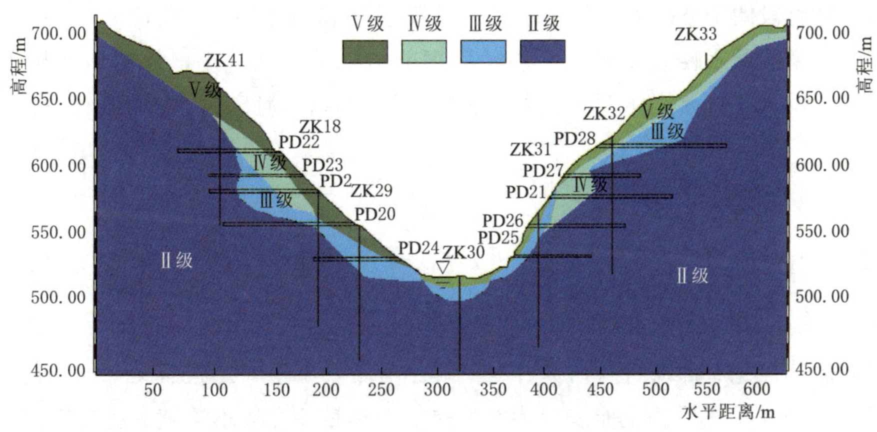

图 3.6-8 三河口坝址区中坝线岩体质量分级

为连续的质量较好的Ⅱ级岩体；中高程区 580.00～600.00m，距岸坡距离 50～70m 后为连续质量较好的Ⅱ级岩体；高程 620.00m 以上，距岸坡距离 30m 以后除 56～68m 出现的Ⅲ级岩体夹层外，其他均为连续的质量较好的Ⅱ级岩体。右岸高程 620.00m 以下，距岸坡距离 45m 后为质量较好的Ⅱ级及以上岩体，高程 620.00m 以上，距岸坡距离 65m 后出现质量较好的Ⅱ级及以上岩体。

《水利水电工程地质勘察规范》(GB 50487—2008) 分类中，中坝线左岸高程 620.00m 以下除 PD20（高程 588.00m 位置）外，距岸坡距离约 45m 为 $A_{Ⅱ}$ 类岩体；高程 620.00m 以上，距岸坡距离 31m 以后为 $A_{Ⅱ}$ 类岩体。右岸高程 620.00m 以下，距岸坡距离 50m 左右以后可达 $A_{Ⅱ}$ 类岩体；高程 620.00m 以上，距岸坡距离 65m 后方达到 $A_{Ⅱ}$ 类岩体。

对比三种分级方案划分Ⅱ级岩体的结果，三种分级方案呈现基本相同的规律。图 3.6-8 为三种质量分级方法所得到的Ⅱ级以上岩体分布界限，由图可以看出，三种分级方法所得到的Ⅱ级以上岩体分布界限较为相似，但局部区域存在差异：在左坝肩高程 620.00m 以上本文标准所得到的Ⅱ级以上岩体分布界限比《水利水电工程地质勘察规范》(GB 50487—2008) 的分布线平均浅 25m，而高程 520.00～620.00m 以下则三种分级方法所得的结果接近；在坝基位置，本文分级标准所得到的Ⅱ级以上岩体分布界限比 BQ 分级标准平均浅约 7m；在右坝肩高程 520.00～570.00m，本书分级标准所得到的Ⅱ级以上岩体分布线比其他两种方法所得平均浅约 14m。

3.7 坝基岩体渗透特性

依据坝址区钻孔压水试验成果，坝址区强风化及弱风化上部岩体透水率一般大于 10Lu，下限埋深一般为 0～15m，多为强～中等透水性，占总试验段的约 3%；弱风化岩体下部及微风化上部岩体透水率一般为 1.5～9.5Lu，下限埋深一般为 75～145m，为弱透水性，占总试验段的 70％～80％；微风化下部岩体为微透水性。

河床及两岸的透水性差别不大，均随深度的增加透水性减小，依据钻孔压水试验资料，相对隔水层（＜1Lu）的下限埋深左岸为 78～117m、河床为 75～78m、右岸为 77～134m。

3.8　本章小结

（1）对岩体风化、卸荷进行研究并对其详细分带具有重大工程意义，强卸荷、强风化岩体由于裂隙张开、充填泥土而表现为低波速、低模量、介质不连续、稳定性差，故一般不可利用而全部挖除。弱风化、弱卸荷岩体是伴随明显卸荷而产生的由卸荷向无卸荷过渡的过渡带，是一种轻微松弛的岩体，进行处理后可满足工程要求，因而属可利用岩体。研究风化、卸荷作用有 3 种方法，即定性、定量与数值模拟方法。定性方法为在野外进行大面积宏观地质调查统计，获得第一手资料与感性认识，这是研究风化、卸荷的基础，应高度重视；定量方法则是通过工程类比，并结合具体工程实践对表征风化、卸荷的特征指标加以量化而得到不同风化带、卸荷带深度；数值模拟方法尽管难以建立完全的地质力学模型与数学模型，但它的优点也是非常明显的，即一方面可从理论上对其规律进行探讨，另一方面可大大弥补定性与定量研究方法的不足，因为定性与定量一般是建立在地表可视范围与有限的勘探之上，而数值模拟则可以从整体、宏观的角度给予卸荷作用等既可整体、又可局部的把握，重在其本质的规律性的探讨。当前包括三峡工程在内的所有重大水利水电工程无不以此为重要工具和手段，并且获得了良好工程应用效果。但是，对某一具体工程，最好的方法是将定性、定量与数值模拟方法相结合。

（2）三河口坝址区岩体为变质砂岩、结晶灰岩及大理岩，大部分均存在变质作用影响，层状岩体与块状区别不大，因此岩体结构按块状、次块状等考虑。结构面为断层、裂隙，研究中主要考虑裂隙类硬性结构面。岩体结构的划分以《水利水电工程地质勘察规范》（GB 50487—2008）为基本依据，两坝肩以完整性系数 K_v 为主，结合结构面间距 D 值作为量化指标；河床坝基地段由于只有钻孔资料，因此以 RQD 作为主要量化指标，并辅以完整性系数作为参考指标。

（3）从三河口坝址区坝基岩体分级结果分析，不论是利用 BQ 分级标准，还是利用《水利水电工程地质勘察规范》（GB 50487—2008）中的分级标准，分级结果略有差异，但其总体趋势是一致的，特别是在Ⅱ级岩体界限划分上基本一致，符合自然地质体的基本规律。虽然不同方法确定的Ⅱ级以上岩体的位置略有差异，为一范围位置。但在设计人员考虑可利用建基岩体时需进一步优化调整，确定出准确的界限，供设计人员在地质人员建议的基础上根据碾压混凝土拱坝结构的要求进行调整，确定最终的开挖轮廓线。

第 4 章

坝基可利用岩体标准及建基面选择

4.1 已建拱坝坝基可利用岩体基本现状

目前国内外已经建成的拱坝较多，部分已建成拱坝坝基可利用岩情况统计见表 4.1-1。由表可以看出：坝基风化分带上均为微新～弱风化带岩体，卸荷分带上均为无卸荷～弱卸荷岩体；岩体级别上已建拱坝河床坝基均以 $A_{Ⅱ}$ 类岩体为主，允许局部的岩体为 $A_{Ⅲ1}$ 类，但需要固结灌浆处理，$A_{Ⅲ2}$ 及以下类别的岩体不能利用，需置换挖除处理；两岸坝基以 $A_{Ⅱ}$ $A_{Ⅲ1}$ 类岩体为主，高高程局部可利用 $A_{Ⅲ2}$ 类岩体，$A_{Ⅲ2}$ 以下类别的岩体不能利用，需置换挖除处理；声波波速要求大于 3500m/s，河床坝基要求大于 4000m/s。

表 4.1-1　　部分已建成拱坝坝基可利用岩情况统计表

工程名称	坝型	最大坝高/m	坝基可利用岩情况
大岗山岩体水电站	混凝土双曲拱坝	210.0	上部两岸高程 1040.00m 以上拱坝建基岩体以微新～弱风化下段Ⅱ～$Ⅲ_1$ 类岩体为主，其中高程 1080.00m 以上可局部利用Ⅲ类岩体；中下部两岸高程 940.00～1040.00m 建基岩体以微新Ⅱ类岩体为主，局部为弱风化下段$Ⅲ_1$ 类岩体；河床高程 925.00～940.00m 坝段建基岩体应为微新Ⅱ类岩体。Ⅱ类岩体平均声波波速不小于 5000m/s，小于 5000m/s 岩体的百分比一般小于 20%；$Ⅲ_1$ 类岩体平均声波波速不小于 4600m/s，小于 3500m/s 岩体的百分比一般小于 20%；$Ⅲ_2$ 类岩体平均声波波速不小于 3500m/s
小湾岩体水电站		294.5	建基面应以微风化～新鲜的Ⅰ～Ⅱ类岩体为主，对局部存在的$Ⅲ_1$、$Ⅲ_2$ 类岩体应结合断层陡倾角分布的Ⅳ类岩体加强固结灌浆或置换处理，对高高程部位可适当降低要求
锦屏一级岩体水电站		305.0	建基面应尽可能利用较完整的微新无卸荷的Ⅱ类岩体和微风化、弱卸荷带$Ⅲ_1$ 类岩体，高高程局部利用$Ⅲ_2$ 类岩体；河床建基面应尽量远离河谷应力集中带
溪洛渡岩体水电站		288.5	Ⅱ类岩体可直接作为大坝建基岩体，$Ⅲ_1$ 类岩体和高高程的$Ⅲ_2$ 类岩体经过固结灌浆处理后可直接利用，中低高程$Ⅲ_2$ 类岩体和Ⅳ类岩体不能利用，必须置换挖除。Ⅱ类岩体平均声波波速不小于 5000m/s，小于 4000m/s 岩体的百分比一般小于 15%；$Ⅲ_1$ 类岩体平均声波波速不小于 4600m/s，小于 4000m/s 岩体的百分比一般小于 20%；$Ⅲ_2$ 类岩体平均声波波速不小于 4000m/s
拉西瓦岩体水电站		250.0	以Ⅰ～Ⅱ类岩体作为建基面

4.2　坝基可利用岩标准研究

4.2.1　坝基建基面选择的基本依据及要求

4.2.1.1　建基面选择的基本依据

我国关于水利水电拱坝建基面选择的国家标准主要有两个。一个是《混凝土拱坝设计规范》(SL 282—2018)，其规定：混凝土拱坝的地基应具有整体性和抗滑稳定性、足够的强度和刚度、抗渗性、耐久性等的要求；根据坝址具体地质情况，结合坝高，选择新鲜、微风化或弱风化中下部的基岩作为建基面。另一个是《水利水电工程地质勘察规范》(GB 50487—2008)，其规定：Ⅰ级、Ⅱ级岩体为优良、良好的高混凝土坝地基；Ⅲ级岩体应对结构面进行专门处理后，可作高混凝土坝地基；Ⅳ级岩体能否作为高混凝土坝地基视处理效果而定。

从以上两个规范可以看出，《水利水电工程地质勘察规范》(GB 50487—2008) 从岩体质量类别的角度对建基面选择提出了要求，《混凝土拱坝设计规范》(SL 282—2018) 从风化程度角度提出了基本要求，二者均为定性描述，并没有给出具体的量化指标，何种风化等级、何种岩体质量级别的岩体可以作为可利用岩体，并没有给出定量界定标准。对于地质条件复杂的水电工程，在选择建基面时需考虑到拱坝尺寸、拱坝应力、岩体的力学特性、岩体整体稳定性等多种因素，不同的工程、不同的技术人员在确定建基面时往往存在较大的差别。因此，对于建基面的选择，应结合具体工程的特点，选择合理、科学的方法，提取能够准确描述岩体特性的定量指标进行概化，最终确定建基面选择的具体方案。

4.2.1.2　建基面选择的基本要求

建基面的选择原则是在确保大坝安全运行的前提下，尽量减少坝基开挖深度、地基处理难度，达到技术合理、投资经济的目的。为了保证高拱坝的安全，对建基面岩体的要求应包括以下几个条件：①具有足够的承载力及抗剪切能力，能够承受拱坝施加的荷载而不致发生压裂或剪切破坏；②具有较大的抗变形能力，即要求岩体的变形模量较大，保证大坝不会因产生较大的变形而发生开裂等破坏；③具有较好的抗滑稳定性，保证大坝坝基、坝肩不会产生滑动失稳；④具有较好的抗渗透性能，保证建基岩体不会产生渗漏或渗透变形。如要满足以上条件，一般要求岩体整体性较好，具有较高的抗压强度、抗剪强度、变形模量等力学参数。因此，建基岩体的选择，应在综合岩性、岩体结构、风化特征、岩体力学特征的基础上，最终确定合适的岩体力学参数。而不能仅以岩体风化程度作为建基面选择的标准，风化程度相同而岩体矿物成分不同或岩体结构不同时，其力学参数会相差很大。几十年来，国内外建成了一批高拱坝，在对岩体力学参数的要求上积累了较多经验，可供三河口拱坝建基岩体的研究提供借鉴。

1. 高拱坝对岩体承载力的要求

支撑拱坝的建基岩体，需要承担由拱坝传递来的压力，随着拱坝及蓄水高度的不断增加，承担的压力也越来越大。对于蓄水高度大于100m的拱坝，一般要受到500万t以上的静水荷载，有的甚至高达千万吨，如此巨大的荷载通过拱坝传递到两岸坝肩岩体，将使建基岩体内产生较大的压应力。以坝高240m的二滩水电站为例，两岸坝肩岩体上部应力为2.0～5.0MPa，中部应力为4.0～7.0MPa，下部应力为6.0～9.0MPa。由此可见，高拱坝对建基岩体要求较高，一般要求岩石坚硬，有足够的承载力，要能够承受拱坝传递给岩体的巨大压力而不致压裂破坏。岩体的承载力与岩石的抗压强度及结构面的发育程度有关，岩石的强度是承载力的基础。在无现场原位试验的情况下，可用岩石的饱和抗压强度结合结构面发育情况取适当的折减系数进行岩体承载力的估算。《水力发电工程地质勘察规范》(GB 50287—2016) 规定的建基岩体允许承载力经验取值见表4.2-1。拱坝可利用岩体一般要求岩体较完整，因此可取表中岩石单轴饱和抗压强度的1/7～1/10作为建基岩体的承载力。如坝肩岩体的压应力为6.0～9.0MPa，则要求岩石的抗压强度达到50～60MPa以上。国内外高拱坝建基岩石抗压强度见表4.2-2，从表可以看出，大部分高拱坝的建基岩石的饱和抗压强度都大于60MPa以上，由此说明，高拱坝一般应建在坚硬岩上，中硬岩及软岩由于承载力较低，自然情况下难以满足拱坝受力，特别是主要受力区的要求。

表4.2-1　建基岩体允许承载力经验取值

岩石单轴饱和抗压强度 R_b/MPa	允许承载力 R/MPa			
	岩体完整，节理间距>1.0m	岩体较完整，节理间距0.3～1.0m	岩体较完整，节理间距0.1～0.3m	岩体较完整，节理间距<0.1m
坚硬岩、中硬岩，R_b>30	(1/7) R_b	(1/10～1/8) R_b	(1/16～1/11) R_b	(1/20～1/17) R_b
软岩，R_b<30	(1/5) R_b	(1/7～1/6) R_b	(1/10～1/8) R_b	(1/16～1/11) R_b

表4.2-2　国内外高拱坝建基岩石抗压强度

国名	水库名称	坝高/m	地基岩石饱和抗压强度 R_b
中国	龙羊峡水库	178.0	花岗闪长岩，R_b=80～120MPa
中国	李家峡水库	165.0	混合岩、片岩，R_b=60～110MPa
中国	二滩水库	240.0	玄武岩、正长岩，R_b=100～150MPa
中国	李家河水库	98.5	花岗岩，R_b=70～110MPa
中国	石门水库	88.0	片岩，R_b=80～130MPa
中国	东江水库	157.0	花岗岩，R_b=80～110MPa
中国	凤滩水库	149.5	变质混合岩、角闪斜长岩，R_b=70～105MPa
中国	白山水库	149.5	混合岩，R_b=95～125MPa
中国	隔河岩水库	151.0	灰岩，R_b=66～79MPa
苏联	英古里水库	271.5	灰岩，R_b=80～90MPa

续表

国名	水库名称	坝高/m	地基岩石饱和抗压强度 R_b
日本	黑部第四水库	186.0	黑云母花岗岩，R_b=98～122MPa
法国	埃莫森水库	180.0	角页岩，R_b=80～100MPa
瑞士	莫瓦桑水库	237.0	片岩，R_b=70～110MPa
西班牙	卡勒尔莱斯水库	151.0	灰岩，R_b=70～100MPa
土耳其	奥伊马宾弗水库	185.0	灰岩、白云质灰岩，R_b=75～98MPa

拱坝由于其自身的结构形式及受到线性分布的静水压力作用，致使作用在岩体的压应力分布不同。由二滩水电站两岸坝肩岩体上部应力为 2.0～5.0MPa、中部应力为 4.0～7.0MPa、下部应力为 6.0～9.0MPa 可以看出，高拱坝的中、下部基础是主要受力区，对基础岩体要求较高，而上部拱端基础受力较小，基础岩体条件可适当放宽。因此，拱坝坝肩区域随深度的不同，对岩体承载力的要求也不同，最大压应力只发生在某一高程部位，其他部位则相对较低。如从建基岩体承载力的角度确定建基面，就要对不同高程处的拱端应力进行分析，确定不同高程处的拱端压应力。同时，即使建基岩体都是坚硬岩，但风化程度不同，岩石的饱和抗压强度也不同，由此也会引起建基面选择位置的变化。一般而言，不同风化带岩石的抗压强度相比于新鲜岩石的抗压强度会有较大程度的折减，这种折减量对建基面的选择往往有较大的影响。因此不但要对岩体的风化带进行详细地划分，而且要对不同风化带的抗压强度值进行准确地确定。

综上，高拱坝对建基岩体抗压强度的要求随拱端应力的不同而有所不同，不同风化带岩石的抗压强度也不同。在进行建基面选择时，一方面要开展拱端应力研究，分析不同深度处拱端的压应力特征；另一方面要开展岩石的抗压强度试验研究，分析拱坝不同高程、不同风化程度的岩石抗压强度特征及抗压强度随风化程度的变化关系，最终二者结合综合确定建基面位置。

2. 高拱坝对岩体抗变形能力的要求

坝肩岩体在较大压应力作用下，会产生较大的变形，变形量的多少取决于岩体变形模量的大小。建基岩体的变形量过大，对拱坝应力及变形的影响较大，不利于拱坝的稳定及正常使用，因此，高拱坝要求建基岩体要具有较好的抗变形能力，即建基岩体要具有较高的变形模量。通过分析国内外高拱坝建基岩体的变形参数可以看出，高拱坝建基岩体的变形模量大都在 10～20GPa 或更高。能够具有此范围变形模量的岩体，大多为质地坚硬、完整性较好、风化较弱的块状或整体结构岩体。由于拱坝建成运营后会与建基岩体相互作用、相互协调，为使拱坝与建基岩体在应力、变形上有更好的协调性，一般要求建基岩体的变形模量略小于或接近混凝土的变形模量，岩体的变形模量过高并不一定对拱坝有利。由于混凝土的变形模量在 20GPa 左右，因此，一般要求建基岩体的变形模量不要高于 20GPa。

由于拱坝拱端应力随深度变化，施加于建基岩体的荷载也随深度有所不同，在发生同样变形量的情况下，不同高程位置对岩体变形模量的要求也不同。根据王仁坤的研究，高拱坝建基岩体对变形量的要求为拱坝上部建基面基础岩体的变形模量可以较中、下部基础小，坝体混凝土变形模量与基础岩体变形模量之比需小于4，建基岩体的综合变形模量应不小于5.0GPa；大坝中、下部建基面基础是拱坝主要受力区，坝体混凝土变形模量与基础岩体变形模量之比需小于3，岩体变形模量的最佳量值为中部基础不低8.0～10.0GPa；下部尤其河床部位基础岩体的变形模量不低于10.0GPa。由以上研究可见，在建基面选择时，应结合拱端应力和变形量的要求研究可利用的岩体，不同高程对可利用岩体的变形模量要求不同。因此，开展拱端应力研究、分析不同高程拱端应力的变化成为建基面选择的最基础工作，也是建基面选择最重要的环节，据此确定的建基面才是最合理、最经济的。

3. 高拱坝对岩体抗剪强度的要求

建基岩体在较高拱端压应力作用下，也应具有较高的抗剪强度，以防止岩体产生剪切滑动。由于岩体受各种结构面的影响，岩体的强度通常介于岩石强度及结构面强度之间，一方面受岩石强度性质的影响，另一方面又受结构面特征及赋存条件的控制。如岩体中结构面不发育，岩体完整，岩体强度主要由岩石强度控制。对于完整岩体，岩体强度一般都较高，较容易满足高拱坝对岩体强度的要求。国内部分高拱坝较完整岩体强度参数见表4.2-3。从表中可以看出，可利用岩体的抗剪断摩擦系数一般为1.0～1.3，黏聚力一般为1～3MPa。《水利水电工程地质勘察规范》（GB 50487—2008）对不同分类级别的岩体给出的岩体抗剪及变形参数建议值见表4.2-4。如果以III_1级岩体作为可利用岩体的最低标准，则要求岩体的摩擦系数一般要大于1.0，黏聚力一般要大于1.1MPa。对于较完整的岩体，高拱坝对其强度参数的要求并不高。但对于结构面发育的岩体，岩体的强度受结构面的控制，主要取决于结构面的强度，结构面的发育程度及特征对岩体的摩擦系数及黏聚力有较大影响。根据《水利发电工程地质手册》（2011年版），结构面的摩擦系数一般为0.2～0.7，黏聚力一般为0.1～0.4MPa，远小于高拱坝对强度参数的要求。拱坝坝肩岩体的失稳破坏主要是沿结构面的滑移失稳问题，对于结构面强度较低的软弱层带，往往是岩体发生失稳滑动的潜在滑面。因此，对于可能引起失稳破坏的软弱结构面，要进行必要的工程处理使其强度参数提高，满足强度的要求。由此可见，从高拱坝对岩体抗剪强度的要求方面选择建基面，一方面要结合拱坝的具体情况、岩体的力学性质建立合理的强度标准，另一方面要分析软弱层带的特征及力学性质，对无法满足强度标准的软弱层带，必须通过专门的工程处理使其达到强度要求。

表4.2-3　国内部分高拱坝较完整岩体强度参数统计表

工程名称	坝高/m	岩性	摩擦系数f'	黏聚力c'/MPa
二滩水电站	240	玄武岩、正长岩	1.2～1.7	2.0～5.0
龙羊峡水电站	178	花岗闪长岩、变质砂岩	1.0	2.0
李家峡水电站	155	混合岩、片岩	1.1～1.3	1.0～2.0
东江水电站	157	花岗岩	1.2	3.25
隔河岩水电站	151	石灰岩	1.0～1.2	1.18

表 4.2-4　　岩体抗剪及变形参数建议值表

岩体质量分级	抗剪参数			岩体变形模量
	抗剪断强度		抗剪强度	
	f'	c'/MPa	f	E/GPa
Ⅰ	1.60～1.40	2.50～2.00	0.90～0.80	>20
Ⅱ	1.40～1.20	2.00～1.50	0.80～0.70	20～10
Ⅲ	1.20～0.80	1.50～0.70	0.70～0.60	10～5
Ⅳ	0.80～0.55	0.70～0.30	0.60～0.45	5～2
Ⅴ	0.55～0.40	0.30～0.05	0.45～0.35	2～0.2

4.2.2　三河口拱坝建基面选择标准的确定

从以上分析可知，拱坝建基面一般选在整体性好、力学参数较高的岩体上，而岩体的力学参数又受风化程度、岩体结构、应力环境等多种因素的影响。同时，不同的拱高位置，拱端应力不同，对建基岩体的质量也不同。因此，拱坝建基面的选择应在分析拱端应力的基础上，选取一定的力学指标，并综合考虑其他影响因素，建立综合的、多因素的量化标准。

4.2.2.1　三河口拱坝建基面选择因素分析及指标确定

1. 岩体力学性质

拱坝建成运营后，水压力等荷载将传递到拱端岩体，使岩体内产生较大的附加应力。这种附加应力需要由建基岩体来承担并向深部传递，对坝址区岩体的力学性质要求较高。在拱坝与建基岩体的作用过程中，建基岩体的力学性质控制着拱坝的稳定性及变形情况，对拱坝的安全起着决定性的作用。因此，建基岩体的力学性质是拱坝建基面选择首要考虑的因素，应作为拱坝建基面选择标准的基础量化指标。

岩体的力学性质主要表现为变形特征和强度特征，变形特征可用变形模量、弹性模量来描述；强度特征表现为岩体的抗压强度、抗剪强度、结构面强度等。根据第三章所述，三河口水利枢纽工程在坝址区进行了现场岩体直剪试验、岩体变形试验及钻孔变形试验，获得了平洞不同位置的力学参数值。综合试验结果、国内外高拱坝工程实例对力学参数的要求，三河口拱坝建基面选择标准的力学指标主要选取为变形模量、摩擦系数 f' 及黏聚力 c'。

2. 岩体风化条件

岩体风化是在外界环境的作用下，地壳上部的岩体发生物质成分和结构的变化，从而改变岩体性质的过程和现象。岩体的风化不仅改变了岩石的物理性质、力学性质及化学性质，也使岩体中的结构面发生变化或形成新的裂隙，引起了岩体结构的变化。一般情况下，微风化岩体结构基本不变，物理力学性质有一定变化；弱风化岩体结构部分破坏，物理力学性质发生较大变化；强风化岩体结构大部分破坏，物理力学性质发生很大变化。由于微风化岩体结构基本不变，力学性质变化不大，因此，规范一般推荐大坝建于微风化岩体中。弱风化岩体力学性质发生了较大变化，规范建议可结合大坝高度，选择弱风化中、下部的基岩作为建基面。近年国内外的拱坝工程中，也有较多建基面选在弱风化岩体的实例。三河口拱坝坝高 145m，与国内高拱坝相比不算太高，根据国内已建拱坝的实例经验，三河口拱坝的建基面在某些高度位置可选在弱风化岩体上。对于选在弱风化岩体中的建基面，最终选在弱风化岩体中的何处高度，成为必须要解决的问题。现场试验由于经费的限制，试验点及位置是有限的，而且由于试验在仪器及操作方面也会带来误差，试验结果很难真实反映不同部位岩体的力学特性，因此，用现场试验结果来选择建基面的位置难免会存在一定片面性。基于以上分析，三河口拱坝建基面的选择需要考虑岩体的风化条件，并选择合适的量化指标、建立对应的量化标准，以能较准确地确定建基面的位置。

风化条件选取的代表性指标要既能反映岩体的风化程度，又能反映岩体的岩体结构、岩体变形及强度特征等综合质量。目前评价岩体风化的指标有纵波波速、岩体完整性系数 K_v、波速比、岩体风化程度系数 K_y、RQD 及力学性质指标等。力学性质指标及岩体风化程度系数都与岩体的变形模量或强度参数有关，在上节中已经选取，本节不再考虑。岩体完整性系数及波速比都是与岩体波速有关的比值指标，可以较好地反映岩体的风化程度，但在反映岩体的绝对质量方面有一定的缺陷，比如 K_v 一样的岩体，变形模量可能相差几吉帕，原因在于岩块本身的模量基准不同。

岩体纵波波速多年来一直得到国内外的广泛应用，其在岩体中传播速度的大小受岩石的密度、岩体完整性、裂隙发育特征、岩体风化程度等综合因素的影响，是一个综合指标，不但可以反映岩体的风化程度，也可以反映岩体的总体质量。国内外研究已经表明，岩体纵波波速与岩体的变形模量、岩体的强度参数有良好的对应关系（下节论述），波速的高低可以反映岩体变形模量、岩体强度参数的高低；岩体波速还可以反映岩体的完整性、结构特征，体现裂隙的发育程度。由于岩体纵波波速现场易于获得，评价简单、方便，可以代表岩体的风化程度及总体质量，因此将岩体纵波波速作为代表性指标。

3. 岩体结构条件

岩体结构是评价岩体工程地质特性的基础，控制着岩体的变形和破坏的基本规律，影响着岩体的基本物理力学性质。岩体结构从宏观角度定性体现了岩体的质量，是初步评价建基岩体特征的依据。在进行建基面选择时，除了应建立量化指标外，还应从宏观角度总体把握建基岩体的特征，以避免出现量化指标在特殊情况下的应用缺陷。根据《水利水电工程地质勘察规范》（GB 50487—2008），岩体结构分为块状结构、层状结构、镶嵌结构、碎裂结构及散体结构五大类。块状结构岩体完整或较完整，岩性均一，力学特性较好、各方向差异性不大，属优良或良好的建基面。层状结构岩体较完整，结构面较发育，一般岩体的均一性差，力学特性具各向异性，该类中的巨厚层状结构、厚层状结构可以作为优良的建基面，中厚层状结构在对影响岩体变形和稳定的结构面做专门工程处理后，可作为建基面。镶嵌结构、碎裂结构岩体完整性差，结构面较发育～很发育，力学特性较差，一般情况下不作为拱坝的建基面。第 3 章中已对坝址区的岩体进行了岩体结构划分，在建基面选择时，可直接根据岩体结构划分结果进行确定。

4. 应力环境条件

三河口坝址区受构造应力、自重应力及地形的影响，存在明显的应力分带现象：在河床位置深度 45m 范围内，为应力集中带；在岸坡下部水平深度 20～45m 范围内、岸坡上部水平深度 50～80m 范围内为应力松弛带。一般情况下，岸坡应力松弛区为卸荷带，属不可利用岩体，合适的建基部位应选在应力过渡带的浅部；应力集中带可根据应力集中的大小和范围适当选择建基面位置。根据第二章的叙述，河床建基面开挖到 11MPa 应力位置不会造成较大应力释放，也能保证岩体应力的连续性，无须把应力集中带全部挖除。推荐坝址线的 11MPa 应力位置按河床基岩面下 10～15m 考虑，则对应高程为 501.50～509.00m。对于两岸岸坡，高程 610.00m 以下位置建基面应选在应力过渡带浅部，高程 610.00m 以上位置由于拱端应力较小，建基面可结合坝顶的高边坡条件选在应力松弛区。

4.2.2.2　三河口拱坝建基面选择标准的确定

1. 变形模量标准的确定

根据上述选定的指标并结合拱端应力条件，建立三河口拱坝建基面选择量化标准。在所选量化指标中，岩体的变形模量和抗剪强度为力学指标，代表着岩体的工程地质性质，一般情况下，岩体的变形模量高，它的抗剪强度也较高，因此，选取岩体变形模量作为建基面选择的控制性指标，其他指标作为影响指标或换算指标。

岩体的变形模量影响着拱坝的位移及应力，如果岩体基础位移较大，对坝体的应力影响就较大。一般情况下，当岩体的变形模量在一定范围变动时，坝体最大主压应力变化不大，局部主拉应力变化较大，可能会出现拉应力超过应力控制标准的情况。因此，对变形模量量化标准的确定，可以通过控制坝体拉应力的大小进行。《混凝土拱坝设计规范》(SL 282—2018) 规定了拱坝容许拉应力控制标准：对于基本荷载组合，拉应力不得大于 1.2MPa（拱梁分载法）；对于非地震情况特殊荷载组合，拉应力不得大于 1.5MPa。

根据计算结果显示：当岩体变形模量 E_0 为 12MPa、10MPa、8MPa 时，坝体拉应力均较小，都远小于拉应力控制标准 1.2MPa，但考虑到实际地质条件的复杂性，变形模量需适当提高。因此，对于拱端压应力为 5.5～7MPa 的区域，岩体变形模量标准可以确定为 10～12MPa；当岩体变形模量 E_0 为 6MPa 时，坝体最大拉应力为 1.1MPa，已比较接近应力控制标准 1.2MPa，拉应力区域从坝体底部逐渐向中部发展，考虑到实际岩体变形模量的非均匀性，且受到各种复杂结构面的影响，确定对于拱端压应力为 4～5.5MPa 的区域岩体变形模量标准为 8～10MPa；当岩体变形模量 E_0 为 4MPa 时，对拱坝已有较大影响，作为建基面选择标准偏低，因此，对于拱端压应力小于 4MPa 的区域，确定变形模量标准为 6～8MPa。

2. 岩体波速标准的确定

用岩体变形模量可以较好地代表岩体质量的好坏，但由于试验条件及经费的限制，无法获取坝址区不同区域岩体的变形模量值，特别是河床坝基岩体由于水体覆盖，无法进行现场原位试验获取相应指标。国内外研究已经证明，岩体纵波波速与岩体的变形模量具有较好的对应关系，若能建立岩体波速与岩体变形模量间的可信关系，就能通过较易获得的岩体波速进行建基面的选择。

原位测试的岩体变形模量与对应波速见表 4.2-5，对变形模量和波速进行相关分析，岩体变形模量与波速关系如图 4.2-1 所示。

表 4.2-5　　原位测试的岩体变形模量与对应波速

岩性		试点编号		试点深度 /m	岩体变形模量 E_0 /GPa	岩体纵波速 V_p /(m/s)
结晶灰岩	弱风化下带	PD2	E2-2	主洞 33.0	9.38	3200
			E2-3	主洞 36.0	6.96	2500
		PD23	E2-3	主洞 41.5	9.79	3322
		PD20	E2-1	主洞 34.0	12.29	4193
			E2-2	主洞 35.5	14.55	4411
			E2-3	主洞 37.0	14.72	4411
		PD24	E2-1	主洞 35.5	16.45	4911
			E2-2	主洞 39.0	13.20	4911
			E2-3	主洞 41.0	12.23	4666
	微风化带	PD20	E1-2	主洞 56.5	18.52	4335
			E1-3	主洞 58.5	14.44	4335
		PD22	E2-1	主洞 34.0	13.61	5356
			E2-2	主洞 37.0	21.33	5192
			E2-3	主洞 42.5	14.52	5170
变质砂岩	弱风化下带	PD27	E2-1	主洞 28.7	8.10	3106
			E2-2	主洞 30.6	8.13	3106
			E2-3	主洞 32.5	9.50	4166
		PD28	E3-2	主洞 36.5	6.52	3297
			E3-3	主洞 40.1	2.05	2857
		PD26	E1-2	主洞 23.7	8.06	3376
			E1-3	主洞 26.5	2.95	2298
	微风化带	PD21	E2-1	主洞 25.0	12.70	5156
			E2-2	主洞 28.1	12.60	4814
			E2-3	主洞 30.1	10.40	3251
			E1-1	主洞 52.0	25.30	4956
			E1-2	主洞 60.1	28.40	4956
		PD25	E2-1	主洞 23.5	19.99	5005
			E2-2	主洞 25.5	11.55	4988
			E2-3	主洞 35.0	19.54	4914
		PD27	E1-1	主洞 46.7	25.80	5283
			E1-2	主洞 48.5	16.20	5283
			E1-3	主洞 50.7	10.0	4336
		PD28	E2-3	主洞 79.0	24.7	5200

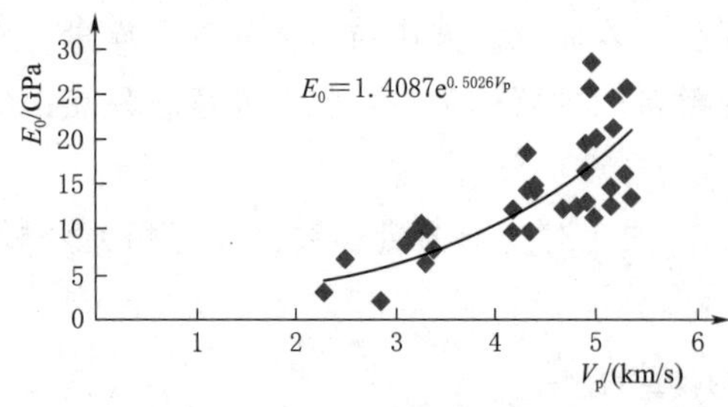

图 4.2-1　岩体变形模量与波速关系图

由图可以看出，随着岩体波速的增高，岩体变形模量也逐渐增高，两者存在较好的对应性，有些数据离散性较大，这与波速测试方法、测试的方向性及岩体中结构面的发育特征有关，但两者的相关趋势是明显的。由相关分析获得岩体变形模量 E_0 与岩体纵波速 V_p 的关系式为

$$\ln E_0 = 0.5026V_p + 0.342 \tag{4.2-1}$$

当岩体变形模量分别为 6MPa、8MPa、10MPa、12MPa 时，由式（4.2-1）可以求出对应的岩体纵波速分别为 2884m/s、3457m/s、3901m/s、4264m/s。由此确定在不同拱端应力情况下，岩体纵波波速的界限标准：拱端压应力为 5.5～7MPa 区域，岩体波速为 3950～4300m/s；拱端压应力为 4～5.5MPa 区域，岩体波速为 3500～3950m/s；拱端压应力小于 4MPa 区域，岩体波速为 3000～3500m/s。

3. 三河口拱坝建基面选择标准确定

岩体抗剪强度的标准参照《水利水电工程地质勘察规范》（GB 50487—2008）给出的坝基岩体抗剪断强度参数建议值，并结合现场原位剪切试验结果，取值标准如下：拱端压应力为 5.5～7MPa 区域，抗剪断强度 f' 为 1.2～1.4、c' 为 1.8～2.5MPa；拱端压应力为 4～5.5MPa 区域，抗剪断强度 f' 为 1.0～1.2、c' 为 1.2～1.8MPa；拱端压应力小于 4MPa 区域，抗剪断强度 f' 为 0.8～1.0、c' 为 0.8～1.2MPa。

岩体结构及应力分带指标按照 4.2.1 节建基面选择因素分析的情况进行确定。综合以上各指标及标准，最终确定的三河口拱坝建基面选择标准见表 4.2-6。

表 4.2-6　　三河口拱坝建基面选择标准

拱端应力条件/MPa	相应坝高/m	岩体纵波速度/(m/s)	岩体变形模量/GPa	岩体抗剪断强度		岩体结构	应力分带
				摩擦系数 f'	黏聚力 c'/MPa		
<4	109～145	3000～3500	6～8	0.8～1.0	0.8～1.2	次块状	应力轻微松弛带
4～5.5	65～109	3500～3950	8～10	1.0～1.2	1.2～1.8	次块状～块状	应力过渡带
5.5～7	65 以下	3950～4300	10～12	1.2～1.4	1.8～2.5	块状	应力过渡带及应力集中区浅部

4.3　坝基建基面选择

4.3.1　河床坝基建基面选择

4.3.1.1　勘察阶段坝基建基面的初步选择

河床坝基的勘探资料主要以钻孔资料为主，获得的定量指标仅有钻孔声波波速、

RQD，因此，在勘察阶段建基面选择时主要以岩体波速为主，并考虑岩体结构及应力分带的情况。在中坝线河床位置有钻孔 ZK30，钻孔 ZK30 波速随深度变化如图 4.3-1 所示。由图可以看出，当孔深为 13～25m 时，钻孔波速在 4000m/s 左右波动较大；当孔深大于 25m 后，钻孔波速稳定性较好，基本都大于 4000m/s，在 5000m/s 上下波动，但波动范围较小。因此，孔深在 25m 以后，岩体波速满足建基面选择标准要求。钻孔 ZK30 地面高程为 527.60m，由此，河床坝基建基面高程应选在 502.60m。

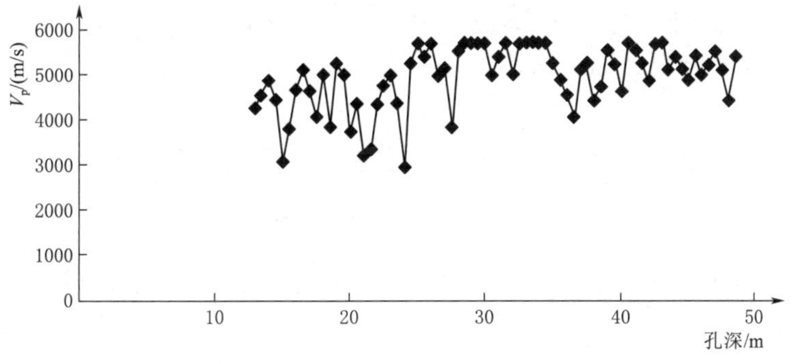

图 4.3-1 钻孔 ZK30 波速随深度变化

按照岩体结构的划分，在高程 504.60m 以下岩体结构以块状结构为主；就岩体结构而言，建基面选在高程 502.60m 是合适的。根据应力环境条件的分析，在河床位置基岩面以下一定深度有应力集中现象，岩体开挖到 11MPa 左右的应力集中区左右较为合适，该应力对应的位置为高程 501.50～509.00m。综合岩体波速、岩体结构及应力集中等几种因素，勘察阶段初步确定河床坝基建基面高程为 502.00m。

4.3.1.2 开挖阶段坝基勘探成果分析

施工开挖阶段，河床坝基开挖至高程 515.00m，补充进行了钻探工作，孔底高程为 495.00m，并对钻孔进行了声波波速及孔内电视测试；大坝开挖至高程 506.00m，对前面的钻孔进行了第二次声波波速测试，各个钻孔实施了电磁波跨孔 CT 测试及跨孔波速测试。河床坝基钻孔布置示意如图 4.3-2 所示。

1. 岩体结构

根据第 3 章岩体结构划分标准，河谷坝段钻孔岩体结构分类见表 4.3-1。由表 4.3-1 可知：河谷坝段岩体结构以厚层、中厚层状结构为主，局部断裂构造及裂隙发育区段为互层结构。

2. 岩体波速

对钻孔 ZK1～ZK8 进行了孔内声波波速测试，钻孔波速成果统计见表 4.3-2。由表 4.3-2 可知河床坝基高程 503.60～511.00m 以下岩体综合波速大于 4300m/s。

3. 坝基岩体完整性空间分布

河床开挖至高程 505.50m 附近时，进行了 15 组跨孔波速测试，H1～H3、H4～H8、H9～H11、H12～H15 跨孔波速与高程曲线如图 4.3-3～图 4.3-6 所示。由图可知：各

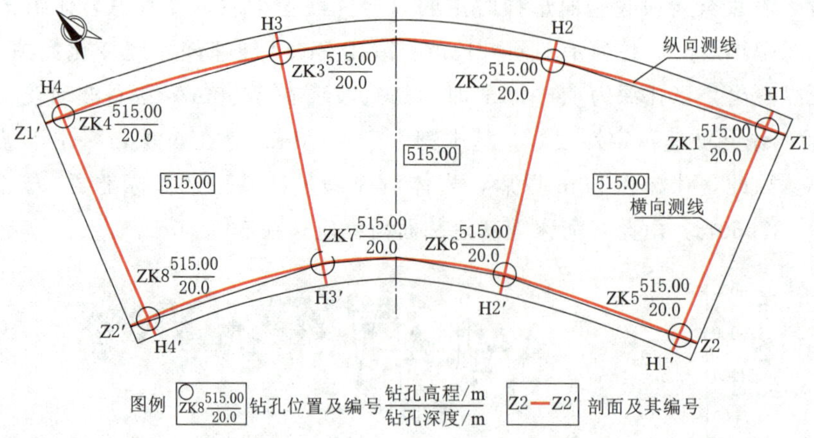

图 4.3-2　河床坝基钻孔布置示意图

测线上部均存在低波速区，分析为爆破松动带，大部分测线下部波速值高且稳定，表明坝基下部岩体完整性较好；部分测线下部波速值低于 4000m/s，如 H12-1-2 测线、H7-3-4 测线、H11-2-3 测线、H12-2-3 测线，分析认为该类测试附近均发育有断层，受构造影响下部岩体完整性较差。

表 4.3-1　　　　河谷坝段钻孔岩体结构分类表

钻孔编号	孔口高程/m	孔深/m	相应高程/m	岩体结构
ZK1	515.53	1.0～11.0	514.53～504.50	互层～中厚层状结构
		11.5～20.0	504.03～495.53	厚层状结构
ZK2	515.74	1.0～6.2	514.74～509.54	互层～中厚层状结构
		6.2～20.0	509.54～495.74	厚层状结构为主，局部中厚层状
ZK3	515.20	1.0～9.4	513.00～505.60	互层～中厚层状结构
		9.4～20.0	505.60～495.20	厚层状结构
ZK4	515.35	1.0～7.4	514.35～506.00	中厚层状结构为主，局部互层状
		11.1～20.0	506.00～495.35	厚层状结构
ZK5	515.24	1.0～6.0	514.24～509.24	互层～中厚层状结构
		6.0～18.0	509.24～497.24	厚层状结构为主，局部互层状
		18.0～20.0	497.24～495.24	互层～中厚层状结构
ZK6	515.85	1.0～12.2	514.85～503.65	互层～中厚层状结构
		12.2～14.6	503.65～501.25	厚层状结构
		14.6～17.6	501.25～498.25	互层结构
		17.6～20.0	498.25～495.85	中厚层状结构
ZK7	515.31	1.0～3.8	514.31～511.50	互层～中厚层状结构
		3.8～9.4	511.50～505.90	中厚～厚层状结构
		9.4～20.0	505.90～495.31	厚层状结构为主，局部中厚层状

续表

钻孔编号	孔口高程/m	孔深/m	相应高程/m	岩体结构
ZK8	515.92	1.0～4.0	514.92～511.92	中厚层状结构
		4.0～18.0	511.92～497.92	厚层状结构
		18.0～19.6	497.92～496.32	互层结构

表 4.3-2　　钻孔波速成果统计表

钻孔编号	高程范围/m	钻孔波速值						
		区间值/(m/s)	平均值/(m/s)	大值均值/(m/s)	小值均值/(m/s)	综合波速值/(m/s)	综合完整性系数	波速低于4300m/s点数（所占百分比）
ZK1	514.00～504.50	2174～5405	3904	4511	3214	3500	0.36	32（68.1%）
	504.50～495.00	4000～5405	5235	5348	4873	5100	0.77	1（2%）
ZK2	515.00～509.70	1198～5000	2731	4067	1752	2700	0.22	22（84.6%）
	509.70～495.70	3509～5405	4847	5208	4431	4600	0.63	7（9.8%）
ZK3	514.60～505.60	1504～5405	3572	4395	2533	3500	0.36	30（69.7%）
	505.60～494.20	4000～5405	5091	5308	4846	4900	0.71	2（3.5%）
ZK4	514.30～505.80	2128～5405	4306	4835	3497	3900	0.45	17（40%）
	505.80～495.30	4444～5405	5122	5291	4867	5050	0.76	0（0%）
ZK5	514.10～509.00	1653～5405	4211	5112	3240	3820	0.43	14（51.8%）
	509.00～503.00	4251～5405	4994	5233	4539	4800	0.68	2（6%）
	503.00～495.00	1527～5405	4166	4922	2957	4000	0.48	15（35.9%）
ZK6	513.60～503.60	1333～5405	3026	4055	2180	2800	0.23	43（84.3%）
	503.60～501.00	4348～5405	4979	5180	4575	4900	0.71	5（20%）
	501.00～495.00	1471～5405	3569	4504	2367	3000	0.27	21（65.6%）
ZK7	514.10～511.50	1781～5405	3733	4822	2644	3500	0.36	9（64.3%）
	511.50～505.00	3571～5405	4881	5247	4209	4700	0.66	7（20.6%）
	505.50～495.00	2981～5405	4853	5176	4288	4600	0.63	6（13.6%）
ZK8	516.10～511.70	2174～5263	3390	4504	2833	3100	0.29	7（77.8%）
	511.70～498.00	4167～5405	5039	5265	4724	4850	0.70	2（3%）
	498.00～495.00	1639～5000	3356	4639	2500	2900	0.25	7（10%）

对钻孔 ZK1～ZK8 进行跨孔电磁波 CT 测试，测试时钻孔高程大致为 510.10～506.00m。钻孔 ZK1～ZK2、ZK3～ZK7 电磁波跨孔 CT 测试成果如图 4.3-7、图 4.3-8 所示。根据电磁波 CT 测试成果，对电磁波检测异常部位增补了跨孔波速测试，以进一步查明岩体完整性。综合跨孔 CT 测试成果、跨孔波速测试及地质编录，可以得出以下结论。

(1) 大部分测线衰减系数较小，衰减系数值大的区域仅在局部分布，表明坝基岩体完整性整体较好。衰减系数值大的破碎岩体区域主要分布高程为 498.50～500.70m，对建

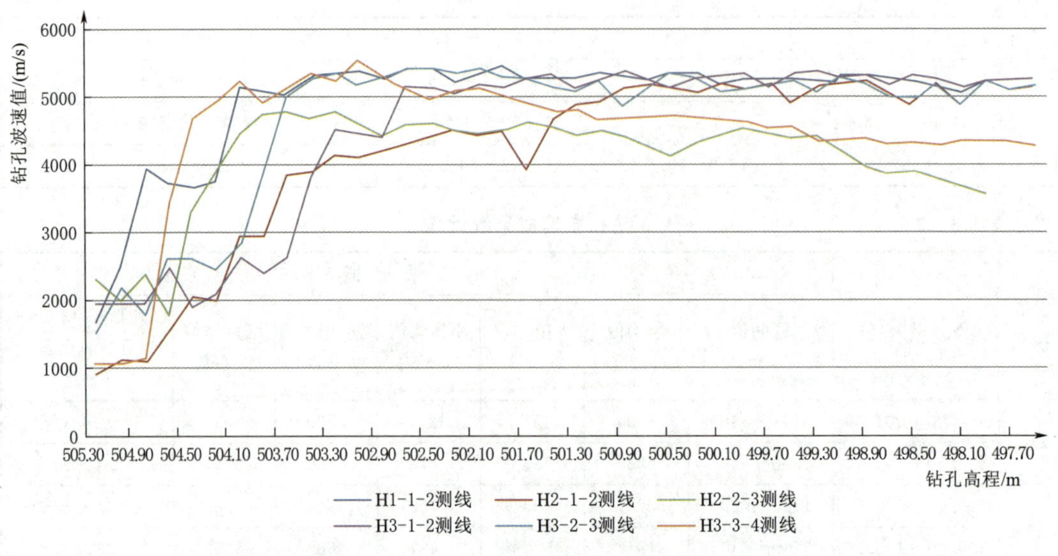

图 4.3-3　H1～H3 跨孔波速与高程曲线图

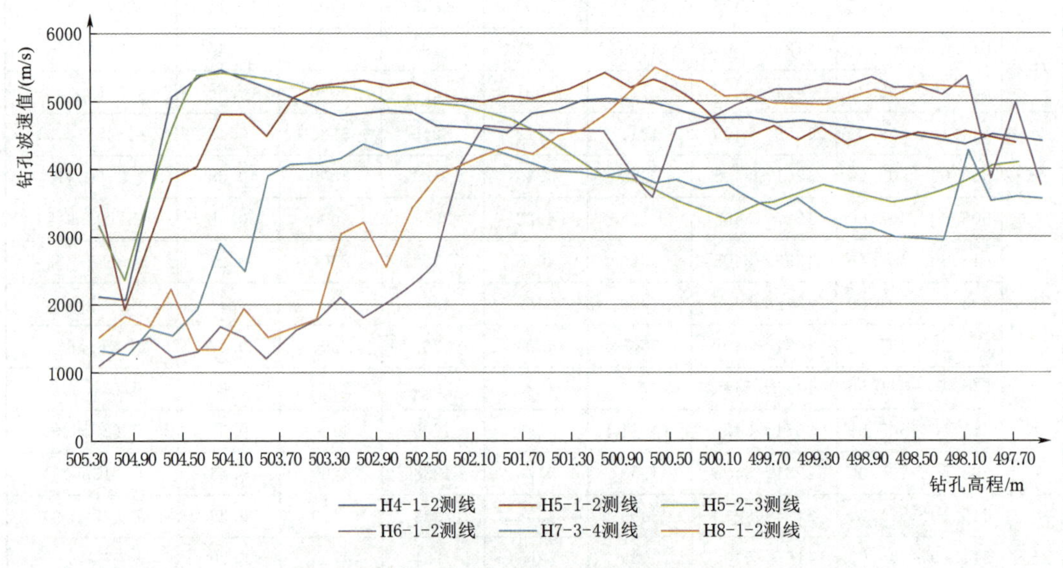

图 4.3-4　H4～H8 跨孔波速与高程曲线图

基面的选择不构成制约，但应加强固结灌浆处理。

(2) 垂直河流方向上，河谷坝段上游边界的坝基岩体完整性要好于下游边界，表现为钻孔 ZK1～ZK4 的衰减系数整体较钻孔 ZK10～ZK8 低。分析认为发生这种现象的原因在于下游边界地表距断层 f_{44}、f_{45} 较近，断层又倾向下游，受构造影响较大。

(3) 平行河流方向上，靠近左右岸的坝基岩体完整性要好于中间的岩体，表现为左岸边界钻孔 ZK1～ZK5、右岸边界钻孔 ZK4～ZK8 衰减系数明显低于河床部分的钻孔 ZK2～ZK5、钻孔 K3～ZK6。

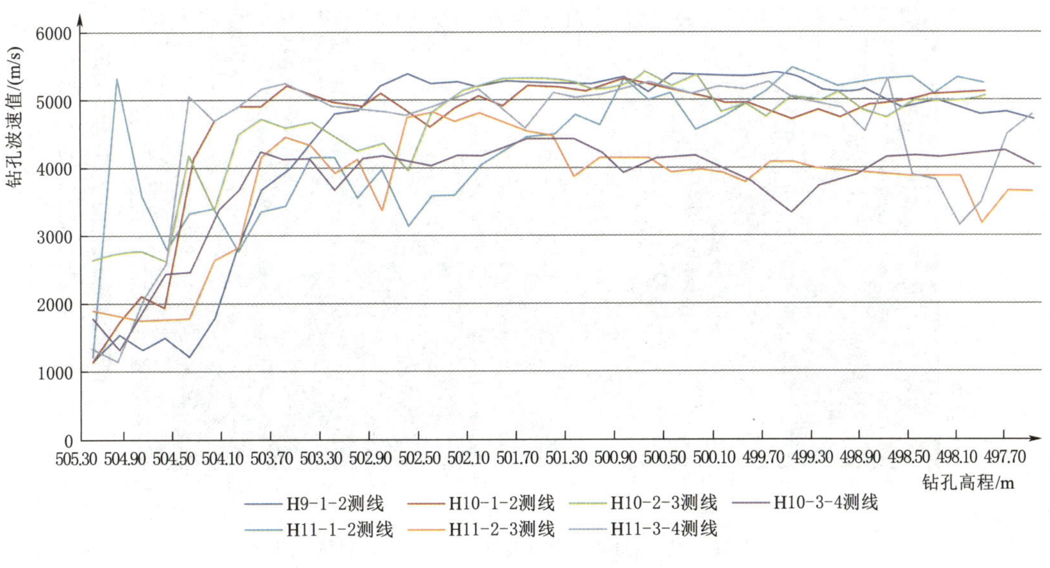

图 4.3-5 H9～H11 跨孔波速与高程曲线图

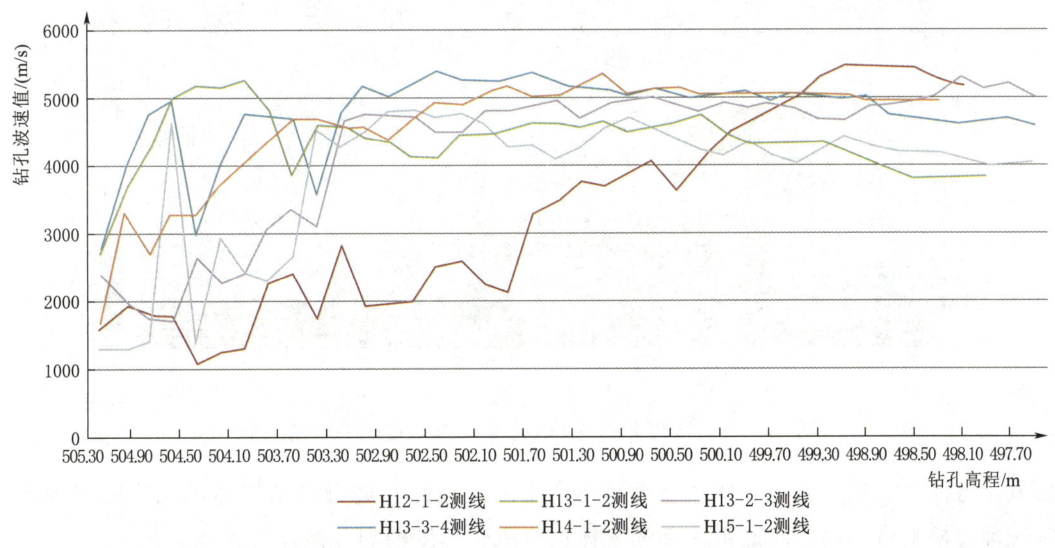

图 4.3-6 H12～H15 跨孔波速与高程曲线图

4. 坝基岩体松弛带的确定

坝基开挖面岩体风化程度的确定，不同于自然风化岩体的评价。自然风化是外动力长期作用的结果，它造成岩体介质的变异、岩体裂隙的增多、岩体波速的降低，因而用波速比可以进行定量分带。而爆破的强烈冲击造成的岩体裂隙张口，产生新的爆破裂隙，是短期冲击荷载引起的，岩石并未发生风化。但表部受爆破引起变化的岩体的波速有大幅度的降低，完整性系数降低，岩体变形模量降低，岩体等级也已发生变化，不再是勘察时选定的建基面岩体的等级和参数。如果将松弛带纳入建基岩体的风化分带，用国家标准《水利水电工程地质勘察规范》（GB 50487—2008）中的波速比进行判定，则松弛带可能属于

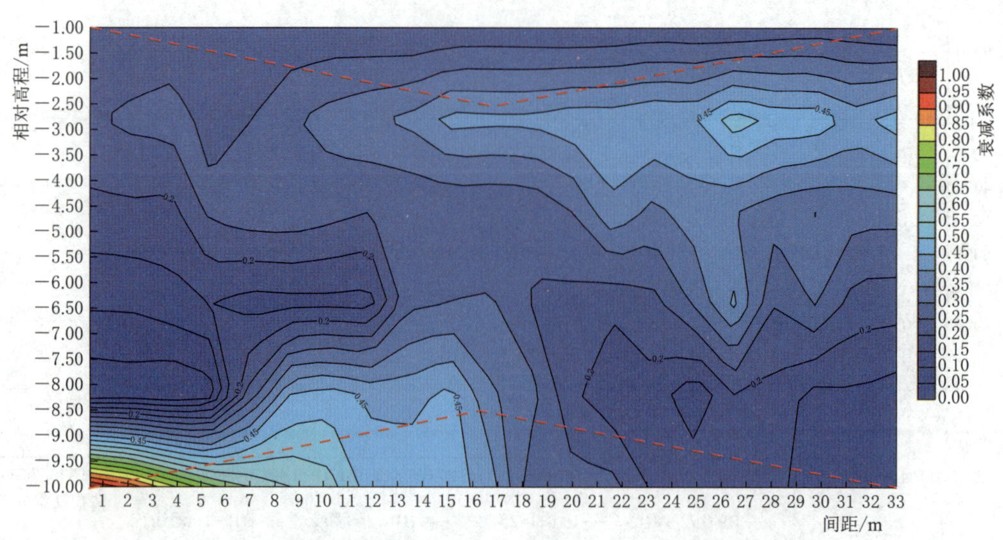

图4.3-7　钻孔ZK1～ZK2电磁波跨孔CT测试成果图

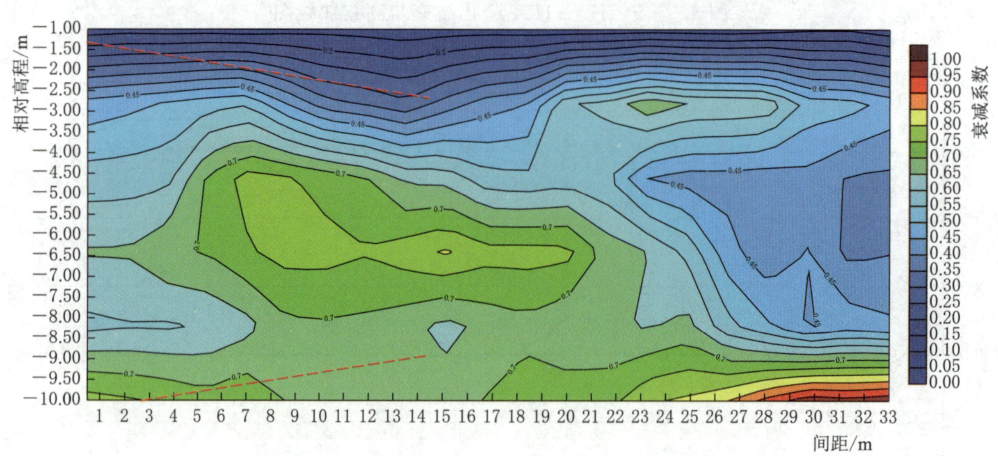

图4.3-8　钻孔ZK3～ZK7电磁波跨孔CT测试成果图

强风化岩体或弱风化上带岩体，显然是不合理的。为此在进行建基岩体风化程度评价前，应先确定松弛带，而后对此带深部的岩体进行风化程度的划分。

松弛带的典型特征是岩石风化程度未变、爆破裂纹增加，裂隙震松或开启，岩体波速大幅降低。这些变化中岩体波速的变化既能表征影响程度，又能快速定量获取，因而用垂直建基面的钻孔开展波速测试，按波速的递变特征可以划分松弛带。

国内部分已建成工程开挖爆破岩体松弛厚度见表4.3-3，由表4.3-3可知：开挖爆破岩体松弛厚度一般在1.0～3.0m。

表4.3-3　　国内部分已建成工程开挖爆破岩体松弛厚度

工程名称	开挖爆破岩体松弛厚度
蓝田李家河水库	一般为0.8～1.5m，局部可达2.0m
汉阴洞河水库	一般小于0.6m，局部可达1.0m

续表

工程名称	开挖爆破岩体松弛厚度
二滩水电站	一般为 0.5～1.5m，局部 2.0～3.0m
龙滩水电站	0.5～1.7m
锦屏一级水电站	0～2.8m

坝基开挖至高程 515.00m 左右时，对坝基钻孔进行了第一次波速测试，此时高程 506.00m 以下坝基岩体波速成果能够代表岩体的初始状态；在大坝开挖至高程 506.00m 时，对坝基钻孔进行第二次波速测试，此时坝基岩体受爆破影响。通过对比两次波速测试成果，即可得出各钻孔的开挖爆破松弛带。通过两次波速确定的钻孔爆破松弛深度汇总见表 4.3-4。

表 4.3-4　钻孔爆破松弛深度汇总表

钻孔编号	孔口高程/m	爆破影响下限/m	爆破影响深度/m
ZK1	505.59	503.53	2.06
ZK2	505.22	503.14	2.08
ZK3	505.76	504.80	0.96
ZK4	505.92	504.15	1.77
ZK5	505.96	504.24	1.72
ZK6	505.53	504.25	1.28
ZK7	505.42	503.71	1.71
ZK8	505.90	505.32	0.58

河床坝基还进行了 15 组跨孔波速测试，每个孔的波速孔深曲线上均存在突变现象，具体表现为上部波速较低，某孔深以下波速突然增加。跨孔波速与孔深曲线如图 4.3-9 所示，分析认为波速突变处即为爆破影响下限。跨孔测试爆破松弛深度汇总见表 4.3-5。

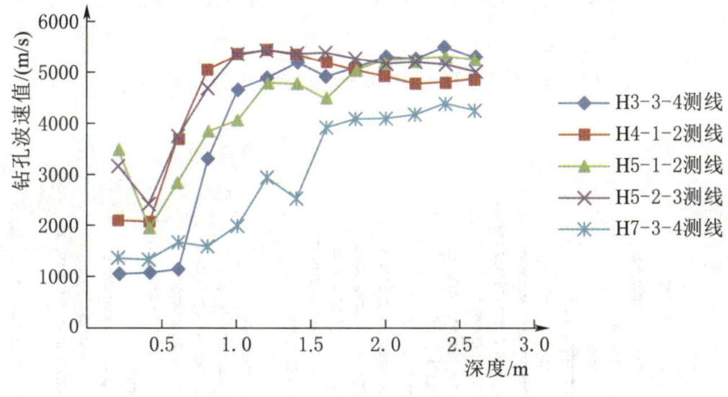

图 4.3-9　跨孔波速与孔深曲线图

绘制爆破松弛深度直方图如图 4.3-10 所示，由图 4.3-10 并结合类似工程经验，综合确定开挖爆破松弛对坝基岩体的影响深度一般为 0.5～1.8m。绘制爆破松弛下限高程直方图如图 4.3-11 所示，由图 4.3-11 可知，河床坝基爆破松弛影响深度下限高程在 504.0～504.5m。

表 4.3-5　　跨孔测试爆破松弛深度汇总表

跨孔测试编号	爆破影响深度/m	爆破影响下限高程/m	跨孔测试编号	爆破影响深度/m	爆破影响下限高程/m
H1-1-2	0.4	505.10	H10-1-2	0.8	504.70
H2-1-2	1.2	504.30	H10-2-3	0.8	504.70
H2-2-3	0.8	504.70	H10-3-4	1.0	504.50
H3-1-2	1.8	503.70	H11-1-2	0.3	505.20
H3-2-3	1.4	504.10	H11-2-3	1.4	504.10
H3-3-4	0.8	504.70	H11-3-4	0.8	504.70
H4-1-2	0.6	504.90	H12-1-2	1.4	504.10
H10-1-2	0.8	504.70	H13-1-2	0.6	504.90
H10-2-3	0.6	504.90	H13-2-3	2.0	503.50
H7-3-4	1.4	504.10	H13-3-4	0.4	505.10
H8-1-2	2.0	503.50	H14-1-2	0.3	505.20
H9-1-2	1.4	504.10	H15-1-2	0.6	504.90

注：跨孔测试孔口高程均在 505.50m 左右。

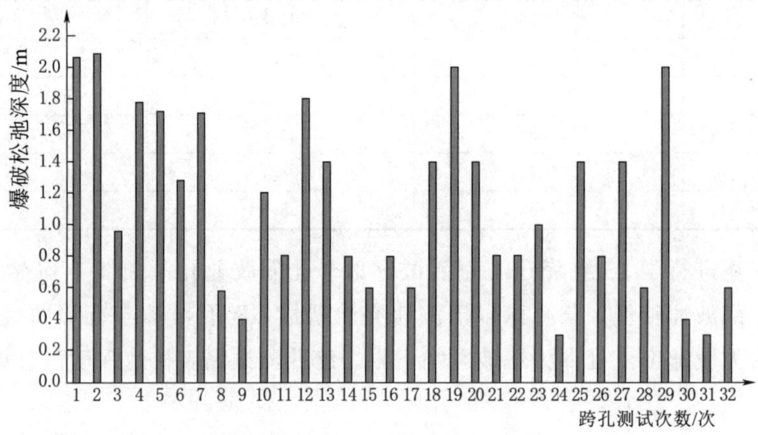

图 4.3-10　爆破松弛深度直方图

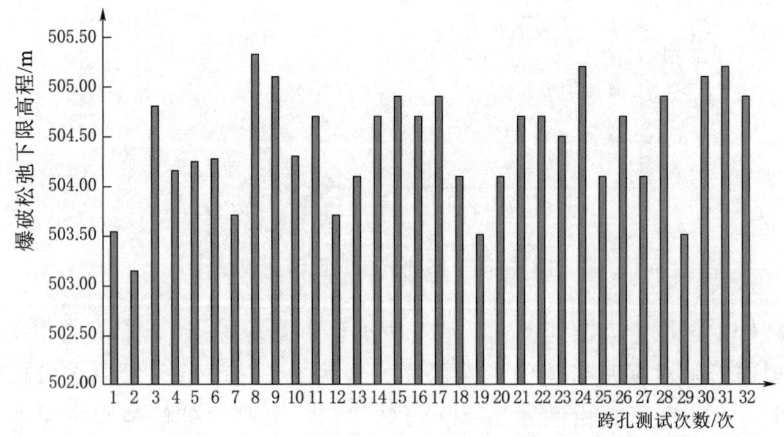

图 4.3-11　爆破松弛下限高程直方图

4.3.1.3 坝基建基面最终选择

通过岩体结构、岩体波速及岩体完整性，岩体松弛带、结合应力环境条件，最终确定了坝基建基面高程如下。

当建基高程选择504.50m以下时，建基面以下岩体整体较完整，以厚层状结构为主，声波波速$V_p \geqslant 4300m/s$，岩体大部分为A_{II}类，且大部分位于开挖爆破影响范围以外，为相对较好的建基面高程。高程504.50m基本满足建基标准，高程504.00m满足建基标准，建议建基高程选择在高程504.00～504.50m以下。

4.3.2 坝肩建基面选择

4.3.2.1 建基面嵌深的确定

对于中坝线，右岸坝肩开展试验的平洞有PD25、PD26、PD21、PD27、PD28，左岸坝肩开展试验的平洞有PD24、PD20、PD2、PD23、PD22。根据各平洞的现场变形试验、波速测试试验及岩体直剪试验结果，依据三河口拱坝建基面选择标准，可分别确定中坝线剖面建基面的嵌深。因河床建基面高程确定为502.00m，则建基面选择可依据坝高分为三个高程段：高程611.00m以上、高程567.00～611.00m及高程567.00m以下。由于变形试验及岩体直剪试验一般每个平洞中只有一组数据，不适合直接进行建基面的确定，而岩体纵波波速与变形模量存在相关关系，因此以纵波波速及岩体结构为主进行建基面嵌深的确定。在嵌深确定后，再以岩体变形模量及抗剪强度进行验证，并考虑应力分带的情况。为了与《混凝土拱坝设计规范》(SL 282—2018) 规定的按风化程度选择建基面进行对比，也按风化程度进行了建基面嵌深的确定。对高程567.00m以上，采用弱风化下段岩体作为建基岩体，要求岩体波速比大于0.7；对于高程567.00m以下，采用微风化～新鲜岩体作为建基面，要求岩体波速比大于0.8。根据以上标准，进行中坝线各高程段建基面嵌深的确定，三河口坝肩建基面嵌深界限见表4.3-6。根据表中的数据，作出中坝线建基面嵌深界限如图4.3-12所示。

表4.3-6　三河口坝肩建基面嵌深界限

岸坡	高程段/m	平洞编号	嵌深（沿坝线展布深度）/m		
			按纵波波速	按岩体结构	按波速比
右岸	611.00以上	PD28	56	65	92
	567.00～611.00	PD27	28	45	28
		PD21	45	49	68
	567.00以下	PD26	45	47	45
		PD25	21	21	21

续表

岸坡	高程段/m	平洞编号	嵌深（沿坝线展布深度）/m		
			按纵波波速	按岩体结构	按波速比
左岸	611.00 以上	PD22	20	31	30
	567.00～611.00	PD23	44	41	51
		PD2	40	46	52
	567.00 以下	PD20	42	63	57
		PD24	31	46	31

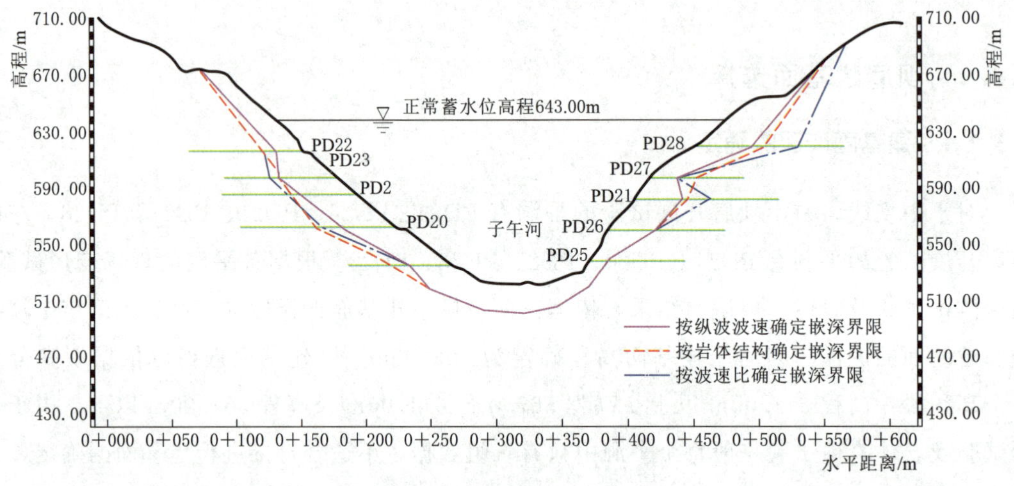

图 4.3-12　中坝线建基面嵌深界限

由图可以看出，按纵波波速、岩体结构及波速比确定的坝肩嵌深界限在中下部基本一致，在中上部按波速比确定的嵌深稍大，按纵波波速确定的嵌深最小。由于按纵波波速确定的嵌深考虑了不同高程段对波速要求的不同，而按波速比确定的嵌深仅根据风化程度对波速比进行了粗略的界定，因此，按波速比确定的嵌深界限比纵波波速稍大。依据纵波波速确定的嵌深界限，根据各平洞变形试验及直剪试验结果，对变形模量及抗剪强度按表 4.3-3 进行了验证，除了平洞 PD28 个别数据由于数据较离散不满足变形模量标准外，其余平洞都满足标准要求。根据应力分带的结果，按纵波波速确定的嵌深界限在中下部处于应力过渡带，在上部处于应力松弛带，满足建基面选择标准。综上，从岩体的工程地质特征角度，按岩体纵波波速及岩体结构确定的建基面是符合拱坝要求的。

4.3.2.2　建基面的最终确定

以上根据不同方法，从岩体的工程地质特征角度确定了三河口拱坝建基面的界限，虽然有一些差别，但总的趋势是一致的。由于该建基面没有考虑与拱坝之间的相互关系及其他因素的影响，仍不能直接作为设计使用的界限，尚需进一步在表 4.3-1 确定的建基面嵌深的基础上进行优化调整。调整考虑的因素如下：

（1）考虑拱坝与建基岩体接触的几何关系，要求建基面顺直变化。

（2）由于拱坝及两岸坝肩是基本对称的，尽可能使两岸建基面界限也是对称的。

（3）考虑开挖后与上部边坡的衔接，不致产生高陡边坡。

（4）考虑断层、节理密集带对拱坝的影响，对拱坝有影响的断层、节理需进行专门工程处理。

根据以上因素，调整后的三河口坝肩推荐建基面嵌深见表4.3-7，最终确定的中坝线推荐建基面界限如图4.3-13所示。由图可以看出，推荐的建基面可利用岩体在中下部高程为Ⅱ级岩体，岩体结构为块状～整体状；在中上部有部分利用Ⅲ级岩体的情况，岩体结构为次块状～块状。总体来看，推荐建基面界限较为合理，符合拱坝对建基岩体的要求，可作为设计开挖的重要参考依据。

表4.3-7　三河口坝肩推荐建基面嵌深

高程/m	左岸		右岸	
	推荐嵌岩深/m	利用岩级	推荐嵌岩深/m	利用岩级
640.00	36	Ⅱ	54	Ⅲ
630.00	40	Ⅱ	57	Ⅲ
620.00	41	Ⅱ	66	Ⅲ
610.00	47	Ⅱ	67	Ⅱ
600.00	51	Ⅲ	61	Ⅱ
590.00	55	Ⅲ	56	Ⅱ
580.00	57	Ⅲ	52	Ⅱ
570.00	61	Ⅲ	50	Ⅱ
560.00	65	Ⅱ	45	Ⅱ
550.00	60	Ⅱ	35	Ⅱ
540.00	57	Ⅱ	31	Ⅱ
530.00	58	Ⅱ	35	Ⅱ

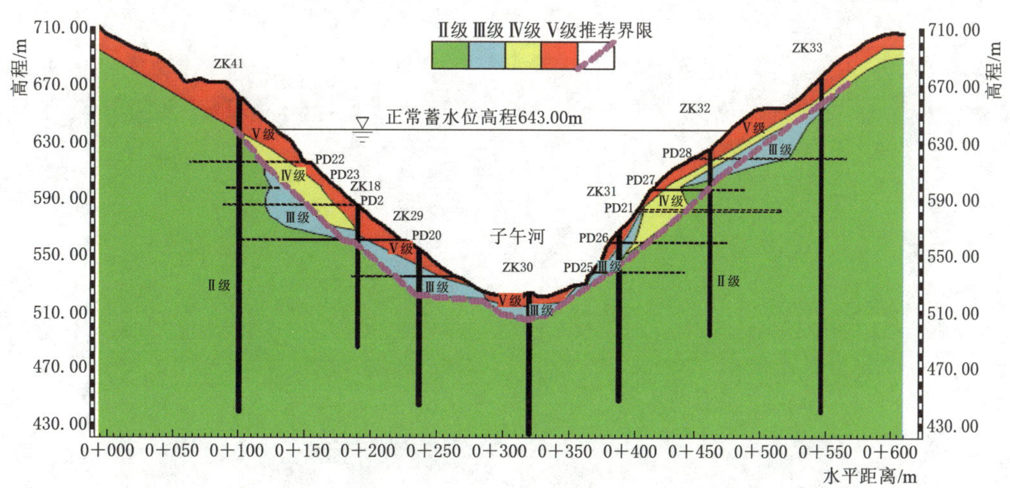

图4.3-13　中坝线推荐建基面界限

4.4　本章小结

对于坝址区大量的钻孔、平洞以及现场原位试验、室内试验结果，确定的三河口拱坝建基面选择标准，与规范要求及工程实际中的习惯做法基本一致。设计人员在地质建议的基础上，根据碾压混凝土拱坝结构的要求进行调整，施工期又根据实际情况进行了优化，最终确定合适的开挖轮廓线。

第 5 章

坝肩抗滑及变形稳定研究

拱坝的外荷载主要是通过拱的作用传递到坝端两岸，所以拱坝的稳定性主要是依靠坝端两岸岩体维持。与重力坝比较，拱坝对两岸岩体的要求较高，要求两岸拱座岩体具有抗滑稳定、变形稳定和渗透稳定。两端拱座岩体应该坚硬、新鲜、完整，强度高而均匀，透水性小，耐风化、无较大断层特别是顺河向断层、破碎带和软弱夹层等不利结构面和结构体，拱座山体厚实稳定，不致因变形或滑动而使坝体失稳。滑坡体、强风化岩体、断层破碎带、具软弱夹层的易产生塑性变形和滑动的岩体均不宜作为两端的拱座。修建拱坝比较理想的河谷断面形状应是比较狭窄的、两岸对称的 V 形河谷，其次是 U 形和梯形河谷。河谷的宽高比在 1.5～2 比较理想，最好不超过 3.5。拱坝或薄拱坝，将坝体所受的大部分荷载经拱端传至两岸岩体，少部分荷载传至河床坝基。故坝肩岩体的稳定是坝体稳定的关键。当坝肩下游支撑拱座的岩体不是风化破碎或单薄岩体时，坝肩岩体失稳破坏形式，主要是沿软弱结构面向下游河床方向滑动问题。肩座岸坡是一个天然陡倾角的滑移临空面；软弱结构面或软弱夹层只要倾向河流方向，在较大的倾角范围里都会造成可能移动的滑移面；岸坡岩体一般风化破碎，强度较低；岸坡处往往有卸荷裂隙或岸边剪切裂隙，原有构造裂隙也易发展扩大，构成侧向切割面；岸坡岩体由于临空面的影响，岩体滑移往往具有三维特征，且一般呈深层滑移的特点。特别应注意，岸坡可构成横向临空面的地形条件，对肩座滑移稳定性具有重要意义，如拱坝肩座下游附近地形上的冲沟、突出而单薄的地形、河流急转弯地段等。

5.1 坝肩抗滑稳定分析

5.1.1 左坝肩边界条件分析

1. 抗滑稳定不利的边界条件

(1) 底滑面。主要由缓倾角（倾角小于 30°～35°）断层、缓倾角（倾角小于 30°～35°）裂隙及缓倾角蚀变带组成。左坝肩及下游平洞内共揭示 5 条缓倾角断层：①高程

565.00m 附近的 PD20f_5 断层，走向 20°～30°、倾向 NW、倾角 15°～20°；②高程 570.00m 附近的 PD18f_3 断层，走向 30°、倾向 NW、倾角 31°；③高程 601.00m 附近的 PD23 支洞 f_3 断层，走向 135°、倾向 NE、倾角 25°；④高程 606.00m 附近的 PD29f_1 断层，走向 125°～150°、倾向 NE、倾角 25°～46°，PD_{29} f_3 断层，走向 352°、倾向 NEE、倾角 3°。5 条断层中，PD23f_3 断层、PD29f_1 断层、PD29f_3 断层高程较高，对大坝不会造成整体影响，但 PD23f_3 断层位于拱座上，建议对其进行专门抗滑处理。PD20f_5 断层并没有和其他断层或节理组成块体，对拱坝影响不大，由于其位于拱座上，且距离洞口较浅，因此，可根据建基面开挖情况采取相应措施。PD18f_3 断层位于下游抗力体上，与其他断层能形成组合块体，但块体距拱坝距离较远，不承受主要受力，对坝肩稳定影响不大。

另外平洞内揭示了中等倾角的断层 2 条：①PD2f_3 断层，走向 270°～285°、倾向 SSW、倾角 55°～45°；②PD2f_8 断层，走向 290°～320°、倾向 NNE、倾角 40°～45°。其中，PD20f_5 断层、PD23 支洞 f_3 断层、PD2f_3 断层、PD2f_8 断层及 PD20f_5 断层均位于左坝肩拱座上，PD18f_3 断层、PD29f_1 断层位于抗力体上，断层走向大多与河谷近平行，倾向河谷。根据野外裂隙调查可知，左坝肩缓倾角裂隙主要发育两组：①走向 300°～335°，走向与河流方向近垂直；②走向 50°～85°，走向与河流方向近平行。左坝肩揭示的缓倾角蚀变带产状 335°∠10°～20°，出露高程 575.00～590.00m。上述断层、裂隙及蚀变带易构成坝肩滑移的底滑面。

(2) 侧滑面。侧滑面主要由走向与河流近平行、倾角较大的断层及裂隙组成。左坝肩符合该条件的地面断层有 f_{59} 断层，走向 55°～70°、倾向 NW、倾角 55°～60°；f_{61} 断层，走向 95°、倾向 SW、倾角 80°。两条断层走向与河流走向夹角较小。其中，f_{59} 断层位于下游抗力体的浅表层，与其他断层组合的可能性较小，对坝肩稳定影响较小；f_{61} 断层易与 f_{60} 断层组成块体，但由于距坝线有一定距离，不承受主要受力，对坝肩影响不大。平洞内可能形成侧滑面的断层有高程 619.00m 附近的 PD22f_5 断层、高程 595.00m 附近的 PD13f_2 断层、高程 565.00m 附近的 PD20f_4 断层等。PD22f_5 断层、PD13f_2 断层位于较高位置，且规模不大，对坝肩影响不大。PD20f_4 断层易与其他断层组成块体，且位于坝肩中部高程区域，需进行专门抗滑处理。左坝肩走向 50°～85°裂隙发育较多，为优势裂隙组，该组裂隙与河流走向夹角较小，倾角一般大于 60°。改组裂隙易构成坝肩滑移的侧滑面，需与其他断层组合进行分析。

(3) 后缘拉裂面。走向与河流走向垂直或大角度相交的结构面均可构成拉裂面。如分布于左坝肩上游的 f_{44} 断层及大理岩脉与围岩的接触面可能成为拉裂面。断层为主要的拉裂面，而大理岩脉与围岩的接触面多为紧密接触，强度较高。

(4) 临空变形面。左岸坝线下游 80～90m 处的小冲沟、坝线下游子午河谷、上部强～弱风化岩体及变形模量较低的断层带，如下游的 f_{58} 断层、f_{60} 断层，可能构成左岸临空变形面。

2. 抗滑稳定不利块体的组合特征

结合坝址区工程地质图、坝线剖面图及分层平切图，对左坝肩抗滑稳定进行了综合分析，左坝肩抗滑稳定不利组合见表 5.1-1。

表 5.1-1 左坝肩抗滑稳定不利组合

位置	块体编号	边界条件						分布高程	评价意见
		侧滑面	侧滑面分级、分类	底滑面	底滑面结构面分级分类	拉裂面	临空面		
拱座	L1	PD22f_7 断层、PD12f_2 断层	$Ⅳ_2$	走向 300°～335°，走向 50°～85°缓倾角裂隙	$Ⅲ_1$	f_{44} 断层	下游河谷、冲沟	高程 620.00m 以上区域	对坝肩稳定影响很大，设计应进行稳定计算，选择适宜的处理措施
	L2	PD22f_5 断层	$Ⅳ_2$	蚀变带，产状 335°∠10°～20°	$Ⅳ_1$	f_{44} 断层	下游河谷及受断层影响变形模量较低的岩体	高程 580.00m 以上区域	对坝肩稳定影响很大，设计应进行稳定计算，选择适宜的处理措施
	L3	PD22f_5 断层	$Ⅳ_2$	PD23 支洞 f_3 断层	$Ⅳ_1$	f_{44} 断层	下游河谷及受断层影响变形模量较低的岩体	高程 600.00m 以上区域	对坝肩稳定影响很大，设计应进行稳定计算，选择适宜的处理措施
	L4	PD22f_4 断层、PD29f_2 断层、PD23f_4 断层	$Ⅳ_1$	走向 300°～335°，走向 50°～85°缓倾角裂隙	$Ⅳ_1$	拱肩槽	下游河谷及受断层影响变形模量较低的岩体	高程 600.00m 以上区域	对坝肩稳定影响很大，设计应进行稳定计算，选择适宜的处理措施
	L5	PD23f_5 断层	$Ⅳ_1$	PD23 支洞 f_3 断层	$Ⅳ_1$	拱肩槽	下游河谷及受断层影响变形模量较低的岩体	高程 590.00～620.00m 区域	对坝肩稳定影响很大，设计应进行稳定计算，选择适宜的处理措施
	L6	PD2f_6 断层	$Ⅳ_1$	蚀变带，产状 335°∠10°～20°	$Ⅳ_1$	拱肩槽	下游河谷及受断层影响变形模量较低的岩体	高程 580.00～600.00m 区域	对坝肩稳定影响很大，设计应进行稳定计算，选择适宜的处理措施
	L7	PD2f_7 断层	$Ⅳ_2$	蚀变带，产状 335°∠10°～20°	$Ⅳ_1$	拱肩槽	下游河谷及受断层影响变形模量较低的岩体	高程 575.00～600.00m 区域	对坝肩稳定影响很大，设计应进行稳定计算，选择适宜的处理措施
	L8	走向 50°～85°高倾角裂隙	$Ⅳ_1$	走向 300°～335°，走向 50°～85°缓倾角裂隙	$Ⅳ_1$	f_{44} 断层	下游河谷	高程 550.00m 以下	部分位于建基面以下，设计应进行稳定计算，选择适宜的处理措施

3. 抗滑稳定评价及处理建议

左坝肩主要断层三维图如图 5.1-1 所示，其中，左坝肩 L4 块体组成示意图（高程 541.00m）如图 5.1-2 所示。

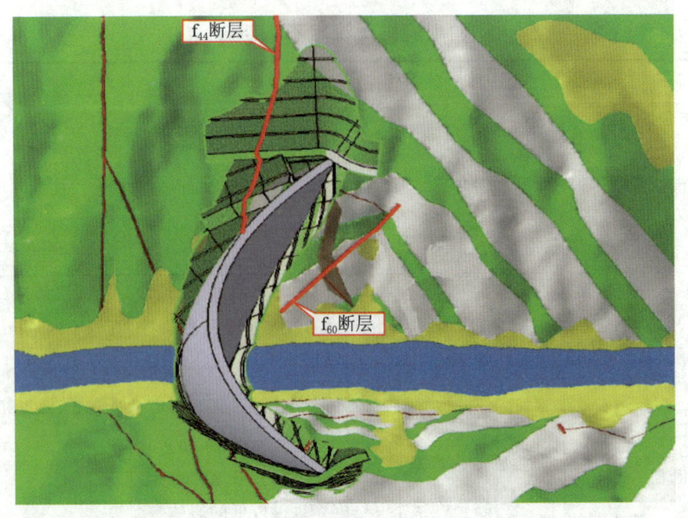

图 5.1-1　左坝肩主要断层三维图

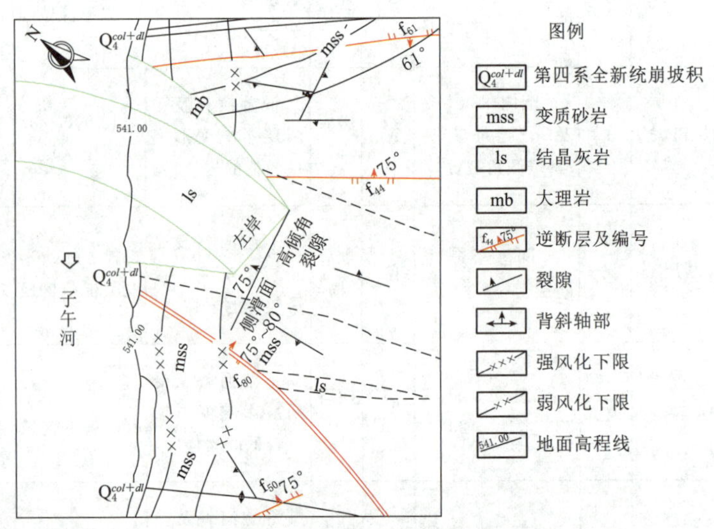

图 5.1-2　左坝肩 L4 块体组成示意图（高程 541.00m）

左坝肩抗滑稳定不利块体的控制性边界侧滑面及底滑面可分为三类：裂隙组合、断层与裂隙组合、断层与断层（蚀变带）组合。根据结构面力学性质可知，裂隙组合稳定性较好、断层与裂隙组合次之、断层与断层组合最差。由表 5.1-1 可以看出，左坝肩抗滑稳定不利块体规模均较小，坝肩抗滑整体稳定性较好，局部抗滑稳定性差，尤其是拱座高程 570.00～640.00m 区域的块体 L2、L3、L4、L5、L6、L7，侧滑面及底滑面由平洞断层及蚀变带构成，该类断层的空间分布特征较为复杂，又位于拱座区域，应采取专项抗滑处理措施；其余块体做常规抗滑处理即可。

5.1.2 右坝肩边界条件分析

1. 抗滑稳定不利的边界条件

（1）底滑面：右坝肩共发现8条缓倾角断层。高程563.00m附近的PD26f_1断层，走向60°～100°、倾向SE、倾角16°～30°；PD26f_1'断层，走向80°、倾向SE、倾角25°；PD26f_4断层，走向0°～40°、倾向NW、倾角25°～48°；高程567.00m附近的PD11f_3断层，走向162°、倾向SW、倾角33°；高程585.00m附近的PD21f_1断层，走向60°～100°、倾向NE、倾角16°～30°；PD21f_5断层，走向100°、倾向SW、倾角34°；高程598.00m附近的PD16f_1断层，走向150°、倾向NE、倾角35°；高程609.00m附近的PD32f_4断层，走向135°、倾向SW、倾角25°。上述8条断层中，PD32f_4断层、PD16f_1断层位于较高位置，对拱坝整体影响较小；PD21f_1断层、PD21f_5断层基本位于建基面以上，可开挖处理；PD26f_1断层、PD26f_1'断层、PD26f_4断层、PD11f_3断层与其他断层组成的块体位于上坝线，对中坝线几乎没影响。右岸还发育对稳定不利的中等倾角断层，如高程609.00m附近揭示的倾向下游河谷、中等倾角的PD32f_1断层，走向135°、倾向SW、倾角55°，但其主要位于上坝线，对中坝线没有影响。右坝肩缓倾角裂隙主要以走向300°～335°一组最为发育。

（2）侧滑面：右坝肩地面断层有f_{14}断层，走向80°、倾向NW、倾角75°；f_{57}断层，走向10°～40°、倾向NW、倾角45°～53°。两个断层走向与河流走向夹角较小。其中，f_{57}断层为Ⅲ类结构面，可见长度大于200m，影响带宽度为2～4m，抗滑稳定分析应专门考虑；f_{14}断层为Ⅲ级结构面，可见长度大于50m，影响带宽度为1～3m，由于其分布位置较低，对拱坝有一定影响，抗滑稳定分析应专门考虑。

另外，各高程揭示的顺河向平洞断层有PD21f_6断层、PD28f_4断层等，PD28f_4断层位置较高，对拱坝整体影响较小；PD21f_6断层不易与其他断层组成块体，对坝肩稳定影响不大。右坝肩裂隙走向70°～85°裂隙发育较多，为优势裂隙组，该组裂隙与河流走向夹角较小，倾角一般大于60°，易构成坝肩滑移的侧滑面。

（3）后缘拉裂面：分布于右坝肩上游的f_{46}断层、f_{44}断层可能成为拉裂面。由于f_{44}断层位于f_{46}断层的下游、中坝线的上游，因此f_{44}断层形成拉裂面的可能性更大。f_{44}断层在右岸的影响带宽度为6～8m，抗滑稳定分析应专门考虑。

（4）临空变形面：右岸坝线下游的子午河谷、上部强～弱风化岩体及变形模量较低的断层带，如下游的f_{13}断层，可能构成右岸临空变形面。

2. 抗滑稳定不利块体的特征

结合坝址区工程地质图、坝线剖面图及分层平切图，对右坝肩抗滑稳定进行综合分析。

3. 抗滑稳定评价及处理建议

右坝肩主要断层三维图如图5.1-3所示，其中，右坝肩R1块体组成示意图（高程

541.00m）如图 5.1-4 所示，右坝肩 R2 块体组成示意图（高程 521.00m）如图 5.1-5 所示。

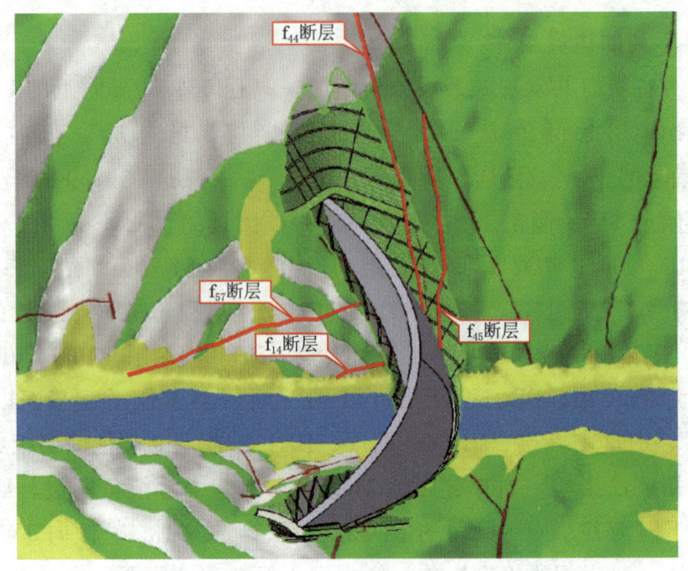

图 5.1-3　右坝肩主要断层三维图

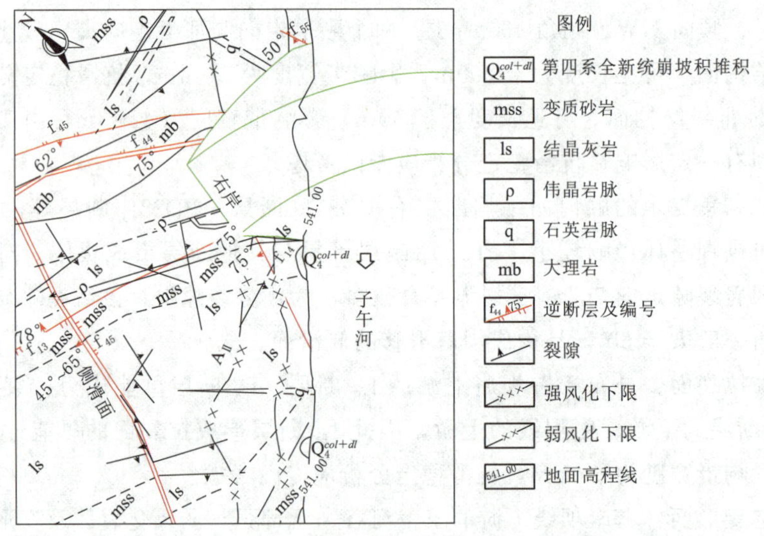

图 5.1-4　右坝肩 R1 块体组成示意图（高程 541.00m）

右坝肩存在贯穿坝线至下游河床的侧滑面断层 f_{57} 断层、f_{14} 断层，尤其 f_{57} 断层构成侧滑面的块体 R2、R3 规模较大，且部分位于建基面以下，右坝肩高程 541.00～615.00m 间抗滑稳定性较差。应对位于拱座高程 541.00～615.00m 区域、建基面以下的断层与断层组合块体 R1、R2、R4、R5 采取专项抗滑处理措施，其余块体做常规抗滑处理。

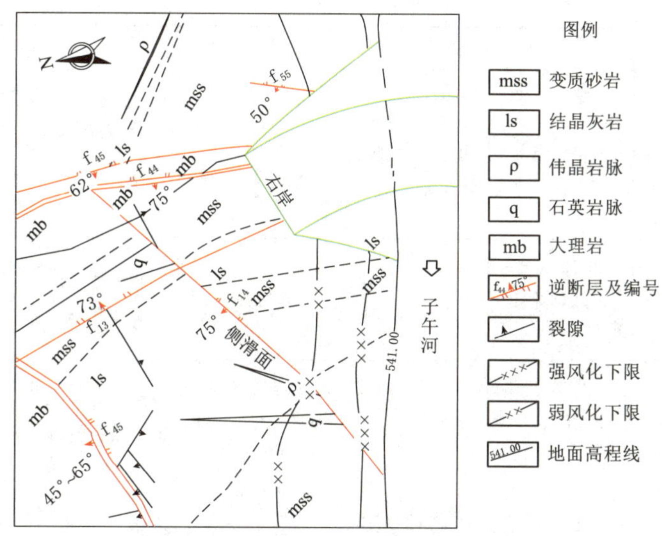

图 5.1-5 右坝肩 R2 块体组成示意图（高程 521.00m）

5.2 坝肩岩体变形稳定分析

5.2.1 数值分析模型的建立

5.2.1.1 几何模型及材料参数

1. 几何模型的建立

三河口水库坝址位于佛坪县大河坝乡东北约 3.8km 的子午河峡谷段，属秦岭中段南麓中低山区。几何建模的方法为采用 AutoCAD 与 ANSYS 联合建模，以图 5.1-1 为底图，在 AutoCAD 中获取三维信息，生成三维实体，然后将数据导入 ANSYS 进行编辑及布尔运算，并生成拱坝实体，最后输出 FLAC 软件所需的数据格式。

几何模型采用中坝轴勘探线为基准，沿着坝轴线垂直方向从中坝线上下各外扩 400m，沿着坝轴线方向由两岸向外扩 200m。几何模型在尽量符合实际情况的基础上进行适量简化，简化主要包括以下两个方面。一是岩性简化。坝址区岩层包含第四系松散堆积物、志留系下统梅子亚组变质砂岩、结晶灰岩及部分岩脉。由于第四系松散物及岩脉厚度较小，建模时不予考虑，仅考虑厚度较大的变质砂岩及结晶灰岩两类地层。二是构造简化。根据 5.1 节边界条件的分析，坝址区断层发育较多，但大多都为平洞内的Ⅳ级结构面，规模较小。因此，几何建模时仅选取对中坝线拱坝影响较大的 f_{44}、f_{57}、f_{14} 三条断层进行模拟分析，右坝肩抗滑稳定不利组合见表 5.2-1。

表 5.2－1　　**右坝肩抗滑稳定不利组合**

位置	块体编号	边界条件						分布高程	评价意见
		侧滑面	侧滑面结构面分级分类	底滑面	底滑面结构面分级分类	拉裂面	临空面		
拱座	R1	f_{14} 断层	Ⅲ$_2$	走向 300°～335°，缓倾角裂隙	Ⅳ$_1$	f_{46} 断层、f_{44} 断层	下游河谷	高程 555.00m 以下区域	部分位于建基面以下，应采取专门抗滑处理措施
拱座及抗力体	R2	f_{57} 断层	Ⅲ$_1$	PD26f_1 断层、PD26f_1' 断层	Ⅳ$_1$	f_{46} 断层、f_{44} 断层	下游河谷及受构造影响变形模量较低的岩体	高程 550.00～615.00m 区域	位于建基面以下，应采取专门抗滑处理措施
拱座及抗力体	R3	f_{57} 断层	Ⅲ$_1$	PD21f_1 断层、PD21f_5 断层	Ⅳ$_2$	f_{46} 断层、f_{44} 断层	下游河谷及受构造影响变形模量较低的岩体	高程 575.00～615.00m 区域	位于建基面以上，开挖处理
拱座及抗力体	R4	PD17f_4 断层	Ⅳ$_2$	走向 300°～335°，缓倾角裂隙	Ⅳ$_1$	拱肩槽	下游河谷	高程 610.00m 以上区域	对坝肩稳定影响很大，设计应进行稳定计算，选择适宜的处理措施
拱座及抗力体	R5	PD17f_5 断层	Ⅳ$_2$	走向 300°～335°，缓倾角裂隙	Ⅳ$_1$	拱肩槽	下游河谷	高程 610.00m 以上区域	对坝肩稳定影响很大，设计应进行稳定计算，选择适宜的处理措施
拱座及抗力体	R6	PD26 支 f_1 断层	Ⅳ$_2$	PD26f_1 断层、PD26f_1'断层	Ⅳ$_1$	f_{48} 断层、f_{44} 断层	下游河谷	高程 540.00～590.00m 区域	位于建基面以下，应采取专门抗滑处理措施
拱座	R7	PD26f_3 断层	Ⅳ$_1$	PD26f_1 断层、PD26f_1'断层	Ⅳ$_1$	f_{44} 断层	下游河谷	高程 550.00～590.00m 区域	位于建基面以下，应采取专门抗滑处理措施
拱座及抗力体	R8	PD16f_2 断层	Ⅳ$_1$	PD16f_1 断层	Ⅳ$_1$	f_{13} 断层	下游河谷	高程 590.00～610.00m 区域	对抗力体稳定有一定影响，建议设计进行稳定计算，选择适宜的处理措施

所建立的三河口坝址几何模型如图 5.2－1 所示，拱坝模型如图 5.2－2 所示。该模型采用直角坐标系，方向规定为沿河床上游方向为 X 轴正方向，从左岸指向右岸为 Y 轴正方向，垂直向上为 Z 轴正方向。模型 X 向长度约 596m，Y 向长度约 492m，模型高度约 600m。整个模型采用四面体单元，一共划分为 110872 个单元、21451 个节点。整个模型约束条件为模型前后边界采用 X 向位移约束，左右边界采用 Y 向位移约束，底部边界进行位移全约束。

2. 材料参数

根据坝址区原位试验结果，确定此次数值模拟采用的物理力学参数见表 5.2－2。

图 5.2-1 三河口坝址几何模型

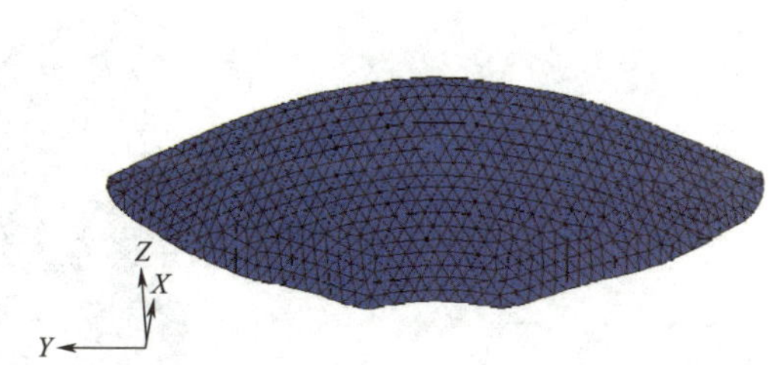

图 5.2-2 拱坝模型

表 5.2-2 物理力学计算参数

岩性	容重/(kN/m³)	变形模量/GPa	体积模量/GPa	剪切模量/GPa	泊松比	内摩擦角/(°)	黏聚力/MPa	抗拉强度/MPa
变质砂岩	28.16	17	15.94	8.66	0.27	52.4	1.60	4.2
结晶灰岩	28.26	18	20	12	0.25	54.4	1.90	3.8
Ⅲ级断裂	23.98	2	2.22	0.74	0.35	33	0.08	0.005
Ⅳ级断裂	23.98	3	2.77	1.14	0.32	33	0.1	0.006
拱坝	25.50	20	22	8.3	0.2	50.2	4.0	1.8

5.2.1.2 模拟过程

数值分析采用 FLAC 3D 软件进行计算，本构模型采用弹塑性本构模型，屈服准则为莫尔-库仑（Mohr-Coulomb）准则。根据拱坝的施工过程及受力变化，模拟研究拟分成 3 个步骤进行：第一步，对拱坝建基槽进行开挖，研究坝基及坝肩岩体开挖后，周围岩体的变形破坏情况；第二步，在开挖后的基槽内浇筑混凝土拱坝，研究修筑拱坝后坝肩、坝基岩体的变形特征；第三步，模拟研究坝体蓄水受到库水压力后，由拱端传递给坝肩岩体的附加荷载对坝肩、坝基岩体的影响，分析坝肩及坝基岩体变形破坏机制，推测坝肩及坝基岩体在附加荷载条件下的可能失稳模式。

5.2.2 计算结果及分析

在下述的数值计算结果中，有以下两点说明：应力矢量的表示方法与弹性力学应力矢量表示方法相同，即“+”表示拉应力，“-”表示压应力，单位为 Pa；位移矢量的正向与坐标轴的正向一致，即沿着坐标轴正方向为正，负方向为负，单位为 m。

5.2.2.1 基槽开挖补充设计

对坝基及坝肩槽实施一次性开挖计算，基槽开挖后情况如图 5.3-1 所示，基槽开挖后最大、最小主应力分布云图如图 5.3-2、图 5.3-3 所示，基槽开挖后 Z 向、X 向位移图（三维、俯视）如图 5.3-4～图 5.3-7 所示。

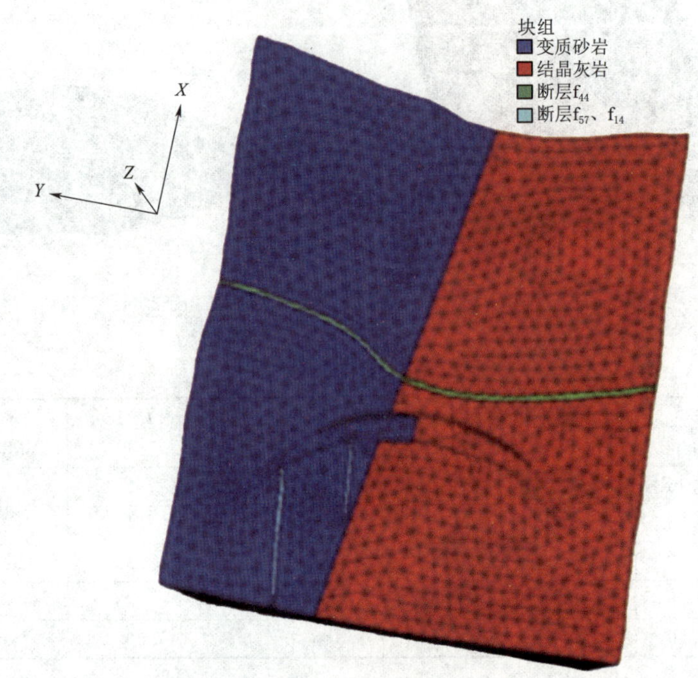

图 5.2-3　基槽开挖后情况

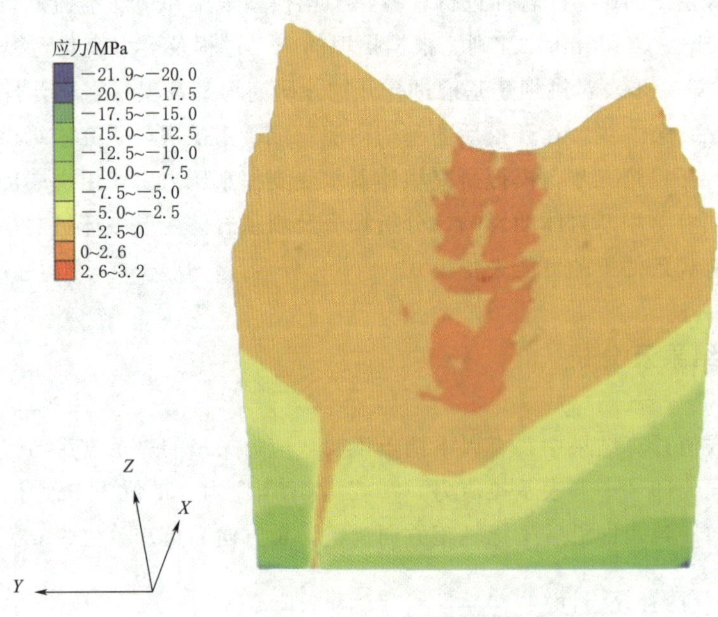

图 5.2-4　基槽开挖后最大主应力分布云图

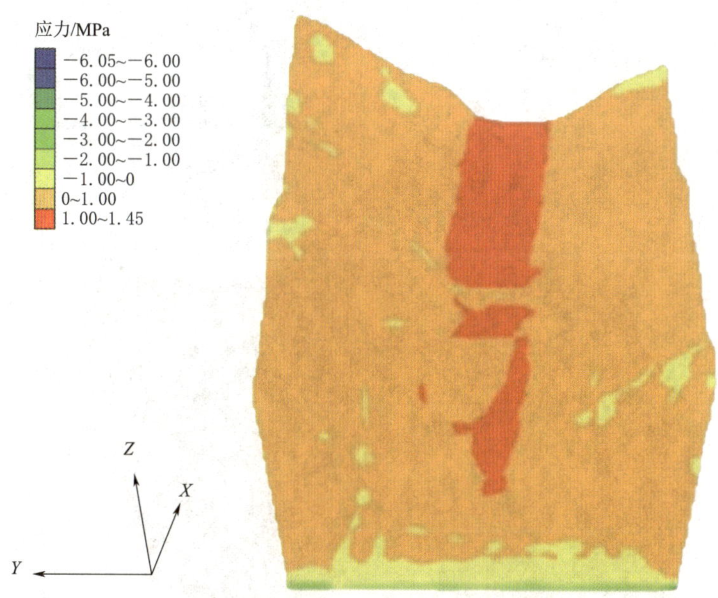

图 5.2-5 基槽开挖后最小主应力分布云图

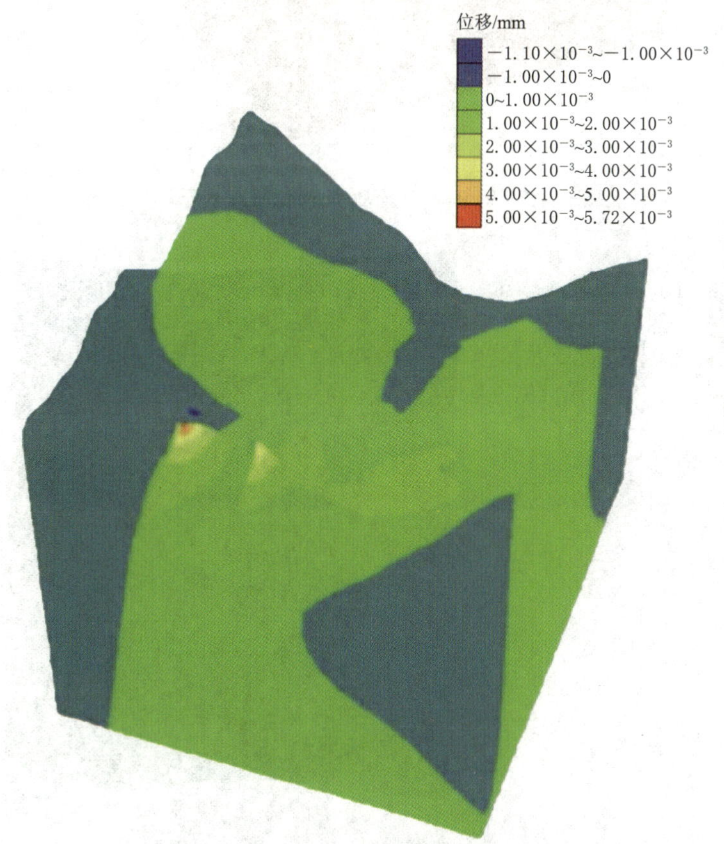

图 5.2-6 基槽开挖后 Z 向位移图（三维）

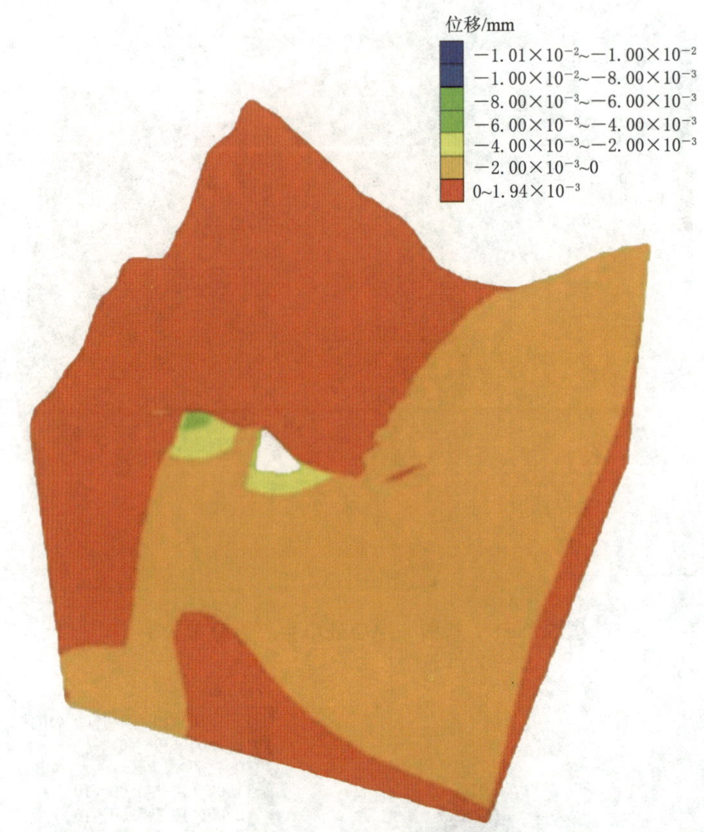

图 5.2-7　基槽开挖后 X 向位移图（三维）

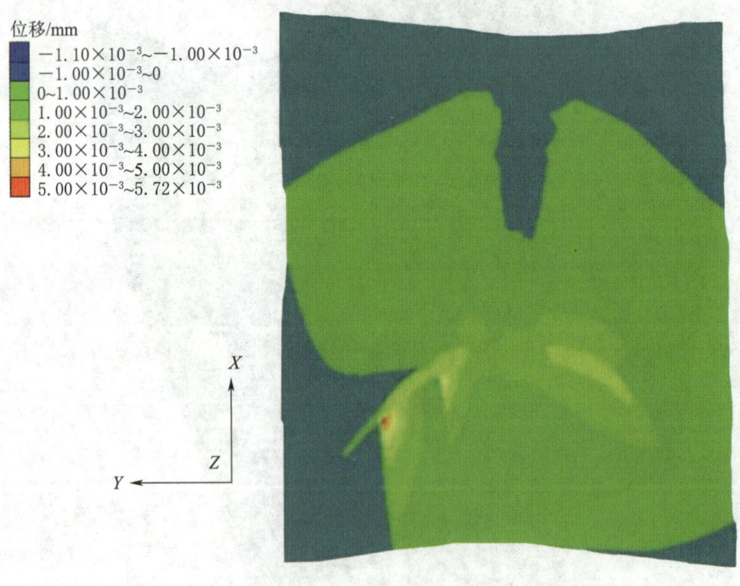

图 5.2-8　基槽开挖后 Z 向位移图（俯视）

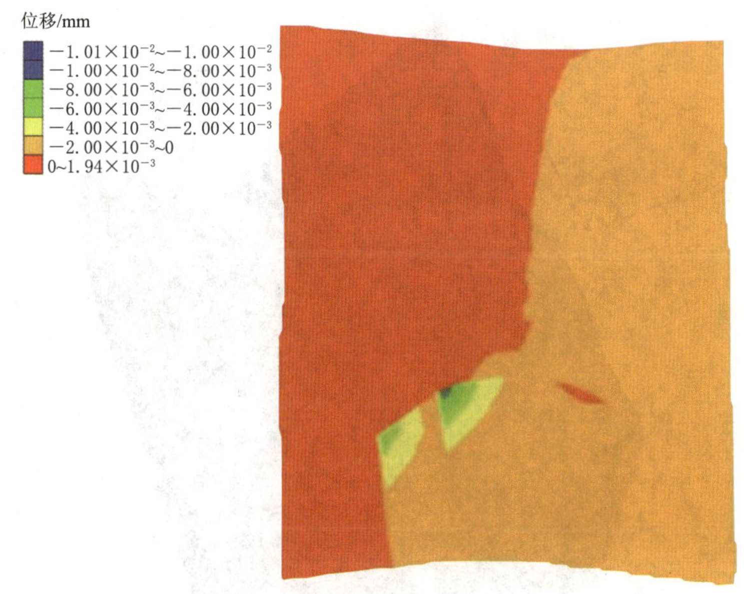

图 5.2-9 基槽开挖后 X 向位移图（俯视）

1. 岩体应力场分析

由最大、最小主应力图可见，开挖处坝肩、坝基岩体出现应力集中现象，尤其是右坝肩处岩体，应力集中更加明显，最大处约 3.19MPa。左坝肩岩体压应力为 2MPa。坝基处出现拉应力，拉应力值为 1.15MPa。但从模型整体来说，其应力场变化不大。基槽处应力集中主要由于坝肩及坝基的开挖，加之模型本身属于三维地质体模拟，在某些凹凸地段易产生局部应力集中。

2. 位移场分析

由图 5.3-4～图 5.3-7 可知，基槽经过开挖后，坝址区的岩体位移没有较大的变化。仅在基槽附近岩体产生不规律的下沉或者回弹变化。其中，基槽左岸附近岩体位移变化较小，Z 向位移为 2mm；基槽右岸岩体，处于下游面的部分岩体出现回弹现象，但其回弹量较小，仅有 5.7mm。上游面的部分岩体出现下沉现象，但其量值也较小，仅有 1mm。观察图 5.3-5 及图 5.3-7 可知，基槽开挖后，右岸岩体基槽附近出现轻微 X 向位移变化。在右岸靠近两个断裂带的部位，岩体发生向河床方向运动的现象，最大位移为 10mm。通过对基槽开挖后坝肩岩体位移变化的分析，右岸坝肩岩体由于地形及断层等内在原因，经工程施工扰动后，较左岸岩体易出现变形。

5.2.2.2 拱坝浇筑

对拱坝实施一次性浇筑完成，模拟无库水压力时拱坝浇筑之后坝肩、坝基岩体的影响及拱坝本身所产生的变形，评价岩体及拱坝的稳定性。浇筑的拱坝模型如图 8.3-8 所示。

1. 岩体应力场分析

浇筑拱坝后最大主应力如图 5.3-9 所示，浇筑拱坝后高程 450.00m、高程 500.00m、

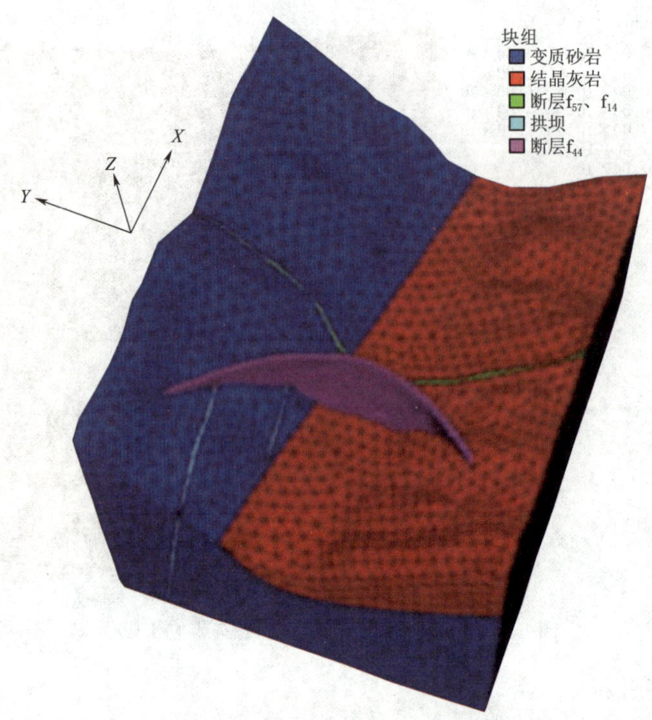

图 5.2-10　浇筑的拱坝模型

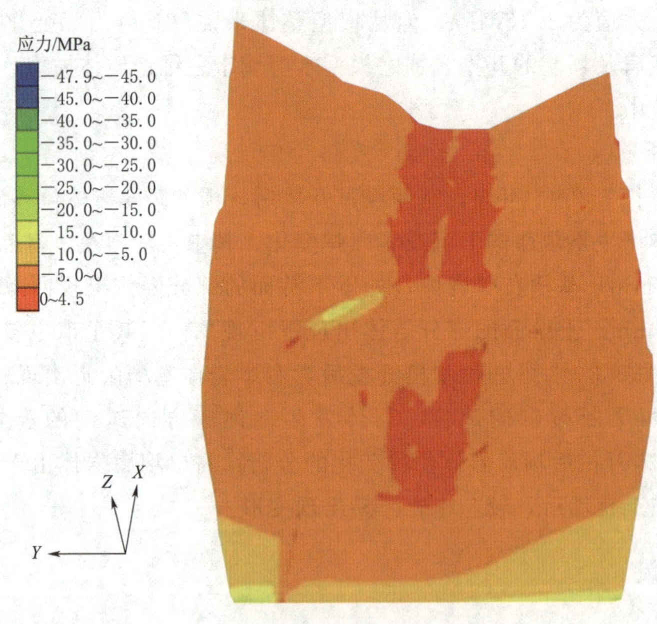

图 5.2-11　浇筑拱坝后最大主应力

高程 550.00m、高程 600.00m 最大主应力如图 5.3.10～图 5.3-13 所示。从图 5.3-9 可以看出，应力场变化较小，处于河床的拉应力区有一定的增大。通过对不同高程模型内部最大主应力分布分析可知：在高程 450.00m，河床及两岸山体内部均处于压应力状态，以河床为中心，越往两侧山体靠近，压应力数值越大，最大值位于模型两侧位置，约 7.11MPa。在高程 500.00m，河床主要处于拉应力状态，沿河床向两岸逐渐转化为压应力状态，且越远离河床，压应力数值越大。当剖面位置为高程 550.00m 时，整体应力状态以压应力为主，向两侧逐渐增大。在左坝肩拱端位置处，部分岩体出现小范围的应力集中，特别是在下游拱端位置，压应力集中最大达到了 11.34MPa。当剖面处于高程 600.00m 时，模型内部岩体均处于同一数量级的压应力状态，但在右岸拱端坝肩位置，部分岩体出现高应力集中，这主要和右岸存在两条断层有关。因此，通过数值计算分析，拱坝浇筑之后，在左右坝肩拱端位置均会造成部分岩体应力集中，但由于地形及内部岩体的不均一性，出现应力集中的岩体高度并非对称状态，左坝肩处应力集中出现在高程 550.00m 处，右坝肩处则出现在高程 600.00m 附近。

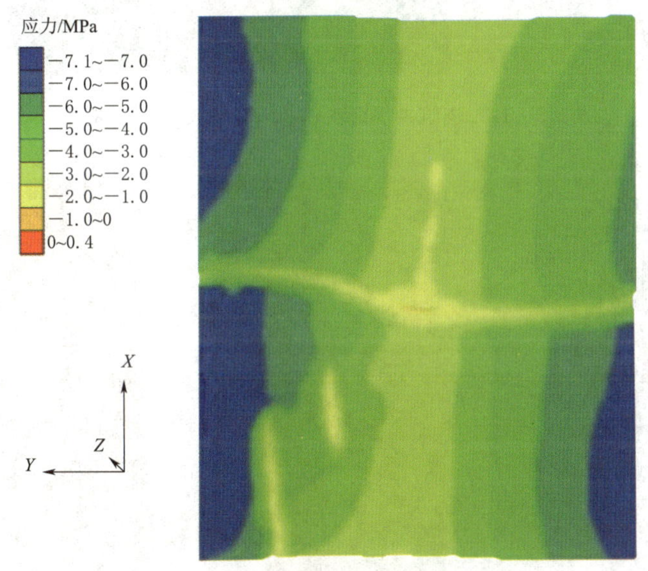

图 5.2-12 浇筑拱坝后高程 450.00m 处最大主应力

2. 岩体位移场分析

拱坝浇筑后岩体的 Y 向位移如图 5.3-14 所示，浇筑拱坝后高程 450.00m、高程 500.00m、高程 550.00m、高程 600.00m 处 Y 向位移如图 5.3-15～图 5.3-18 所示。从图可以看出，无论是从模型整体还是从不同高程的切片位移，浇筑拱坝后位移场改变值非常小，无论是坝肩还是坝基岩体，位移值为毫米级。最大 Y 向位移为 7mm 左右，位于高程 550.00m 及附近区域，说明拱坝下部对岩体的拱端压力要大于中上部。

3. 岩体塑性区分析

初始应力状态及拱坝浇筑后岩体的塑性区分布如图 5.3-19、图 5.3-20 所示，拱坝浇筑后高程 450.00m、高程 500.00m、高程 550.00m、高程 600.00m 处岩体塑性区分布如图 5.3-21～图 5.3-24 所示。由图 5.3-19 可见，拱坝岩体在初始应力场下，主要是

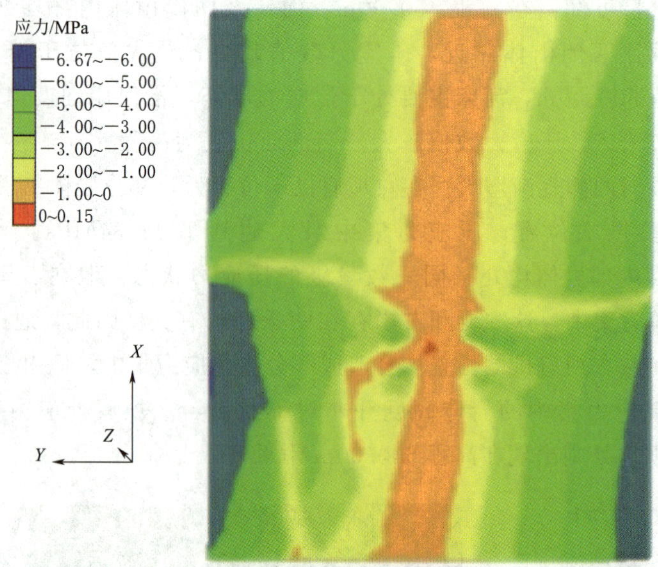

图 5.2-13　浇筑拱坝后高程 500.00m 处最大主应力

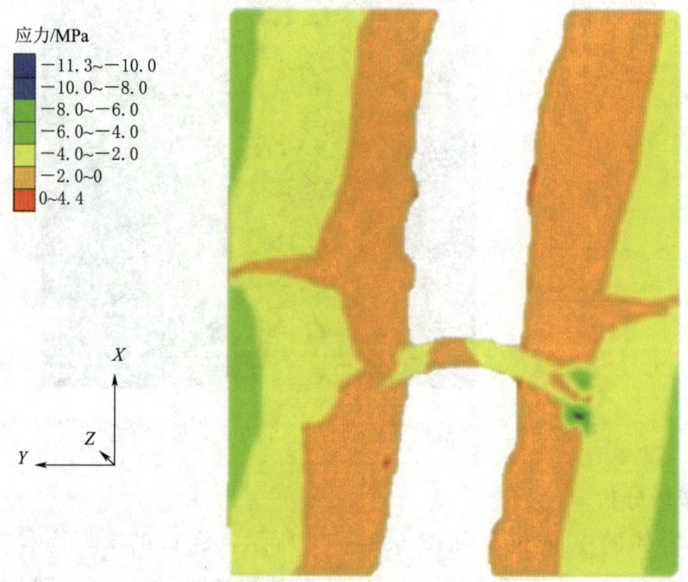

图 5.2-14　浇筑拱坝后高程 550.00m 处最大主应力

河床岩体及断裂带岩体出现塑性区。当拱坝浇筑完成后，岩体塑性区从整体上来说并没有大范围增加，仅在坝肩拱端及与二级断裂接触的区域出现局部剪切塑性区。通过分析不同高程塑性区分布可知，河床塑性区向下延伸的极限范围基本处于高程 450.00m 处。在右坝肩位置，高程 450.00m 与断裂带接触的内部岩体则出现较明显的剪切塑性区。在高程 500.00m 处，河床内部岩体基本都处于剪切塑性区，右坝肩拱坝与断裂带接触处，岩体剪切塑性区更为严重。在高程 550.00m 处，除右坝肩拱坝与断裂接触处

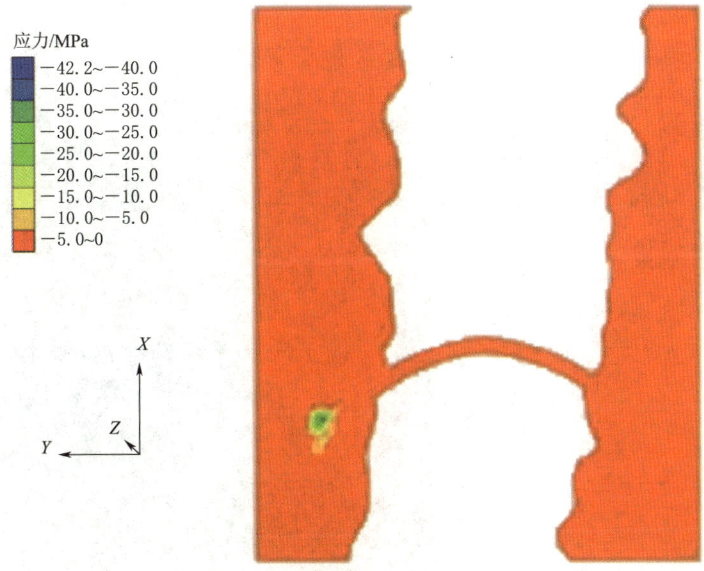

图 5.2-15 浇筑拱坝后高程 600.00m 处最大主应力

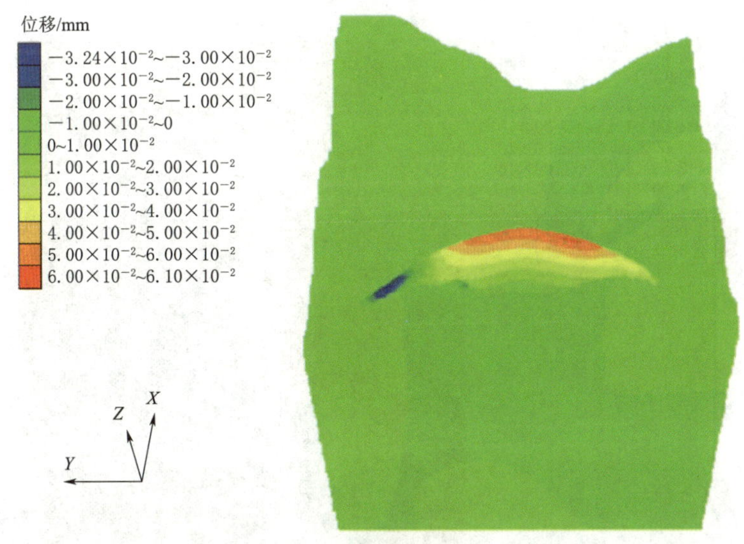

图 5.2-16 浇筑拱坝后 Y 向位移

依然出现塑性区外，在左坝肩拱端与岩体接触位置也出现了小部分岩体剪切塑性区，高度上持续上升到高程 600.00m 处。因此，拱坝浇筑后，受到影响较严重的岩体为右坝肩断裂带与拱坝接触位置，影响深度为 50m 左右。

4. 拱坝稳定性分析

拱坝最大、最小主应力分布如图 5.3-25、图 5.3-26 所示，拱坝 Z 向、X 向位移如图 5.3-27、图 5.3-28 所示。拱坝浇筑后，由于受自重作用，主要在坝底压应力较大，一般为 3～4MPa，局部由于与岩石接触且地形变化较大，致使产生 2 处较大的应力集中

图 5.2-17　浇筑拱坝后高程 450.00m 处 Y 向位移

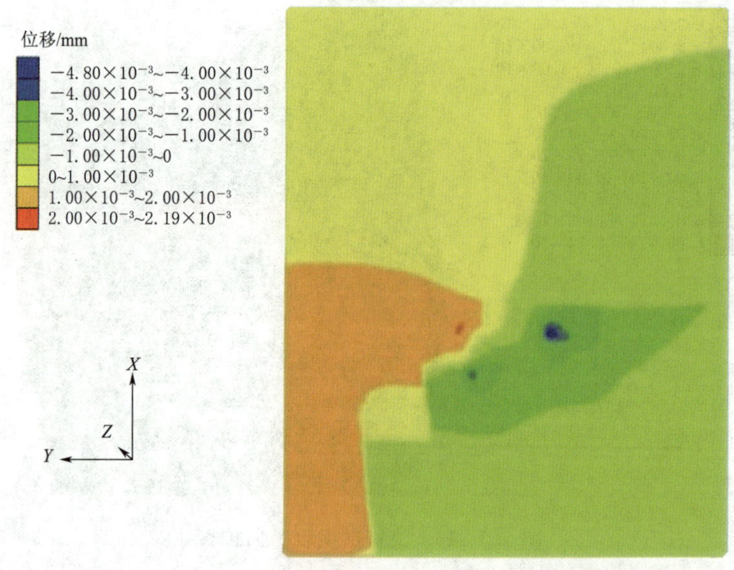

图 5.2-18　浇筑拱坝后高程 500.00m 处 Y 向位移

现象，两处应力集中并非对称出现，坝底左侧出现的应力集中范围较小，坝底右侧则较大。在坝肩及坝顶位置，局部受到拉应力作用，其中，在拱坝右拱端位置，拉应力数值为 0.51MPa。

由图 5.3-27、图 5.3-28 可知，拱坝浇筑后，在重力作用下，Z 向位移最大处出现在坝体中部偏右侧，最大 Z 向位移为 6.3cm。右侧位移较大主要和右坝肩存在两条断层有关，由于断层的变形模量较岩体小很多，因此拱坝右侧位移较左岸大。拱坝 X 向位移

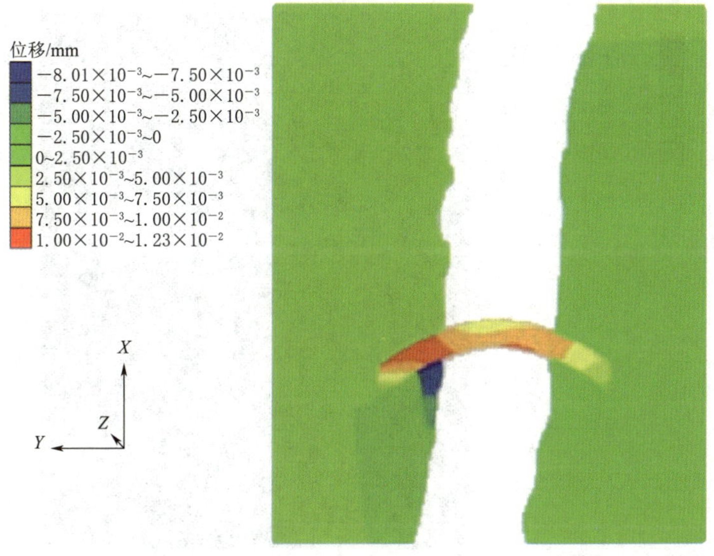

图 5.2-19 浇筑拱坝后高程 550.00m 处 Y 向位移

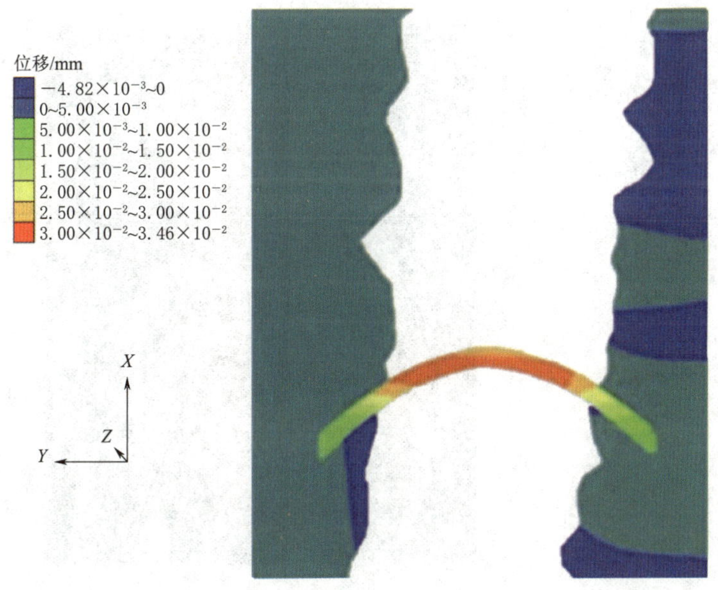

图 5.2-20 浇筑拱坝后高程 600.00m 处 Y 向位移

在中上部基本一致，最大值为 2cm；右岸底部 X 向位移比左岸大，也应和右岸存在断层有关。

5.2.3 建基岩体变形稳定性评价

通过对三河口建基岩体进行数值模拟，从整体上讲，三河口地区岩体性能较好，抗变

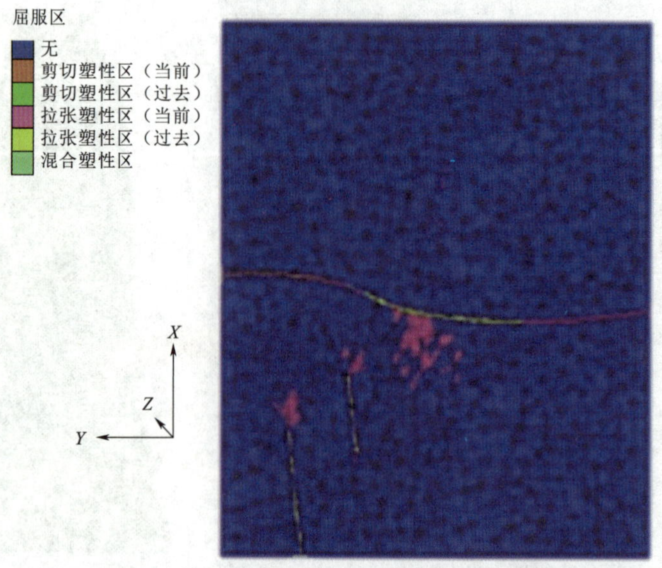

图 5.2-21　初始应力状态岩体塑性区分布

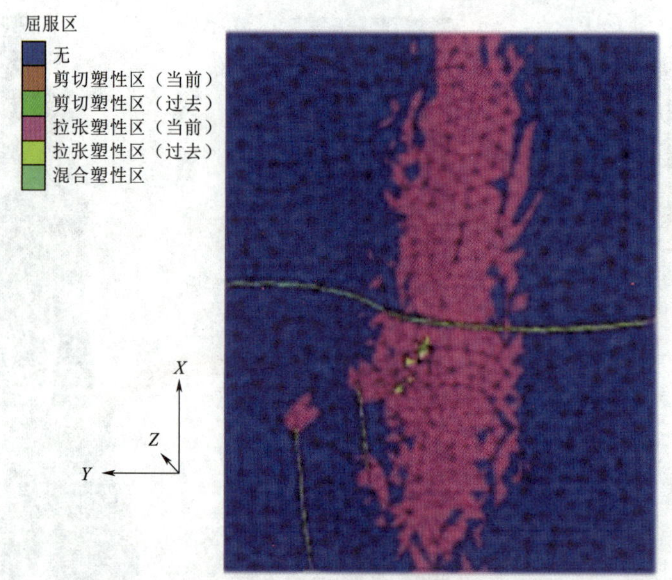

图 5.2-22　拱坝浇筑后岩体塑性区分布

形能力较强。但由于地形条件、地质构造及构造应力的影响，导致局部区域岩体抵抗变形、破坏的能力相对较弱。根据不同过程数值模拟结果，以下问题需引起注意：

（1）基槽开挖时，在右坝肩基槽附近岩体易产生压应力集中，特别是在基槽与断层接触位置附近区域易产生较大变形，需要对其采取相应的防治措施。

（2）拱坝浇筑后，右坝肩拱坝与断裂接触处会出现塑性区，属于岩体相对薄弱区，在拱坝浇筑前应进行加固处理。

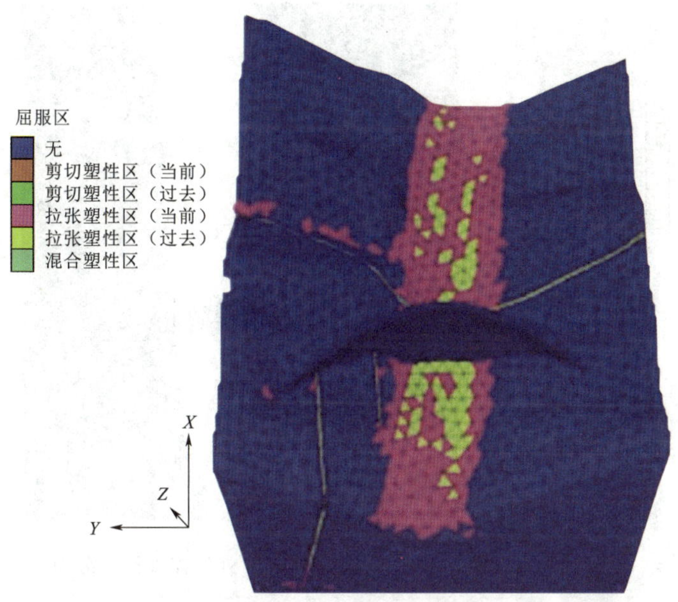

图 5.2-23 拱坝浇筑后高程 450.00m 处岩体塑性区分布

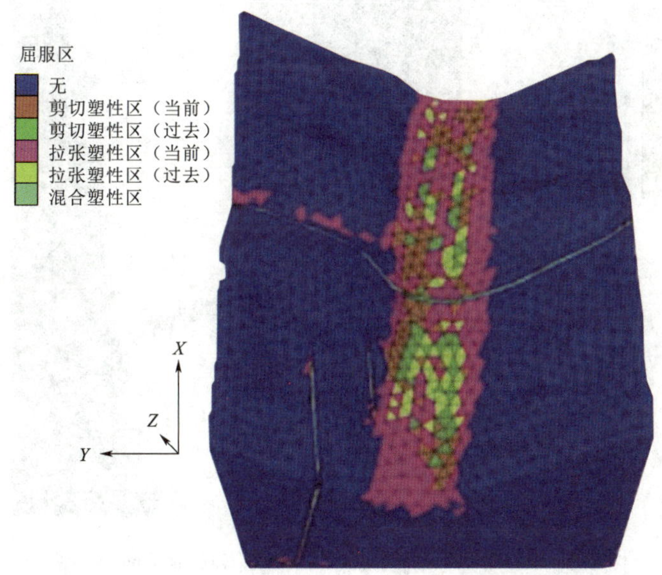

图 5.2-24 拱坝浇筑后高程 500.00m 处岩体塑性区分布

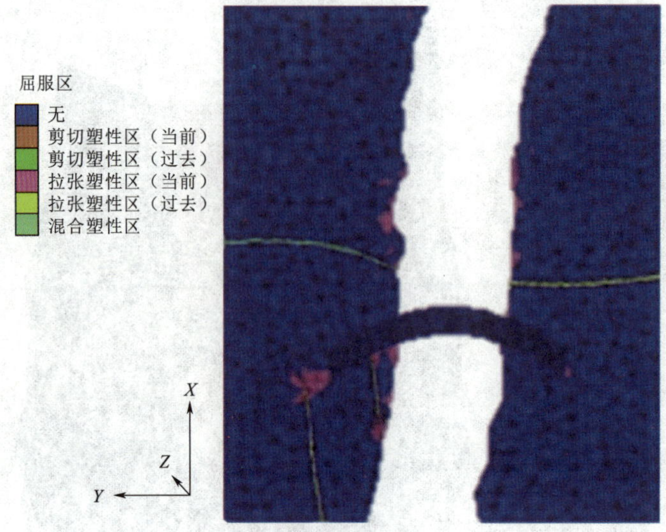

图 5.2-25　拱坝浇筑后高程 550.00m 处岩体塑性区分布

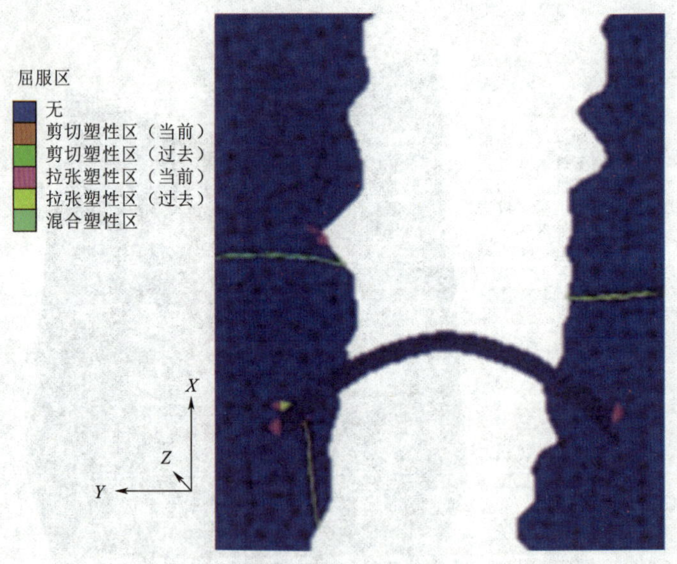

图 5.2-26　拱坝浇筑后高程 600.00m 处岩体塑性区分布

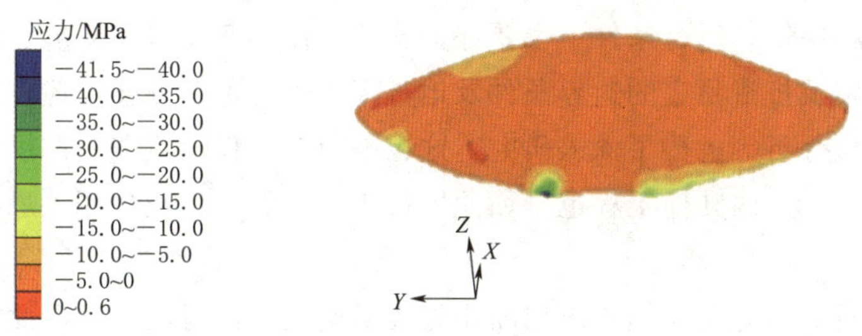

图 5.2-27 拱坝最大主应力分布

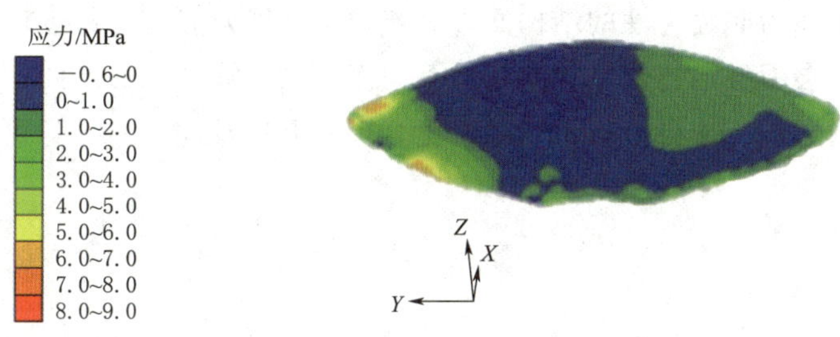

图 5.2-28 拱坝最小主应力分布

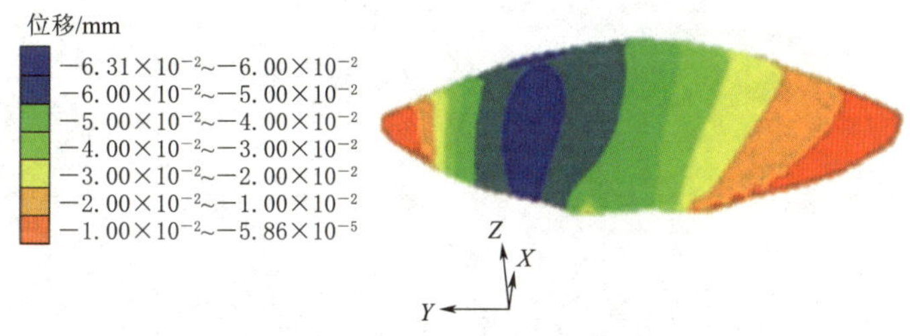

图 5.2-29 拱坝 Z 向位移

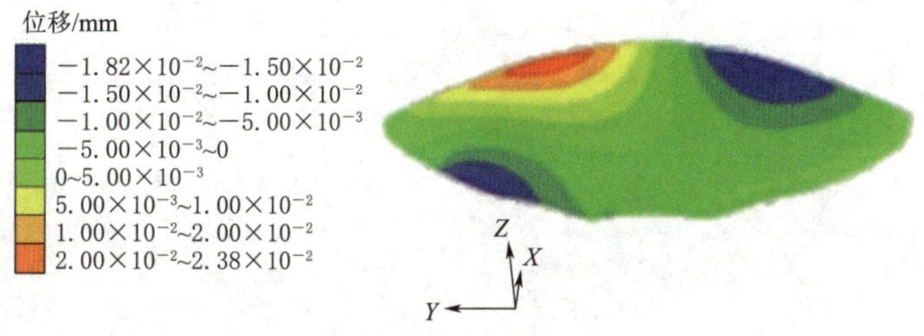

图 5.2-30 拱坝 X 向位移

5.3 本章小结

拱坝稳定主要有两个方面：坝基（肩）岩体要有一定的强度、刚度和完整性，综合反映在岩体有较高的变形模量上，以保证在工程荷载作用下坝基（肩）岩体不被压破坏和过度压缩，即变形稳定；坝基（肩）岩体总是节理化岩体，含性状不同的结构面，结构面组合可形成潜在滑移块体，运行条件下也要保证这些块体不产生滑移变形，即抗滑稳定。本章就拱坝变形稳定及抗滑稳定的边界条件及运行模式进行了多方面论述，特别是针对块体组合以及数值模拟分析等进行了深入研究，这也是现今工程地质专业在拱坝抗滑稳定分析中主要进行的工作，国内其他工程也是如此进行工作。然而，经过深入思考，仍有许多方面值得探讨。

抗滑稳定分析时，有无缓倾角结构面作为底滑面最为值得注意，无此类结构面则不做抗滑稳定分析。在组合分析时，上游拉裂面以及侧裂面如何假定是一个关键问题。如果上游拉裂面以及侧裂面为非确定性的结构面，其连通率及展开方向等需进行假定，此时参数的选取非常重要，会因假定连通率等参数的不同而存在计算结果的不同。后续其他工程将继续对抗滑稳定问题进行探讨分析，以寻求更合理的方法及理论。

第 6 章

坝基开挖后岩体条件复核

6.1　坝基开挖揭示地质条件复核

6.1.1　坝基开挖揭示岩体特征

依据《水利水电工程地质勘察规范》(GB 50487—2008) 相关规定，对开挖坝基(肩) 岩体结构进行了分类，由分类结果可以看出强风化岩体一般为碎裂～散体状结构，弱风化上带岩体一般为镶嵌～中厚层状结构，弱风化下带岩体一般为中厚层状结构，微风化岩体一般为次块状结构。

6.1.2　坝基开挖揭示结构面特征

坝基开挖揭示的结构面类型有断层、蚀变带及裂隙三种类型。

1. 断层

左岸拱肩槽发育断层 7 条，其中 4 条为初步设计预测的断层。河床段坝基发育断层 5 条，其中 2 条为初步设计预测的断层。右岸拱肩槽发育断层 8 条，其中 6 条为初步设计预测或已发现的断层，其中 sf_{507} 断层前期在导流洞中编录为 Df_8 断层，但由于其在导流洞内规模较小，前期预测的断层规模一般在当时相对较大，以致对其后来在坝基出露的规模预测不够充分。坝基附近断层走向玫瑰花图如图 6.1-1 所示，断层按走向可分为四组：①走向 270°～290°，倾向 SW，倾角 60°～80°；②走向 300°～320°，倾向 NE/SW，倾角 68°～72°；③走向 330°～350°，倾向 NE，倾角 60°～70°；④走向 10°～30°，倾向 NW，倾角 60°～80°。各断层一般以中高倾角为主，极少有倾角小于 30°的断层。

开挖揭示的断层整体走向分组基本一致；f_{60} 断层施工期证明在高程 580.00m 以下产状变化较大，且规模变得很小，已不构成抗滑稳定不利的软弱带；原 $PD20f_1$ 断层（现 sf_6 断层）延伸长度变大，出露高程 505.00～646.00m；部分断层出露位置有变化 。另在右

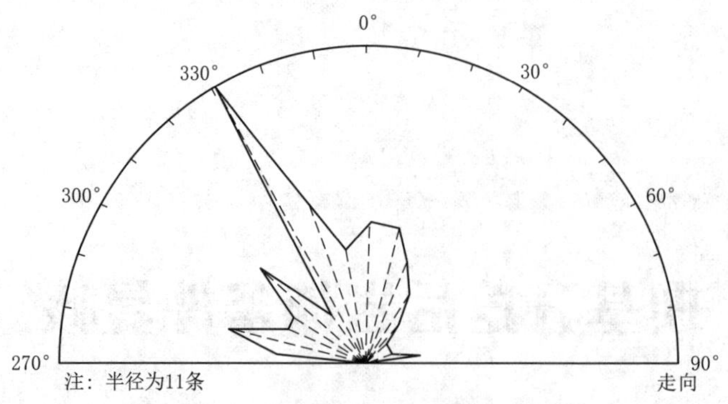

图 6.1-1　坝基附近断层走向玫瑰花图

岸发现了新的断层 sf_{509} 断层，揭示规模不大。前期对右岸 sf_{507} 断层规模估计不充分，但该断层为顺坝线方向的高倾角断层，对坝肩抗滑稳定影响不大。

2. 蚀变带

左右岸拱肩槽发现的蚀变带主要有 6 条，其中左岸 2 条，右岸 4 条。蚀变带主要出露于高程 570.00m 以上区域，产状无规律，岩质软，属于地质缺陷部位。坝基开挖揭示蚀变带特征见表 6.1-1。

表 6.1-1　坝基开挖揭示蚀变带特征表

位置	名称	倾向	倾角	长度/m	宽度/m	充填物	分布位置及其他特征
左岸	J115	335°	20°	约 30	0.2～1.0	浅黄色或杂色蚀变物，蚀变物手易掰碎，手捻后大部呈粗砂状，并含少量稍坚固的砾状核	出露于建基面高程 585.20～592.40m，在空间上近水平展布，在近于平切坝基（但未完全穿过坝基面）后遇 sf_7 断层消失，向坝下游推测将至下游冲沟附近，或遇 f_{60} 断层尖灭
	J146	65°	66°	＞50	0.2～0.4		出露于建基面高程 583.00～567.00m
右岸	J590	210°～245°	55°～75°	约 12	0.2～0.5，最大 1.0	深褐色变质砂岩蚀变物	出露于坝基高程 595.00～602.00m 的建基面中间，走向与拱肩槽斜交，带内蚀变物的岩质较软
	J591	160°～180°	45°～65°	约 17	0.3～0.6	深褐色变质砂岩蚀变物	出露于坝基高程 602.00～612.00m 的建基面中间，走向与拱肩槽斜交，带内蚀变物的岩质较软
	J612	60°	65°	约 20	0.5～1.0，最大 1.5	深褐色变质砂岩蚀变物	出露于坝基高程 598.00～608.00m 的建基面中间，走向与拱肩槽斜交，带内蚀变物的岩质较软
	J3	70°	59°	约 15	0.05	深褐色变质砂岩蚀变物	出露于坝基高程 573.00～579.00m 的建基面中间，走向与拱肩槽轴线近平行，带内蚀变物的岩质较软

3. 裂隙

坝基岩体裂隙较发育，根据开挖地质编录，开挖揭示左岸裂隙走向玫瑰花图如图 6.1-2

所示，开挖揭示河床段坝基裂隙走向玫瑰花图如图 6.1-3 所示；开挖后右岸裂隙走向玫瑰花图如图 6.1-4 所示。由图可知左岸主要发育有 4 组裂隙，河床、右岸主要发育 3 组裂隙，开挖揭示各位置优势裂隙特征见表 6.1-2。

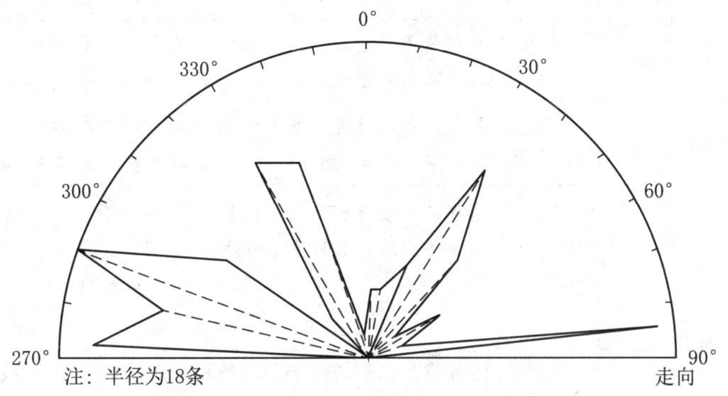

图 6.1-2　开挖揭示左岸裂隙走向玫瑰花图

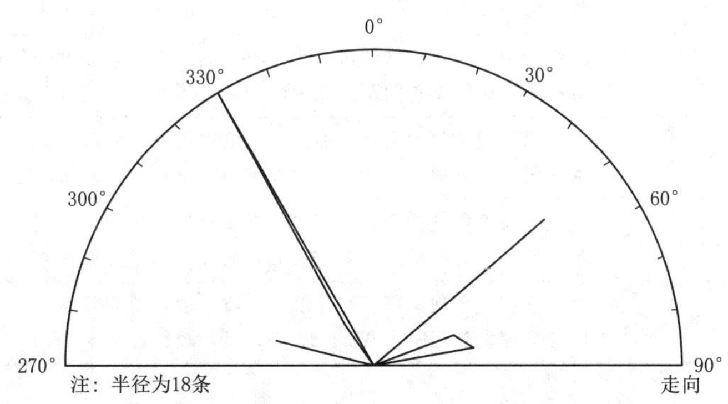

图 6.1-3　开挖揭示河床段坝基裂隙走向玫瑰花图

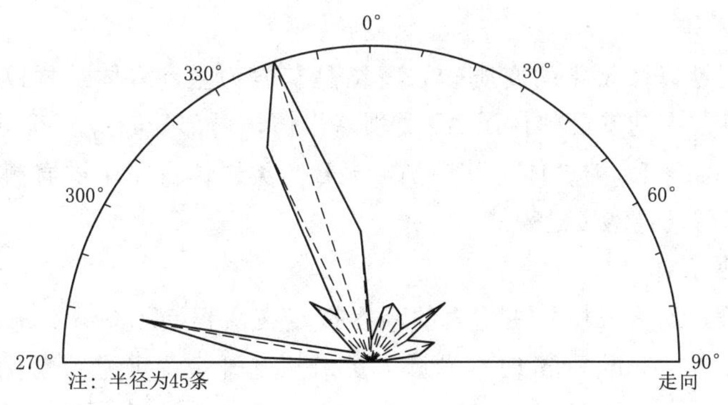

图 6.1-4　开挖后右岸裂隙走向玫瑰花图

表 6.1-2　　开挖揭示各位置优势裂隙特征表

位置	倾向	倾角	宽度/mm	发育特征
左岸	NE 或 SW	65°～85°	≤1	以该组裂隙最为发育，裂面有黄色铁锈斑，无充填或钙质充填，裂面较平直，大多闭合，为剪性裂隙，裂隙发育间距为 0.3～1.0m，延伸较长，为 10m 左右
	NE 或 SW	62°～80°	≤2	部分裂面有黄色铁锈斑，无充填或钙质充填，裂面较平直，大多闭合，为剪性裂隙，裂隙发育间距为 0.3～1.0m，延伸较长，为 10m 左右
	NW	75°～83°	≤1	部分裂面有黄色铁锈斑，无充填或钙质充填，裂面较平直，大多闭合，为剪性裂隙，裂隙发育间距为 0.5～1.5m，延伸较长，大于 5m
	SSE	70°～80°	≤2	部分裂面有黄色铁锈斑，常见摩擦产生的岩粉胶着，裂面较平直、光滑，大多闭合，为剪性裂隙，裂隙发育间距为 0.8～1.6m，延伸较长，为 10m 左右。据地质测绘，此组裂隙在左岸高程 561.00m 以下，常见水平方向错距为 0.5～1.0m
河床	NE 或 SW	60°～75°	≤3	部分裂面有黄色铁锈斑（局部区域浸染严重），无充填或钙质充填，裂面较平直，大多闭合，为剪性裂隙，裂隙发育间距为 0.3～1.0m，延伸较长，为 10m 左右
	SE	75°～85°	≤3	裂面有黄色铁锈斑，无充填或钙质充填，裂面较平直，大多闭合，为剪性裂隙，裂隙发育间距为 0.3～1.0m，延伸较长，为 10m 左右
	SSE	55°～75°	≤3	部分裂面有黄色铁锈斑，无充填或钙质充填，裂面较平直，大多闭合，为剪性裂隙，裂隙发育间距为 0.3～1.0m，延伸较长，为 10m 左右
右岸	SSW	60°～80°	≤3	以该组裂隙最为发育，裂面有黄色铁锈斑，无充填或钙质充填，裂面较平直，大多闭合，为剪性裂隙，裂隙发育间距为 0.3～1.0m，延伸较长，为 10m 左右
	NE 或 SW	60°～80°	≤2	裂面有黄色铁锈斑，无充填或钙质充填，裂面较平直，大多闭合，为剪性裂隙，裂隙发育间距为 0.3～1.0m，延伸较长，为 10m 左右
	SE	20°～30°	≤1	裂面有黄色铁锈斑，无充填或钙质充填，裂面较平直，大多闭合，为剪性裂隙，裂隙发育间距为 0.5～1.5m，延伸较长，大于 5m

6.1.3 建基岩体工程地质分区

1. 左岸建基岩体

左岸建基面岩性以微风化的变质砂岩及结晶灰岩为主，岩体结构以块状～厚层状为主，发育有多条断层。建基面整体属 $A_{Ⅱ}$ 类坝基岩体，局部受断层、断层影响带及裂隙密集带影响，存在 $A_{Ⅲ2}$～$B_{Ⅳ}$ 类岩体。其中 $A_{Ⅲ2}$～$B_{Ⅳ2}$ 类岩体占左岸拱肩槽总面积的 3.4%，$A_{Ⅱ}$ 类岩体占 96.6%，岩体质量较好。

2. 河床段坝基岩体

初步设计阶段，河床段坝基建基面的高程拟定在高程 501.00m，2016 年 5 月，在坝基开挖至高程 505.50～506.00m 时，设计人员对坝基开挖深度进行了优化研究，最终确定建基面高程为 504.50m。后续对高程 506.00m 以下的岩体采用机械破碎方式开挖，尽可能减少对坝基岩体的人为扰动破坏，并清除了此前爆破可能产生松动的岩块。

开挖完成后的河床段坝基，建基面岩体由微风化变质砂岩及大理岩组成，岩体结构以厚层、中厚层状结构为主，局部的断层构造区域为互层结构，发育有5条断层，分别为f_{44}断层、f_{45}断层、sf_{11}断层、sf_{12}断层、sf_{13}断层。其中f_{44}断层、f_{45}断层为前期预测的断层，施工期揭示的断层特征与前期基本一致。

建基面整体属$A_{Ⅱ}$类坝基岩体，局部裂隙发育有少量$A_{Ⅲ1}$类坝基岩体，另外受断层带、断层影响带及裂隙密集带影响，还存在一部分$A_{Ⅲ2}$～$B_{Ⅳ2}$类岩体。其中$A_{Ⅱ}$类岩体占河床坝基总面积的83.5%，$A_{Ⅲ1}$类岩体占2.3%，$A_{Ⅲ2}$～$B_{Ⅳ2}$类岩体占14.2%。

3. 右岸拱肩槽岩体

右岸拱肩槽岩体主要由变质砂岩组成，大理岩及伟晶岩脉呈条带状局部分布。高程646.00～602.00m建基面属弱风化上带，岩体呈互层～中厚层状；高程602.00～565.00m属弱风化下带，岩体呈中厚层状；高程565.00m以下属微风化岩体，岩体呈厚层状。

右岸拱肩槽发育有多条断层，受断层影响，区域岩体破碎，呈镶嵌～碎裂状结构。高程646.00～602.00m建基岩体整体属$A_{Ⅲ2}$类坝基岩体，高程602.00～565.00m建基岩体整体属$A_{Ⅲ1}$类坝基岩体，高程565.00m以下建基岩体整体属$A_{Ⅱ}$类坝基岩体。右岸拱肩槽坝基岩体类别分布比例见表6.1-3。

表6.1-3　右岸拱肩槽坝基岩体类别分布比例

右拱肩槽高程/m	坝基岩体类别所占比例			
	$A_{Ⅱ}$	$A_{Ⅲ1}$	$A_{Ⅲ2}$	$A_{Ⅲ2}$～$B_{Ⅳ2}$
646.00～602.00	—	—	87.8%	12.2%
602.00～565.00	—	99.5%	—	0.5%
565.00～504.50	90.9%	3.2%	—	5.9%
右拱肩槽整体	60.4%	20.1%	13%	6.5%

6.2 坝基建基岩体工程地质复核

6.2.1 坝基抗滑稳定

根据开挖揭示的结构面组合，坝基（肩）抗滑稳定不利组合见表6.2-1。

由表6.2-1可知，影响左岸坝肩抗滑稳定的主要结构面有初步设计$PD22f_6$断层、$PD12f_2$断层（施工期编号sf_2）、sf_8断层、初步设计$PD20f_1$断层（施工期编号sf_6）；影响右岸坝肩抗滑稳定的主要结构面有初步设计f_{57}断层、初步设计f_{14}断层。

右岸拱肩槽中上部高程的下游抗力体强度不高，易形成压缩临空面。

经设计人员复核计算，最后决定对f_{60}断层、f_{57}断层、f_{14}断层采用断层处理洞的加固处理方案。对左岸的sf_6断层，经复核计算，无需进行专门的加固处理。针对右坝肩下游抗力岩体在高程646.00～561.00m风化程度比较严重，抗力体单薄且强度偏低，对大坝抗滑稳定不利的问题，经复核后，对该高程段抗力体边坡整体上采用锚索加固的加强处理，提高岩体的完整性和抗变形能力。

表 6.2-1　　坝基（肩）抗滑稳定不利组合

位置	块体编号	边界条件			分布高程
		侧滑面	底滑面	临空面	
左坝肩	L1	初步设计 PD22f_6 断层、PD12f_2 断层（sf_2 断层）	缓倾角裂隙	下游冲沟	高程 646.00m 以下区域
	L2	sf_8 断层	缓倾角裂隙	下游冲沟	高程 585.00m 以下区域
	L3	初步设计 PD20f_1 断层（sf_6 断层）	缓倾角裂隙	下游冲沟	高程 560.00m 以下区域
	L4	xf_{14} 断层	缓倾角裂隙	下游冲沟	高程 550.00m 以下区域
	L5	走向 270°～310°，倾角 70°～80°裂隙	缓倾角裂隙	下游冲沟	高程 560.00～540.00m 区域
右坝肩	R1	初步设计 f_{57} 断层（sf_{510} 断层）	缓倾角裂隙	下游河谷	高程 575.00m 以下区域
	R2	初步设计 f_{14} 断层	缓倾角裂隙	下游河谷	高程 541.00m 以下区域
	R3	sf_{512} 断层	缓倾角裂隙	下游河谷	高程 560.00m 以下区域
	R4	sf_{509} 断层	缓倾角裂隙	下游河谷	高程 590.00m 以下区域

6.2.2　坝基变形稳定

前期勘察结论认为，两坝肩岩体由变质砂岩及结晶灰岩组成，局部穿插伟晶岩脉。变质砂岩及结晶灰岩的弱风化及微风化岩体均为坚硬岩，在大坝荷载作用下，不会因岩性差异而产生较大压缩变形及不均匀变形。

施工期发现右岸拱肩槽的中上部岩体受风化深度影响，建基岩体的质量有所降低。对该高程范围的岩体在按设计要求加强固结灌浆处理后，经检测，岩体完整性及变形模量都相应地得到提高，可以满足设计需要。

坝基开挖中揭示有多条断层，断层破碎带及影响带岩体力学强度和变形模量显著降低，因此断层破碎带及影响带可能产生压缩变形，导致坝肩局部不均匀变形。针对这些问题，施工期对坝基（肩）建基面整体上采用固结灌浆的方式进行加固处理。

6.2.3　坝基渗漏及渗透稳定

根据开挖揭示，sf_2 断层、sf_6 断层、sf_8 断层、sf_{11} 断层、f_{57} 断层、f_{14} 断层、sf_{509} 断层、sf_{512} 断层贯穿坝基的上下游，根据初步设计阶段成果，断层破碎带渗透系数 $K=2.82\times10^{-3}\sim3.54\times10^{-1}$cm/s，属中等透水～强透水；在正常蓄水位高程 643.00m 时，各断层坝线上下游水力梯度均大于允许坡降，将产生渗透破坏，破坏形式为混合型。

针对上述断层可能产生的渗透破坏问题，采取的措施主要为在混凝土置换处理及正常帷幕防渗的基础上，专门在帷幕线上游侧的断层带部位以增加灌浆孔的方式加强防渗处理。

两岸拱肩槽高程 515.00m、高程 565.00m、高程 610.00m、高程 646.00m 各布置了一层帷幕灌浆廊道，设计的帷幕灌浆覆盖范围的深度及宽度与原地质建议的范围一致。其中，在高程 646.00m 采取单排孔灌浆，孔距为 2.0m；在高程 610.00m、高程 565.00m、高程 515.00m 采取双排孔灌浆，孔距为 2.0m，排距为 1.2m，上游排的孔深在基岩中为下游排孔深的一半。并在高程 610.00m、高程 565.00m 及高程 515.00m 灌浆洞（廊道）内通过搭接灌浆实现上下帷幕的衔接，搭接灌浆采用三孔搭接灌浆，孔距为 0.7m，排距为 2.0m。

基岩在灌浆后应满足以下设计标准：高程 610.00m 以上透水率不大于 3Lu，高程 610.00m 以下透水率不大于 1Lu。帷幕灌浆的质量评定应以检查孔压水试验成果为主，检查孔的数量按灌浆孔总数的 10%控制。

在帷幕灌浆施工中，设计人员要求先采用先导孔的孔内分段压水试验，对帷幕设计的下限高程进行验证。在高程 515.00m 灌浆先导孔施工中，施工单位发现设计深度的压水试验值大部分不能满足终孔透水率要求，因此建议根据先导孔资料加深帷幕设计线，设计人员最终同意施工单位根据实际压水成果确定的帷幕深度。以高程 515.00m 帷幕灌浆为例，实际施工的帷幕下限最终加深至高程 435.00m，比原设计高程降低了 10m，最终达到了设计要求的终孔岩体透水率小于 1Lu 的标准。

最终的帷幕灌浆结果为高程 515.00m 灌浆洞所辖帷幕范围的终孔深度增加 10m，高程 565.00m 灌浆洞所辖帷幕范围的终孔深度增加 10m，高程 565.00m 的右岸局部最大孔深增加到 15m，最终满足设计终孔标准。高程 565.00m 以上实际帷幕深度与原设计基本一致。根据最终的检查孔成果，防渗灌浆的施工质量达到了相应高程段坝基岩体的防渗设计要求。

6.3 坝基肩地质缺陷处理

1. 坝基地质缺陷处理

根据地质素描及物探成果，大坝坝基地质条件整体情况较好，但局部发育有 f_{44}、f_{45}、sf_{11} 三条断层带，存在有夹泥破碎带及前期勘探平洞须处理。针对坝基地质条件现状，对夹泥破碎带采用全部清理，有发育断层部位开挖成一定深度的处理槽，采用回填膨胀混凝土及加强固结灌浆处理的方法处理，具体处理情况如下。

（1）局部夹泥岩处理，大坝开挖揭露后，对局部夹泥岩破碎带已按设计要求全部进行清除。

（2）大坝基坑主要有 f_{44}、f_{45}、sf_{11} 三条断层带，其开挖主要采用冲击锤破碎后，辅以风镐进行人工撬挖，按照设计体型尺寸进行开挖成形，再按设计要求采用 $C_{25}W_6F_{100}$ 常态微膨胀混凝土进行回填的方法。

（3）坝基断层部位采用加强固结灌浆处理，大坝坝基高程 504.50m 断层固结灌浆孔深入岩中 15m。

2. 两坝肩地质缺陷处理

坝肩地质缺陷主要为右拱肩槽的地质缺陷、右岸高程602.00～646.00m断层坝基部分的缺陷，对断层部位采用混凝土置换及加强固结灌浆处理。

3. 坝后断层处理洞

坝后断层处理洞原设计为5条，根据施工实际情况优化为3条，即2号、4号、5号断层处理洞。3条断层处理洞采取开挖衬砌回填混凝土及固结及高压固结灌浆的方法。

4. 地质缺陷处理效果

（1）压水检查：坝基固结灌浆完成后，灌浆质量检查孔共布置13孔，检查孔透水率最大值为2.46Lu、最小值为0.1Lu，其检查结果满足不大于3Lu的质量要求。

（2）物探检测：大坝坝基固结灌浆物探测试共检测灌前、灌后声波60孔，全景图像测试27孔。坝基A区灌前波速平均值为4157m/s，灌后波速平均值为4414m/s，提高率为6.18%，满足设计不小于4300m/s要求；坝基B区灌前波速平均值为4155m/s，灌后波速平均值为4402m/s，提高率为5.94%，满足设计不小于4300m/s要求。钻孔全景图像显示，固结灌浆后，岩体绝大多数裂隙、破碎带已充填，盖重与坝基结合较好。

大坝坝基固结灌浆在高程515.00m廊道共检测灌后声波45孔，灌后波速平均值为4428m/s，满足设计不小于4300m/s要求。

坝后断层处理洞回填质量检查合格，符合设计质量标准及规范质量合格标准。2号断层处理洞高压固结灌浆压水检查布孔7个，压水透水率最大值为3.17Lu、最小值为0.17Lu，满足不大于5Lu的要求。普通固结灌浆压水检查布孔10个，压水透水率最大为2.33Lu、最小为1.05Lu，满足不大于5Lu的要求。4号断层处理洞高压固结灌浆压水布孔11个，压水透水率最大值为2.37Lu、最小值为0.48Lu，满足不大于5Lu的要求。普通固结灌浆布孔13个，压水透水率最大值为2.72Lu、最小值为1.11Lu，满足不大于5Lu的要求。5号断层处理洞高压固结灌浆压水检查布孔4个，压水透水率最大值为4.38Lu、最小值为0.5Lu，满足不大于5Lu的要求。普通固结灌浆压水检查布孔7个，压水透水率最大值为2.66Lu、最小值为0.51Lu，满足不大于5Lu的要求。

6.4 坝基建基岩体力学参数复核

高拱坝对建基面及其下部岩体在岩石抗压强度、岩体变形模量及岩体抗剪强度参数方面有较高的要求。施工开挖阶段，在坝基不同部位取岩块样进行了室内试验，坝基开挖岩石物理力学性质试验成果见表6.4-1。

施工期与初步设计的岩体比重及饱和抗压强度对比见表6.4-2。由表可知，除微风化大理岩、微风化结晶灰岩较初步设计成果偏低外，其余岩（石）体试验施工期成果略大于初步设计成果。微风化大理岩、微风化结晶灰岩强度低是由于样品试验数量少，均只有2组，加之大理岩样品在河床坝基未开挖至预定高程时采取，受爆破影响大，不具代表性。

表 6.4-1　　坝基开挖岩石物理力学性质试验成果表

岩性及风化	比重 Δs	干密度 ρ_d/(g/cm^3)	饱和密度 ρ_b/(g/cm^3)	吸水率 ω_a/%	饱和吸水率 ω_s/%	饱水系数 K_s	显孔隙率 n_0/%	单轴抗压强度 R_d/MPa	饱和单轴抗压强度 R_b/MPa	软化系数 Kr	饱和变形模量 E_{50}/GPa	饱和泊松比 μ_{50}
弱风化上带变质砂岩	2.79	2.74	2.77	0.78	0.83	0.95	2.23	128.7	99.7	0.77	53.1	0.19
弱风化下带变质砂岩	2.88	2.85	2.86	0.36	0.40	0.90	1.14	97.9	88.5	0.90	55.2	0.27
微风化变质砂岩	2.87	2.84	2.85	0.32	0.34	0.92	0.97	123.1	97.5	0.80	64.3	0.27
微风化结晶灰岩	2.80	2.77	2.79	0.37	0.41	0.91	1.14	87.2	64.1	0.75	57.8	0.24
微风化大理岩	2.71	2.69	2.70	0.31	0.36	0.86	0.96	75.9	54.7	0.73	78.6	0.34
伟晶岩脉	2.74	2.71	2.72	0.33	0.37	0.90	1.00	72.5	58.7	0.81	52.6	0.28

表 6.4-2　　施工期与初步设计的岩体比重及饱和抗压强度对比表

岩性及风化	勘察阶段	比重 Δs	饱和单轴抗压强度 R_b/MPa
弱风化上带变质砂岩	施工详图设计	2.79	99.7
	初步设计	2.80	67.0
弱风化下带变质砂岩	施工详图设计	2.88	88.5
	初步设计	2.84	83.6
微风化变质砂岩	施工详图设计	2.87	97.5
	初步设计	2.83	95.1
微风化结晶灰岩	施工详图设计	2.80	64.1
	初步设计	2.83	108.4
微风化大理岩	施工详图设计	2.71	54.7
	初步设计	2.70	71.3
伟晶岩脉	施工详图设计	2.74	58.7
	初步设计	2.61	55.0

综合分析认为，开挖揭示的岩体物理力学指标与前期勘察结论基本一致，坝基岩体力学参数及主要结构面力学参数建议值与初步设计相同，详见表 3.4-10。根据编录成果、地区原位试验的经验值及与纵波速度的相关性，按岩体分类的坝基（肩）各部位岩体变形模量建议值见表 6.4-3。

表 6.4-3　　坝基（肩）各部位岩体变形模量建议值表

位置	高程/m	变形模量 E_0/GPa				
		断层及影响带、裂隙密集带	蚀变带	$A_{Ⅱ}$类岩体	$A_{Ⅲ1}$岩体	$A_{Ⅲ2}$类岩体
左岸	646.00～504.50	1.0～1.3	1.5	15.0	10.0	4.5
河床	504.50			15.0～18.0	10.0	4.5
右岸	646.00～602.00			12.0～15.0	6.0～8.0	3.0～3.5
	602.00～565.00			15.0	8.0～10.0	3.5～4.0
	565.00～504.50			15.0	10.0	4.5

6.5　本章小结

（1）坝基开挖后针对建基岩体进行验证复核，所采用的手段与方法与当今一般工程基本类似，首先按照现场地质编录统计资料进行定性判断，然后进行大量的波速测试进行定量评定。依据的方法、标准均是现行规范和国内工程通行做法，复核结果是可靠的。

（2）坝基开挖后，坝基岩体风化程度、结构面发育情况及岩块的抗压强度等指标虽略有起伏，总体来看基本未变，这与勘察期进行的大量勘探试验工作是分不开的。因此，大量工程地质勘探工作是准确查明工程地质条件的前提条件。

第 7 章

水库运行效果验证

三河口水利枢纽工程初期蓄水水位上升可分为 4 个阶段。

第一阶段：从导流洞下闸蓄水至临时生态放水管过流，水位从高程 533.20m 上升至高程 543.00m（2019 年 12 月 30 日至 2020 年 1 月 6 日）。

第二阶段：为临时生态放水管过流，此时水位较为平稳，基本维持在高程 543.00～544.80m（2020 年 1 月 7 日至 2020 年 3 月 2 日）。

第三阶段：从临时生态放水管改造后至底孔过流，水位从高程 544.80m 上升至高程 550.80m 左右（2020 年 3 月 3 日至 2021 年 2 月 24 日），之后水位基本维持在高程 550.80m 左右。库水位变化主要受降雨影响，其中有两次降雨较大，造成上游水位超过高程 560.00m，对应最高水位分别为高程 566.30m（2020 年 6 月 18 日）和高程 561.30m（2020 年 8 月 19 日）。

第四阶段：为底孔下闸蓄水阶段，此时库水位持续上升，从高程 551.20m 上升至高程 621.40m（2021 年 2 月 25 日至 2021 年 11 月 20 日）。

截止到 2024 年 7 月，水库已正常蓄水 2 年 8 个月。

7.1 监测仪器布置

引汉济渭工程等别为Ⅰ等工程，工程规模为大（1）型，三河口水利枢纽大坝按 1 级建筑物设计；下游泄水消能防冲建筑物为 2 级建筑物；供水系统为 2 级建筑物；厂房建筑物为 2 级建筑物；大坝左、右岸开挖边坡为 1 级建筑物，供水系统厂房开挖边坡为 2 级建筑物；导流洞永久建筑物部分级别为 2 级建筑物，监测设计分别依据各建筑物的级别设计，同时对环境量，下游生态流量、水力学监测、巡视检查和强震动进行专项监测。

7.1.1 变形控制网

1. 水平位移监测网

水平位移监测网由 9 座水平位移网点组成，其中以 TN8 和 TN9 为起算点。网点选择在地形较开阔且通视条件较好的稳定可靠、便于监测的地方。水平位移监测网采用一等测边测角的边角网形式，利用全站仪进行监测。

2. 垂直位移监测网

三河口水利枢纽垂直位移监测网由基准点、工作基点和网测点组成。全网共有14座点，其中基准点1座、工作基点6座、网测点7座。其中基准点为双金属标，位于大坝右岸下游1km左右；工作基点分别位于大坝不同高程左右岸灌浆平洞内；网测点沿水准路线布设。

7.1.2 拱坝安全监测

三河口水利枢纽碾压混凝土拱坝建筑物级别为1级。主要监测项目有环境量监测（上、下游水位，气温，降雨量，库水温）；变形监测（坝体表面和内部变形、电梯井位移、挠度、接缝变化、裂缝变化、坝基岩体变位和谷幅监测）；渗流监测（渗流量、扬压力、坝体渗透压力、绕坝渗流、水质分析）；应力应变监测（应力、应变、混凝土温度、坝基温度）。

7.1.2.1 库水位

上、下游水位：坝上游水位采用人工水尺和遥测水位计两种方法监测，用以相互校核和检验，上游的水尺和遥测水位计各1个；坝下游水位及水垫塘水位通过在水垫塘左、右岸边坡以及下游护坦共布置13条人工水尺（部分水尺兼做水力学观测），同时设置1台自计水位计，共同监测拱坝下游水位。

7.1.2.2 变形监测

1. 坝体水平位移

该工程大坝及其基础的水平位移是在水平位移监测网的整体联系控制下，采用正垂线和倒垂线进行监测。

坝顶监测墩水平位移与垂直位移监测共用，坝顶布置综合标点10个，电梯井顶部布设综合标点1个，坝体下游高程610.00m交通桥处设置综合标点8个。

水库大坝运行监测成果统计见附表4。

2. 正倒垂线

在拱坝拱冠处，左、右岸1/3和1/5拱处各设置1条垂线组，同时为了监测坝肩水平位移，在左右坝肩的平洞内各设置1条垂线组，共设置7条垂线组。在不同高程处安装垂线坐标仪，用来监测坝体水平绝对变形和挠度。

3. 静力水准

为监测坝体内部垂直变形，在高程515.00m和高程565.00m灌浆廊道内各布置1套静力水准线，在两岸灌浆廊道内分别设置双金属标作为静力水准线的校核基点。其中：高程515.00m廊道静力水准AL2对应双金属标为DS1和DS2，高程565.00m廊道静力水准AL1对应双金属标为DS3和DS4。

4. 坝体基岩变形监测

为监测大坝基岩竖向变形情况，在5个主监测断面的基岩处埋设垂直向多点位移计，每个断面布置4组四点式多点位移计，共布置20组多点位移计。四点式多点位移计各测点据孔口的距离分别为5m、10m、20m、35m。

为监测大坝基础施工期变形以及在拱推力作用下的基础岩体的深部变形，布置水平向多点位移计，共布置6组四点式多点位移计。

为监测电梯井部位基岩变形情况，在电梯井基础布置4组三点式多点位移计，三点式多点位移计各测点据孔口的距离分别为5m、15m、30m。

5. 坝基混凝土和基岩接缝变形监测

为了监测拱坝建基面与坝体之间的开合度情况，在拱坝基础设置5个横向监测断面，监测横断面与垂线，与应力应变及温度监测坝段重合；设置2个纵向监测断面。每个纵向监测断面在每个坝段布设1～2支测缝计，每个横向监测断面在顺水流方向布设4支测缝计，其中，一支在坝踵部位，一支在坝趾部位，坝中布置2支，这2支与纵向断面重合部分仪器共用，采用竖向布置单向埋入式测缝计，共布置了30支测缝计。

另外，在电梯井建基面和混凝土之间布置4支测缝计，监测开合度变化情况，沿电梯井四周各布置1支，共布置4支测缝计。

7.1.2.3 渗流渗压监测

渗流渗压监测包括大坝坝基扬压力监测、坝体渗透压力监测、坝体及坝基渗漏量监测，绕坝渗流监测。

1. 坝基扬压力监测

拱坝设置了5个横向监测断面和2个纵向监测断面来观测坝基扬压力情况。横向监测断面布设同垂线，变形及应力应变断面重合，每个断面在帷幕前坝踵处、排水孔前后、坝趾处各布置1支渗压计。2个纵向监测断面渗压计布置在排水孔前后2支渗压计（共10支）可共用，在每个坝段都布置了测点。另外，在电梯井基础四周各布置了1支渗压计，用来观测电梯井扬压力情况。大坝基础共布置了34支渗压计。

同时，在高程515.00m、高程565.00m、高程610.00m灌浆洞里左右岸各布设2套测压管，且在高程515.00m廊道内布置7套测压管监测坝基扬压力。共布置19套测压管，在测压管内放入渗压计进行观测。

2. 坝体渗透压力监测

坝体渗透压力监测主要目的是监测混凝土的防渗性能和施工质量，与坝体5个主监测断面结合，分别在高程515.00m、高程565.00m、高程610.00m廊道上游的碾压施工层面上布设渗压计，以监测碾压层面的渗压情况。每个高程布置3支渗压计，可测得坝体防渗层内不同位置的渗透压力分布情况。共布置27支渗压计。

3. 绕坝渗流监测

为了解绕坝渗流对两岸坝基渗压的影响及下游两岸边坡自身的渗透稳定性，在大坝两岸布置水位监测孔，监测大坝近坝区岸坡地下水位的变化，掌握坝后岸坡地下水位分布情况。在两岸边坡各设2个绕坝渗流监测断面，每个监测断面设4个水位监测孔，共布置16个绕坝渗流监测孔，孔内放置渗压计进行观测。

4. 坝体及坝基渗漏量监测

根据该工程帷幕及坝基排水的布置情况，分别在高程610.00m、高程565.00m、高程515.00m廊道内左右各布置1台量水堰仪，量水堰的堰板形式选用梯形堰和三角堰。渗流量监测共布置6台量水堰仪，量水堰上水头用堰流计及水尺对进行监测。

7.1.2.4 应力应变及温度监测

大坝应力应变及温度监测包括混凝土应力应变、坝体温度、水温、大坝表面温度、坝基温度等项目。监测断面与坝基扬压力监测断面重合，也为5个横向监测断面，2个纵向监测断面。

1. 坝体及基础应力应变监测布置

坝体应力应变的水平监测截面沿拱冠梁不同高程按10～30m的间距，各个横断面根据坝基高程从下往上布设，在高程512.00m、高程533.00m、高程557.00m、高程580.00m、高程595.00m、高程607.00m、高程619.00m、高程628.00m、高程634.00m和高程640.00m布设应力应变监测仪器，水平截面的应力应变监测仪器分别布设在距上、下游2.0m处，水平截面中部根据高程不同布置1～2套。监测仪器主要采用五向应变计组，在每组应变计旁边埋设1支无应力计，无应力计距应变计组1.0m。在电梯井高程556.00m、高程604.00m、高程637.00m各选取1个截面，对电梯井的结构进行应力应变监测，每个截面布设了4组仪器，每组仪器布设2支钢筋计、1支应变计和1支无应力计。电梯井共布置24支钢筋计、12支应变计和12支无应力计。

在两拱肩不同高程处、坝段与基岩接触拱肩槽部位布置压应力计，直接监测坝体切向拱推力，除拱冠坝段外，其余每个坝段分别设置2支压应力计（1号和10号坝段各布置1支）。

2. 闸墩和坝体孔口局部应力应变监测

（1）表孔局部结构监测。表孔局部结构共设6个监测断面，分别布置在左、中、右三个表孔支撑大梁与闸墩结合部位，采用五向应变计进行观测，共布置了24组五向应变计和18支无应力计。表孔拉锚筋监测分别布置在3个表孔左右两侧的扇形拉锚筋上，共布置了54支钢筋计来观测锚筋的应力。

（2）底孔局部结构监测。沿左底孔中心线选取了3个典型断面，即进口A—A断面（左底上0-008.00）、中间B—B断面（左底下0+008.50）和出口C—C断面（左底下0+013.50），每个断面布置8支钢筋计、4支应变计、2支无应力计，钢筋计均按轴对称布置在主筋上。另外，在高程588.00m边墩部位埋设4支钢筋计、2支应变计和2支无应力计来观测结构应力情况。

（3）闸墩监测。在左右底孔闸墩选取部分工作锚索安装锚索测力计，用来观测锚索力变化情况，共安装16台锚索测力计。

3. 大坝温度监测

大坝温度监测包括大坝表面温度、库水温度、坝体内部混凝土温度及大坝基础温度的监测。分别在距坝体上、下表面5～10cm处埋设温度计，测量坝体表面温度，坝体上游表面温度计在蓄水后可作为库水温度计。温度监测采用网格布置，在布置有应变计、测缝计等可兼作温度监测设备的地方可同时布设温度计，起相互校核作用。基岩温度采用在基础面钻孔分段埋设温度计的方法，监测大坝基础温度分布。

温度监测断面与变形和应变监测断面重合，选取了5个主监测断面，监测布置情况如下。

（1）大坝表面温度监测：在拱冠梁高程645.00m、高程640.00m、高程634.00m、高程628.00m、高程619.00m、高程607.00m、高程595.00m、高程580.00m、高程557.00m、高程533.00m、高程512.00m上下游各布置1支温度计，监测表面温度。共布置22支表面温度计。上游侧表面温度计在蓄水后用来监测库水温度。

（2）坝体内部混凝土温度监测：为掌握施工期碾压混凝土温升规律及检验温控措施，在坝体监测断面按不同高程梯级网格布置温度计，在高程527.00m、高程545.00m、高程560.00m、高程574.00m、高程586.00m、高程598.00m、高程610.00m、高程628.00m、高程634.00m、高程637.00m、高程640.00m、高程643.00m、高程645.00m布置温度计。

（3）大坝基础温度监测：在拱冠梁坝基中部布置一组温度计用来监测基础不同深度下温度分布，温度计采取钻孔埋设，孔深10m，孔内埋设4支温度计，4支温度计距基岩面距离分别为1.0m、3.0m、5.0m、10m。

7.2 监测成果初步分析

对2023年4月20日以前产生的监测成果进行初步分析。

7.2.1 库水位

2023年4月，上游库水位呈平缓上升趋势，月初有一次明显的水位上升过程。水位最低值为605.89m、最高值为610.85m，月变幅为4.96m。

库水位特征值统计见表7.2-1，库水位过程线如图7.2-1所示。

表7.2-1　库水位特征值统计表

水位时段特征值统计（2023年3月21日至2023年4月20日）						
测点	最大值		最小值		变幅/m	最新测值/m
	测值/m	日期	测值/m	日期		
SWJ	610.85	2023年4月11日	605.89	2023年3月28日	4.96	610.01

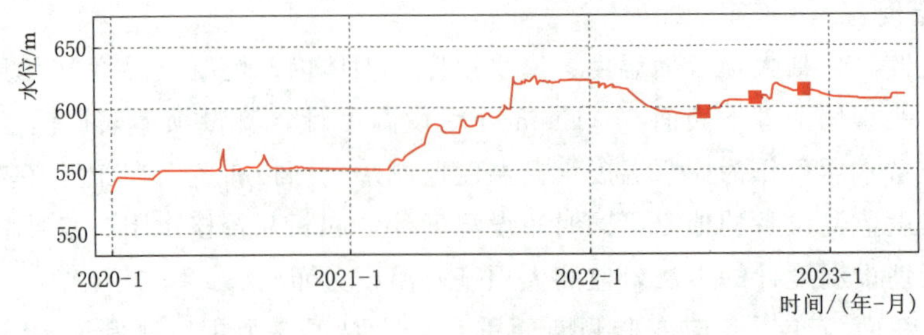

图 7.2-1 库水位过程线

7.2.2 拱坝

7.2.2.1 坝体变形

坝体变形主要分为坝体水平位移和坝体垂直位移，其中，水平位移采用垂线进行观测，垂直位移采用静力水准仪和双金属标进行观测。

1. 坝体水平位移

在拱坝拱冠梁处，左、右岸 1-3 和 1-5 拱处各设置 1 条垂线组，同时为了监测到坝肩水平位移，在左右坝肩的平洞内各设置 1 条垂线组，共设置 7 条垂线组。在不同高程处安装垂线坐标仪，用来监测坝体水平绝对位移和挠度。

(1) 一般规律性分析。一般来说，随着库水位上升，拱坝径向向下游位移，切向向两岸位移。2023 年 3 月 21 日—4 月 20 日，三河口拱坝径向向下游位移，最大位移为 26.45mm，出现在 PL4-1 测点；切向向两岸位移，其中Ⅱ断面向左岸最大位移为 1.83mm，Ⅴ断面向右岸最大位移为 6.47mm。

(2) 空间分布规律。从沿高程方向分布来看，同一个坝段高高程径向位移变幅大于低高程径向位移变幅。从左右岸方向分布来看，最高坝段Ⅳ断面径向位移最大，Ⅲ、Ⅴ断面径向位移较小，符合一般规律。

(3) 基础位移。倒垂测点位于基岩内，所测位移为基础位移，位移变化较小，变幅在 1mm 以内。

综上所述，大坝水平位移规律性正常，受水压荷载和温度荷载共同影响，位移量不大，2023 年 4 月切向位移变幅在 1mm 以内，径向位移变幅在 1mm 以内，变幅都不大，径向位移与水位的相关性很明显。

高程 565.00m 径向位移相关图如图 7.2-2 所示。

2. 坝体垂直位移

为监测坝体内部垂直变形，在高程 515.00m 灌浆廊道内布置 1 套静力水准线，在两岸灌浆廊道内分别设置双金属标作为静力水准线的校核基点。高程 515.00m 廊道静力水准 AL2 对应双金属标为 DS1 和 DS2。

从双金属标和静力水准过程线图和特征值表可以看出：

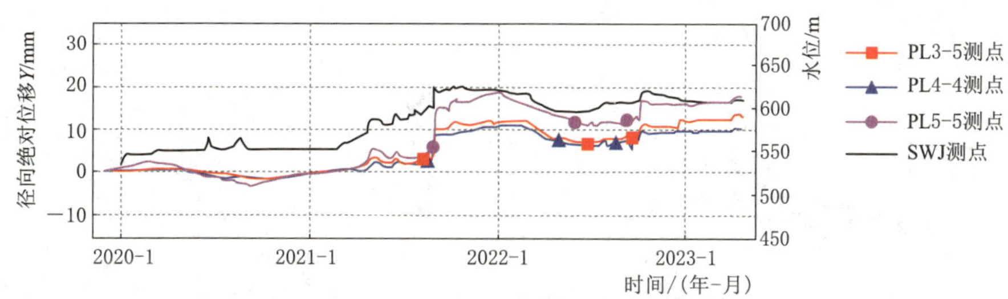

图 7.2-2 高程 565.00m 径向位移相关图

（1）高程 515.00m 和高程 565.00m 双金属标位于廊道左右灌浆平洞内，所测位移为基岩位移，沉降规律不明显，变化微小，在 0.1mm 以内。

（2）高程 515.00m 廊道静力水准，AL2-1～AL2-3 测点位于左岸灌浆平洞内，AL2-4 测点和 AL2-5 测点位于坝体廊道混凝土上，AL2-6 测点和 AL2-7 测点位于右岸灌浆平洞内。从测值来看，静力水准普遍处于下沉状态，下沉量基本在 3mm 以内。AL2-4 测点和 AL2-5 测点位于坝体廊道混凝土上，垂直位移变化更为明显。

（3）高程 565.00m 廊道静力水准 AL1-1 测点和 AL1-2 测点位于左岸灌浆平洞内，AL1-3～AL1-8 测点位于坝体廊道混凝土上，AL1-9 测点和 AL1-10 测点位于右岸灌浆平洞内。从测值来看，基本处于下沉状态，下沉量在 4mm 以内。变幅较小，都在 1mm 以内。

高程 515.00m 廊道典型双金属标过程线和静力水准过程线如图 7.2-3 和图 7.2-4 所示。

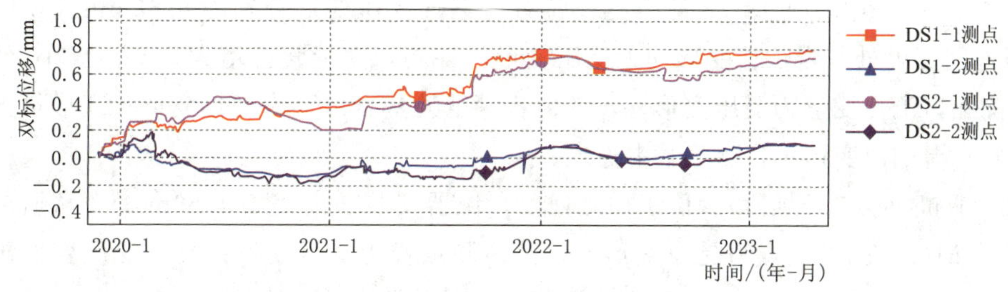

图 7.2-3 高程 515.00m 廊道典型双金属标过程线图

7.2.2.2 基岩变形

大坝基岩变形主要采用多点位移计进行观测，在 5 个主监测坝段埋设 20 组垂直向多点位移计，在非主监测坝段埋设了 6 组水平向多点位移计，在电梯井基础埋设了 4 组垂直向多点位移计。

1. 基岩竖向位移

在 5 个主监测断面的基岩处埋设了垂直向多点位移计，监测基岩的竖向变形，每个断面沿上下游向布置 4 组四点式多点位移计，共布置 20 组多点位移计。四点式多点位移计各测点据孔口的距离分别为 5m、10m、20m、35m。各断面典型多点位移计过程线如图 7.2-5

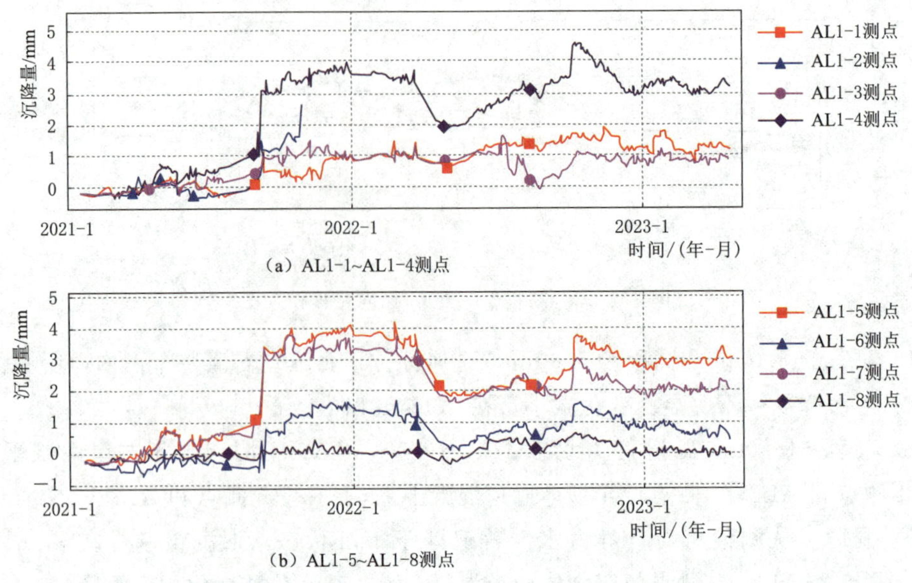

图7.2-4　高程515.00m廊道典型静力水准过程线图

所示。可以看出：

(1) Ⅱ断面（2号坝段）：多点位移计安装在高程569.00m处，各基岩位移测点张开变形最大值为0.50mm，受压变形最大值为2.51mm，测值稳定，周期内变幅小。

(2) Ⅲ断面（4号坝段）：多点位移计安装在高程519.70m处，该部位基岩受压变形发生在MJ3-2测点、MJ3-3测点孔口位置，累计受压变形分别为6.62mm、4.47mm，该测点不同深度处基岩位移变形均为受压变形，各测点变形缓慢增大，变幅极小。MJ3-4测点除孔口测点变形为受压变形外，其他各深度处基岩位移为受拉变形，变形最大值为3.65mm，周期内变幅小，测值基本稳定。

(3) Ⅳ断面（5号坝段）：位于拱冠坝段，仪器安装在高程504.50m处，从监测数据来看，除MJ4-4-2测点为受拉变形外，其他测点皆为受压变形；最大受压变形出现在MJ4-2-1测点，为8.11mm，周期内变幅小。其他测点受压变形量在3.10mm以内。

(4) Ⅴ断面（7号坝段）：从监测数据来看，该坝段测点基岩受压最大值为4.38mm，发生在MJ5-4-1测点孔口处；基岩受拉最大值为1.91mm，发生在MJ5-1-4测点。其中，MJ5-1-3测点在2023年2月1日后数据不稳定，需关注。其他基岩位移变形稳定。

(5) Ⅵ断面（9号坝段）：仪器安装在高程582.00m处，从监测数据来看，该坝段基岩受压最大值为3.42mm，发生在MJ6-3-1测点孔口处；基岩受拉最大值为1.28mm，发生在MJ6-2-1测点孔口处，测值月变幅较小。其他测点基本稳定，无明显异常。

经对上述各断面分析，基岩变形稳定，无明显异常。

2. 基岩水平向位移

为监测大坝基岩水平向变形，共布置6组四点式多点位移计。

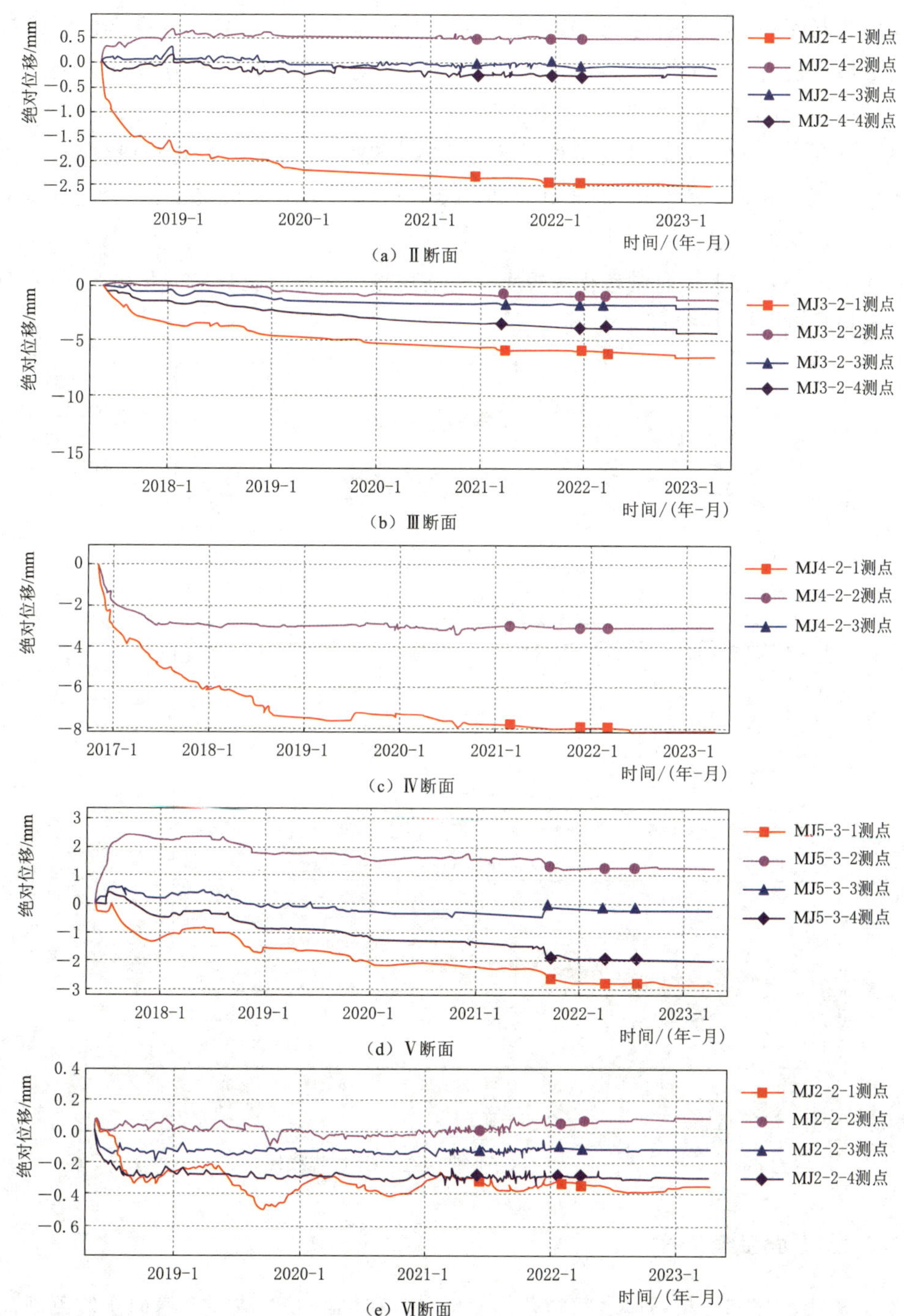

(a) Ⅱ断面

(b) Ⅲ断面

(c) Ⅳ断面

(d) Ⅴ断面

(e) Ⅵ断面

图 7.2-5 各断面典型多点位移计过程线图

(1) Ⅰ断面(1号坝段):多点位移计安装在高程 628.00m 处,各测点位移值较小,受拉变形最大值为 0.35mm,发生在 MJ1-4 测点,受压变形最大值为 0.36mm,发生在 MJ1-3 测点,测值稳定,无明显异常。

（2）Ⅱ断面（3号坝段）：多点位移计安装在高程545.00m处，各测点位移值较小，受拉变形最大值为0.59mm，发生在MJ3-3测点，受压变形最大值为3.50mm，发生在MJ2-3测点，测值稳定，无明显异常。

（3）Ⅲ断面（8号坝段）：多点位移计安装在高程560.00m处，该坝段各测点受压变形最大值为1.46mm，发生在MJ5-1测点，受拉变形最大值为0.85mm，发生在MJ4-4测点。各测点测值平稳。

总体来看，基岩水平向位移普遍较小，目前均较为稳定，无异常变化。水平向多点位移计过程线如图7.2-6所示。

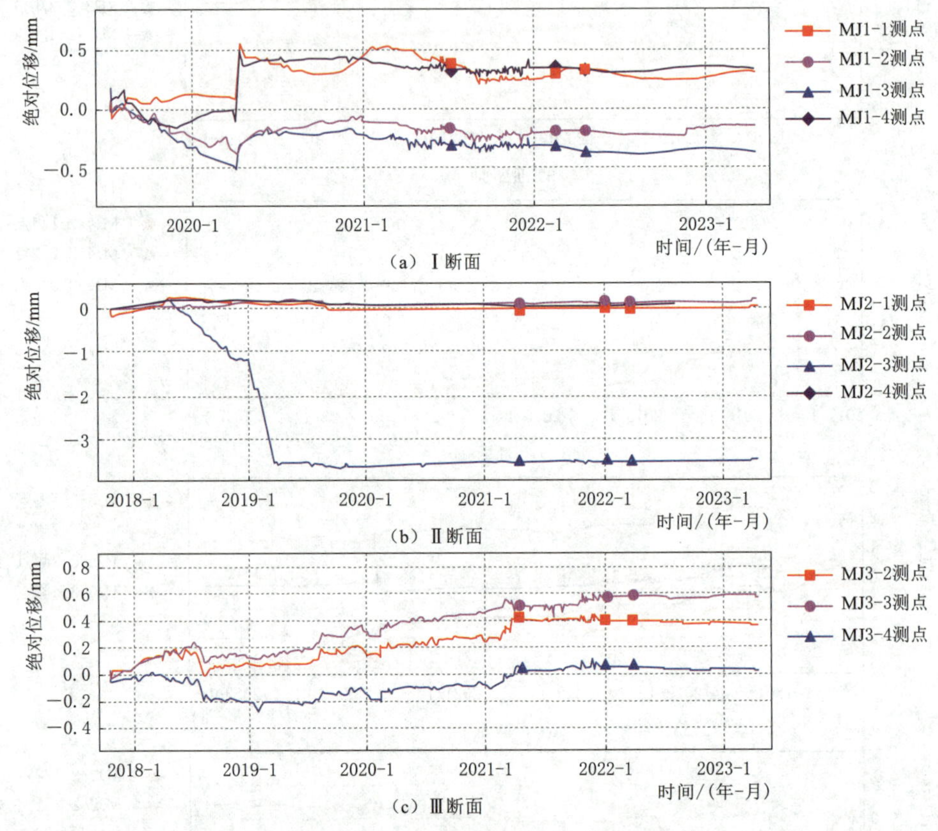

（a）Ⅰ断面

（b）Ⅱ断面

（c）Ⅲ断面

图7.2-6　水平向多点位移计过程线图

7.2.2.3　建基面接缝变形

为监测拱坝建基面与坝体之间的开合度情况，在拱坝上选取5个横向主监测断面和2个纵向监测断面。每个纵向监测断面在每个坝段布设1～2支测缝计（1号和10号坝段各1支，其余为2支），每个横向监测断面在顺水流方向布设4支测缝计，其中，1支在坝踵部位，1支在坝趾部位，坝中布置2支，这2支与纵向断面重合部分仪器共用，采用竖向布置单向埋入式测缝计，共布置30支测缝计。

另外，在电梯井建基面和混凝土之间布置4支测缝计，监测开合度变化情况，沿电梯井四周各布置1支，共布置4支测缝计。

(1) 各监测断面坝基混凝土和基岩接缝变形各测点测值在-0.70~2.28mm变化，2023年4月，除JJ4-3测点变幅为0.10mm，较大以外，其他各测点测值变幅均在0.04mm以内，各测点测值平稳。JJ4-3测点在2023年1月开始持续向压缩方向增大，需关注。

(2) 测缝计开合度主要变形量发生在上部混凝土开始浇筑后的几个月内，并受到温度变化的影响；之后随着坝基固结灌浆结束之后，开合度基本处于稳定状态，变化幅度较小。

总体来看，坝基测缝计变化规律正常，固结灌浆后开合度变化较小，无异常变化。坝基测缝计典型测点过程线如图7.2-7所示。

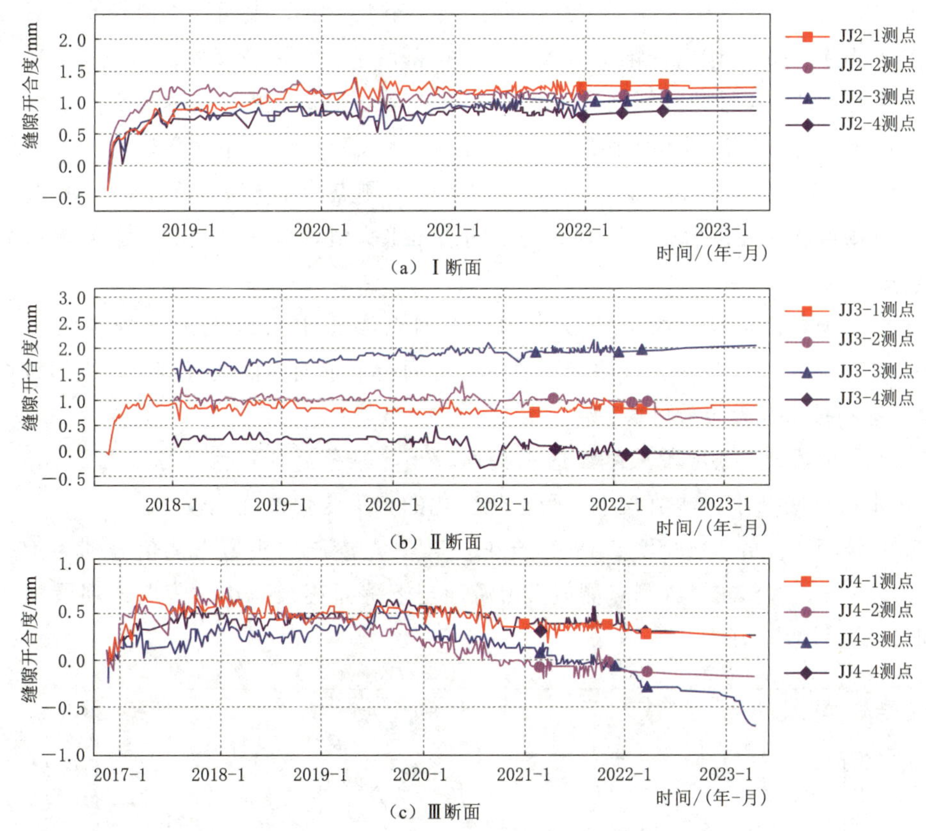

图7.2-7 坝基测缝计典型测点过程线图

7.2.2.4 渗流监测

1. 坝基渗压计

拱坝设置了5个横向监测断面和2个纵向监测断面来观测坝基扬压力情况。横向监测断面布设同垂线，与变形及应力应变监测断面重合，每个监测断面在帷幕前坝踵处、排水孔前后、坝趾处各布置1支渗压计。2个纵向监测断面渗压计布置在排水孔前后，2支渗压计（共10支）可共用。

另外在电梯井基础四周各布置1支渗压计，用来观测电梯井扬压力情况。大坝基础共布置34支渗压计。坝基典型断面渗压水头过程线如图7.2-8所示。坝基渗压水头分析如下。

（1）坝基上游面测点。5号坝基上游面PJ4测点渗压水头最大值为42.43m，2023年4月最后一次测值为41.9m，受该月降雨影响，测值有增大。3号坝基上游面PJ2测点渗压水头最大值为21.8m，该测点水头值在2023年年内逐渐增大，需要关注。坝基上游面其他测点渗压水头较小，测值稳定；坝基下游面测点基本处于无压状态。

（2）2号坝段。帷幕前渗压水头为18.03m（P2-1测点），帷幕后渗压水头为36.63m（P2-2测点），并在下游P2-3测点减小至5.33m，表明该坝段排水孔对减小坝基渗压水头起到一定的作用，帷幕前水头小于帷幕后水头，需持续关注。

（3）4号坝段。4号坝段坝基渗压测点水头过程线平缓，测值基本稳定；帷幕前P3-1测点渗压水头与坝前渗压水头接近，该断面渗压水头延上游至下游依次减小，测值分别为87.05m、9.76m、6.75m、14.31m。其中P3-4测点渗压水头高于P3-2测点和P3-3测点，该测点从安装以后就一直存在一定的渗压水头值，应该是受到下游侧岸边坡地下水位影响。

（4）5号坝段。5号坝段P4-1～P4-4测点渗压水头最大测值分别为51.21m、17.37m、15.93m、10.35m，各测点测值沿上游面至下游面测值逐级减小，表明该坝段坝基防渗帷幕和排水孔效果较好。

（5）7号坝段。7号坝段坝基渗透水头均较小，帷幕后测点渗压水头12.35m，下游测点渗压水头逐级减小，测值较小。受水位变化的水头变化幅度也较小。

（6）9号坝段。9号坝段坝基P6-1～P6-4测点渗压水头最大测值分别为19.44m、5.81m、1.13m、0.87m，各测点测值沿上游面至下游面逐级减小，表明该坝段坝基防渗帷幕和排水孔效果较好。

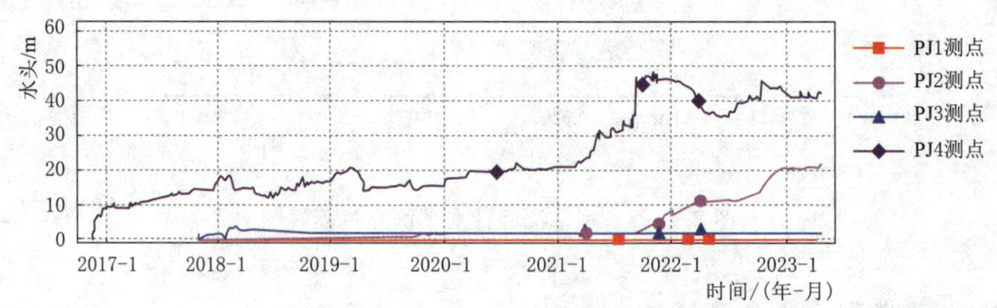

图7.2-8 坝基典型断面渗压水头过程线图

2. 坝体渗透压力

由特征值统计表看出，2号、4号坝段坝体渗压水头较小，基本无渗压水头，表明该坝段坝体防渗效果较好；坝体渗压水头过程线如图7.2-9所示。5号坝段高程514.00m

两支渗压计 P4-5 测点、P4-6 测点渗压水头分别为 7.46m、5.85m，表明该坝段存在渗压水头，但渗压水头值较小，测值稳定；该坝段高程 565.00m、高程 610.00m 各测点渗压水头接近于零。7 号坝段各高程坝体渗透水头在 3.63m 以下，测值较小，无明显异常。9 号坝段 3 支传感器渗压水头在 1m 以下。

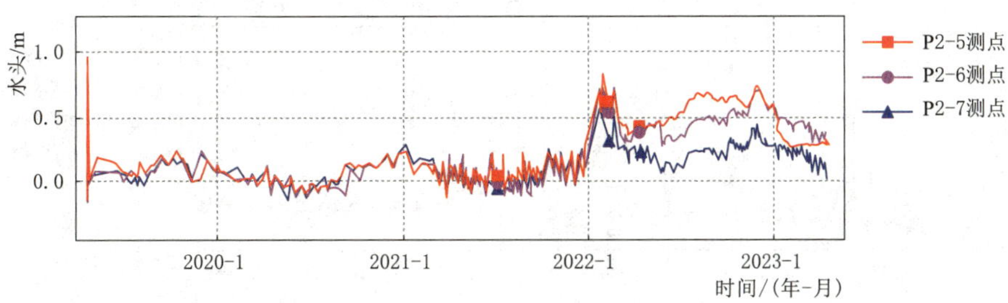

图 7.2-9　坝体渗压水头过程线图

3. 廊道测压管

在高程 515.00m 廊道内布置测压管来监测扬压力情况，其中在基础坝段布置 7 套，灌浆平洞里左右岸各布设 2 套，共布置 11 套测压管。

基础坝段坝基扬压水头值普遍不高，在 16.43～42.16m 之间，UP（jc）03 测点 2023 年 4 月测值有较大变幅，水头值逐渐增大，需关注。两岸灌浆平洞内扬压水头值受库水位和岸坡地下水共同影响，略高于基础坝段扬压水头值，特别是左岸平洞内更明显，表明左岸地下水位略高。其他测点该月水头缓慢下降。高程 515.00m 廊道内渗压水头过程线如图 7.2-10 所示。

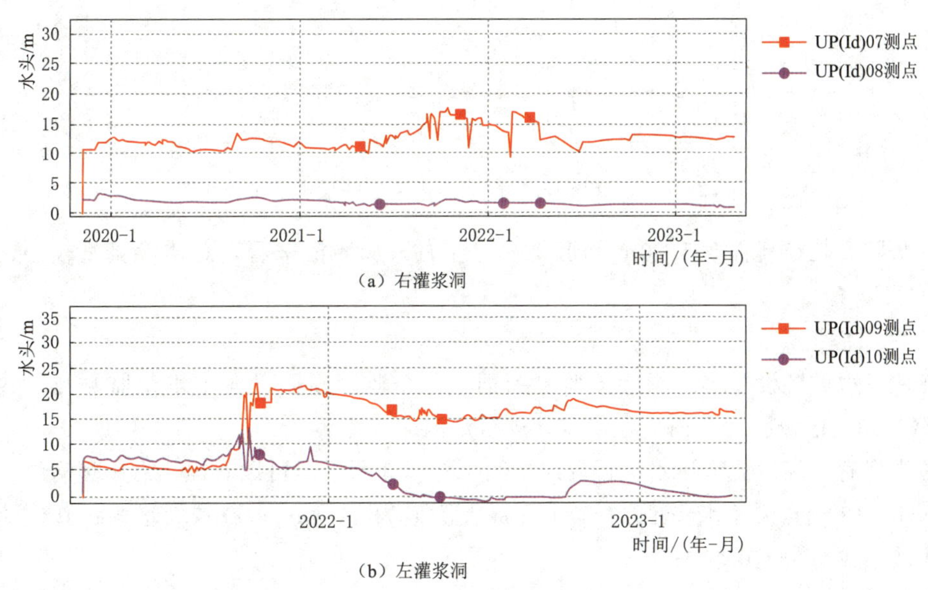

图 7.2-10　高程 515.00m 廊道内渗压水头过程线图

4. 电梯井基础渗压

从坝基渗压计过程线图和特征值表可以看出：电梯井渗压计历史最高水头基本在10m以内，渗压水头不大，测值为2.31～3.30m。电梯井渗压计过程线如图7.2-11所示。

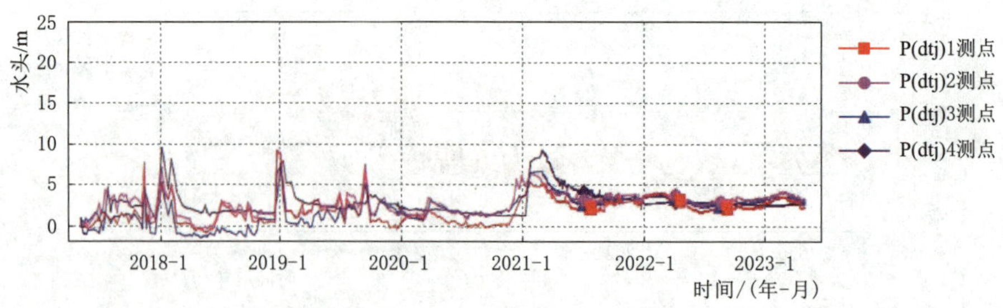

图7.2-11　电梯井渗压计过程线图

5. 渗流量

根据该工程帷幕及坝基排水的布置情况，在左、右岸高程515.00m灌浆平洞和坝基的交接部位的排水沟上设量水堰，分别监测两岸帷幕渗流量，量水堰的堰板形式选用梯形堰。渗流量监测共布置2个量水堰，量水堰上水头用堰流计及水尺进行监测。高程515.00m廊道内集水井量水堰过程线如图7.2-12所示。

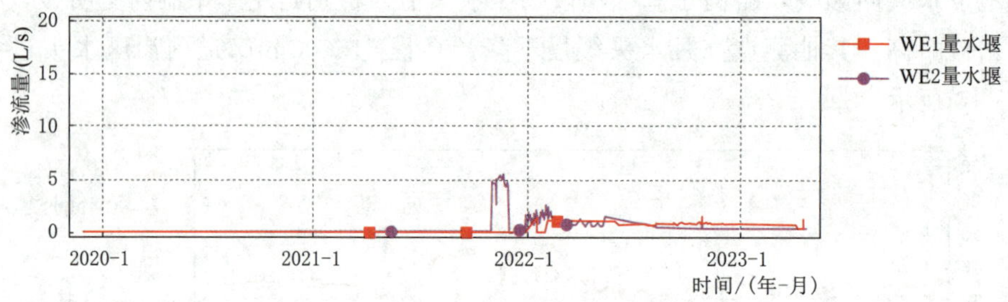

图7.2-12　高程515.00m廊道内集水井量水堰过程线图

量水堰安装在高程515.00m廊道集水井左右，从测值来看，总体渗流量较小，渗流量为0.71L/s。

6. 绕坝渗流

在两岸边坡各设2个绕坝渗流监测断面，每个监测断面设4个水位监测孔，共布置16个绕坝渗流监测孔，孔内放置渗压计进行观测。

右岸坝肩绕坝渗流渗压水头过程线如图7.2-13所示。可以看出，右岸坝肩绕坝渗流UP（yrb）13测点渗压水头2023年4月最大测值为11.85m，有较大增幅；其他测点渗压水头较小或呈现无压状态。

左岸坝肩绕坝渗流渗压水头过程线如图7.2-14所示。可以看出，左岸坝肩绕坝渗流UP（zrb）01测点、UP（zrb）05测点、UP（zrb）06测点、UP（zrb）07测点有一定的渗压水头。2023年4月测值分别为12.83m、5.97m、1.5m、12.4m；其他测点渗压水

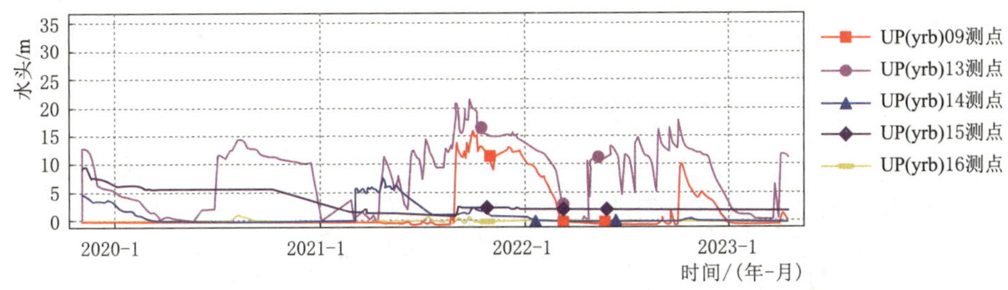

图 7.2-13 右岸坝肩绕坝渗流渗压水头过程线

头较小或呈现无压状态。其中 UP（zrb）01 测点 4 月因为仪器被撞更换过一次电缆，数据出现异常，需要关注。

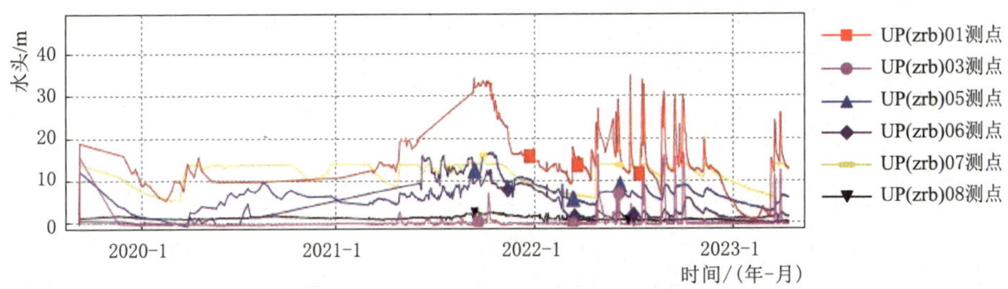

图 7.2-14 左岸坝肩绕坝渗流渗压水头过程线

7.2.2.5 应力应变

坝体应力应变的水平监测截面沿拱冠梁不同高程按 10～30m 的间距布设，各个横断面根据坝基高程从下往上布设，水平截面仪器分设置在距上、下游 2.0m 处，水平截面中部根据高程不同布置 1～2 套。监测仪器主要采用五向应变计组，在每组应变计旁边埋设 1 支无应力计。

1. 坝体应力应变

（1）高程 512.00m。在高程 512.00m Ⅳ断面埋设 4 组五向应变计和 4 支无应力计。高程 512.00m 有 3 支应力计表现为拉应变，其余皆表现为压应变，拉应变最大值为 217.04$\mu\varepsilon$，出现在 SW4-2-5 测点，压应变值最大值为 188.76$\mu\varepsilon$，出现在 SW4-3-1 测点，无明显异常变化。无应力应变为-22.56～204.78$\mu\varepsilon$。SW4-2-2 测点及 N4-6 测点在 2023 年 4 月数据异常，需关注。高程 512.00m 典型应变计测点过程线如图 7.2-15 所示。

（2）高程 533.00m。在高程 533.00m Ⅲ断面、Ⅳ断面各埋设 4 组五向应变计和 4 支无应力计。高程 533.00m 应变计组压应变最大值为 348.98$\mu\varepsilon$，出现在 SW3-2-2 测点；拉应变最大值为 137.91$\mu\varepsilon$，出现在 SW3-1-1 测点。高程 533.00m 无应力计测值普遍为负值，表现为压应变，无应力应变为－185.47～298.40$\mu\varepsilon$，未见异常变化。高程 533.00m 典型应变计测点过程线如图 7.2-16 所示。

（3）高程 557.00m。在高程 557.00m Ⅲ断面、Ⅳ断面、Ⅴ断面各埋设 4 组五向应

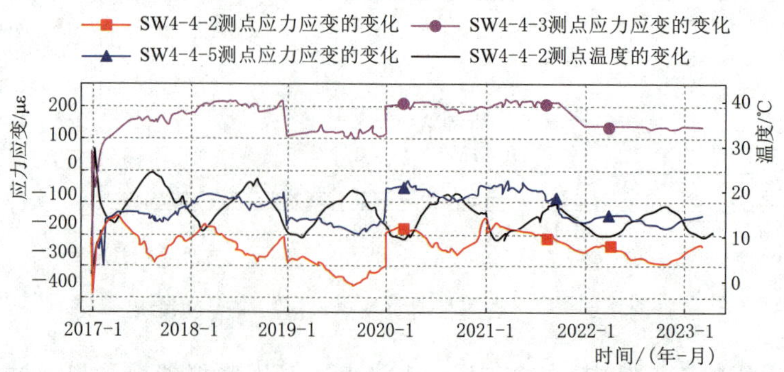

图 7.2-15　高程 512.00m 典型应变计测点过程线图

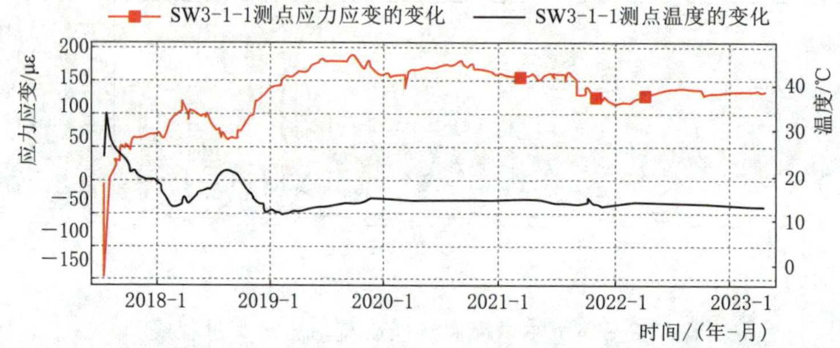

图 7.2-16　高程 533.00m 典型应变计测点过程线图

变计和 4 支无应力计。从测值来看，虽然部分测点出现拉应变，但拉应变值普遍不大，除 SW4-10-5 测点拉应变为 356.60με 外，其余绝大部分测点的拉应变在 150με 以内。SW3-6-2 测点、SW5-3-2 测点 2023 年 4 月出现异常，需要关注。坝体混凝土应变与温度呈负相关关系，即温度升高，应力应变向压应变方向变化，温度降低，应力应变向拉应变方向发展。高程 557.00m 无应力计测值无异常变化，无应力应变在−340.07～218.59με 之间。高程 557.00m 典型应变计测点过程线如图 7.2-17 所示。

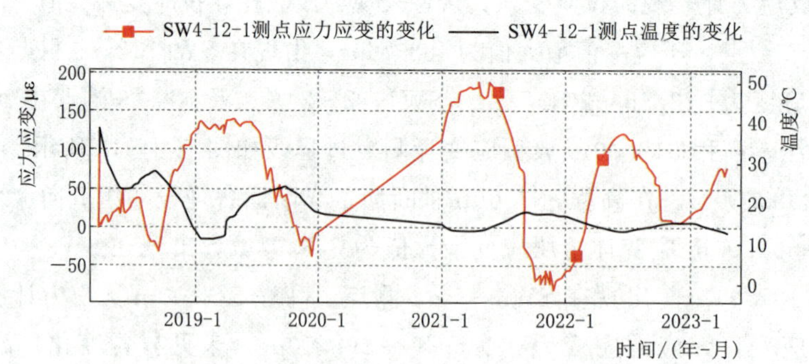

图 7.2-17　高程 557.00m 典型应变计测点过程线图

(4) 高程 580.00m。在高程 580.00m Ⅱ断面、Ⅲ断面、Ⅳ断面、Ⅴ断面各埋设 4 组五向应变计和 4 支无应力计。从测值来看，应变计组压应变最大值为 667.62με，出现在 SW4-16-5 测点；拉应变最大值为 533.15με，出现在 SW5-5-2 测点；由监测数据看出，该部位大部分测点呈压应变，无异常变化。高程 580.00m 无应力计均为压应变，无应力应变为 28.63～158.48με，无异常变化。高程 580.00m 典型应变计测点过程线如图 7.2-18 所示。

图 7.2-18 高程 580.00m 典型应变计测点过程线图

(5) 高程 595.00m。在高程 595.00m Ⅳ断面、Ⅴ断面、Ⅵ断面各埋设 3 组五向应变计和 3 支无应力计。高程 595.00m 应变计组大部分测点为压应变，但也存在一部分拉应变，压应变最大值为 320.34με，出现在 SW2-5-3 测点；拉应变最大值为 755.17με，出现在 SW6-2-2 测点。由过程线图看出，该部位坝体混凝土应变与温度呈明显的负相关关系，即温度升高，应力应变向压应变方向变化，温度降低，应力应变向拉应变方向发展。高程 595.00m 无应力计测值无异常变化，无应力应变为-164.96～90.42με。高程 595.00m 典型应变计测点过程线如图 7.2-19 所示。

(6) 高程 607.00m。在高程 607.00m Ⅱ断面、Ⅲ断面、Ⅳ断面、Ⅴ断面、Ⅵ断面各埋设 3 组五向应变计和 3 支无应力计。从测值来看，应变计组 SW2-9 测点和 SW4-20 测点，总应变表现为压应变，压应变值分别为 524.11～685.97με、496.77～1110.42με，总应变值较大，应持续重点关注；其他测点总应变值较小，无明显异常。SW4-22-4 测点 2023 年 4 月测值异常，需关注。高程 607.00m 无应力计测得最大拉应变值为 569.30με，出现在 N2-9 测点，最大压应变值为 159.96με，出现在 N6-6 测点。高程 607.00m 典型应变计测点过程线如图 7.2-20 所示。

(7) 高程 619.00m。在高程 619.00m Ⅱ断面、Ⅲ断面、Ⅳ断面、Ⅴ断面、Ⅵ断面各埋设 3 组五向应变计和 3 支无应力计。高程 619.00m SW5-17-5 测点压应变最大值为 558.98με；其他测点总应变值较小，无明显异常。由过程线图看出，该部位坝体混凝土应变与温度呈负相关关系，即温度升高，应力应变向压应变方向变化，温度降低，应力应变向拉应变方向发展。高程 619.00m 无应力计无应力应变为-159.96～569.30με，无异常变化。高程 619.00m 典型应变计测点过程线如图 7.2-21 所示。

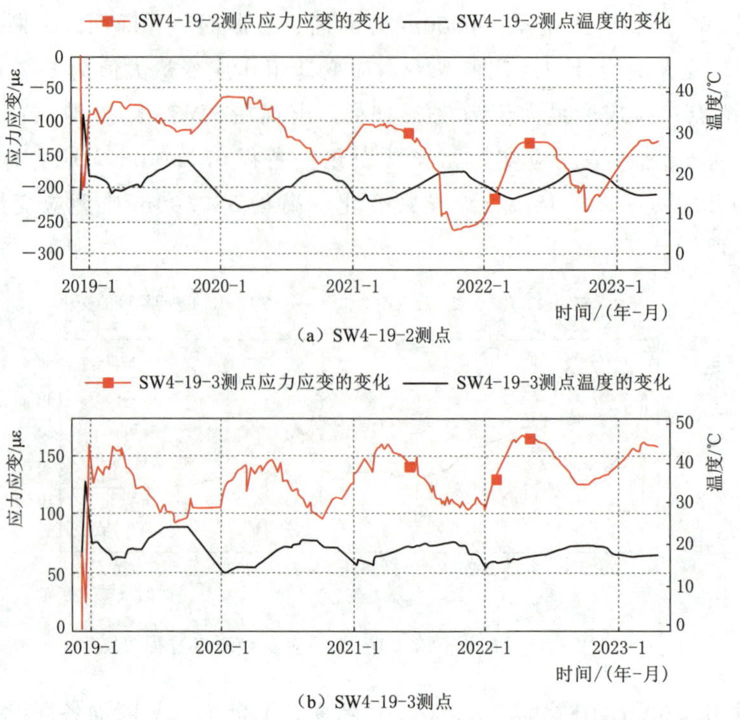

(a) SW4-19-2测点

(b) SW4-19-3测点

图 7.2-19 高程 595.00m 典型应变计测点过程线图

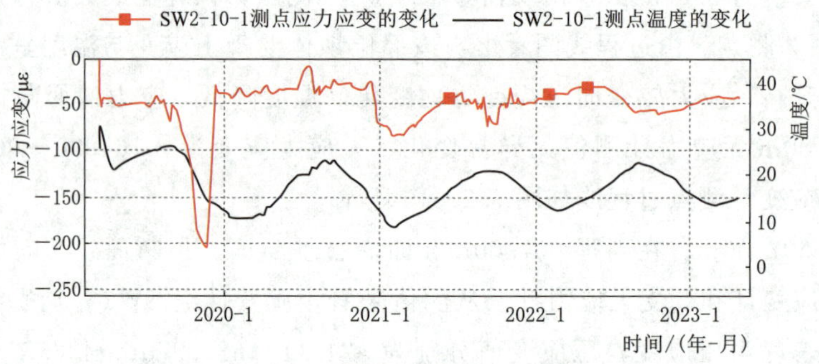

图 7.2-20 高程 607.00m 典型应变计测点过程线图

(8) 高程 628.00m。在高程 628.00m Ⅱ断面、Ⅵ断面各埋设 2 组五向应变计和 2 支无应力计，Ⅲ断面、Ⅴ断面各埋设 1 组五向应变计和 1 支无应力计，Ⅳ断面埋设 3 组五向应变计和 3 支无应力计。从测值来看，该部位 1 个测点出现拉应变略大于其他测点，拉应变最大值为 530.88$\mu\varepsilon$，出现在 SW3-22-3 测点。其他拉应变值在 200$\mu\varepsilon$ 以内。由过程线图看出，该部位坝体混凝土应变与温度呈负相关关系，即温度升高，应力应变向压应变方向变化，温度降低，应力应变向拉应变方向发展。高程 628.00m 无应力计测值均表现为压应变，无应力应变在 83.34～514.28$\mu\varepsilon$ 之间。高程 628.00m 典型应变计测点过程线如图 7.2-22 所示。

(9) 高程 634.00m。在高程 634.00m Ⅱ断面、Ⅲ断面、Ⅴ断面、Ⅵ断面各埋设 2 组

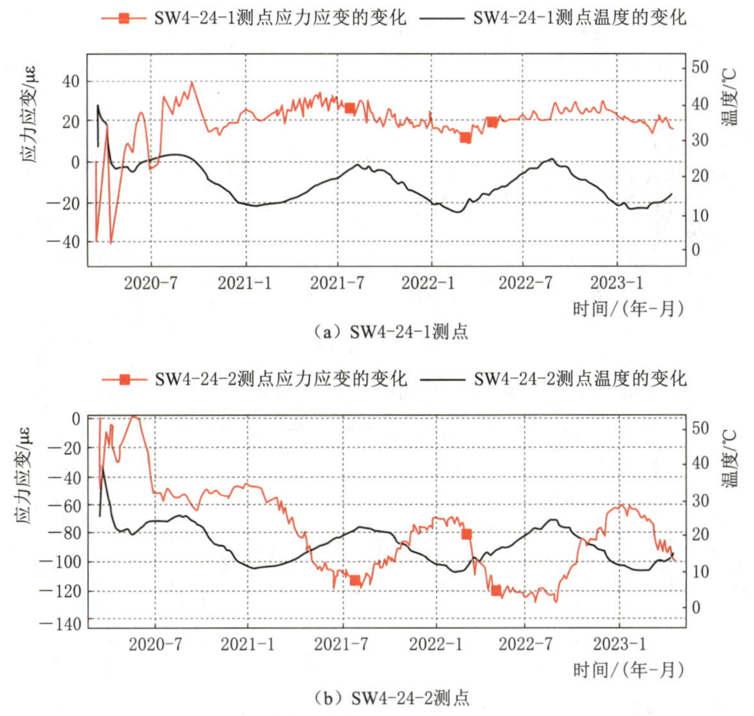

(a) SW4-24-1测点

(b) SW4-24-2测点

图 7.2-21 高程 619.00m 典型应变计测点过程线图

五向应变计和 2 支无应力计。高程 634.00m 各监测断面测点总应变较小，测值稳定，无明显异常。拉应变最大值为 1088.41με，出现在 SW6-12-2 测点，压应变最大值为 274.80με，出现在 SW3-24-5 测点。SW3-24-4 测点与 SW6-12-2 测点在 2023 年 4 月应变值变幅较大，超过 100με，需要关注。由过程线图看出，该部位坝体混凝土应变与温度呈明显的负相关关系，即温度升高，应力应变向压应变方向变化，温度降低，应力应变向拉应变方向发展。高程 634.00m 无应力计测值无异常变化，均表现为压应变，无应力应变为 20.96～220.49με。高程 634.00m 典型应变计测点过程线如图 7.2-23 所示。

(10) 高程 640.00m。在高程 640.00m Ⅱ断面、Ⅵ断面各埋设 2 组五向应变计和 2 支无应力计。从测值来看，在出现拉应变的测点中，SW4-31-1 测点和 SW4-31-5 测点拉应变值较大，应变值在分别为 545.93με、777.46με，应变值较大，应重点持续关注；大部分测点为压应变，压应变最大值为 518.58με，出现在 SW6-15-1 测点。SW3-25-1 测点 2023 年 4 月测值异常，需关注。由过程线图看出，该部位坝体混凝土应变与温度呈明显的负相关关系，即温度升高，应力应变向压应变方向变化，温度降低，应力应变向拉应变方向发展。高程 640.00m 无应力计除 N3-26 测点以外均表现为压应变，测值无异常变化，无应力应变为－196.99～26.31με。高程 640.00m 典型应变计测点过程线如图 7.2-24 所示。

2. 拱肩基础压应力

在两拱肩不同高程处，分别在坝段与基岩接触拱肩槽部位布置压应力计，直接监测坝

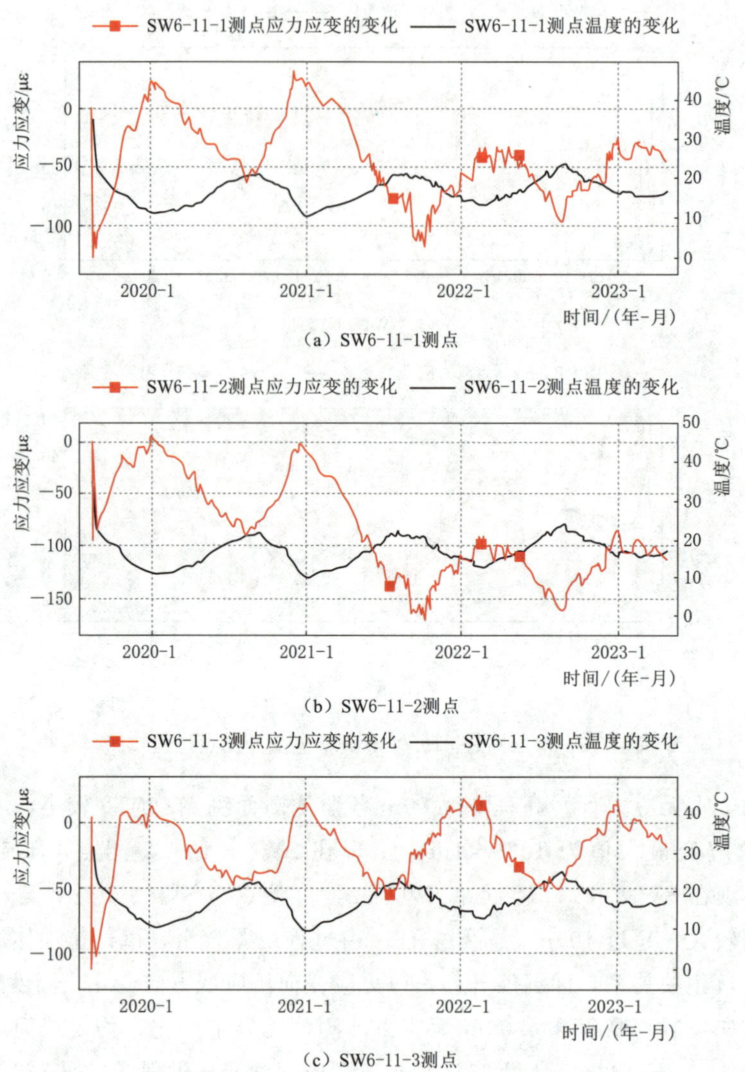

(a) SW6-11-1测点

(b) SW6-11-2测点

(c) SW6-11-3测点

图 7.2-22 高程 628.00m 典型应变计测点过程线图

体切向拱推力，除拱冠梁坝段外，其余每个坝段分别设置 2 支压应力计（1 号和 10 号坝段各布置 1 支），共布置 14 支压应力计。

随着坝体浇筑高程的增加，坝体与基岩接触部位的压应力也随之有所增大，除了 E4 测点处于无压状态，其他各测点均处于受压状态，最大压应力为 3.03MPa，出现在 E13 测点。E3 测点、E6 测点、E7 测点在 2023 年 2 月后数据异常，需要关注。总体来看，坝基接触压应力未见异常变化。

大坝压应力计典型测点过程线如图 7.2-25 所示。

3. 电梯井应力应变

在电梯井高程 556.00m、高程 604.00m、高程 637.00m 各选取 1 个截面，对电梯井

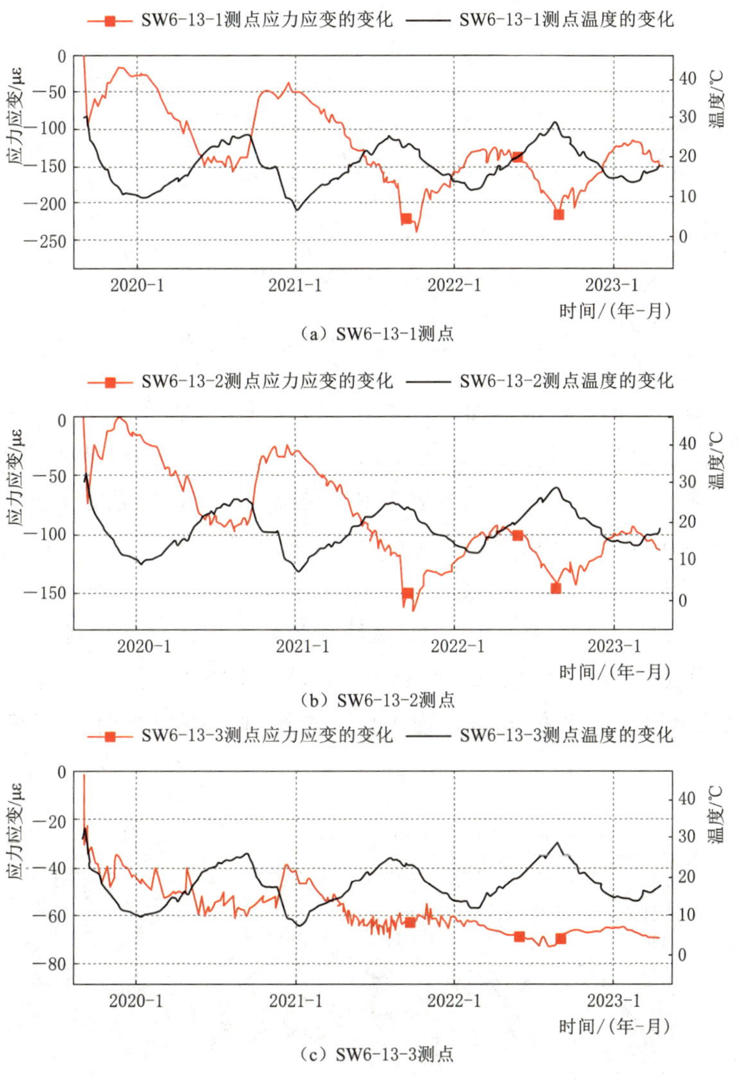

图 7.2-23　高程 634.00m 典型应变计测点过程线图

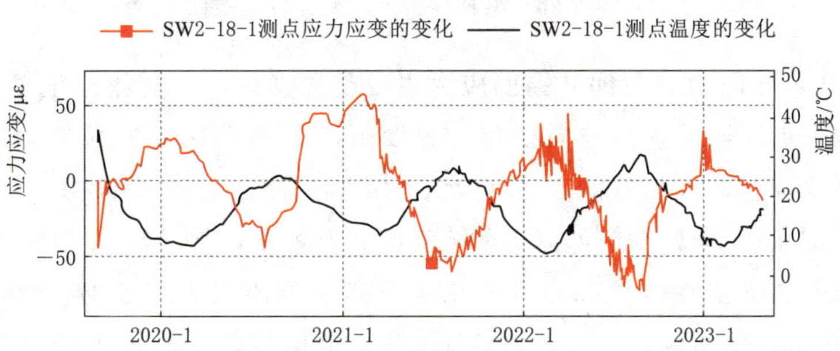

图 7.2-24　高程 640.00m 典型应变计测点过程线图

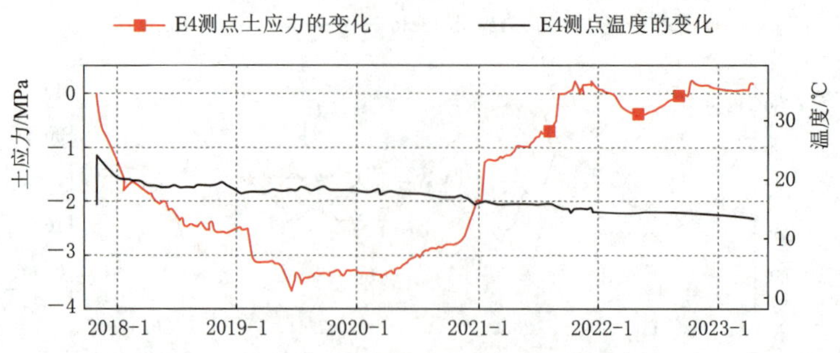

图 7.2-25 大坝压应力计典型测点过程线图

的结构进行应力应变监测，每个截面布设4组仪器，每组仪器布设2支钢筋计、1支应变计和1支无应力计。电梯井共布置24支钢筋计、12支应变计和12支无应力计。

（1）电梯井应力应变。电梯井应力应变主要受温度影响，与温度呈正相关关系，即温度上升，钢筋应力向拉应力方向变化；温度下降，钢筋应力向压应力方向变化。该部位各测点压应变最大值为117.01$\mu\varepsilon$，出现在S(dtj)7测点，拉应变最大值为175.89$\mu\varepsilon$，出现在S(dtj)3测点。总体来看，应力应变不大，无明显异常变化。该部位各测点无应力应变均表现为压应变，压应变最大值为376.81$\mu\varepsilon$，出现在为N(dtj)12测点。其中N(dtj)3测点、N(dtj)4测点2023年4月数据异常，需关注。电梯井典型应变计过程线如图7.2-26所示。

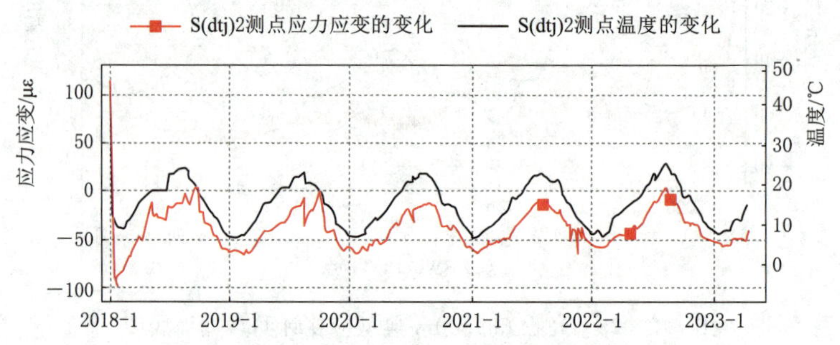

图 7.2-26 电梯井典型应变计过程线图

（2）电梯井钢筋应力。电梯井钢筋应力主要受温度影响，与温度呈负相关关系，即温度上升，钢筋应力向压应力方向变化；温度下降，钢筋应力向拉应力方向变化。从2023年4月测值来看，大部分测点处于受压状态，钢筋压应力最大为50.75MPa，出现在AS（dtj）3测点；出现钢筋拉应力的测点有6个测点，除AS（dtj）8测点钢筋拉应力为141.26MPa外，其余5个测点钢筋拉应力在20MPa以内。总体来看，电梯井钢筋应力变化规律正常，钢筋应力不大，无异常变化。电梯井典型钢筋计过程线如图7.2-27所示。

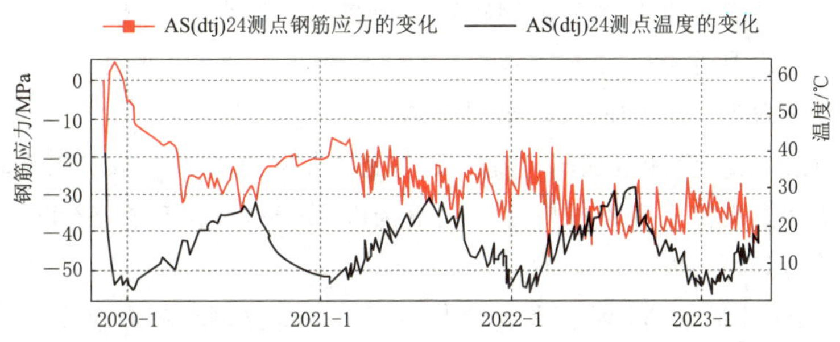

图 7.2-27 电梯井典型钢筋计过程线图

7.3 本章小结

水库运行监测网的设置基本与同类工程相似。根据采集的数据情况分析，除少数几个因传感器本身或采集故障出现的异常外，大坝各部位传感器数据无明显异常情况。三河口水利枢纽各监测部位基本处于正常状态。

（1）正常蓄水位蓄水后大坝径向位移向下游位移，最大位移为 26.45mm（PL4-1 测点），切向位移向两岸位移，其中Ⅱ断面向左岸最大位移为 1.83mm，Ⅴ断面向右岸最大位移为 6.47mm。

（2）大坝高程 515.00m 基础沉降量值不大，呈下沉状态，下沉量基本在 3mm 以内；高程 565.00m 沉降在 4mm 以内。

（3）基岩变形总体规律性较好，因混凝土浇筑高程的增加，坝基主要呈现压缩变形；从空间分布来看，最高坝段Ⅳ断面处位移变化最大，其次为Ⅲ断面和Ⅴ断面，Ⅱ断面和Ⅵ断面总体变化较小；基岩水平向位移量变化不大，位移趋于稳定。

（4）坝基各监测断面坝基混凝土和基岩接缝变形各测点测值在 3mm 以内，2023 年 4 月各测点测值变幅在 0.07mm 以内，各测点测值平稳。拱坝横缝开合变形值为−0.92～11.21mm，诱导缝开合度变形值在 14mm 以内，月变化幅度小。

（5）坝基渗透水头最大值出现在 5 号坝基 PJ4 测点，渗压水头最大值为 42.43m；各坝段坝基渗透压力总体变化规律为各测点测值沿上游面至下游面测值逐级减小，表明坝段坝基防渗帷幕效果较好。基础坝段坝体渗压水头普遍不高。电梯井渗压计渗压水头值在 4.00m 以内，渗压水头不大。

（6）坝体基岩温度本月较为稳定，基岩温度为 15.22～16.02℃。坝体低高程坝体温度较低，高高程坝体温度较高，其温度分布符合一般规律。

（7）坝体混凝土应变一般表现为温度上升，应力应变增大，温度下降，应力应变减小，各测点规律性较好，测值稳定，无明显异常。

（8）随着坝体浇筑高程的增加，坝体与基岩接触部位的压应力也随之增大，各测测点均处于受压状态，最大压应力为3.03MPa，出现在E13测点。

(9) 电梯井周边混凝土应力应变不大；大部分钢筋计测点处于受压状态，个别测点受拉，最大钢筋拉应力为141.26MPa，出现在AS(dtj)8测点。

(10) 底孔有6支应变计呈现压应变，压应变最大值为331.31$\mu\varepsilon$，出现在S(dk)10测点，有5支应变计呈现拉应变，拉应变最大值为301.65$\mu\varepsilon$，出现在S(dk)13测点，应变测值稳定，周期内变幅不大。

(11) 表孔钢筋计绝大部分测点处于受拉状态，大部分测点应力应变在150MPa以内。

第 8 章

总 结 与 展 望

在关于引汉济渭工程三河口水利枢纽工程的勘察实践研究中，陕西省水利电力勘测设计研究院以严谨的科学态度，深入探讨了三河口水库工程勘察的关键技术问题的各个方面。

从区域构造应力的研究出发，以秦岭地区为背景，结合实测数据与模拟分析，清晰地确定了坝址区的应力场特征和建基面岩体的应力状态，这为坝址的合理选择及建基面的优化提供了关键依据。

在坝址选择和坝型确定这一关键决策上，综合考虑了地形、地质、枢纽布置、施工条件等众多因素，尤其是重视各坝址存在的重大地质问题以及处理方案的可行性与经济性。经过严谨的分析，上坝址被推荐为三河口水利枢纽坝址。而坝型的确定则充分考量了地形地质条件、建筑物布局、经济性以及当地建筑材料的情况。通过对多种坝型方案的技术经济比较，碾压混凝土拱坝在可行性研究阶段被推荐，而在初步设计阶段，经过对三条坝线的多方面对比，中坝线最终被选定。

对于岩体风化带的划分，基于地质调查和勘察，统计并归纳了相关宏观特征。遵循特定原则选定了定量指标，实现了对坝址区岩体风化的量化分带，且针对不同区域和部位赋予了不同的划分特征指标，这对坝基的建设和边坡的稳定性评估意义重大。

依据野外地质勘察数据和岩体结构面分级标准，对坝基岩体结构面进行了详细分类和特征研究，提出了合理的力学参数建议指标，为坝体的稳定性分析和设计提供了有力支持。

在岩体结构划分方面，以多项关键量化指标为依据，结合结构面间距与岩体完整性的关系，确定了坝肩岩体结构分类，为工程的安全性和稳定性评估奠定了基础。

通过综合分析国内外坝基岩体质量分级标准，结合三河口坝址区的实际情况，建立了适宜的质量分级标准。通过对比成熟的分级方法，选出最优坝线并进行质量分级，为工程建设提供了可靠的参考。

结合坝体的承载要求及应力水平，综合考虑多种因素，确定建基面选择的量化标准，选取了关键的力学参数指标，保障了拱坝的设计和施工质量。采用定性定量相结合的方法分析坝肩岩体的抗滑稳定性，通过数值模拟深入研究，准确判断了坝基（肩）岩体的抗滑稳定状况，并指出了相关复杂问题。

建基面开挖后，通过系统的地质调查、复核试验和检测，对之前的岩体力学参数进行了验证。利用多种测试手段，优化了坝基建基面高程，为施工和工程处理提供了科学依据。

三河口水利枢纽初期下闸蓄水验收后的监测结果良好，各方面均未出现异常，充分证明了工程勘察成果的准确性、建基面优化的合理性以及工程处理措施的有效性。

本书在编写过程中，始终坚持理论与实际紧密结合，以现场勘察和实验研究为根本，为水利水电工程地质领域的相关理论和方法提供了丰富的实际案例和可靠的数据支持。从宏观的区域地质分析，到微观的岩体结构面特征研究，都进行了全面而深入的阐述，详细从三河口水利枢纽的区域地质构造、工程地质条件、坝址选择和坝型论证、岩体风化和卸荷特征、坝基岩体结构面特征、坝基岩体特征、坝基建基面研究与选择、坝肩岩体抗滑稳定性以及工程建设期建基面的优化等方面进行研究。这些研究成果有效促使了三河口水利枢纽的成功建设和运行，为推动我国水利工程建设的持续发展贡献力量。同时，本书充分借鉴了国内外相关领域的研究成果和实践经验，使内容更具前瞻性和广泛性。希望读者能够全面地了解三河口水利枢纽勘察的关键技术问题，充分认识坝址区岩体工程地质问题的本质和规律。这些研究成果也为我国地质工程技术发展积累了宝贵的经验，希望本书的研究成果能为相关领域的研究和实践提供帮助。

展望未来，随着技术的不断进步和勘察方法的不断创新，水利水电工程地质勘察将更加依赖于高科技手段，如遥感技术、地球物理探测技术、数值模拟技术等，以提高勘察的准确性和效率。在勘察技术方面，将更加智能化和高效化。新型的探测设备和传感器将能够提供更精确、更全面的地质数据，无人机遥感、三维地质建模等技术将使我们对地质条件的了解更加直观和深入。同时，数据处理和分析技术的进步将有助于快速提取有用信息，提高勘察的效率和准确性。在理论研究方面，对岩体力学特性、地质构造演化等的认识将不断深化。多场耦合理论、非线性力学理论等将在水利水电工程地质勘察中得到更广泛的应用，从而更准确地预测地质体在工程作用下的响应。

随着环境保护意识的增强和可持续发展理念的深入人心，工程地质勘察将更加注重生态环境保护和工程建设的可持续性。勘察工作将更加注重生态平衡和资源的合理利用。在工程规划和设计中，充分考虑生态系统的保护和修复，减少工程建设对周边环境的负面影响。同时，探索绿色勘察技术和方法，降低能源消耗和废弃物排放。

此外，随着“一带一路”倡议的推进，我国的水利水电工程地质勘察技术也将走向世界，各国在水利水电工程地质勘察领域的交流与合作将更加密切。通过分享经验和技术，共同解决全球性的水利水电工程难题，推动行业的整体发展，为全球的水利水电工程建设提供中国智慧和中国方案。

对于三河口水利枢纽这样的工程案例，未来应持续进行长期监测和研究，不断总结经验教训，为类似工程的建设和运营提供更丰富的参考。同时，其成功经验也应推广应用到其他地区的水利水电工程中，促进水利事业的全面发展。

本书的出版，不仅为水利水电工程地质勘察领域提供了宝贵的参考资料，而且为相关领域的研究和实践提供了新的思路和方法。希望本书能够激发更多学者和专业技术人员对水利水电工程地质勘察的兴趣和热情，共同推动该领域的不断发展，为我国的水利水电工程建设作出更大的贡献。

参 考 文 献

[1] 宋文搏，张兴安，蒋锐，等．陕西省引汉济渭工程三河口水利枢纽工程地质勘察报告（初步设计阶段）[R]．2015.

[2] 中华人民共和国住房和城乡建设部，中华人民共和国国家质量监督检验检疫总局．水利水电工程地质勘察规范：GB 50487—2008 [S]．北京：中国计划出版社，2022.

[3] 中华人民共和国住房和城乡建设部，中华人民共和国国家质量监督检验检疫总局．工程岩体分级标准：GB/T 50218—2014 [S]．北京：中国计划出版社，2014.

[4] 万宗礼，聂德新，杨天俊，等．高拱坝建基岩体研究与实践 [M]．北京：中国水利水电出版社，2009.

[5] 中华人民共和国水利部．水利水电工程地质测绘规程：SL/T 299—2020 [S]．北京：中国水利水电出版社，2020.

[6] 谷德振．岩体工程地质力学基础 [M]．北京：科学出版社，1979.

[7] 孙广忠．岩体力学基础 [M]．北京：科学出版社，1983.

[8] 孙玉科，牟会宠，姚宝魁．边坡岩体稳定性分析 [M]．北京：科学出版社，1988.

[9] 张倬元，王士天，王兰生，等．工程地质分析原理 [M]．北京：地质出版社，1981.

[10] 王思敬．坝基岩体工程地质力学分析 [M]．北京：科学出版社，1990.

[11] 韩爱果，聂德新．岩体结构研究中统计区间长度的确定 [J]．地球科学进展，2004，(S1)：269-299.

[12] 中华人民共和国住房和城乡建设部，中华人民共和国国家质量监督检验检疫总局．水力发电工程地质勘察规范：GB 50287—2016 [S]．北京：中国计划出版社，2016.

[13] 中华人民共和国水利部．中小型水利水电工程地质勘察规范：SL 55—2005 [S]．北京：中国水利水电出版社，2005.

[14] 中华人民共和国住房和城乡建设部，中华人民共和国国家质量监督检验检疫总局．岩土工程勘察规范：GB 50021—2001 [S]．北京：中国建筑工程出版社，2002.

[15] Shannely R J, Mahhlab M A. Delineatin and Analysis of Cluster in Orientation Data [J]. Mathematical Geology. 1976, No. 1 (Vol. 8).

[16] 冯希杰，许俊奇，等．陕西省引汉济渭工程地震安全性评价工作报告 [R]．2008.

[17] 李强．变质岩地区拱坝建基岩体质量综合分级及建基面选择研究——以引汉济渭工程三河口水库为例 [D]．西安：长安大学，2013.

[18] 赵宪民．三河口拱坝建基岩体特征及坝肩稳定研究 [D]．西安：长安大学，2013.

[19] 张兴安，曾国洪，党建涛，等．三河口水库拱坝建基面选择及优化效果验证 [J]．长江科学院院报，2020，37（3）：114-117，124.

[20] 赵宪民，尹健民，李永松，等．三河口水利枢纽工程坝址区河谷应力场分析研究 [J]．长江科学院院报，2013，30（2）：31-34.

[21] 邢丁家，邢一豪．引汉济渭工程三河口水库拱坝坝基岩体质量特征与建基面优化选择 [J]．地球科学与环境学报，2018，40（6）：806-812.

[22] 赵玮．引汉济渭工程三河口水利枢纽坝型选择研究 [J]．陕西水利，2015（4）：99-101.

[23] 李荣军．引汉济渭三河口大坝坝基帷幕灌浆试验研究 [J]．浙江水利水电学院学报，2017，29（4）：20-23.

附表 1

坝址区结构面统计及原位试验成果表

附表 1-1　　坝线及附属建筑物附近地表出露断层特征

出露位置	断层编号	产状		断层类型	断层带宽度/m	影响带宽度/m	充填情况	可见长度/m
		倾向/(°)	倾角/(°)					
横跨河谷	f_{43}	45～60	67～77	逆断层	0.8～1.5	5～8	充填糜棱岩夹厚10～20cm断层泥	>300
横跨河谷	f_{44}	左岸55，右岸220～233	左岸75，右岸70～86	逆断层	左岸0.5～1.0，右岸2.5～3.0	左岸2～4，右岸6～8	充填左岸糜棱岩，右岸糜棱岩夹厚10～20cm断层泥	>300
横跨河谷	f_{45}	213～225	61～65	逆断层	0.5～1.2	3～5	充填糜棱岩夹厚5～10cm断层泥	>300
左岸	f_{8}	67	76	逆断层	0.08～0.17	0.3～0.5	充填角砾岩	>50
左岸	f_{58}	33	75	逆断层	0.5～1.0	3～5	充填糜棱岩	>100
左岸	f_{59}	325～340	55～60	逆断层	0.6～0.8	3～6	充填糜棱岩及断层泥	>100
左岸	f_{60}	88	75～80	逆断层	0.6～1.0	3～5	充填糜棱岩及断层泥	>200
左岸	f_{61}	185	80	逆断层	0.3～0.5	1～3	充填糜棱岩	>50
右岸	f_{12}	240～290	55～65	逆断层	0.15～0.20	0.5～0.8	充填糜棱岩及断层泥	>50
右岸	f_{13}	10～17	68～77	逆断层	0.2～0.3	0.5～0.8	充填角砾岩、糜棱岩	>100
右岸	f_{14}	250	75	逆断层	0.2	1～3	充填糜棱岩及断层泥	>50
右岸	f_{15}	27	80	逆断层	0.5	1～2	充填糜棱岩及断层泥	>50
右岸	f_{16}	286	73	逆断层	0.8～0.9	1～3	充填糜棱岩及断层泥	>100
右岸	f_{16-1}	220	85	平移断层	0.2～0.3	1～2	充填糜棱岩	>50
右岸	f_{42}	60	55	逆断层	0.2～0.4	0.5～1	充填糜棱岩及断层泥	>100
右岸	f_{46}	41	65	逆断层	0.6～1.1	3～5	充填糜棱岩及断层泥	>100
右岸	f_{48}	188	88	逆断层	0.1～0.2	0.5～1	充填碎裂岩及岩屑	>50
右岸	f_{55}	280～300	50	逆断层	0.3～0.5	1～3	充填糜棱岩	>50
右岸	f_{57}	280～310	45～53	逆断层	0.4～0.8	2～4	充填糜棱岩	>200

附表 1 - 2　　坝线平洞内揭示断层特征统计表

发育位置		平洞编号	高程/m	断层编号	倾向/(°)	倾角/(°)	断层类型	断层带宽度/cm	充填情况	在平洞出露位置/m
左岸	拱坝上坝线	PD31	624.30	PD31f_1	65	87	逆断层	10～20	断层带主要由方解石及少量断层泥组成	洞室 43～60
				PD31f_2	273	60	逆断层	10～20	断层带由方解石、岩屑充填，面起伏粗糙	洞室 56～62
				PD31f_3	45	50	逆断层	10～50	断层带由方解石、岩屑充填，面起伏粗糙	洞室 51～60
				PD31f_4	50～70	70～80	逆断层	20～50	断层带由断层泥、方解石、岩屑组成，面平直光滑	洞室 63～82
				PD31f_5	228	80	逆断层	10	断层带由岩屑组成，面平直光滑	洞室 79～86
	拱坝中坝线	PD1	572.00	PD1f_1	240	63	逆断层	10～20	充填断层泥白色钙质及压碎岩，洞壁潮湿	洞室左壁 5.1
				PD1f_2	283	85	逆断层	10～20	充填断层泥白色钙质及压碎岩，洞壁潮湿	洞室右壁 6.2
				PD1f_3	220～240	32～60	逆断层	10～20	充填断层泥及压碎岩，洞壁潮湿	洞室右壁 26.2
				PD1f_4	150～185	58～80	逆断层	10～15	充填断层泥及压碎岩，洞壁潮湿	洞室右壁 33
		PD22	619.10	PD22f_1	200	60	逆断层	10～30	充填方解石、岩屑，面平直光滑	洞室 19.8
				PD22f_2	12	50	逆断层	10～30	充填岩屑，云母含量较高	洞室 21.5
				PD22f_3	190	50	逆断层	5	充填岩屑、断层泥	洞室 28.5
				PD22f_4	195	54	逆断层	3～5	充填岩屑、方解石	洞室 35.5
				PD22f_5	332	85	逆断层	5～10	充填岩屑、方解石局部断层泥	洞室 59.8
				PD22f_6	195	62	逆断层	5～10	充填岩屑、方解石局部断层泥	洞室 69.6
				PD22f_7	188	54	逆断层	20～30	充填岩屑方解石脉局部断层泥	洞室 83.4
		PD23	601.01	PD23f_1	187	57	逆断层	10～30	断层由岩屑及少量断层泥组成，面平直光滑	洞室 30.2
				PD23f_2	55～65	35～45	逆断层	3～20	断层由岩屑、碎屑岩组成，面平直光滑，断层有滴水现象	洞室 46.0
				PD23f_3	175	84	逆断层	3～5	充填方解石脉，面平直光滑	洞室 63.8
				PD23f_4	182	58	逆断层	2～4	充填方解石脉，面平直光滑	洞室 66.6

续表

发育位置		平洞编号	高程/m	断层编号	倾向/(°)	倾角/(°)	断层类型	断层带宽度/cm	充填情况	在平洞出露位置/m
左岸	拱坝中坝线	PD23	601.01	PD23f_5	3	56	逆断层	5～10	充填岩屑，面粗糙，岩屑呈杂色	洞室75.4
				PD23f_1支	220～240	60～70	逆断层	5～25	充填岩屑、碎屑岩及断层泥，面平直光滑	洞室20.2
				PD23f_2支	50～60	45～55	逆断层	15～40	岩屑、碎裂岩组成，局部含零星泥质	洞室25.0
				PD23f_3支	45	25	逆断层	10～40	充填碎屑岩，面平直光滑	洞室28.0
		PD2	588.49	PD2f_1	187	61	逆断层	5～10	充填碎裂岩	洞室7.9
				PD2f_2	85	54	逆断层	5～10	充填碎裂岩	洞室7.9～18.0
				PD2f_3	180～195	35～45	逆断层	20～30	充填断层泥及碎裂岩	洞室18.0
				PD2f_4	15	60	逆断层	5～10	充填碎裂岩	洞室19.3
				PD2f_5	74	70	逆断层	10～20	充填糜棱岩	右壁19.3～31.2
				PD2f_6	190	65	逆断层	5～15	充填碎裂岩	洞室45.0
				PD2f_7	170	62	逆断层	5～15	充填断层泥及碎裂岩	洞室48.9
左岸	拱坝中坝线	PD2	588.49	PD2f_8	20～50	40～45	逆断层	20～40	充填断层泥及碎裂岩	洞室62.0～75.0
				PD2f_9	60	50	逆断层	20～30	充填断层泥及碎裂岩	左壁68.0，右壁65.0
		PD20	564.76	PD20f_1	240～255	60～80	逆断层	30～50	充填锈黄色断层泥及碎裂岩，沿断层带有渗水、滴水现象	洞室25.0
				PD20f_2	245～260	45～60	逆断层	10～40	充填碎裂岩、断层泥	左壁38.5～61.4
				PD20f_3	70	58	逆断层	5～10	充填糜棱岩	左壁62.5
				PD20f_4	150	46	逆断层	5～15	充填糜棱岩及碎裂岩	左壁99.0
				PD20f_5	290～300	15～20	逆断层	15～20	充填碎裂岩	洞室31.2
	拱坝下坝线	PD29	605.93	PD29f_1	35～60	25～46	逆断层	20～40	钙化方解石脉充填，有灰白色断层泥，延伸大于30m	洞室3.5～73.8
				PD29f_2	350	84	逆断层	10～20	岩屑及断层泥充填，断层泥灰白色，延伸约1.8m	洞室32.5
				PD29f_3	82	3	逆断层	5～20	充填岩屑石英岩脉及锈黄色断层泥	洞室73.8
		PD13	595.08	PD13f_1	325	55～60	逆断层	30～100	充填糜棱岩及压碎岩，沿破碎带两侧均有滴水、渗水现象	洞室21.0
				PD13f_2	323	43	逆断层	5～10	破碎带为糜棱岩、断层泥，有滴、渗水现象	洞室40.0
		PD14	565.71	PD14f_1	185	80	逆断层	10～15	充填碎屑岩及泥质	洞室3.0
				PD14f_1支	287	82	逆断层	50～70	充填断层泥及压碎岩	支洞9.0

续表

发育位置		平洞编号	高程/m	断层编号	倾向/(°)	倾角/(°)	断层类型	断层带宽度/cm	充填情况	在平洞出露位置/m
右岸	拱坝上坝线	PD3	562.30	PD3f_1	65～80	56～68	逆断层	10～20	充填碎屑岩及1～3cm断层泥	洞室5.0
				PD3f_2	195	54	逆断层	10～20	充填碎屑岩及1～5cm断层泥	洞室右壁40.2
				PD3f_3	42	86	逆断层	10～20	充填碎屑岩及1～5cm断层泥	洞室左壁37
		PD32	609.20	PD32f_1	225	55	逆断层	80～120	充填碎裂岩，含泥质，泥质厚度1～2cm	洞室10.75
				PD32f_2	300～320	52～46	逆断层	20～80	充填碎裂岩，含泥质，泥质厚度1～3cm	洞室22.3
				PD32f_3	245	62	逆断层	5～10	充填碎裂岩，含泥质，泥质厚度2cm	洞室25.5
				PD32f_4	150	25	逆断层	5～15	充填碎裂岩，含泥质，断层面局部呈线状流水	洞室66.7
				PD32f_5	210	65	逆断层	5～20	充填碎裂岩夹泥质，泥质厚度3～5mm，断层裂面平滑	洞室左壁71.0
	拱坝中坝线	PD25	541.63	PD25f_1	250～270	50～65	逆断层	10～40	充填糜棱岩，为坝址区f_{14}断层	洞室18.1
		PD26	563.24	PD26f_1	150～190	16～30	逆断层	10～30	充填糜棱岩及岩屑	洞室45.7
				PD26f_1'	170	25	逆断层	5～10	充填糜棱岩，沿断层附近有滴水、渗水现象	洞室52.4
				PD26f_2	85～100	70～85	逆断层	10～30	充填糜棱岩及岩屑，沿断层附近有滴水、渗水现象	洞室55.0
				PD26f_3	285～295	60～67	逆断层	10～30	充填糜棱岩及岩屑	洞室75.2
				PD26f_4	270～310	25～48	逆断层	5～20	充填糜棱岩，沿断层附近有滴水、渗水现象	洞室75.6
				PD26f_5	190～200	65～70	逆断层	10～80	充填糜棱岩及岩屑	洞室85.0
				PD26f_1支	130	69	逆断层	10～15	充填碎屑岩及泥质	支洞洞室9.6
				PD26f_2支	70	68	逆断层	10～15	充填碎屑岩及泥质	支洞洞室26.0
		PD21	585.06	PD21f_1	150～190	16～30	逆断层	10～15	充填锈黄色断层泥及碎裂岩	洞室6.6
				PD21f_2（F_{57}）	304	55	逆断层	50～60	充填锈黄色断层泥及碎裂岩	洞室34.2
				PD21f_3	75	85	逆断层	5～15	充填碎裂岩及岩屑	洞室35.0～47.0
				PD21f_4	95	46	逆断层	10～20	充填碎裂岩及岩屑	洞室左壁55.0

续表

发育位置		平洞编号	高程/m	断层编号	倾向/(°)	倾角/(°)	断层类型	断层带宽度/cm	充填情况	在平洞出露位置/m
右岸	拱坝中坝线	PD21	585.06	$PD21f_5$	190	34	逆断层	50～150	充填锈黄色断层泥及青灰色碎裂岩，断带潮湿	洞室左壁68.3
				$PD21f_6$	175	76	逆断层	30～70	充填锈黄色断层泥及青灰色碎裂岩，有滴水、渗水现象	洞室左壁80.3
		PD27	602.70	$PD27f_1$	295	48	逆断层	20～50	充填碎裂岩及岩屑	洞室12.0
				$PD27f_2$	188	57	逆断层	8～10	充填碎裂岩及岩屑	洞室右壁19.0
				$PD27f_1$支	265	65	逆断层	10～40	充填碎裂岩及岩屑	洞室10.0
		PD28	622.35	$PD28f_1$	304	88	逆断层	5～30	充填碎裂岩及岩屑杂色断面不规整	洞室25.1
				$PD28f_2$	260	74	逆断层	5～20	充填糜棱岩岩屑及断层泥	洞室41.1
				$PD28f_3$	65	75	逆断层	15～30	充填糜棱岩岩屑及断层泥	洞室左壁48.1，右壁53.0
				$PD28f_4$	150	74	逆断层	5～10	充填岩屑石英岩脉及灰黄色断层泥	洞室94.8
				$PD28f_5$	90	18	逆断层	5～10	充填岩屑石英岩脉及灰黄色断层泥	左壁107.0，右壁104.8
				$PD28f_6$	190	40	逆断层	5～10	充填岩屑石英岩脉及灰黄色断层泥	左壁107.0，右壁104.8
	拱坝下坝线	PD15	564.01	$PD15f_1$	170	42	逆断层	5～10	充填糜棱岩	洞室2.0～10.0
				$PD15f_2$	230	61	逆断层	5～10	充填糜棱岩	洞室12.0
				$PD15f_3$	215	85	逆断层	5～10	充填糜棱岩	洞室12.0
				$PD15f_4$	304	70	逆断层	20～30	充填糜棱岩	洞室21.1
		PD16	597.90	$PD16f_1$	60	35	逆断层	5～10	充填糜棱岩	洞室11.2
				$PD16f_2$	280	65	逆断层	5～20	充填碎裂岩及岩脉	洞室55.2
				$PD16f_1$支	98	78	逆断层	5～10	充填糜棱岩及岩屑	支洞7.9
		PD17	639.77	$PD17f_1$	212	62	逆断层	10～50	断带为糜棱岩	洞室0～17.5
				$PD17f_2$	245～255	55～65	逆断层	13～50	充压碎角砾岩	洞室20.8
				$PD17f_3$	250	77	逆断层	2～5	充填糜棱岩	洞室18.0
				$PD17f_4$	295	68	逆断层	30～80	充填断层泥及糜棱岩	洞室30.0
				$PD17f_5$	120	60	逆断层	30～60	充填断层泥及糜棱岩	洞室32.0
				$PD17f_6$	85	50	逆断层	50～80	充填断层泥及糜棱岩，断层泥厚约1.0cm	洞室57.0

附表 1-3　　**坝址区优势裂隙走向分布**

位置		平洞编号	高程/m	优势裂隙方向			缓倾角优势裂隙
左岸	上坝线	PD1	571.98	280°～290°（NE/SW）∠75°～88°	70°～80°（NW/SE）∠75°～88°	0°～350°（NE/SW）∠75°～88°	4 条，各方向小于 5 条
左岸	距上 20m	PD10	606.19	80°～90°（SE）∠60°～70°	0°～10°（NW）∠75°～85°	270°～280°（NE）∠50°～60°	14 条为 310°（NE）、10 条为 3°（NW）∠10°～20°
左岸	上坝线	PD31	624.32	0°～10°（NW/SE）∠60°～70°	320°～330°（NE/SW）∠50°～60°	20°～30°（NW/SE）∠60°～70°	15 条为 320°～350°（NE/SW）∠10°～20°
左岸	中坝线	PD24	538.57	300°～310°（SW）∠60°～70°	340°～350°（NE）∠80°～89°	30°～80°（NW/SE）∠75°～85°	12 条为 30°～40°（NW）∠20°～30°
左岸	中坝线	PD20	564.76	330°～340°（NE/SW）∠40°～60°	其他方向均有分布		11 条为 10°（NW/SE）、10 条为/331°（NE/SW）∠10°～30°
左岸	中坝线	PD2	588.98	0°～10°（NW/SE）∠80°～89°	330°～340°（NE/SW）∠80°～89°	其他方向均有分布	11 条为 20°（NW/SE）、10 条为 294°（NE/SW）∠10°～30°
左岸	中坝线	PD23	601.01	60°～85°（NW/SE）∠60°～80°	其他方向均有分布		11 条为 71°（NW/SE）∠10°～30°
左岸	中坝线	PD22	619.12	52°～72°（NW/SE）∠80°～89°	其他方向均有分布		15 条，各方向小于 5 条
左岸	下坝线	PD14	566.30	35°～55°（NW/SE）∠80°～89°	280°～290°（SW）∠75°～85°	310°～320°（SW）∠50°～60°	15 条，各方向小于 5 条
左岸	距下 60m	PD18	570.54	20°～30°（NW）∠70°～80°	60°～70°（SE）∠80°～89°	300°～310°（SW）∠80°～89°	7 条，各方向小于 5 条
左岸	距下 10m	PD13	595.08	280°～290°（SW）∠60°～80°	其他方向均有分布		7 条，各方向小于 5 条
左岸	下坝线	PD29	605.93	15°～25°（NW）∠60°～70°	310°～320°（NE/SW）∠80°～89°	70°～80°（NW）∠50°～70°	12 条为 310°～320°（NE）∠10°～20°
左岸	距下 20m	PD12	643.80	50°～60°（NE/SW）∠75°～85°	80°～90°（NW/SE）∠75°～85°	其他方向均有分布	11 条，各方向小于 5 条
右岸	上坝线	PD3	562.30	0°～10°（SE）∠80°～89°	其他方向均有分布		17 条，各方向小于 5 条
右岸	距上 21m	PD11	566.87	310°～320°（SW）∠60°～70	50°～70°（NW）∠60°～70	340°～350°（SW）∠60°～70	13 条，各方向小于 5 条
右岸	上坝线	PD32	609.20	340°～350°（NE）∠60°～70°	20°～40°（NW）∠60°～70	60°～80°（NW/SE）∠60°～70	19 条，各方向小于 5 条
右岸	中坝线	PD25	541.63	60°～70°（SE）∠70°～80°	270°～280°（NE/SW）∠75°～85°	320°～330°（NE/SW）∠75°～85°	11 条为 50°～65°（SE）∠10°～20°
右岸	中坝线	PD26	563.24	60°～80°（SE）∠75°～85°	270°～280°（SW）∠60°～70°	280°～290°（NE/SW）∠70°～80°	15 条为 325°～335°（NE）、9 条为 0°～10°（SW）∠10°～20°

续表

位置		平洞编号	高程/m	优势裂隙方向			缓倾角优势裂隙
右岸	中坝线	PD21	585.06	80°～90°（SE）∠80°～89°	其他方向均有分布		13条，各方向小于5条
右岸	中坝线	PD27	602.70	80°～90°（SE）∠70°～85°	280°～290°（SW）∠70°～85°	其他方向均有分布	13条为20°～55°（SE）∠10°～20°
右岸	中坝线	PD28	622.35	80°～90°（SE）∠75°～85°	330°～30°（SW/NE）∠70°～85°方向均有分布		24条为60°～80°（SE）、21条为300°～340°（SE）、15条为20°～30°（SE）∠10°～30°
右岸	距下18m	PD15	564.87	各方向均有分布			9条，各方向小于5条
右岸	距下6m	PD4	573.71	各方向均有分布			10条为20°～60°（SE）、9条为300°～310°（SW）∠10°～30°
右岸	距下60m	PD19	582.28	280°～310°（NE/SW）∠75°～85°	330°～340°（NE/SW）∠80°～89°	10°～20°（NW/SE）∠80°～89°	10条为300°～330°（NE/SW）∠0°～20°
右岸	下坝线	PD16	598.36	260°～270°（NE/SW）∠80°～89°	80°～90°（SE/NW）∠80°～89°	330°～340°（NE）∠80°～89°	10条，各方向小于5条
右岸	下坝线	PD17	640.59	30°～40°（NW/SE）∠80～89°	其他方向均有分布		16条为320°～350°（NE）、13条为270°～300°（NE）∠0°～30°

附表1-4　　坝址区岩体结构面分级及充填分类综合统计表

规模分级（代号）	力学性质分类	综合代号	出露规模	填充特征	代表性结构面编号或位置
中型断层（Ⅲ）	岩屑夹泥型	III_1	延伸长度大于200m，或断层破碎带宽度大于1m。该组影响带宽度一般为3～8m	充填断层角砾岩、糜棱岩	f_{57}
		III_2		充填断层角砾岩、糜棱岩及断层泥	f_{43}、f_{44}、f_{45}、f_{60}
	岩块岩屑型	III_3	延伸长度100～200m，或断层破碎带宽度0.5～1m。该级影响带宽度一般为1～5m	充填断层角砾岩、糜棱岩	f_{13}、f_{58}
	岩屑夹泥型	III_4		充填断层角砾岩、糜棱岩及断层泥	f_{15}、f_{16}、f_{42}、f_{46}、f_{59}

续表

规模分级（代号）	力学性质分类	综合代号	出露规模	填充特征	代表性结构面编号或位置
小断层（Ⅳ）	岩块岩屑型（1）	$Ⅳ_1$	延伸长度小于100m，或断层破碎带宽度小于0.5m。该级影响带断层小于3m	充填断层角砾岩、糜棱岩	f_{46}、f_{61}、f_8、f_{16-1}、f_{55}、PD2f_1、PD2f_2、PD2f_4、PD2f_5、PD2f_6、PD20f_4、PD20f_5、PD25f_1、PD26f_1、PD26f_1、PD26f_2、PD26f_3、PD26f_4、PD26f_5、PD21f_3、PD21f_4、PD27f_1、PD27f_2、PD28f_1、PD16f_1、PD16f_2、PD16f_1支、PD17f_1、PD17f_2、PD17f_3、PD13f_1、PD15f_1、PD15f_2、PD15f_3、PD15f_4、PD15f_1、PD15f_2、PD15f_3、PD15f_4、PD31f_2、PD31f_3、PD23f_2、PD23f_3、PD23f_4、PD23f_5、PD23f_3 支、PD22f_1、PD22f_2、D22f_4
	岩屑夹泥型（2）	$Ⅳ_2$		充填断层角砾岩、糜棱岩及断层泥	f_{12}、f_{14}、PD1f_1、PD1f_2、PD1f_3、PD1f_4、PD3f_1、PD3f_2、PD3f_3、PD32f_1、PD32f_2、PD32f_3、PD32f_4、PD32f_5、PD2f_3、PD2f_7、PD2f_8、PD2f_9、PD20f_1、PD20f_2、PD20f_3、PD26f_1 支、PD21f_1、PD21f_5、PD21f_6、PD27f_1 支、PD28f_2、PD28f_3、PD28f_4、PD28f_5、PD28f_5、PD29f_1、PD29f_2、PD29f_3、PD14f_1、PD14f_1 支、PD17f_4、PD17f_5、PD17f_6、PD12f_1、PD12f_2、PD13f_2、PD31f_3、PD31f_4、PD31f_5、PD23f_1、PD23f_1支、PD23f_2支、PD22f_3、PD22f_5、PD22f_6、PD22f_7

附表 1-5　坝址区岩体结构面分级及充填分类综合统计表

规模分级（代号）	力学性质分类	综合代号	出露规模/m		填充特征	代表性结构面编号或位置
裂隙（Ⅴ）	无充填型（1）	$Ⅴ_1$	＜15	0.1～0.3	无充填，裂隙面平直光滑，多闭合	PD20Jj55、Jj79，PD24Jj54，PD25Jj65、Jj66、Jj67，PD28LJ212，PD21Jj104，PD24Jj58，PD28LJ90、LJ93、LJ190 等
	钙质充填型（2）	$Ⅴ_2$	＜15	0.1～0.3	钙质充填，裂隙面平直光滑	PD24Jj33、Jj92、Jj85、Jj79，PD27Jj86、Jj93，PD26Jj141 等
	岩屑充填型（3）	$Ⅴ_3$	＜15	0.3～0.5	岩屑充填，裂隙面平直粗糙	PD27Jj121，PD28LJ107，PD21Jj106、Jz114，PD25LJ104 等
侵入结构面	伟晶岩脉接触带				以紧密接触为主，局部为裂隙或断层接触	PD20 深 68～72m、87～93m、35～42m 处
	大理岩接触带					PD25 深 45～55m 处，PD27 支洞深 4～5m 处，PD28 深 75～80m 处
	石英岩脉接触带					钻孔 ZK12、ZK23、ZK50、ZK51 内及右岸上坝线右坝肩地表 74.0m，下坝线地表高程 572.50m 处

附表 2

坝址区岩石（室内）物理力学试验成果汇总表

附表 2-1　　坝址区岩石（室内）物理力学试验成果汇总表

岩石名称	风化程度	项目	物理性质							抗压强度			饱和抗拉强度 σ_t /MPa	变形强度				抗剪断强度		抗剪强度	
			比重 Δs	密度		吸水率 ω_a /%	饱和吸水率 ω_s /%	饱水系数 Ks /%	显孔隙率 n_0 /%	干燥 R_d /MPa	饱和 R_b /MPa	软化系数 Kr		干燥		饱和		黏聚力 c' /MPa	摩擦系数 f'	黏聚力 c /MPa	摩擦系数 f
				干燥 ρ_d /(g/cm^3)	饱和 ρ_b /(g/cm^3)									变形模量 E_{50} /GPa	泊松比 μ_{50}	变形模量 E_{50} /GPa	泊松比 μ_{50}				
变质砂岩	弱风化上带	试验组数	15	15	15	15	15	15	15	15	15	5	6	3	3	12	12	5	5	5	5
		最大值	2.88	2.85	2.86	0.74	0.77	0.96	2.08	176	155	0.71	14.8	45.2	0.3	73.8	0.3	19.6	2.41	4.5	1.43
		最小值	2.77	2.71	2.73	0.19	0.21	0.9	0.59	98	30	0.59	9.15	40.0	0.2	32.3	0.12	10.4	1.54	2.8	0.75
		平均值	2.82	2.79	2.80	0.37	0.39	0.93	1.09	98	67	0.67	11.85	43.1	0.27	48.2	0.22	13.9	1.84	3.5	1.05
		大值平均值	2.86	2.82	2.83	0.59	0.62	0.95	1.60	150	108	0.70	14.07	—	—	60.0	0.27	19.0	2.41	4.2	1.22
		小值平均值	2.80	2.77	2.78	0.28	0.31	0.92	0.84	85	60	0.63	9.64	—	—	39.8	0.16	10.5	1.69	3.1	0.80
		建议标准值	2.82	2.79	2.80	0.37	0.39	0.93	1.09	98	67	0.67	9.64	43.1	0.27	39.8	0.27	10.5	1.69	3.1	0.80

续表

岩石名称	风化程度	项目	物理性质							抗压强度			饱和抗拉强度 σ_t /MPa	变形强度				抗剪断强度		抗剪强度	
			比重 Δs	密度		吸水率 ω_a /%	饱和吸水率 ω_s /%	饱水系数 Ks /%	显孔隙率 n_0 /%	干燥 R_d /MPa	饱和 R_b /MPa	软化系数 Kr		干燥		饱和		黏聚力 c' /MPa	摩擦系数 f'	黏聚力 c /MPa	摩擦系数 f
				干燥 ρ_d /(g/cm³)	饱和 ρ_b /(g/cm³)									变形模量 E_{50} /GPa	泊松比 μ_{50}	变形模量 E_{50} /GPa	泊松比 μ_{50}				
变质砂岩	弱风化下带	试验组数	24	24	24	24	24	22	24	22	20	8	15	3	3	21	21	8	8	8	8
		最大值	3.05	3.00	3.02	0.92	0.98	0.97	2.78	172	167	0.95	13.80	66.6	0.32	78.3	0.41	17.4	2.24	6.2	1.48
		最小值	2.74	2.71	2.73	0.19	0.21	0.79	0.58	65	52	0.63	6.96	40.7	0.16	24.5	0.13	10.3	1.48	2.0	0.93
		平均值	2.83	2.80	2.81	0.42	0.45	0.93	1.26	108	88	0.83	10.75	55.4	0.24	55.7	0.24	14.1	1.96	4.4	1.23
		大值平均值	2.92	2.87	2.89	0.62	0.67	0.95	1.90	147	132	0.92	12.13	—	—	63.6	0.26	15.7	2.12	5.5	1.38
		小值平均值	2.77	2.74	2.75	0.29	0.31	0.91	0.88	95	80	0.68	9.18	—	—	45.2	0.21	12.4	1.69	3.4	1.09
	微风化	试验组数	39	39	39	39	39	39	39	39	39	13	12	12	12	25	27	11	11	11	11
		最大值	3.36	3.32	3.33	0.55	0.57	0.96	1.57	198	173	0.98	14.9	114	0.37	96.8	0.4	23.6	2.6	6.41	1.84
		最小值	2.7	2.68	2.69	0.11	0.13	0.85	0.37	79.8	30.8	0.62	8.31	59.6	0.21	42.2	0.14	8.11	1.46	1.28	0.92
		平均值	2.85	2.82	2.83	0.28	0.31	0.92	0.86	117.3	108.0	0.78	10.93	89.06	0.29	65.78	0.23	13.58	2.12	4.22	1.22
		大值平均值	2.95	2.93	2.94	0.37	0.4	0.94	1.13	168.7	135.4	0.88	13.2	103.68	0.33	77.93	0.3	18.65	2.37	5.96	1.44
		小值平均值	2.79	2.76	2.77	0.22	0.24	0.89	0.68	105.0	82.1	0.71	9.51	79.92	0.23	53.62	0.2	13.58	2.12	4.22	1.22
结晶灰岩	弱风化上带	试验组数	12	12	12	12	12	12	12	11	12	4	—	—	—	12	12	3	3	3	3
		最大值	2.80	2.78	2.79	0.78	0.91	0.95	2.31	114.0	106.0	0.9	—	—	—	75.5	0.37	11.5	2.25	4.2	1.07
		最小值	2.61	2.54	2.57	0.31	0.25	0.86	0.68	60.2	44.0	0.75	—	—	—	18.0	0.14	9.2	1.66	0.9	1.00
		平均值	2.72	2.69	2.70	0.46	0.49	0.92	1.30	88.5	65.0	0.82	—	—	—	49.7	0.25	10.7	1.88	2.06	1.02
		大值平均值	2.76	2.73	2.74	0.69	0.76	0.94	1.96	105.7	92.5	—	—	—	—	61.8	0.35	—	—	—	—
		小值平均值	2.61	2.55	2.58	0.34	0.35	0.90	0.96	67.9	55.9	—	—	—	—	32.8	0.2	—	—	—	—

续表

岩石名称	风化程度	项目	物理性质							抗压强度			饱和抗拉强度 σ_t /MPa	变形强度				抗剪断强度		抗剪强度	
			比重 Δs	密度		吸水率 ω_a /%	饱和吸水率 ω_s /%	饱水系数 Ks /%	显孔隙率 n_0 /%	干燥 R_d /MPa	饱和 R_b /MPa	软化系数 Kr		干燥		饱和		黏聚力 c' /MPa	摩擦系数 f'	黏聚力 c /MPa	摩擦系数 f
				干燥 ρ_d /（g /cm^3）	饱和 ρ_b /（g /cm^3）									变形模量 E_{50} /GPa	泊松比 μ_{50}	变形模量 E_{50} /GPa	泊松比 μ_{50}				
结晶灰岩	弱风化下带	试验组数	15	15	15	15	15	15	15	15	15	5	3	3	3	15	15	5	5	3	5
		最大值	3.08	3.05	3.06	0.52	0.54	0.97	1.55	149.0	146.0	0.91	6.91	54.4	0.27	75.0	0.45	15.4	3.04	5.0	1.36
		最小值	2.77	2.74	2.75	0.20	0.21	0.88	0.59	68.7	43.9	0.67	4.24	50.4	0.21	34.4	0.15	11.2	1.10	1.4	0.73
		平均值	2.86	2.83	2.84	0.30	0.32	0.94	0.92	108.2	83.6	0.77	5.62	51.8	0.23	55.2	0.24	13.2	2.05	3.6	1.03
		大值平均值	2.93	2.90	2.91	0.38	0.40	0.95	1.13	125.1	104.3	0.89	—	—	—	64.7	0.33	14.3	2.52	4.1	1.20
		小值平均值	2.81	2.79	2.80	0.24	0.25	0.91	0.73	98.0	65.5	0.69	—	—	—	46.8	0.21	11.6	1.35	2.5	1.05
	微风化	试验组数	42	42	42	42	42	42	42	42	42	14	21	9	9	27	27	9	9	9	9
		最大值	3	2.95	2.97	0.56	0.58	0.98	1.63	274	205	0.92	14.5	101	0.32	91	0.37	16.6	2.05	6.6	1.4
		最小值	2.5	2.46	2.48	0.22	0.25	0.79	0.67	63.7	42.3	0.45	2.26	58.5	0.18	26.6	0.14	8.6	1.48	1.6	0.9
		平均值	2.85	2.82	2.83	0.36	0.38	0.93	1.08	143.03	108.4	0.76	8.5	77.34	0.24	64.59	0.22	11.93	1.76	4.4	1.09
		大值平均值	2.93	2.89	2.9	0.42	0.45	0.95	1.28	178.05	139.62	0.84	10.6	85.42	0.27	76.62	0.25	13.85	1.99	5.95	1.27
		小值平均值	2.78	2.75	2.76	0.29	0.32	0.91	0.9	111.2	77.3	0.66	5.09	67.25	0.19	51.62	0.18	10.4	1.59	2.84	1.00

附表 2　坝址区岩石（室内）物理力学试验成果汇总表

续表

岩石名称	风化程度	项目	物理性质							抗压强度			饱和抗拉强度 σ_t /MPa	变形强度				抗剪断强度		抗剪强度	
			比重 Δs	密度		吸水率 ω_a /%	饱和吸水率 ω_s /%	饱水系数 Ks /%	显孔隙率 n_0 /%	干燥 R_d /MPa	饱和 R_b /MPa	软化系数 Kr		干燥		饱和		黏聚力 c' /MPa	摩擦系数 f'	黏聚力 c /MPa	摩擦系数 f
				干燥 ρ_d /（g/cm³）	饱和 ρ_b /（g/cm³）									变形模量 E_{50} /GPa	泊松比 μ_{50}	变形模量 E_{50} /GPa	泊松比 μ_{50}				
大理岩	弱风化上带	试验组数	3	3	3	3	3	3	3	3	3	1	3	3	3	3	3	2	2	—	2
		最大值	2.73	2.72	2.72	0.13	0.14	0.91	0.39	91.8	81.8	0.85	5.74	72.9	0.3	56.1	0.34	6.2	1.88	—	0.93
		最小值	2.72	2.71	2.72	0.11	0.12	0.88	0.33	77.4	61.3	0.85	4.37	53.9	0.23	44.2	0.27	6.2	1.15	—	0.93
		平均值	2.72	2.71	2.72	0.12	0.13	0.89	0.35	84.07	66.0	0.85	4.97	61.23	0.26	52.10	0.30	6.20	1.52	—	0.93
	弱风化下带	试验组数	24	24	24	24	24	24	24	21	21	7	15	2	2	7	7	6	3	6	6
		最大值	2.74	2.72	2.72	0.37	0.43	0.96	1.16	118	94.7	0.87	10.6	66.5	0.21	90.9	0.32	13	1.88	5.2	11
		最小值	2.69	2.67	2.68	0.11	0.13	0.74	0.35	66.3	34.7	0.66	3.25	45.4	0.14	25.8	0.18	1.19	1.43	0.75	0.9
		平均值	2.72	2.69	2.70	0.26	0.30	0.87	0.80	92.47	71.3	0.77	6.58	55.95	0.18	69.47	0.26	6.29	1.60	1.90	4.85
		大值平均值	2.72	2.71	2.71	0.31	0.35	0.91	0.96	104.45	82.25	0.82	8.88	—	—	85.60	0.28	11.20	—	3.60	8.57
		小值平均值	2.71	2.68	2.69	0.17	0.17	0.82	0.54	81.58	58.02	0.67	4.56	—	—	47.97	0.20	1.37	—	1.50	1.13
伟晶岩脉	微风化	试验组数	9	9	9	9	9	9	9	9	8	3	7	1	1	4	4	1	1	1	1
		最大值	2.66	2.63	2.64	0.65	0.76	0.98	1.98	139	117	0.79	10.8	—	—	41.7	0.37	—	—	—	—
		最小值	2.62	2.57	2.59	0.36	0.39	0.84	1.03	59.7	44.7	0.73	3.77	—	—	27.2	0.1	—	—	—	—
		平均值	2.64	2.60	2.61	0.53	0.58	0.92	1.51	98.00	73.80	0.76	8.45	71.20	0.14	37.05	0.21	11.20	1.63	3.20	1.07
		大值平均值	2.65	2.62	2.63	0.58	0.65	0.95	1.68	119.00	89.80	0.79	10.18	—	—	40.33	0.29	—	—	—	—
		小值平均值	2.63	2.59	2.60	0.44	0.50	0.86	1.30	71.75	57.80	0.75	6.16	—	—	27.20	0.13	—	—	—	—

附表 3

坝址区原位试验成果统计表

附表 3-1　　坝址区岩体直剪试验成果汇总表

平洞编号	岩性	风化程度	直剪强度参数				简要地质说明
			抗剪断强度		抗剪强度		
			f'	c'/MPa	f	c/MPa	
PD1	变质砂岩	弱风化	1.00	1.30	0.70	0.85	灰～灰褐色，变余砂状结构，块状、层状构造。裂隙不发育，多呈闭合状，少量微张，裂隙面附着白色钙质薄膜，厚度为 1～2mm。该变形试验承压面为岩石层面，面平直，较光滑，局部可见擦痕，延伸较远，岩层产状 229°∠80°。岩石断面的变余砂状结构清晰可见。岩石新鲜，较完整、坚硬，锤击声清脆、震手，有回弹
PD3	变质砂岩	弱风化	1.21	1.80	0.69	0.82	灰～灰褐色，变余砂状结构，块状、层状构造。裂隙较不发育，多呈闭合状，无充填。岩体中发育有线状石英岩脉。该变形试验承压面为岩石层面，面平直，较光滑，岩层产状 224°∠74°。岩石断面的变余砂状结构清晰可见。岩石较完整、坚硬，锤击声较清脆、稍震手，有回弹，属微风化。洞顶、洞壁有滴水、渗水现象，洞底岩石处于浸水状态
PD14	变质砂岩	弱风化	1.21	1.70	0.93	0.80	变质砂岩夹伟晶岩脉，灰～灰白色，变余砂质结构，块状层状构造；岩层面裂隙、风化裂隙发育，多张开，间距 5.0～20cm 裂面多色变，波状起伏较粗糙，附着钙模及铁锈，该试段同时发育有多条伟晶岩脉，浅灰白色，岩脉晶体之间胶结胶差，两岩性呈侵入接触，接触带较破碎，凿制的试体锤击声较清脆，不震手；洞底渗水试体处于浸水饱和状态
PD15	结晶灰岩	弱风化	1.26	1.18	0.81	0.59	结晶灰岩，浅灰色，粒状变晶结构，块状构造，岩石致密坚硬；岩体较完整，风化裂隙较发育，裂面平直光滑，大部分附着黄色钙膜及岩屑，裂隙产状 120°～130°∠75°，宽度 2.0mm，有少部分裂隙具风化夹层，夹层物质矿物已发生严重色变，宽度 5.0～10mm，结构松散，受风化夹层影响凿制的试体有缺失，洞底有渗水，试验时试段处浸水使其呈饱和状态

续表

平洞编号	岩性	风化程度	直剪强度参数				简要地质说明
			抗剪断强度		抗剪强度		
			f'	c'/MPa	f	c/MPa	
PD16	变质砂岩	弱风化	1.33	1.30	0.78	0.75	变质砂岩夹石英脉，灰～灰白色，变余砂质结构，块状层状构造；岩石多呈新鲜均质较坚硬，洞壁有基岩裂隙水渗出
PD28	变质砂岩	弱风化	1.35	1.20	0.75	0.75	岩石较坚硬，该岩体直剪试段发育有 F_3 断层，岩体受断层挤压、错动影响，试段岩体裂隙发育、破碎不完整；裂隙充填厚度不等的灰白色钙质薄膜和泥质岩屑，岩块之间胶结较差。岩体中有裂隙水渗出，试段岩体处于潮湿状态
PD27	变质砂岩	微风化	1.38	1.50	0.81	0.79	裂隙较发育，岩体较完整、岩石新鲜坚硬。锤击声清脆，有回弹，块状构造。裂隙节理面平直，附着钙质薄膜。沿层面有风化蚀变现象。吸水后轻微软化。试段内有基岩裂隙水渗出，岩体处于天然潮湿状态
PD26	变质砂岩	微风化	1.73	2.77	1.26	1.20	灰～灰褐色，大理岩脉与围岩接触紧密，裂隙较发育，大多闭合无充填，岩体较完整。岩石新鲜、致密、坚硬；锤击声清脆，有回弹，试段内有基岩裂隙水渗出，岩体处于天然潮湿状态
PD21	变质砂岩	微风化	1.54	1.80	0.93	0.90	灰～灰褐色变质砂岩夹石英岩脉，两岩性接触紧密，只见色泽分界面，无裂隙层面；试段内岩体裂隙较发育，岩体较完整、岩石新鲜坚硬。锤击声较清脆。裂隙节理面平直，附着钙质薄膜。试段内岩体处于天然潮湿状态
PD21	变质砂岩	弱风化	1.60	1.50	1.13	0.91	灰～灰褐色变质砂岩，变余砂质结构，层块状构造，试段内缓倾角裂隙较发育，裂隙节理面平直，附着钙质薄膜。岩体受裂隙切割不完整。岩石新鲜、坚硬。锤击声较清脆。岩体处于天然潮湿状态
PD25	变质砂岩	微风化	1.67	3.10	1.22	1.49	完整微新变质砂岩，基本沿预剪面破坏，剪切面较平整，τ1-4 较破碎。起伏差为 1～6cm
PD22	结晶灰岩	微风化	1.75	3.90	1.15	1.22	完整微新结晶灰岩，τ1-3、τ1-4 沿上部破坏，其余基本沿预剪面破坏，剪切面较平整，τ1-2 较破碎。起伏差为 1～3cm
PD23	结晶灰岩	微风化	1.71	2.41	1.18	1.08	完整微新结晶灰岩，基本沿预剪面破坏，面较平整。起伏差为 1～4cm
PD24	结晶灰岩	微风化	1.68	2.51	1.12	1.10	较完整微风化结晶灰岩，沿预剪面破坏和上部破坏均有，起伏差大小不一，τ1-4 起伏差最大达 10cm，地下水丰富
PD20	结晶灰岩	微风化	1.28	1.10	1.06	1.03	较破碎微风化结晶灰岩，洞顶有宽约 1m 的大型风化带。沿预剪面破坏和上部破坏均有，起伏差大小不一，多数为 1～4cm，地下水丰富。试样完整性差
PD2	结晶灰岩	微风化	1.69	3.02	1.13	1.12	较完整微风化结晶灰岩，大部分沿预剪面破坏，剪切面较完整，起伏差较大，最大达 9cm
PD2	结晶灰岩	弱风化	1.18	1.06	0.95	0.90	较破碎～较完整弱风化结晶灰岩，有一定的起伏差，一般为 5～9cm，最大达 25cm

附表 3-2　　坝区结构面中型剪试验成果汇总表

结构面	填充或接触特征	室内编号	产状特征	抗剪断强度		抗剪强度	
				f'	c' /MPa	f	c /MPa
裂隙	无充填	PD21zτ-3组	高倾角	0.93	1.54	0.65	0.18
		PD25zτ-1组	缓倾角	0.65	0.75	0.51	0.15
		PD26zτ-2组	高倾角	0.73	0.43	0.53	0.2
		PD27zτ-4组	高倾角	0.87	0.8	0.67	0.25
		PD28zτ-4组	缓倾角	0.6	0.48	0.45	0.17
		PD20zτ-1组	缓倾角	1.11	0.9	0.84	0.4
		PD24zτ-2组	缓倾角	1.04	0.6	0.78	0.3
		PD25zτ-3组	高倾角	1.15	0.67	0.97	0.04
		PD21zτ-1组	高倾角	0.84	0.4	0.7	0.26
		平均值		0.88	0.73	0.68	0.22
		小值平均值		0.7	0.52	0.56	0.15
	钙质充填	PD21zτ-2组	高倾角	0.74	0.45	0.58	0.25
		PD27zτ-2组	高倾角	0.65	0.5	0.51	0.19
		PD24zτ-1组	缓倾角	0.7	0.42	0.54	0.16
		PD24zτ-3组	高倾角	0.87	0.65	0.78	0.22
		平均值		0.74	0.5	0.6	0.21
		小值平均值		0.68	0.48	0.42	0.17
	岩屑充填	PD28zτ-1组		0.67	0.2	0.47	0.1
		PD28zτ-2组		0.6	0.26	0.37	0.12
		PD28zτ-5组		0.62	0.12	0.42	0.08
		PD24zτ-4组		0.62	0.32	0.45	0.26
		PD24zτ-5组		0.9	0.25	0.67	0.12
		平均值		0.68	0.23	0.47	0.14
		小值平均值		0.61	0.16	0.41	0.1
大理岩接触带	紧密接触	PD27zτ-3组		1.48*	4.8*	0.81*	1.1*
		PD25zτ-2组		1.28	1.62	0.84	0.42
	裂隙接触	PD28zτ-3组		1.04	0.23	0.78	0.15
伟晶岩脉接触带	裂隙接触	PD20zτ-2组		0.7	0.4	0.62	0.31
		PD26zτ-1组		0.93	0.52	0.81	0.26
		平均值		0.81	0.46	0.71	0.28
	紧密接触	PD20zτ-3组		1.48	0.97	0.9	0.28

注： PD27zτ-3组有三个试样未剪断，带“*”试验数值不参与统计计算。

附表 3-3　　岩体直剪试验成果按岩性、风化统计表

岩性名称	风化分带	平洞编号	试验点位置	抗剪断强度		抗剪强度	
				f'	c' /MPa	f	c /MPa
结晶灰岩	弱风化上带	PD2 岩 τ1	主洞 31～42m	1.18	1.06	0.95	0.9
	弱风化下带	PD1 岩 τ1	—	1.0	1.3	0.7	0.85
		PD3 岩 τ1	—	1.21	1.8	0.69	0.82
		PD15 岩 τ1	支洞 3.2～6.4m	1.16	1.18	0.8	0.49
		平均值		1.12	1.43	0.73	0.72
	微风化	PD2 岩 τ2	主洞 68～74m	1.69	3.02	1.13	1.12
		PD20 岩 τ1	主洞 55～60m	1.28	1.1	1.06	1.03
		PD22 岩 τ1	主洞 53～58m	1.75	3.9	1.15	1.22
		PD23 岩 τ1	主洞 51～56m	1.71	2.41	1.18	1.08
		PD24 岩 τ1	主洞 51～56m	1.68	2.51	1.12	1.1
		平均值		1.62	2.59	1.13	1.11
		小值平均值		1.28	2.01	1.09	1.07
变质砂岩	弱风化上带	PD14 岩 τ1	支洞 2.5～6.3m	1.19	2	1.09	0.52
	弱风化下带	PD16 岩 τ1	支洞 2.1～6.3m	1.34	1.05	0.77	0.68
		PD21 岩 τ1	主洞 25～33.2m	1.6	1.5	1.13	0.91
		PD28 岩 τ1	主洞 48～60m	1.35	1.2	0.75	0.75
		平均值		1.43	1.25	0.88	0.78
	微风化	PD21 岩 τ2	主洞 60～65.2m	1.54	1.8	0.93	0.9
		PD25 岩 τ1	主洞 46～50m	1.67	3.1	1.22	1.49
		PD26 岩 τ1	主洞 59～63.5m	1.73	2.77	1.26	1.2
		PD27 岩 τ1	主洞 54～59m	1.38	1.5	0.81	0.79
		平均值		1.58	2.29	1.06	1.09
		小值平均值		1.46	1.65	0.87	0.85

附表 3-4　　坝址区混凝土与岩体直剪试验成果汇总表

平洞编号	试验组号	试验对象	抗剪断强度		抗剪强度		简要地质说明
			f'	c'/MPa	f	c/MPa	
PD28	τ1	弱风化变质砂岩	1.04	1.06	0.58	0.15	PD28 混凝土 τ_1 试段位于中坝址右肩 PD28 平洞洞底 47.0～62.0m，弱风化段，布有 1 组 5 个直剪试块，试段岩性为变质砂岩（Sm^{ss}），灰褐色，夹大理岩脉，两岩性接触紧密，变余砂状结构，层、块状构造。试段基岩面完整，裂隙不发育、岩体中有裂隙水渗出，试段岩体处于潮湿状态。沿混凝土/岩接触面破坏，岩体表面粘有混凝土膜

续表

平洞编号	试验组号	试验对象	抗剪断强度		抗剪强度		简要地质说明
			f'	c'/MPa	f	c/MPa	
PD28	τ2	弱风化变质砂岩	0.93	1.22	0.60	0.32	PD28 混凝土 τ_2 试段位于中坝址右肩 PD28 平洞底 3242m，弱风化段。试段岩性，灰～灰褐色变质砂岩夹伟晶岩脉，两岩性为裂隙接触，基岩面发育有 5cm 宽度裂隙破碎带，充填风化角砾；两侧岩石均发生色变，不新鲜锤击声较清脆。试段内无基岩裂隙水渗出，岩体处于天然潮湿状态。沿混凝土/岩接触面破坏，岩体表面粘有混凝土膜
PD21	τ2	弱风化变质砂岩	1.15	1.08	0.65	0.36	PD21 混凝土 τ_2 试段位于中坝址右肩 PD21 平洞底 2535m，弱风化段。其试段岩性为灰～灰褐色变质砂岩，变余砂质结构，层块状构造。夹大理岩脉，大理岩脉与围岩裂隙接触，张开状态，宽度 4cm，充填钙膜及砂石，接触带弯曲不直，岩体不完整。岩石新鲜、坚硬。锤击声较清脆。岩体处于天然潮湿状态。沿混凝土/岩接触面破坏，岩体表面粘有混凝土膜
PD21	τ3	微风化变质砂岩	1.07	1.14	0.67	0.34	PD21 混凝土 τ_3 试段位于中坝址右肩 PD21 平洞底 5966m，微风化段。其试段岩性主要变质砂岩，局部夹大理岩脉，基面岩体裂隙发育，特别是层面裂隙发育，充填钙质泥沙，岩体不完整、岩石新鲜坚硬。锤击声较清脆，几面制备起伏差 15cm，岩体处于天然潮湿状态。沿混凝土/岩接触面破坏，岩体表面粘有混凝土膜
PD25	τ1	微风化变质砂岩	1.23	1.11	0.91	0.61	沿混凝土/岩接触面破坏，岩体表面粘有 10%～40%混凝土膜
PD25	τ2	微风化变质砂岩	1.21	1.10	0.89	0.63	沿混凝土/岩接触面破坏，岩体表面粘有 20%～60%混凝土膜
PD22	τ1	微风化结晶灰岩	1.21	1.33	1.12	0.43	沿混凝土/岩接触面破坏，岩体表面粘有 20%～70%混凝土膜
PD22	τ2	弱风化结晶灰岩	1.62	0.76	1.15	0.25	沿混凝土/岩接触面破坏，岩体表面粘有 50%左右混凝土膜
PD2	τ1	微风化结晶灰岩	1.19	1.05	0.85	0.57	沿混凝土/岩接触面破坏，岩体表面粘有 60%～70%混凝土膜
PD2	τ2	弱风化结晶灰岩	1.17	1.03	0.85	0.46	沿混凝土/岩接触面破坏，岩体表面粘有 60%～70%混凝土膜
PD24	τ1	微风化结晶灰岩	1.25	1.15	0.91	0.55	沿混凝土/岩接触面破坏，岩体表面粘有 60%～70%混凝土膜
PD24	τ2	弱风化结晶灰岩	1.22	0.97	0.90	0.56	沿混凝土/岩接触面破坏，岩体表面粘有 40%～60%混凝土膜

附表3-5　　坝址区岩体变形试验（部分）成果汇总表

平洞	岩性	风化程度	加载方向	试点编号	变形模量/GPa	平均值/GPa	弹性模量/GPa	平均值/GPa	简要地质说明
PD1	变质砂岩	微风化	水平	E1-1	33.6	22.73	57.8	38.57	裂隙不发育，多呈闭合状，少量微张，裂隙面附着白色钙质薄膜，厚度1～2mm。该变形试验承压面为岩石层面，面平直，较光滑，局部可见擦痕，延伸较远，岩层产状229°∠80°。岩石新鲜，较完整、坚硬。洞顶、洞壁多处渗水，洞壁岩石处于天然潮湿状态
				E1-2	13.7		22.0		
				E1-3	20.9		35.9		
PD3	变质砂岩	微风化	水平	E1-1	22.5	21.33	47.7	40.33	裂隙较不发育，多呈闭合状，无充填。岩体中发育有线状石英岩脉。该变形试验承压面为岩石层面，面平直，较光滑，岩层产状224°∠74°。岩石较完整、坚硬，属微风化。洞顶、洞壁有滴水、渗水现象，洞壁岩石处于天然潮湿状态，洞底岩石处于浸水状态
				E1-2	16.2		26.5		
				E1-3	25.3		46.8		
PD11	变质砂岩	弱风化	铅直	E1-1	6.45	5.17	11.4	11.40	该试段处于断层破碎带及影响带中，受断层挤压、错动影响，岩体较破碎，裂隙发育。岩石呈薄层-中厚层状，产状216°∠79°，岩石完整性较差，属弱风化。洞顶、洞壁有滴水、渗水现象，洞壁岩石处于天然潮湿状态，洞底岩石处于浸水状态
				E1-2	6.29		16.1		
				E1-3	2.76		6.71		
PD13	结晶灰岩	弱风化	水平	E1-1	16.6	18.80 (30.63)	25.4	66.97	岩体完整，裂隙不发育，岩体致密坚硬
				E1-2	21.0		41.5		
				E1-3	54.3*		134.0		
PD14	伟晶岩脉	弱风化	水平	E1-1	4.73	6.61	5.89	9.29	岩体较破碎，裂隙及层状裂隙发育，岩石较坚硬
	变质砂岩			E1-2	3.49		6.39		
				E1-3	11.6		15.6		
PD15	结晶灰岩	弱风化	水平	E1-1	14.5	20.27	29.8	38.87	岩体较完整，裂隙较发育，岩石坚硬
				E1-2	24.8		41.7		

注：带*试验数值不参与统计计算。

附表 3-6　　岩体原位变形试验分岩性、风化统计成果表

岩性名称	风化分带	试点编号		试点深度	加载方向	变形模量 E_0 /GPa	弹性模量 E_e /GPa	试点处纵波速度 /(m/s)	原位试验报告试点描述
结晶灰岩	弱风化上带	PD2	E2-1	主洞 31.0m	垂直	17.58*	25.56*	5222	岩体完整
			E2-2	主洞 33.0m	垂直	9.38	16.46	2906	完整性差
			E2-3	主洞 36.0m	垂直	6.96	12.35	2209	完整性差
		平均值				8.17	14.41		
		PD23	E2-1	主洞 33.0m	水平	14.72*	25.28*	4829	发育 2 条微小闭合裂隙
			E2-2	主洞 35.5m	水平	13.81*	28.34*	4686	发育 3 条裂隙，岩屑充填
			E2-3	主洞 41.5m	水平	9.79	14.77	3082	发育白、黄色相间的风化物团块
		平均值				9.79	14.77		
	弱风化下带	PD20	E2-1	主洞 34.0m	垂直	12.29	18.16	3469	岩体较完整
			E2-2	主洞 35.5m	垂直	14.55	22.29	4052	岩体较完整
			E2-3	主洞 37.0m	垂直	14.72	20.23	3873	岩体较完整
		平均值				13.85	20.23		
		PD1	E1	—	水平	22.8	39.9	—	—
		PD3	E3	—	水平	21.5	42	—	—
		PD13	E1-1	支洞左壁 2.6m	水平	16.6	25.4	—	发育 1 条裂隙
			E1-2	支洞左壁 5.0m	水平	21	41.5	—	发育 2 条裂隙
			E1-3	—	水平	54.3*	134*	—	—
		PD15	E1-1	支洞右壁 2.7m	水平	14.5	29.8	—	发育 2 条裂隙，岩体不完整
			E1-2	支洞右壁 6.1m	水平	24.8	41.7	—	发育一条宽 0.5～2cm 裂隙，岩屑充填
			E1-3	支洞右壁 7.4m	水平	21.5	45.1	—	发育 1 条裂隙，宽 0.2～1cm，岩屑充填
		PD1	E2-1	主洞 20.0m	水平	27.22	36.17	—	—
			E2-2	主洞 25.0m	水平	15.22	20.71	—	—
			E2-3	主洞 27.0m	水平	14.63	23.16	—	—
		PD24	E2-1	主洞 35.5m	水平	16.45	23.7	4884	发育 3 条裂隙
			E2-2	主洞 39.0m	水平	13.2	19.24	4738	发育 4 条裂隙
			E2-3	主洞 41.0m	水平	12.23	19.3	4551	岩体完整无裂隙发育
		PD2	E1-1	支洞 10.5m	水平	15.85	20.18	4356	—
			E1-2	支洞 14.0m	水平	9.16	12.62	3456	—
			E1-3	支洞 22.0m	水平	33.91	46.02	5286	—
		平均值				18.57	29.93		
		小值平均值				14.29	21.57		

续表

岩性名称	风化分带	试点编号		试点深度	加载方向	变形模量 E_0 /GPa	弹性模量 E_e /GPa	试点处纵波速度 /(m/s)	原位试验报告试点描述
结晶灰岩	微风化	PD20	E1-1	主洞 54.0m	水平	28.36	46.78	5284	发育 2 条裂隙，裂隙面呈锈黄色
			E1-2	主洞 56.5m	水平	18.52	30.24	4461	发育 1 条裂隙及宽 1cm 白色条带
			E1-3	主洞 58.5m	水平	14.44	25.43	4870	发育 4 条裂隙，宽约 1cm，岩屑充填
		PD22	E1-1	支洞 5.7m	水平	21.06	29.38	4813	发育 4 条裂隙，钙质充填
			E1-2	支洞 8.0m	水平	29.56	50.34	5272	发育多处微小闭合裂隙
			E1-3	支洞 12.0m	水平	39.8*	72.58*	4835	发育 3 条裂隙，裂隙面呈锈黄色
		PD23	E1-1	支洞 8.2m	水平	24.08	40.37	5268	发育 5 条裂隙，钙质充填
			E1-2	支洞 12.8m	水平	28.19	38.37	5283	发育多处微小裂隙，钙质充填
			E1-3	支洞 15.0m	水平	30.92*	59.25*	5038	发育 2 条裂隙，其中一条宽 1～3cm，裂隙面呈锈黄色
		PD24	E1-1	支洞 5.5m	水平	25.48	45.36	4899	发育 3 条微小闭合裂隙
			E1-2	支洞 8.0m	水平	33.61	55.32	5274	试点完整，有多处微小闭合裂隙
			E1-3	支洞 12.0m	水平	39.55	51.41	5283	发育方解石脉，无裂隙发育
		PD22	E2-1	主洞 34.0m	水平	13.61	20.54	4612	发育 1 条裂隙，两大块方解石脉
			E2-2	主洞 37.0m	水平	21.33	33.39	4963	仅发育几处微小闭合裂隙
			E2-3	主洞 42.5m	水平	14.52	25.21	4644	发育 2 条裂隙，充填分别为岩屑及钙质
		平均值				24.02	37.86		
		小值平均值				17.25	27.37		
大理岩	弱风化上带	PD28	E2-1	支洞左壁 6.3m	水平	4.55	8.47	—	发育 1 条宽 0～0.3cm 的裂隙，钙质充填
			E2-2	主洞左壁 76.0m	水平	5.96	10.4	2997	发育 3 条裂隙
		平均值				5.26	9.43	—	—
变质砂岩	弱风化上带	PD27	E2-1	主洞 28.7m	垂直	8.1	20.5	3074	发育 3 条无充填裂隙，岩体较完整
			E2-2	主洞 30.6m	垂直	8.13	20.5	3333	发育 5 条无充填裂隙，岩体完整性差
			E2-3	主洞 32.5m	垂直	9.5	23.5	3723	岩体完整，无明显裂隙发育
		平均值				8.58	21.5		
		PD11	E1-1	—	水平	5.83	11.8	—	—
		PD14	E3-1	—	水平	4.73*	5.89*	—	发育多条裂隙及伟晶岩脉，岩体破碎
			E3-2	—	水平	3.49*	6.39*	—	发育多条裂隙及伟晶岩脉，岩体破碎
			E3-3	—	水平	11.6	15.6	—	—
		PD28	E1-1	支洞 4.0m	水平	4.75	9.45	—	裂隙发育，岩体不完整
			E1-2	支洞 8.8m	水平	8.75	17.6	—	发育 4 条裂隙，大部分闭合，岩体较完整
			E1-3	支洞 12.7m	水平	4.26	5.86	—	发育 4 条闭合裂隙，岩体完整性一般

续表

岩性名称	风化分带	试点编号		试点深度	加载方向	变形模量 E_0 /GPa	弹性模量 E_e /GPa	试点处纵波速度 /(m/s)	原位试验报告试点描述
变质砂岩	弱风化上带	PD28	E3-1	主洞 33.0m	水平	14	22.6	4566	裂隙不发育，岩体完整
			E3-2	主洞 36.5m	水平	6.52	18.4	4520	裂隙较发育，岩体较完整
			E3-3	主洞 40.1m	水平	2.05*	3.98*	1663	右边 60cm 处发育 f_2 断层，试点岩体不完整
		PD26	E1-1	主洞 19.5m	水平	22.7*	27.8*	5135	裂隙不发育，岩体完整
			E1-2	主洞 23.7m	水平	8.06	13.5	3252	裂隙发育，岩体不完整
			E1-3	主洞 26.5m	水平	2.95	7.34	2920	裂隙很发育，岩体破碎
		平均值				7.41	13.57	—	—
		小值平均值				4.86	9.59	—	—
	弱风化下带	PD21	E2-1	主洞 25.0m	垂直	12.7	26.7	4164	岩体完整，裂隙多闭合
			E2-2	主洞 28.1m	垂直	12.6	18	4054	岩体完整，裂隙多闭合
			E2-3	主洞 30.1m	垂直	10.4	24.6	3795	岩体完整，裂隙多闭合
		平均值				11.9	23.1	—	—
		PD16	E4-1	—	水平	18	28.6	—	—
			E4-2	—	水平	32.8*	61.8*	—	—
			E4-3	—	水平	17.9	28.8	—	—
		平均值				17.9	28.7	—	—
	微风化	PD26	E3-1	支洞 11.0m	垂直	23.8	30.3	5435	岩体完整
			E3-2	支洞 24.5m	垂直	13.8	16	4398	发育5条岩屑充填裂隙，岩体完整性差
			E3-3	支洞 30.5m	垂直	16.4	26	4851	发育5条闭合裂隙，岩体较完整
		平均值				18	24.1	—	—
		PD25	E1-1	支洞 7.3m	水平	32.79	58.86	5289	发育1条裂隙，岩体完整
			E1-2	支洞 10.5m	水平	22.93	31.32	5017	发育2条裂隙，岩体较完整
		PD25	E1-3	支洞 13.2m	水平	27.17	37.62	5232	发育4条闭合裂隙，岩体完整性一般
			E2-1	主洞 23.5m	水平	19.99	28.23	4950	发育4条裂隙，无充填，岩体完整
			E2-2	主洞 25.5m	水平	11.55	21.55	3946	发育3条闭合裂隙，岩体完整性一般
			E2-3	主洞 35.0m	水平	19.54	23.1	4712	发育1条宽 0.2～0.3cm 裂隙，岩体完整
		PD27	E1-1	主洞 46.7m	水平	25.8	49.2	4853	岩体完整，无裂隙发育
			E1-2	主洞 48.5m	水平	16.2	22.1	4254	发育3条裂隙，岩体完整性较差
			E1-3	主洞 50.7m	水平	10	13.8	3851	发育5条裂隙，岩体完整性差
		PD21	E1-1	主洞 52.0m	水平	25.3	48.7	5492	发育2条闭合裂隙，岩体完整
			E1-2	主洞 60.1m	水平	28.4	61.7	4931	发育2条闭合裂隙，岩体完整
		PD28	E2-3	主洞 79.0m	水平	24.7	43.6	5100	发育3条闭合裂隙，岩体完整性一般
		平均值				22	36.6	—	—
		小值平均值				15.46	23.35	—	—

续表

岩性名称	风化分带	试点编号		试点深度	加载方向	变形模量 E_0 /GPa	弹性模量 E_e /GPa	试点处纵波速度 /(m/s)	原位试验报告试点描述
伟晶岩脉	弱风化上带	PD26	E2-1	主洞 26.0m	水平	5.17	7.34	2819	裂隙发育，岩体破碎
		PD14	E2-1	主洞 26.0m	水平	8.64	11.21	—	—
			E2-2	主洞 30.0m	水平	7.16	9.51	—	—
			E2-3	主洞 35.0m	水平	10.1	13.97	—	—
		平均值				7.77	10.51		
		小值平均值				6.17	8.43		
	微风化	PD26	E2-2	主洞 38.0m	水平	20	26.9	4652	发育 3 条闭合裂隙，岩体完整性一般
断层破碎带		PD21E	E1-3	主洞 70.5m	水平	1.33	3.31	—	—

注： 1. PD2 试点 E2-1 标“*”数据不具有代表性，不参与统计计算。

2. PD23 试点 E2-1、试点 E2-2 波速偏大，岩体完整，不能代表风化带整体情况，标“*”数据不参与统计计算。

3. PD13 试点 E1-3 标“*”数据异常，不参与统计计算。

4. PD22 试点 E1-3 标“*”数据与波速及地质描述不统一，不参与统计计算。

5. PD23 试点 E1-3 标“*”数据与地质描述不统一，不参与统计计算。

6. PD14 试点 E2-1、试点 E2-2 被伟晶岩脉穿插，不能代表变质砂岩，标“*”数据不参与统计计算。

7. PD28 试点 E3-3 受断层影响，波速低完整性差，不具代表性，标“*”数据不参与统计计算。

8. PD26 试点 E1-1 岩体完整，波速极高，不能代表风化带整体情况，标“*”数据不参与统计计算。

9. PD16 试点 E4-2 标“*”数据不参与统计计算。

附表 4

水库大坝运行监测成果统计表

附表 4-1　　坝体外观测点信息统计表

序号	仪器名称	测点编号	桩号	高程/m
1	综合标点	LD(db)01	坝 0+025.000	646.00
2	综合标点	LD(db)02	坝 0+070.000	646.00
3	综合标点	LD(db)03	坝 0+125.000	646.00
4	综合标点	LD(db)04	坝 0+166.000	646.00
5	综合标点	LD(db)05	坝 0+219.000	646.00
6	综合标点	LD(db)06	坝 0+264.000	646.00
7	综合标点	LD(db)07	坝 0+310.000	646.00
8	综合标点	LD(db)08	坝 0+363.000	646.00
9	综合标点	LD(db)09	坝 0+409.000	646.00
10	综合标点	LD(db)10	坝 0+451.000	646.00
11	综合标点	LD(db)11	坝 0+070.000	610.00
12	综合标点	LD(db)12	坝 0+125.000	610.00
13	综合标点	LD(db)13	坝 0+166.000	610.00
14	综合标点	LD(db)14	坝 0+219.000	610.00
15	综合标点	LD(db)15	坝 0+264.000	610.00
16	综合标点	LD(db)16	坝 0+310.000	610.00
17	综合标点	LD(db)17	坝 0+363.000	610.00
18	综合标点	LD(db)18	坝 0+409.000	610.00
19	综合标点	LD(dtj)01	电梯井	646.00

附表 4-2　　倒垂线测点信息统计表

序号	编号	坝段	桩号	高程/m	孔深/m	量测区间/m	安装时间/(年-月-日)
1	IP1	左坝肩	坝 0-020.000	610.00	30	580～610	2020-9-28
2	IP2	2号	坝 0+080.000	565.00	30	535～565	2019-11-2
3	IP3	4号	坝 0+157.380	515.00	55	460～515	2019-8-10

续表

序号	编号	坝段	桩号	高程/m	孔深/m	量测区间/m	安装时间/(年-月-日)
4	IP4	5 号	坝 0+230.000	515.00	70	445～515	2019-8-11
5	IP5	7 号	坝 0+310.000	515.00	55	460～515	2019-8-12
6	IP6	9 号	坝 0+404.000	565.00	30	535～565	2019-11-3
7	IP7	右坝肩	坝 0+495.650	610.00	30	580～610	2020-9-28

附表 4-3　**正垂线测点信息统计表**

序号	编号	坝段	桩号	仪器高程/m	悬挂点高程/m	量测区间/m	安装时间/(年-月-日)
1	PL1	左坝肩	坝 0-020.00	610.00	646.00	610～646	2021-2-26
2	PL2-1	2 号	坝 0+080.00	628.00	646.00	628～646	2021-5-1
3	PL2-2	2 号	坝 0+080.00	610.00	646.00	610～646	2021-5-1
4	PL2-3	2 号	坝 0+080.00	588.00	610.00	588～610	2020-9-10
5	PL2-4	2 号	坝 0+080.00	565.00	588.00	565～588	2020-9-11
6	PL3-1	4 号	坝 0+157.38	628.00	646.00	628～646	未安装
7	PL3-2	4 号	坝 0+157.38	610.00	646.00	610～646	未安装
8	PL3-3	4 号	坝 0+157.38	588.00	610.00	588～610	2020-9-12
9	PL3-4	4 号	坝 0+157.38	565.00	588.00	565～588	2019-10-31
10	PL3-5	4 号	坝 0+157.38	546.50	588.00	546.5～588	2019-10-31
11	PL3-6	4 号	坝 0+157.38	515.00	546.50	515～546.5	2019-10-31
12	PL4-1	5 号	坝 0+230.00	610.00	646.00	610～646	2021-5-1
13	PL4-2	5 号	坝 0+230.00	588.00	610.00	588～610	2020-9-13
14	PL4-3	5 号	坝 0+230.00	565.00	610.00	565～610	2020-9-16
15	PL4-4	5 号	坝 0+230.00	515.00	565.00	515～565	2019-10-31
16	PL5-1	7 号	坝 0+310.00	628.00	646.00	628～646	2021-11-20
17	PL5-2	7 号	坝 0+310.00	610.00	646.00	610～646	2021-11-20
18	PL5-3	7 号	坝 0+310.00	588.00	610.00	588～610	2020-9-14
19	PL5-4	7 号	坝 0+310.00	565.00	610.00	565～610	2020-9-14
20	PL5-5	7 号	坝 0+310.00	546.50	565.00	546.5～565	2019-10-31
21	PL5-6	7 号	坝 0+310.00	515.00	565.00	515～565	2019-10-31
22	PL6-1	9 号	坝 0+404.00	628.00	646.00	628～646	2021-5-1
23	PL6-2	9 号	坝 0+404.00	610.00	646.00	610～646	2021-5-1
24	PL6-3	9 号	坝 0+404.00	588.00	610.00	588～610	2020-9-15
25	PL6-4	9 号	坝 0+404.00	565.00	588.00	565～588	2020-9-16
26	PL7	右坝肩	坝 0+495.65	610.00	646.00	610～646	2021-1-26

附表 4-4　　静力水准测点信息统计表

序号	编号	坝　段	桩号	高程/m	安装时间/(年-月-日)
1	AL1-1	高程 565.00m 左岸灌浆洞内	坝 0+050.417	565.00	2020-12-4
2	AL1-2	高程 565.00m 左岸灌浆洞内	坝 0+078.000	565.00	2020-12-4
3	AL1-3	3 号	坝 0+130.000	565.00	2020-12-4
4	AL1-4	4 号	坝 0+172.000	565.00	2020-12-4
5	AL1-5	5 号	坝 0+219.000	565.00	2020-12-4
6	AL1-6	6 号	坝 0+273.000	565.00	2020-12-4
7	AL1-7	7 号	坝 0+321.000	565.00	2020-12-4
8	AL1-8	8 号	坝 0+355.000	565.00	2020-12-4
9	AL1-9	高程 565.00m 右岸灌浆洞内	坝 0+416.000	565.00	2020-12-4
10	AL1-10	高程 565.00m 右岸灌浆洞内	坝 0+470.000	565.00	2020-12-4
11	AL2-1	高程 515.00m 左岸灌浆洞内	坝 0+097.944	515.00	2019-11-2
12	AL2-2	高程 515.00m 左岸灌浆洞内	坝 0+146.711	515.00	2019-11-2
13	AL2-3	高程 515.00m 左岸灌浆洞内	坝 0+170.000	515.00	2019-11-2
14	AL2-4	5 号	坝 0+210.000	515.00	2019-11-2
15	AL2-5	6 号	坝 0+271.000	515.00	2019-11-2
16	AL2-6	高程 515.00m 右岸灌浆洞内	坝 0+316.000	515.00	2019-11-2
17	AL2-7	高程 515.00m 右岸灌浆洞内	坝 0+345.000	515.00	2019-11-2

附表 4-5　　双金属管标测点信息统计表

序号	编号	位　置	桩　号	孔深/m	安装时间/(年-月-日)
1	DS1	高程 515.00m 左岸灌浆洞内	坝 0+095.944	30	2019-8-10
2	DS2	高程 515.00m 右岸灌浆洞内	坝 0+345.664	30	2019-8-10
3	DS3	高程 565.00m 左岸灌浆洞内	坝 0+053.417	30	2019-11-4
4	DS4	高程 565.00m 右岸灌浆洞内	坝 0+0457.000	30	2019-8-10
5	DS5	大坝下游	—	30	2019-11-4

附表 4-6　　多点位移计测点信息统计表

序号	编号	坝段	桩　号	位　置	高程/m	安装时间/(年-月-日)	备注
1	MJ2-1	2 号	坝 0+080.000	距上游面 2m	569.00	2018-5-19	Ⅱ断面
2	MJ2-2	2 号	坝 0+080.000	距上游面 8m	569.00	2018-5-19	Ⅱ断面
3	MJ2-3	2 号	坝 0+080.000	距下游面 8m	569.00	2018-5-19	Ⅱ断面
4	MJ2-4	2 号	坝 0+080.000	距下游面 2m	569.00	2018-5-19	Ⅱ断面
5	MJ3-1	4 号	坝 0+157.380	距上游面 2m	519.60	2017-5-23	Ⅲ断面
6	MJ3-2	4 号	坝 0+157.380	距上游面 11m	520.70	2017-5-11	Ⅲ断面
7	MJ3-3	4 号	坝 0+157.380	距下游面 11m	520.50	2017-5-5	Ⅲ断面
8	MJ3-4	4 号	坝 0+157.380	距下游面 2m	520.70	2017-5-8	Ⅲ断面

续表

序号	编号	坝段	桩　号	位　置	高程/m	安装时间/(年-月-日)	备注
9	MJ4-1	5号	坝 0+230.000	距上游面 2m	504.50	2016-11-13	Ⅳ断面
10	MJ4-2	5号	坝 0+230.000	距上游面 12m	504.50	2016-11-12	Ⅳ断面
11	MJ4-3	5号	坝 0+230.000	距下游面 12m	504.50	2016-11-8	Ⅳ断面
12	MJ4-4	5号	坝 0+230.000	距下游面 2m	504.50	2016-11-16	Ⅳ断面
13	MJ5-1	7号	坝 0+310.000	距上游面 2m	520.30	2017-5-1	Ⅴ断面
14	MJ5-2	7号	坝 0+310.000	距上游面 11m	520.30	2017-5-14	Ⅴ断面
15	MJ5-3	7号	坝 0+310.000	距下游面 11m	523.90	2017-5-19	Ⅴ断面
16	MJ5-4	7号	坝 0+310.000	距下游面 2m	523.80	2017-5-20	Ⅴ断面
17	MJ6-1	9号	坝 0+404.000	距上游面 2m	582.00	2018-8-28	Ⅵ断面
18	MJ6-2	9号	坝 0+404.000	距上游面 8m	582.00	2018-8-28	Ⅵ断面
19	MJ6-3	9号	坝 0+404.000	距下游面 8m	582.00	2018-8-28	Ⅵ断面
20	MJ6-4	9号	坝 0+404.000	距下游面 2m	582.00	2018-8-27	Ⅵ断面
21	MJ1	1号	坝 0+015.000	位于坝中部	628.20	2019-7-2	
22	MJ2	3号	坝 0+134.000	距上游面 11m	545.00	2017-10-27	
23	MJ3	3号	坝 0+134.000	距下游面 11m	545.00	2017-10-27	
24	MJ4	8号	坝 0+355.000	距上游面 10m	560.00	2018-4-14	
25	MJ5	8号	坝 0+355.000	距下游面 10m	560.00	2018-4-14	
26	MJ6	10号	坝 0+457.000	位于坝中部	628.00	2019-8-10	
27	R3(dtj)1	电梯井	坝 0+310.000	靠上游侧	509.00	2017-4-27	
28	R3(dtj)2	电梯井	坝 0+314.000	靠右岸	509.00	2017-4-27	
29	R3(dtj)3	电梯井	坝 0+310.000	靠下游侧	512.50	2017-4-26	
30	R3(dtj)4	电梯井	坝 0+306.000	靠左岸	512.50	2017-4-26	

附表 4-7　基础测缝计测点信息统计表

序号	编号	坝段	桩　号	位　置	高程/m	安装时间/(年-月-日)	备注
1	JJ2-1	2号	坝 0+080.000	距上游面 2m	569.00	2018-5-18	Ⅱ断面
2	JJ2-2	2号	坝 0+080.000	距上游面 8m	569.00	2018-5-18	Ⅱ断面
3	JJ2-3	2号	坝 0+080.000	距下游面 8m	569.00	2018-5-18	Ⅱ断面
4	JJ2-4	2号	坝 0+080.000	距下游面 2m	569.00	2018-5-18	Ⅱ断面
5	JJ3-1	4号	坝 0+157.380	距上游面 2m	518.00	2017-5-24	Ⅲ断面
6	JJ3-2	4号	坝 0+157.380	距上游面 11m	520.00	2017-5-11	Ⅲ断面
7	JJ3-3	4号	坝 0+157.380	距下游面 11m	519.00	2017-5-5	Ⅲ断面
8	JJ3-4	4号	坝 0+157.380	距下游面 2m	519.00	2017-5-8	Ⅲ断面
9	JJ4-1	5号	坝 0+230.000	距上游面 2m	504.50	2016-11-14	Ⅳ断面

续表

序号	编号	坝段	桩 号	位 置	高程/m	安装时间/(年-月-日)	备注
10	JJ4-2	5号	坝0+230.000	距上游面12m	504.50	2016-11-11	Ⅳ断面
11	JJ4-3	5号	坝0+230.000	距下游面12m	504.50	2016-11-8	Ⅳ断面
12	JJ4-4	5号	坝0+230.000	距下游面2m	504.50	2016-11-15	Ⅳ断面
13	JJ5-1	7号	坝0+310.000	距上游面2m	518.50	2017-5-1	Ⅴ断面
14	JJ5-2	7号	坝0+310.000	距上游面11m	518.80	2017-5-14	Ⅴ断面
15	JJ5-3	7号	坝0+310.000	距下游面11m	522.30	2017-5-19	Ⅴ断面
16	JJ5-4	7号	坝0+310.000	距下游面2m	519.60	2017-5-20	Ⅴ断面
17	JJ6-1	9号	坝0+404.000	距上游面2m	582.00	2018-8-28	Ⅵ断面
18	JJ6-2	9号	坝0+404.000	距上游面8m	582.00	2018-8-28	Ⅵ断面
19	JJ6-3	9号	坝0+404.000	距下游面8m	582.00	2018-8-28	Ⅵ断面
20	JJ6-4	9号	坝0+404.000	距下游面2m	582.00	2018-8-28	Ⅵ断面
21	JJ1	1号	坝0+015.000	位于坝中部	628.20	2019-7-2	
22	JJ2	3号	坝0+134.000	距上游面11m	545.00	2017-10-27	
23	JJ3	3号	坝0+134.000	距下游面11m	545.00	2017-10-27	
24	JJ4	5号	坝0+211.000	距上游面10m	504.40	2016-11-14	
25	JJ5	5号	坝0+211.000	距下游面10m	504.40	2016-11-14	
26	JJ6	6号	坝0+272.000	距上游面10m	504.60	2016-10-24	
27	JJ7	6号	坝0+272.000	距下游面10m	504.50	2016-10-26	
28	JJ8	8号	坝0+355.000	距上游面10m	560.00	2018-4-14	
29	JJ9	8号	坝0+355.000	距下游面10m	560.00	2018-4-14	
30	JJ10	10号	坝0+457.000	位于坝中部	628.00	2019-8-11	
31	J(dtj)1	电梯井	坝0+313.000	靠上游侧	509.00	2017-4-27	
32	J(dtj)2	电梯井	坝0+316.000	靠右岸	509.00	2017-4-27	
33	J(dtj)3	电梯井	坝0+313.000	靠下游侧	512.50	2017-4-26	
34	J(dtj)4	电梯井	坝0+310.000	靠左岸	512.50	2017-4-26	

附表 4-8　　坝基渗压计测点信息统计表

序号	编号	坝段	桩 号	位 置	高程/m	安装时间/(年-月-日)	备注
1	PJ1	1号	坝0+015.000	位于坝中部	627.20	2019-6-28	
2	PJ2	3号	坝0+134.000	距上游面11m	544.00	2017-10-27	
3	PJ3	3号	坝0+134.000	距下游面11m	544.00	2017-10-27	
4	PJ4	5号	坝0+211.000	距上游面10m	503.40	2016-11-24	
5	PJ5	5号	坝0+211.000	距下游面10m	503.30	2016-11-24	
6	PJ6	6号	坝0+272.000	距上游面10m	503.50	2016-10-24	
7	PJ7	6号	坝0+272.000	距下游面10m	503.40	2016-10-25	

续表

序号	编号	坝段	桩　号	位　置	高程/m	安装时间/(年-月-日)	备注
8	PJ8	8号	坝0+355.000	距上游面10m	560.00	2018-4-14	
9	PJ9	8号	坝0+355.000	距下游面10m	560.00	2018-4-14	
10	PJ10	10号	坝0+457.000	位于坝中部	628.00	2019-8-11	
11	P2-1	2号	坝0+080.000	距上游面2m	568.00	2018-5-18	Ⅱ断面
12	P2-2	2号	坝0+080.000	距上游面8m	568.00	2018-5-18	Ⅱ断面
13	P2-3	2号	坝0+080.000	距下游面8m	568.00	2018-5-18	Ⅱ断面
14	P2-4	2号	坝0+080.000	距下游面2m	568.00	2018-5-18	Ⅱ断面
15	P3-1	4号	坝0+157.380	距上游面2m	517.10	2017-5-23	Ⅲ断面
16	P3-2	4号	坝0+157.380	距上游面11m	519.70	2017-5-11	Ⅲ断面
17	P3-3	4号	坝0+157.380	距下游面11m	519.30	2017-5-5	Ⅲ断面
18	P3-4	4号	坝0+157.380	距下游面2m	519.70	2017-5-8	Ⅲ断面
19	P4-1	5号	坝0+230.000	距上游面2m	503.40	2016-11-14	Ⅳ断面
20	P4-2	5号	坝0+230.000	距上游面12m	503.50	2016-11-11	Ⅳ断面
21	P4-3	5号	坝0+230.000	距下游面12m	503.50	2016-11-8	Ⅳ断面
22	P4-4	5号	坝0+230.000	距下游面2m	503.40	2016-11-15	Ⅳ断面
23	P5-1	7号	坝0+310.000	距上游面2m	517.50	2017-5-1	Ⅴ断面
24	P5-2	7号	坝0+310.000	距上游面11m	517.80	2017-5-14	Ⅴ断面
25	P5-3	7号	坝0+310.000	距下游面11m	521.40	2017-5-19	Ⅴ断面
26	P5-4	7号	坝0+310.000	距下游面2m	521.30	2017-5-20	Ⅴ断面
27	P6-1	9号	坝0+404.000	距上游面2m	580.00	2018-8-28	Ⅵ断面
28	P6-2	9号	坝0+404.000	距上游面8m	580.00	2018-8-28	Ⅵ断面
29	P6-3	9号	坝0+404.000	距下游面8m	580.00	2018-8-28	Ⅵ断面
30	P6-4	9号	坝0+404.000	距下游面2m	580.00	2018-8-28	Ⅵ断面
31	P(dtj)1	电梯井	坝0+313.000	靠上游侧	509.00	2017-4-27	
32	P(dtj)2	电梯井	坝0+316.000	靠右岸	509.00	2017-4-27	
33	P(dtj)3	电梯井	坝0+313.000	靠下游侧	511.00	2017-4-26	
34	P(dtj)4	电梯井	坝0+310.000	靠左岸	511.00	2017-4-26	

附表 4-9　　坝基测压管测点信息统计表

序号	编号	坝　段	桩号	管口高程/m	管底高程/m	仪器高程/m	安装时间/(年-月-日)
1	UP(JC)01	4号	坝0+182.000	515.63	502.63	503.38	2019-8-10
2	UP(JC)02	5号	坝0+202.000	515.65	502.65	503.40	2019-8-10
3	UP(JC)03	5号	坝0+219.000	515.63	502.63	503.38	2019-8-10

续表

序号	编号	坝　　段	桩号	管口高程/m	管底高程/m	仪器高程/m	安装时间/(年-月-日)
4	UP(JC)04	5 号～6 号	坝 0+242.200	515.61	502.61	503.36	2019-8-10
5	UP(JC)05	6 号	坝 0+264.000	515.63	502.63	503.38	2019-8-10
6	UP(JC)06	6 号	坝 0+272.000	515.65	502.65	503.40	2019-8-10
7	UP(JC)07	6 号～7 号	坝 0+288.660	515.59	502.59	503.34	2019-8-10
8	UP(ld)01	高程 515.00m 左灌浆洞	坝 0+154.000	515.67	502.67	503.42	2019-8-10
9	UP(ld)02	高程 515.00m 左灌浆洞	坝 0+103.000	515.35	502.60	502.85	2019-8-10
10	UP(ld)03	高程 515.00m 右灌浆洞	坝 0+315.000	515.68	502.68	503.43	2019-8-10
11	UP(ld)04	高程 515.00m 右灌浆洞	坝 0+351.000	515.76	502.76	503.51	2019-8-10
12	UP(ld)05	高程 565.00m 左灌浆洞	坝 0+086.000	565.68	552.68	553.68	2019-10-31
13	UP(ld)06	高程 565.00m 左灌浆洞	坝 0+047.000	565.55	552.55	553.55	2019-10-31
14	UP(ld)07	高程 565.00m 右灌浆洞	坝 0+408.000	565.59	552.59	553.59	2019-10-31
15	UP(ld)08	高程 565.00m 右灌浆洞	坝 0+477.000	565.56	552.56	553.56	2019-10-31
16	UP(ld)09	高程 610.00m 左灌浆洞	坝 0+020.000	610.58	597.48	598.48	2020-10-10
17	UP(ld)10	高程 610.00m 左灌浆洞	坝 0-016.000	610.65	597.55	598.55	2020-10-10
18	UP(ld)11	高程 610.00m 右灌浆洞	坝 0+462.000	610.56	598.56	599.56	2020-10-10
19	UP(ld)12	高程 610.00m 右灌浆洞	坝 0+505.000	610.60	598.60	599.60	2020-10-10

附表 4-10　　坝体渗压计测点信息统计表

序号	编号	坝段	桩　　号	位置	高程/m	安装时间/(年-月-日)
1	P2-5	2 号	坝 0+080.000	距上游面 1m	610.30	2019-4-20
2	P2-6	2 号	坝 0+080.000	距上游面 3m	610.20	2019-4-20
3	P2-7	2 号	坝 0+080.000	距上游面 7m	610.20	2019-4-20
4	P3-5	4 号	坝 0+157.380	距上游面 1.3m	565.00	2018-4-23
5	P3-6	4 号	坝 0+157.380	距上游面 2.5m	565.00	2018-4-23
6	P3-7	4 号	坝 0+157.380	距上游面 5m	565.00	2018-4-23
7	P3-8	4 号	坝 0+157.380	距上游面 1m	610.50	2019-4-20
8	P3-9	4 号	坝 0+157.380	距上游面 3m	610.50	2019-4-20
9	P3-10	4 号	坝 0+157.380	距上游面 7m	610.60	2019-4-20
10	P4-5	5 号	坝 0+230.000	距上游面 1m	514.00	2017-4-26
11	P4-6	5 号	坝 0+230.000	距上游面 3.5m	514.00	2017-4-26
12	P4-7	5 号	坝 0+230.000	距上游面 8.5m	514.00	2017-4-26
13	P4-8	5 号	坝 0+230.000	距上游面 1.3m	565.00	2018-4-23
14	P4-9	5 号	坝 0+230.000	距上游面 2.5m	565.00	2018-4-23
15	P4-10	5 号	坝 0+230.000	距上游面 5m	565.00	2018-4-23
16	P4-11	5 号	坝 0+230.000	距上游面 1m	610.00	2019-11-4

续表

序号	编号	坝段	桩　　号	位置	高程/m	安装时间/(年-月-日)
17	P4-12	5号	坝0+230.000	距上游面2.5m	610.00	2019-11-4
18	P4-13	5号	坝0+230.000	距上游面4.5m	610.00	2019-11-4
19	P5-5	7号	坝0+310.000	距上游面1.3m	565.00	2018-4-30
20	P5-6	7号	坝0+310.000	距上游面2.5m	565.00	2018-4-30
21	P5-7	7号	坝0+310.000	距上游面5m	565.00	2018-4-30
22	P5-8	7号	坝0+310.000	距上游面1m	611.30	2019-6-10
23	P5-9	7号	坝0+310.000	距上游面3m	611.30	2019-6-10
24	P5-10	7号	坝0+310.000	距上游面7m	611.30	2019-6-10
25	P6-5	9号	坝0+404.000	距上游面1m	610.50	2019-5-26
26	P6-6	9号	坝0+404.000	距上游面3m	610.50	2019-5-26
27	P6-7	9号	坝0+404.000	距上游面7m	610.50	2019-5-26

附表4-11　　绕坝渗流测点信息统计表

序号	编号	位置	坐　　标	安装时间/(年-月-日)
1	UP1	左坝肩	3690373.085；504504.119	2019-8-23
2	UP2	左坝肩	3690362.442；504467.565	2021-8-31
3	UP3	左坝肩	3690372.343；504432.473	2019-8-23
4	UP4	左坝肩	3690388.370；504413.162	2021-8-31
5	UP5	左坝肩	3690352.473；504497.513	2019-8-23
6	UP6	左坝肩	3690340.435；504468.455	2019-8-23
7	UP7	左坝肩	3690347.017；504420.292	2019-8-23
8	UP8	左坝肩	3690370.550；504378.146	2019-8-23
9	UP9	右坝肩	3690638.107；504205.671	2019-10-31
10	UP10	右坝肩	3690662.994；504206.950	2021-8-31
11	UP11	右坝肩	3690686.085；504216.977	2021-8-31
12	UP12	右坝肩	3690711.309；504235.826	2021-8-31
13	UP13	右坝肩	3690649.827；504160.574	2019-10-31
14	UP14	右坝肩	3690690.653；504177.239	2019-10-31
15	UP15	右坝肩	3690720.270；504201.690	2019-10-31
16	UP16	右坝肩	3690739.446；504222.315	2019-10-31

附表4-12　　坝体应变计组测点信息统计表

序号	编号	坝段	桩　号	位　置	高程/m	安装时间/(年-月-日)	无应力计
1	SW2-1	2号	坝0+080.000	距上游面2m	580.90	2018-7-10	N2-1
2	SW2-2	2号	坝0+080.000	距上游面9.5m	580.70	2018-7-10	N2-2

续表

序号	编号	坝段	桩　号	位　置	高程/m	安装时间/(年-月-日)	无应力计
3	SW2-3	2号	坝0+080.000	距下游面9.5m	581.00	2018-7-10	N2-3
4	SW2-4	2号	坝0+080.000	距下游面2m	580.90	2018-7-10	N2-4
5	SW2-5	2号	坝0+080.000	距上游面2m	595.00	2018-12-7	N2-5
6	SW2-6	2号	坝0+080.000	距上游面11.2m	595.00	2018-12-7	N2-6
7	SW2-7	2号	坝0+080.000	距下游面2m	595.00	2018-12-7	N2-7
8	SW2-8	2号	坝0+080.000	距上游面2m	607.00	2019-3-2	N2-8
9	SW2-9	2号	坝0+080.000	距上游面9.7m	607.00	2019-3-2	N2-9
10	SW2-10	2号	坝0+080.000	距下游面2m	607.00	2019-3-2	N2-10
11	SW2-11	2号	坝0+080.000	距上游面2m	619.00	2019-6-3	N2-11
12	SW2-12	2号	坝0+080.000	距上游面8.1m	619.00	2019-6-3	N2-12
13	SW2-13	2号	坝0+080.000	距下游面2m	619.00	2019-6-3	N2-13
14	SW2-14	2号	坝0+080.000	距上游面2m	628.00	2019-7-4	N2-14
15	SW2-15	2号	坝0+080.000	距上游面6.9m	628.00	2019-7-4	N2-15
16	SW2-16	2号	坝0+080.000	距上游面2m	634.00	2019-7-16	N2-16
17	SW2-17	2号	坝0+080.000	距下游面2m	634.00	2019-7-16	N2-17
18	SW2-18	2号	坝0+080.000	距上游面2m	640.00	2019-8-19	N2-18
19	SW2-19	2号	坝0+080.000	距下游面2m	640.00	2019-8-19	N2-19
20	SW3-1	4号	坝0+157.380	距上游面2m	533.00	2017-7-18	N3-1
21	SW3-2	4号	坝0+157.380	距上游面12m	533.20	2017-7-18	N3-2
22	SW3-3	4号	坝0+157.380	距下游面12m	533.10	2017-7-18	N3-3
23	SW3-4	4号	坝0+157.380	距下游面2m	533.20	2017-7-18	N3-4
24	SW3-5	4号	坝0+157.380	距上游面2m	557.60	2018-3-15	N3-5
25	SW3-6	4号	坝0+157.380	距上游面10.5m	557.60	2018-3-15	N3-6
26	SW3-7	4号	坝0+157.380	距下游面10.5m	557.60	2018-3-15	N3-7
27	SW3-8	4号	坝0+157.380	距下游面2m	557.60	2018-3-15	N3-8
28	SW3-9	4号	坝0+157.380	距上游面2m	580.40	2018-7-10	N3-9
29	SW3-10	4号	坝0+157.380	距上游面9m	580.30	2018-7-10	N3-10
30	SW3-11	4号	坝0+157.380	距下游面9.5m	580.30	2018-7-10	N3-11
31	SW3-12	4号	坝0+157.380	距下游面2m	581.00	2018-7-10	N3-12
32	SW3-13	4号	坝0+157.380	距上游面2m	595.00	2018-12-7	N3-13
33	SW3-14	4号	坝0+157.380	距上游面11m	595.00	2018-12-7	N3-14
34	SW3-15	4号	坝0+157.380	距下游面2m	595.00	2018-12-7	N3-15
35	SW3-16	4号	坝0+157.380	距上游面2m	607.00	2019-3-2	N3-16
36	SW3-17	4号	坝0+157.380	距上游面9.5m	607.00	2019-3-2	N3-17

续表

序号	编号	坝段	桩　号	位　置	高程 /m	安装时间 /(年-月-日)	无应力计
37	SW3-18	4号	坝 0+157.380	距下游面 2m	607.00	2019-3-2	N3-18
38	SW3-19	4号	坝 0+157.380	距上游面 2m	619.00	2019-6-3	N3-19
39	SW3-20	4号	坝 0+157.380	距上游面 8.1m	619.00	2019-6-3	N3-20
40	SW3-21	4号	坝 0+157.380	距下游面 2m	619.00	2019-6-3	N3-21
41	SW3-22	4号	坝 0+157.380	距上游面 2m	628.00	2019-7-4	N3-22
42	SW3-23	4号	坝 0+157.380	距上游面 2m	634.00	2019-7-16	N3-23
43	SW3-24	4号	坝 0+157.380	距下游面 2m	634.00	2019-7-16	N3-24
44	SW3-25	4号	坝 0+157.380	距上游面 2m	640.00	2020-8-24	N3-25
45	SW3-26	4号	坝 0+157.380	距下游面 2m	640.00	2020-8-24	N3-26
46	SW4-1	5号	坝 0+230.000	距上游面 2m	512.10	2016-12-30	N4-3
47	SW4-2	5号	坝 0+230.000	距上游面 12m	512.10	2016-12-30	N4-4
48	SW4-3	5号	坝 0+230.000	距下游面 12m	512.10	2016-12-30	N4-5
49	SW4-4	5号	坝 0+230.000	距下游面 2m	512.00	2016-12-30	N4-6
50	SW4-5	5号	坝 0+230.000	距上游面 2m	533.30	2017-7-18	N4-7
51	SW4-6	5号	坝 0+230.000	距上游面 12m	533.40	2017-7-18	N4-8
52	SW4-7	5号	坝 0+230.000	距下游面 12m	533.30	2017-7-18	N4-9
53	SW4-8	5号	坝 0+230.000	距下游面 2m	533.40	2017-7-18	N4-10
54	SW4-9	5号	坝 0+230.000	距上游面 2m	557.00	2018-3-22	N4-11
55	SW4-10	5号	坝 0+230.000	距上游面 10m	557.00	2018-3-2	N4-12
56	SW4-11	5号	坝 0+230.000	距下游面 10m	557.00	2018-3-2	N4-13
57	SW4-12	5号	坝 0+230.000	距下游面 2m	557.00	2018-3-2	N4-14
58	SW4-13	5号	坝 0+230.000	距上游面 2m	580.00	2018-7-11	N4-15
59	SW4-14	5号	坝 0+230.000	距上游面 9m	580.00	2018-7-11	N4-16
60	SW4-15	5号	坝 0+230.000	距下游面 9m	580.00	2018-7-11	N4-17
61	SW4-16	5号	坝 0+230.000	距下游面 2m	580.00	2018-7-11	N4-18
62	SW4-17	5号	坝 0+230.000	距上游面 2m	595.00	2018-12-7	N4-19
63	SW4-18	5号	坝 0+230.000	距上游面 10.8m	595.00	2018-12-7	N4-20
64	SW4-19	5号	坝 0+230.000	距下游面 2m	595.00	2018-12-7	N4-21
65	SW4-20	5号	坝 0+230.000	距上游面 2m	607.00	2019-6-30	N4-22
66	SW4-21	5号	坝 0+230.000	距上游面 9.5m	607.00	2019-6-30	N4-23
67	SW4-22	5号	坝 0+230.000	距下游面 2m	607.00	2019-6-30	N4-24
68	SW4-23	5号	坝 0+230.000	距上游面 2m	619.00	2020-3-13	N4-25
69	SW4-24	5号	坝 0+230.000	距上游面 8m	619.00	2020-3-13	N4-26
70	SW4-25	5号	坝 0+230.000	距下游面 2m	619.00	2020-3-13	N4-27

续表

序号	编号	坝段	桩　号	位　置	高程/m	安装时间/(年-月-日)	无应力计
71	SW4-26	5号	坝0+230.000	距上游面2m	628.00	2020-5-3	N4-28
72	SW4-27	5号	坝0+230.000	距上游面6.9m	628.00	2020-5-3	N4-29
73	SW4-28	5号	坝0+230.000	距下游面2m	628.00	2020-5-3	N4-30
74	SW4-29	5号	坝0+230.000	距上游面2m	634.00	2020-6-25	N4-31
75	SW4-30	5号	坝0+230.000	距下游面2m	634.00	2020-6-25	N4-32
76	SW4-31	5号	坝0+230.000	距上游面2m	640.00	2020-9-5	N4-33
77	SW4-32	5号	坝0+230.000	距下游面2m	640.00	2020-9-5	N4-34
78	SW5-1	7号	坝0+310.000	距上游面2m	556.00	2018-1-20	N5-1
79	SW5-2	7号	坝0+310.000	距上游面10.5m	556.00	2018-1-20	N5-2
80	SW5-3	7号	坝0+310.000	距下游面10.5m	556.00	2018-1-20	N5-3
81	SW5-4	7号	坝0+310.000	距下游面2m	556.00	2018-1-20	N5-4
82	SW5-5	7号	坝0+310.000	距上游面2m	580.00	2018-8-10	N5-5
83	SW5-6	7号	坝0+310.000	距上游面9m	580.00	2018-8-10	N5-6
84	SW5-7	7号	坝0+310.000	距下游面9m	580.00	2018-8-10	N5-7
85	SW5-8	7号	坝0+310.000	距下游面2m	580.00	2018-8-10	N5-8
86	SW5-9	7号	坝0+310.000	距上游面2m	595.00	2019-1-1	N5-9
87	SW5-10	7号	坝0+310.000	距上游面11m	595.00	2019-1-1	N5-10
88	SW5-11	7号	坝0+310.000	距下游面2m	595.00	2019-1-1	N5-11
89	SW5-12	7号	坝0+310.000	距上游面2m	607.00	2019-4-3	N5-12
90	SW5-13	7号	坝0+310.000	距上游面9.5m	607.00	2019-4-3	N5-13
91	SW5-14	7号	坝0+310.000	距下游面2m	607.00	2019-4-3	N5-14
92	SW5-15	7号	坝0+310.000	距上游面2m	619.00	2019-7-9	N5-15
93	SW5-16	7号	坝0+310.000	距上游面8.1m	619.00	2019-7-9	N5-16
94	SW5-17	7号	坝0+310.000	距下游面2m	619.00	2019-7-9	N5-17
95	SW5-18	7号	坝0+310.000	距上游面2m	628.00	2019-8-13	N5-18
96	SW5-19	7号	坝0+310.000	距上游面2m	634.00	2019-9-2	N5-19
97	SW5-20	7号	坝0+310.000	距下游面2m	634.00	2019-9-2	N5-20
98	SW5-21	7号	坝0+310.000	距上游面2m	640.00	2020-9-13	N5-21
99	SW5-22	7号	坝0+310.000	距下游面2m	640.00	2020-9-13	N5-22
100	SW6-1	9号	坝0+404.000	距上游面2m	595.00	2019-1-1	N6-1
101	SW6-2	9号	坝0+404.000	距上游面9.6m	595.00	2019-1-1	N6-2
102	SW6-3	9号	坝0+404.000	距下游面2m	595.00	2019-1-1	N6-3
103	SW6-4	9号	坝0+404.000	距上游面2m	607.00	2019-4-3	N6-4
104	SW6-5	9号	坝0+404.000	距上游面9.8m	607.00	2019-4-3	N6-5

续表

序号	编号	坝段	桩　号	位　置	高程/m	安装时间/(年-月-日)	无应力计
105	SW6-6	9号	坝0+404.000	距下游面2m	607.00	2019-4-3	N6-6
106	SW6-7	9号	坝0+404.000	距上游面2m	619.00	2019-7-9	N6-7
107	SW6-8	9号	坝0+404.000	距上游面8.2m	619.00	2019-7-9	N6-8
108	SW6-9	9号	坝0+404.000	距下游面2m	619.00	2019-7-9	N6-9
109	SW6-10	9号	坝0+404.000	距上游面2m	628.00	2019-8-13	N6-10
110	SW6-11	9号	坝0+404.000	距上游面7m	628.00	2019-8-13	N6-11
111	SW6-12	9号	坝0+404.000	距上游面2m	634.00	2019-9-2	N6-12
112	SW6-13	9号	坝0+404.000	距下游面2m	634.00	2019-9-2	N6-13
113	SW6-14	9号	坝0+404.000	距上游面2m	640.00	2019-11-3	N6-14
114	SW6-15	9号	坝0+404.000	距下游面2m	640.00	2019-11-3	N6-15

附表 4-13　　电梯井应变计测点信息统计表

序号	编号	位置信息	高程/m	安装时间/(年-月-日)	无应力计
1	S(dtj)1	上游侧混凝土中部	556.00	2018-1-9	N(dtj)1
2	S(dtj)2	右岸侧混凝土中部	556.00	2018-1-9	N(dtj)2
3	S(dtj)3	下游侧混凝土中部	556.00	2018-1-9	N(dtj)3
4	S(dtj)4	左岸侧混凝土中部	556.00	2018-1-9	N(dtj)4
5	S(dtj)5	上游侧混凝土中部	604.00	2019-3-2	N(dtj)5
6	S(dtj)6	右岸侧混凝土中部	604.00	2019-3-2	N(dtj)6
7	S(dtj)7	下游侧混凝土中部	604.00	2019-3-2	N(dtj)7
8	S(dtj)8	左岸侧混凝土中部	604.00	2019-3-2	N(dtj)8
9	S(dtj)9	上游侧混凝土中部	637.00	2019-11-9	N(dtj)9
10	S(dtj)10	右岸侧混凝土中部	637.00	2019-11-9	N(dtj)10
11	S(dtj)11	下游侧混凝土中部	637.00	2019-11-9	N(dtj)11
12	S(dtj)12	左岸侧混凝土中部	637.00	2019-11-9	N(dtj)12

附表 4-14　　电梯井钢筋计测点信息统计表

序号	编号	位置信息	高程/m	安装时间/(年-月-日)
1	AS(dtj)1	上游侧混凝土中部	556	2018-1-9
2	AS(dtj)2	上游侧混凝土中部	556.00	2018-1-9
3	AS(dtj)3	右岸侧混凝土中部	556.00	2018-1-9
4	AS(dtj)4	右岸侧混凝土中部	556.00	2018-1-9
5	AS(dtj)5	下游侧混凝土中部	556.00	2018-1-9
6	AS(dtj)6	下游侧混凝土中部	556.00	2018-1-9
7	AS(dtj)7	左岸侧混凝土中部	556.00	2018-1-9

续表

序号	编号	位置信息	高程/m	安装时间/(年-月-日)
8	AS(dtj)8	左岸侧混凝土中部	556.00	2018-1-9
9	AS(dtj)9	上游侧混凝土中部	604.00	2019-3-2
10	AS(dtj)10	上游侧混凝土中部	604.00	2019-3-2
11	AS(dtj)11	右岸侧混凝土中部	604.00	2019-3-2
12	AS(dtj)12	右岸侧混凝土中部	604.00	2019-3-2
13	AS(dtj)13	下游侧混凝土中部	604.00	2019-3-2
14	AS(dtj)14	下游侧混凝土中部	604.00	2019-3-2
15	AS(dtj)15	左岸侧混凝土中部	604.00	2019-3-2
16	AS(dtj)16	左岸侧混凝土中部	604.00	2019-3-2
17	AS(dtj)17	上游侧混凝土中部	637.00	2019-11-9
18	AS(dtj)18	上游侧混凝土中部	637.00	2019-11-9
19	AS(dtj)19	右岸侧混凝土中部	637.00	2019-11-9
20	AS(dtj)20	右岸侧混凝土中部	637.00	2019-11-9
21	AS(dtj)21	下游侧混凝土中部	637.00	2019-11-9
22	AS(dtj)22	下游侧混凝土中部	637.00	2019-11-9
23	AS(dtj)23	左岸侧混凝土中部	637.00	2019-11-9
24	AS(dtj)24	左岸侧混凝土中部	637.00	2019-11-9

附表 4-15　　坝体压应力计测点信息统计表

序号	编号	坝段	桩　号	位　置	高程/m	安装时间/(年-月-日)
1	E1	1号	坝 0+018.000	位于坝中部	628.20	2019-7-2
2	E2	2号	坝 0+088.000	距上游面 5m	577.90	2018-6-30
3	E3	2号	坝 0+088.000	距下游面 5m	577.60	2018-6-30
4	E4	3号	坝 0+134.000	距上游面 11m	545.00	2017-10-27
5	E5	3号	坝 0+134.000	距下游面 11m	545.00	2017-10-27
6	E6	4号	坝 0+160.000	距上游面 12m	527.30	2017-7-1
7	E7	4号	坝 0+160.000	距下游面 12m	527.10	2017-7-1
8	E8	7号	坝 0+313.000	距上游面 12m	526.90	2017-6-13
9	E9	7号	坝 0+313.000	距下游面 12m	527.30	2017-6-13
10	E10	8号	坝 0+355.000	距上游面 10m	560.00	2018-4-14
11	E11	8号	坝 0+355.000	距下游面 10m	560.00	2018-4-14
12	E12	9号	坝 0+409.000	距上游面 5m	594.00	2019-1-1
13	E13	9号	坝 0+409.000	距下游面 5m	593.80	2019-1-1
14	E14	10号	坝 0+457.000	位于坝中部	628.00	2019-8-11

附表 4-16　　表孔应变计组测点信息统计表

序号	编号	桩号	高程/m	断面编号	安装时间/(年-月-日)
1	SW(bk)-01	表 0+015.937	634.82	Ⅰ—Ⅰ左表孔中心线左偏 9m	2020-7-10
2	SW(bk)-02	表 0+019.847	635.66		2020-7-10
3	SW(bk)-03	表 0+023.347	636.25		2020-7-10
4	SW(bk)-04	表 0+027.347	636.25		2020-7-10
5	SW(bk)-05	表 0+015.937	634.82	Ⅱ—Ⅱ左表孔中心线右偏 9m	2020-7-10
6	SW(bk)-06	表 0+019.847	635.66		2020-7-10
7	SW(bk)-07	表 0+023.347	636.25		2020-7-10
8	SW(bk)-08	表 0+027.347	636.25		2020-7-10
9	SW(bk)-09	表 0+015.937	634.82	Ⅲ—Ⅲ中表孔中心线左偏 9m	2020-7-10
10	SW(bk)-10	表 0+019.847	635.66		2020-7-10
11	SW(bk)-11	表 0+023.347	636.25		2020-7-10
12	SW(bk)-12	表 0+027.347	636.25		2020-7-10
13	SW(bk)-13	表 0+015.937	634.82	Ⅳ—Ⅳ中表孔中心线右偏 9m	2020-7-15
14	SW(bk)-14	表 0+019.847	635.66		2020-7-15
15	SW(bk)-15	表 0+023.347	636.25		2020-7-16
16	SW(bk)-16	表 0+027.347	636.25		2020-7-16
17	SW(bk)-17	表 0+015.937	634.82	Ⅴ—Ⅴ右表孔中心线左偏 9m	2020-7-16
18	SW(bk)-18	表 0+019.847	635.66		2020-7-16
19	SW(bk)-19	表 0+023.347	636.25		2020-7-16
20	SW(bk)-20	表 0+027.347	636.25		2020-7-16
21	SW(bk)-21	表 0+015.937	634.82	Ⅵ—Ⅵ右表孔中心线右偏 9m	2020-7-16
22	SW(bk)-22	表 0+019.847	635.66		2020-7-16
23	SW(bk)-23	表 0+023.347	636.25		2020-7-16
24	SW(bk)-24	表 0+027.347	636.25		2020-7-16

附表 4-17　　表孔钢筋计测点信息统计表

序号	编号	桩号	高程/m	断面编号	与弧门中心线夹角/(°)	配套锚筋	安装时间/(年-月-日)
1	R(bk)-01	表 0+012.711	640.66	Ⅰ—Ⅰ断面，左表孔左侧	16.5	第一层拉锚筋	2020-8-27
2	R(bk)-02					第二层拉锚筋	2020-8-27
3	R(bk)-03					第三层拉锚筋	2020-8-27
4	R(bk)-04	表 0+018.047	635.27		0	第一层拉锚筋	2020-7-5
5	R(bk)-05					第二层拉锚筋	2020-7-5
6	R(bk)-06					第三层拉锚筋	2020-7-5
7	R(bk)-07	表 0+026.461	631.49		28.5	第一层拉锚筋	2020-4-23
8	R(bk)-08					第二层拉锚筋	2020-4-23
9	R(bk)-09					第三层拉锚筋	2020-4-23

续表

序号	编号	桩号	高程/m	断面编号	与弧门中心线夹角/(°)	配套锚筋	安装时间/(年-月-日)
10	R(bk)-10	表0+012.711	640.66	Ⅱ—Ⅱ断面,左表孔右侧	16.5	第一层拉锚筋	2020-8-27
11	R(bk)-11					第二层拉锚筋	2020-8-27
12	R(bk)-12					第三层拉锚筋	2020-8-27
13	R(bk)-13	表0+018.047	635.27		0	第一层拉锚筋	2020-7-5
14	R(bk)-14					第二层拉锚筋	2020-7-5
15	R(bk)-15					第三层拉锚筋	2020-7-5
16	R(bk)-16	表0+026.461	631.49		28.5	第一层拉锚筋	2020-4-22
17	R(bk)-17					第二层拉锚筋	2020-4-22
18	R(bk)-18					第三层拉锚筋	2020-4-22
19	R(bk)-19	表0+012.711	640.66	Ⅲ—Ⅲ断面,中表孔左侧	16.5	第一层拉锚筋	2020-8-27
20	R(bk)-20					第二层拉锚筋	2020-8-27
21	R(bk)-21					第三层拉锚筋	2020-8-27
22	R(bk)-22	表0+018.047	635.27		0	第一层拉锚筋	2020-7-5
23	R(bk)-23					第二层拉锚筋	2020-7-5
24	R(bk)-24					第三层拉锚筋	2020-7-5
25	R(bk)-25	表0+026.461	631.49		28.5	第一层拉锚筋	2020-4-22
26	R(bk)-26					第二层拉锚筋	2020-4-22
27	R(bk)-27					第三层拉锚筋	2020-4-22
28	R(bk)-28	表0+012.711	640.66	Ⅳ—Ⅳ断面,中表孔右侧	16.5	第一层拉锚筋	2020-9-22
29	R(bk)-29					第二层拉锚筋	2020-9-22
30	R(bk)-30					第三层拉锚筋	2020-9-22
31	R(bk)-31	表0+018.047	635.27		0	第一层拉锚筋	2020-7-16
32	R(bk)-32					第二层拉锚筋	2020-7-16
33	R(bk)-33					第三层拉锚筋	2020-7-16
34	R(bk)-34	表0+026.461	631.49		28.5	第一层拉锚筋	2020-6-5
35	R(bk)-35					第二层拉锚筋	2020-6-5
36	R(bk)-36					第三层拉锚筋	2020-6-5
37	R(bk)-37	表0+012.711	640.66	Ⅴ—Ⅴ断面,右表孔左侧	16.5	第一层拉锚筋	2020-9-22
38	R(bk)-38					第二层拉锚筋	2020-9-22
39	R(bk)-39					第三层拉锚筋	2020-9-22
40	R(bk)-40	表0+018.047	635.27		0	第一层拉锚筋	2020-7-15
41	R(bk)-41					第二层拉锚筋	2020-7-15
42	R(bk)-42					第三层拉锚筋	2020-7-15
43	R(bk)-43	表0+026.461	631.49		28.5	第一层拉锚筋	2020-6-5
44	R(bk)-44					第二层拉锚筋	2020-6-5
45	R(bk)-45					第三层拉锚筋	2020-6-5

续表

序号	编号	桩号	高程/m	断面编号	与弧门中心线夹角/(°)	配套锚筋	安装时间/(年-月-日)
46	R(bk)-46	表 0+012.711	640.66	Ⅵ—Ⅵ断面，右表孔左侧	16.5	第一层拉锚筋	2020-9-22
47	R(bk)-47					第二层拉锚筋	2020-9-22
48	R(bk)-48					第三层拉锚筋	2020-9-22
49	R(bk)-49	表 0+018.047	635.27		0	第一层拉锚筋	2020-7-16
50	R(bk)-50					第二层拉锚筋	2020-7-16
51	R(bk)-51					第三层拉锚筋	2020-7-16
52	R(bk)-52	表 0+026.461	631.49		28.5	第一层拉锚筋	2020-5-6
53	R(bk)-53					第二层拉锚筋	2020-5-6
54	R(bk)-54					第三层拉锚筋	2020-5-6

附表 4-18　底孔仪器信息统计表

序号	编号	仪器类型	桩　号	位　置	高程/m	安装时间/(年-月-日)
1	R(dk)-01	钢筋计	左底上 0-008.000	底孔中心线	550.00	2018-6-19
2	R(dk)-02	钢筋计	左底上 0-008.000	底孔中心线	550.00	2018-6-19
3	R(dk)-03	钢筋计	左底上 0-008.000	底孔中心线左偏 2m	554.09	2018-10-21
4	R(dk)-04	钢筋计	左底上 0-008.000	底孔中心线左偏 2m	554.09	2018-10-21
5	R(dk)-05	钢筋计	左底上 0-008.000	底孔中心线	558.17	2018-10-21
6	R(dk)-06	钢筋计	左底上 0-008.000	底孔中心线	558.17	2018-10-21
7	R(dk)-07	钢筋计	左底上 0-008.000	底孔中心线右偏 2m	554.09	2018-10-21
8	R(dk)-08	钢筋计	左底上 0-008.000	底孔中心线右偏 2m	554.09	2018-10-21
9	S(dk)-01	单向应变计	左底上 0-008.000	底孔中心线	549.70	2018-6-19
10	S(dk)-02	单向应变计	左底上 0-008.000	底孔中心线左偏 2m	554.09	2018-10-21
11	S(dk)-03	单向应变计	左底上 0-008.000	底孔中心线	558.17	2018-10-21
12	S(dk)-04	单向应变计	左底上 0-008.000	底孔中心线右偏 2m	554.09	2018-10-21
13	R(dk)-09	钢筋计	左底下 0+002.500	底孔中心线	550.00	2018-6-19
14	R(dk)-10	钢筋计	左底下 0+002.500	底孔中心线	550.00	2018-6-19
15	R(dk)-11	钢筋计	左底下 0+002.500	底孔中心线左偏 2m	553.65	2018-8-24
16	R(dk)-12	钢筋计	左底下 0+002.500	底孔中心线左偏 2m	553.65	2018-8-24
17	R(dk)-13	钢筋计	左底下 0+002.500	底孔中心线	557.30	2018-10-21
18	R(dk)-14	钢筋计	左底下 0+002.500	底孔中心线	557.30	2018-10-21
19	R(dk)-15	钢筋计	左底下 0+002.500	底孔中心线右偏 2m	553.65	2018-8-24
20	R(dk)-16	钢筋计	左底下 0+002.500	底孔中心线右偏 2m	553.65	2018-8-24
21	S(dk)-05	单向应变计	左底下 0+002.500	底孔中心线	550.00	2018-6-19
22	S(dk)-06	单向应变计	左底下 0+002.500	底孔中心线左偏 2m	553.65	2018-10-21

续表

序号	编号	仪器类型	桩　号	位　置	高程/m	安装时间/(年-月-日)
23	S(dk)-07	单向应变计	左底下 0+002.500	底孔中心线	557.30	2018-10-21
24	S(dk)-08	单向应变计	左底下 0+002.500	底孔中心线右偏 2m	553.65	2018-10-21
25	R(dk)-17	钢筋计	左底下 0+002.500	底孔中心线	550.00	2018-2-9
26	R(dk)-18	钢筋计	左底下 0+002.500	底孔中心线	550.00	2018-2-9
27	R(dk)-19	钢筋计	左底下 0+002.500	底孔中心线左偏 2m	553.21	2018-3-6
28	R(dk)-20	钢筋计	左底下 0+002.500	底孔中心线左偏 2m	553.21	2018-3-6
29	R(dk)-21	钢筋计	左底下 0+002.500	底孔中心线	556.42	2018-3-22
30	R(dk)-22	钢筋计	左底下 0+002.500	底孔中心线	556.42	2018-3-22
31	R(dk)-23	钢筋计	左底下 0+002.500	底孔中心线右偏 2m	553.21	2018-3-4
32	R(dk)-24	钢筋计	左底下 0+002.500	底孔中心线右偏 2m	553.21	2018-3-4
33	S(dk)-09	单向应变计	左底下 0+002.500	底孔中心线	550.00	2018-2-9
34	S(dk)-10	单向应变计	左底下 0+002.500	底孔中心线左偏 2m	553.21	2018-3-6
35	S(dk)-11	单向应变计	左底下 0+002.500	底孔中心线	556.42	2018-3-22
36	S(dk)-12	单向应变计	左底下 0+002.500	底孔中心线右偏 2m	553.21	2018-3-8
37	R(dk)-25	钢筋计	左底下 0+016.000	底孔中心线右偏 5.2m	568.00	2019-9-23
38	R(dk)-26	钢筋计	左底下 0+016.000	底孔中心线右偏 5.2m	568.00	2019-9-23
39	R(dk)-27	钢筋计	左底下 0+016.000	底孔中心线左偏 5.2m	568.00	2019-9-23
40	R(dk)-28	钢筋计	左底下 0+016.000	底孔中心线左偏 5.2m	568.00	2019-9-23
41	S(dk)-13	单向应变计	左底下 0+016.000	底孔中心线右偏 5.2m	568.00	2019-9-23
42	S(dk)-14	单向应变计	左底下 0+016.000	底孔中心线左偏 5.2m	568.00	2019-9-23

附表 4-19　　底孔闸墩锚索测力计测点信息统计表

序号	编号	工作锚索编号	主次锚索	桩　号	高程/m	安装时间/(年-月-日)
1	PR(zdk)-1	RZA3	主	左底下 0+051.394	561.64	2019-9-20
2	PR(zdk)-2	RZB4	主	左底下 0+051.714	560.96	2019-10-4
3	PR(zdk)-3	RZC2	主	左底下 0+051.394	561.64	2019-9-24
4	PR(zdk)-4	LZA2	主	左底下 0+051.074	562.32	2019-9-20
5	PR(zdk)-5	LZB3	主	左底下 0+051.394	561.64	2019-9-19
6	PR(zdk)-6	LZC2	主	左底下 0+051.394	561.64	2019-9-16
7	PR(zdk)-7	CA1	次	左底下 0+050.163	562.38	2019-9-10
8	PR(zdk)-8	CC4	次	左底下 0+047.626	558.38	2019-9-12
9	PR(ydk)-1	RZA1	主	右底下 0+050.754	563.00	2019-8-7
10	PR(ydk)-2	RZB1	主			2019-8-9
11	PR(ydk)-3	RZC1	主			2019-8-8

续表

序号	编号	工作锚索编号	主次锚索	桩　号	高程/m	安装时间/(年-月-日)
12	PR(ydk)-4	LZA5	主	右底下 0+052.032	560.29	2019-8-12
13	PR(ydk)-5	LZB5	主			2019-8-15
14	PR(ydk)-6	LZC3	主			2019-8-11
15	PR(ydk)-7	CC1	次	右底下 0+046.476	560.82	2019-7-31
16	PR(ydk)-8	CB4	次	右底下 0+005.131	559.63	2019-7-30

附表 4-20　　拱坝温度计测点信息统计表

序号	编号	坝段	桩　号	位　置	高程/m	安装时间/(年-月-日)
1	BT4-1	5号	坝 0+230.000	距上游 0.3m	512.10	2016-12-30
2	BT4-2	5号	坝 0+230.000	距下游 0.3m	512.00	2016-12-30
3	BT4-3	5号	坝 0+230.000	距上游 0.3m	533.20	2017-7-18
4	BT4-4	5号	坝 0+230.000	距下游 0.3m	533.20	2017-7-18
5	BT4-5	5号	坝 0+230.000	距上游 0.3m	557.00	2018-3-22
6	BT4-6	5号	坝 0+230.000	距下游 0.3m	557.00	2018-3-22
7	BT4-7	5号	坝 0+230.000	距上游 0.3m	580.00	2018-7-11
8	BT4-8	5号	坝 0+230.000	距下游 0.3m	580.00	2018-7-11
9	BT4-9	5号	坝 0+230.000	距上游 0.3m	595.00	2018-12-7
10	BT4-10	5号	坝 0+230.000	距下游 0.3m	595.00	2018-12-7
11	BT4-11	5号	坝 0+230.000	距上游 0.3m	607.00	2019-6-29
12	BT4-12	5号	坝 0+230.000	距下游 0.3m	607.00	2019-6-29
13	BT4-13	5号	坝 0+230.000	距上游 0.3m	619.00	2020-3-13
14	BT4-14	5号	坝 0+230.000	距下游 0.3m	619.00	2020-3-13
15	BT4-15	5号	坝 0+230.000	距上游 0.3m	628.00	2020-5-3
16	BT4-16	5号	坝 0+230.000	距下游 0.3m	628.00	2020-5-3
17	BT4-17	5号	坝 0+230.000	距上游 0.3m	634.00	2020-6-25
18	BT4-18	5号	坝 0+230.000	距下游 0.3m	634.00	2020-6-25
19	BT4-19	5号	坝 0+230.000	距上游 0.3m	640.00	2020-9-20
20	BT4-20	5号	坝 0+230.000	距下游 0.3m	640.00	2020-9-20
21	BT4-21	5号	坝 0+230.000	距上游 0.3m	643.00	2020-2-5
22	BT4-22	5号	坝 0+230.000	距下游 0.3m	643.00	2020-2-5
23	BT4-23	5号	坝 0+230.000	距上游 0.3m	645.00	2021-1-26
24	T2-1	2号	坝 0+080.000	距上游面 2m	574.00	2018-6-25
25	T2-2	2号	坝 0+080.000	距上游面 10m	574.00	2018-6-25
26	T2-3	2号	坝 0+080.000	距下游面 10m	574.00	2018-6-25
27	T2-4	2号	坝 0+080.000	距下游面 2m	574.00	2018-6-25

续表

序号	编号	坝段	桩 号	位 置	高程/m	安装时间/(年-月-日)
28	T2-5	2号	坝0+080.000	距上游面2m	586.00	2018-7-29
29	T2-6	2号	坝0+080.000	距上游面9m	586.00	2018-7-29
30	T2-7	2号	坝0+080.000	距下游面9m	586.00	2018-7-29
31	T2-8	2号	坝0+080.000	距下游面2m	586.00	2018-7-29
32	T2-9	2号	坝0+080.000	距上游面2m	598.00	2018-12-29
33	T2-10	2号	坝0+080.000	距上游面8m	598.00	2018-12-29
34	T2-11	2号	坝0+080.000	距下游面8m	598.00	2018-12-29
35	T2-12	2号	坝0+080.000	距下游面2m	598.00	2018-12-29
36	T2-13	2号	坝0+080.000	距上游面3m	610.20	2019-4-20
37	T2-14	2号	坝0+080.000	距下游面2m	610.00	2019-5-15
38	T2-15	2号	坝0+080.000	距上游面2m	619.00	2019-6-3
39	T2-16	2号	坝0+080.000	距下游面8m	619.00	2019-6-3
40	T2-17	2号	坝0+080.000	距下游面2m	619.00	2019-6-3
41	T2-18	2号	坝0+080.000	距上游面2m	628.00	2019-7-4
42	T2-19	2号	坝0+080.000	距上游面7m	628.00	2019-7-4
43	T2-20	2号	坝0+080.000	距上游面2m	634.00	2019-7-16
44	T2-21	2号	坝0+080.000	距上游面6.1m	634.00	2019-7-16
45	T2-22	2号	坝0+080.000	距下游面2m	634.00	2019-7-16
46	T2-23	2号	坝0+080.000	距上游面5.3m	640.00	2019-8-19
47	T2-24	2号	坝0+080.000	距上游面4.5m	645.00	2020-12-31
48	T3-1	4号	坝0+157.380	距上游面2m	527.50	2017-7-2
49	T3-2	4号	坝0+157.380	距上游面12m	527.40	2017-7-2
50	T3-3	4号	坝0+157.380	距下游面13m	527.40	2017-7-2
51	T3-4	4号	坝0+157.380	距下游面2m	527.50	2017-7-2
52	T3-5	4号	坝0+157.380	距上游面2m	545.00	2017-10-27
53	T3-6	4号	坝0+157.380	距上游面12m	545.00	2017-10-27
54	T3-7	4号	坝0+157.380	距下游面12m	545.00	2017-10-27
55	T3-8	4号	坝0+157.380	距下游面2m	545.00	2017-10-27
56	T3-9	4号	坝0+157.380	距上游面2m	560.00	2018-3-31
57	T3-10	4号	坝0+157.380	距上游面11m	560.00	2018-3-31
58	T3-11	4号	坝0+157.380	距下游面11m	560.00	2018-3-31
59	T3-12	4号	坝0+157.380	距下游面2m	560.00	2018-3-31
60	T3-13	4号	坝0+157.380	距上游面2m	574.00	2018-6-25
61	T3-14	4号	坝0+157.380	距上游面10m	574.00	2018-6-25
62	T3-15	4号	坝0+157.380	距下游面10m	574.00	2018-6-25

续表

序号	编号	坝段	桩　号	位　置	高程/m	安装时间/(年-月-日)
63	T3-16	4号	坝0+157.380	距下游面2m	574.00	2018-6-25
64	T3-17	4号	坝0+157.380	距上游面2m	586.00	2018-7-29
65	T3-18	4号	坝0+157.380	距下游面9m	586.00	2018-7-29
66	T3-19	4号	坝0+157.380	距上游面9m	586.00	2018-7-29
67	T3-20	4号	坝0+157.380	距下游面2m	586.00	2018-7-29
68	T3-21	4号	坝0+157.380	距上游面2m	598.00	2018-12-29
69	T3-22	4号	坝0+157.380	距上游面8m	598.00	2018-12-29
70	T3-23	4号	坝0+157.380	距下游面8m	598.00	2018-12-29
71	T3-24	4号	坝0+157.380	距下游面2m	598.00	2018-12-29
72	T3-25	4号	坝0+157.380	距上游面3m	610.00	2019-4-20
73	T3-26	4号	坝0+157.380	距下游面2m	610.00	2019-4-20
74	T3-27	4号	坝0+157.380	距上游面2m	619.00	2019-6-3
75	T3-28	4号	坝0+157.380	距上游面8m	619.00	2019-6-3
76	T3-29	4号	坝0+157.380	距下游面2m	619.00	2019-6-3
77	T3-30	4号	坝0+157.380	距上游面2m	628.00	2019-7-4
78	T3-31	4号	坝0+157.380	距上游面2m	634.00	2019-7-16
79	T3-32	4号	坝0+157.380	距下游面2m	634.00	2019-7-16
80	T3-33	4号	坝0+157.380	距上游面5.3m	640.00	2020-8-24
81	T3-34	4号	坝0+157.380	距上游面4.5m	645.00	2020-12-22
82	T4-1	5号	坝0+230.000	距上游面1m	526.80	2017-7-2
83	T4-2	5号	坝0+230.000	距上游面2m	526.80	2017-7-2
84	T4-3	5号	坝0+230.000	距上游面3m	526.80	2017-7-2
85	T4-4	5号	坝0+230.000	距上游面4m	526.70	2017-7-2
86	T4-5	5号	坝0+230.000	距上游面5m	526.80	2017-7-2
87	T4-6	5号	坝0+230.000	距上游面13m	526.80	2017-7-2
88	T4-7	5号	坝0+230.000	距下游面13m	527.00	2017-7-2
89	T4-8	5号	坝0+230.000	距下游面5m	526.80	2017-7-2
90	T4-9	5号	坝0+230.000	距下游面4m	526.80	2017-7-2
91	T4-10	5号	坝0+230.000	距下游面3m	526.70	2017-7-2
92	T4-11	5号	坝0+230.000	距下游面2m	526.80	2017-7-2
93	T4-12	5号	坝0+230.000	距下游面1m	526.70	2017-7-2
94	T4-13	5号	坝0+230.000	距上游面2m	545.00	2017-10-27
95	T4-14	5号	坝0+230.000	距上游面11m	545.00	2017-10-27
96	T4-15	5号	坝0+230.000	距下游面11m	545.00	2017-10-27
97	T4-16	5号	坝0+230.000	距下游面2m	545.00	2017-10-27

续表

序号	编号	坝段	桩　号	位　置	高程/m	安装时间/(年-月-日)
98	T4-17	5号	坝0+230.000	距上游面2m	560.00	2018-3-31
99	T4-18	5号	坝0+230.000	距上游面10m	560.00	2018-3-31
100	T4-19	5号	坝0+230.000	距下游面10m	560.00	2018-3-31
101	T4-20	5号	坝0+230.000	距下游面2m	560.00	2018-3-31
102	T4-21	5号	坝0+230.000	距上游面2m	574.00	2018-6-25
103	T4-22	5号	坝0+230.000	距上游面10m	574.00	2018-6-25
104	T4-23	5号	坝0+230.000	距下游面10m	574.00	2018-6-25
105	T4-24	5号	坝0+230.000	距下游面2m	574.00	2018-6-25
106	T4-25	5号	坝0+230.000	距上游面2m	586.00	2018-7-29
107	T4-26	5号	坝0+230.000	距上游面9m	586.00	2018-7-29
108	T4-27	5号	坝0+230.000	距下游面9m	586.00	2018-7-29
109	T4-28	5号	坝0+230.000	距下游面2m	586.00	2018-7-29
110	T4-29	5号	坝0+230.000	距上游面2m	598.00	2018-12-29
111	T4-30	5号	坝0+230.000	距上游面8m	598.00	2018-12-29
112	T4-31	5号	坝0+230.000	距下游面8m	598.00	2018-12-29
113	T4-32	5号	坝0+230.000	距下游面2m	598.00	2018-12-29
114	T4-33	5号	坝0+230.000	距上游面2.5m	610.00	2019-11-4
115	T4-34	5号	坝0+230.000	距下游面2m	610.00	2019-11-4
116	T4-35	5号	坝0+230.000	距上游面2m	619.00	2020-3-13
117	T4-36	5号	坝0+230.000	距上游面2m	619.00	2020-3-13
118	T4-37	5号	坝0+230.000	距下游面2m	619.00	2020-3-13
119	T4-38	5号	坝0+230.000	距上游面2m	628.00	2020-5-3
120	T4-39	5号	坝0+230.000	距上游面6.9m	628.00	2020-5-3
121	T4-40	5号	坝0+230.000	距下游面2m	628.00	2020-5-3
122	T4-41	5号	坝0+230.000	距上游面6.1m	634.00	2020-6-25
123	T4-42	5号	坝0+230.000	距下游面6.1m	634.00	2020-6-25
124	T4-43	5号	坝0+230.000	距下游面2m	634.00	2020-6-25
125	T4-44	5号	坝0+230.000	距上游面1m	637.00	2020-7-31
126	T4-45	5号	坝0+230.000	距上游面2m	637.00	2020-7-31
127	T4-46	5号	坝0+230.000	距上游面3m	637.00	2020-7-31
128	T4-47	5号	坝0+230.000	距上游面4m	637.00	2020-7-31
129	T4-48	5号	坝0+230.000	距上游面5m	637.00	2020-7-31
130	T4-49	5号	坝0+230.000	距下游面5.5m	637.00	2020-7-31
131	T4-50	5号	坝0+230.000	距下游面2m	637.00	2020-7-31
132	T4-51	5号	坝0+230.000	距上游面5.3m	640.00	2020-9-5

续表

序号	编号	坝段	桩　号	位　置	高程/m	安装时间/(年-月-日)
133	T4－52	5号	坝 0+230.000	距上游面 4.9m	643.00	2020－12－5
134	T4－53	5号	坝 0+230.000	距上游面 4.5m	645.00	2021－1－26
135	T5－1	7号	坝 0+310.000	距上游面 2m	545.00	2017－11－27
136	T5－2	7号	坝 0+310.000	距上游面 11.5m	545.00	2017－11－27
137	T5－3	7号	坝 0+310.000	距下游面 11.5m	545.00	2017－11－27
138	T5－4	7号	坝 0+310.000	距下游面 2m	545.00	2017－11－27
139	T5－5	7号	坝 0+310.000	距上游面 2m	560.00	2018－2－28
140	T5－6	7号	坝 0+310.000	距上游面 10.5m	560.00	2018－2－28
141	T5－7	7号	坝 0+310.000	距下游面 10.5m	560.00	2018－2－28
142	T5－8	7号	坝 0+310.000	距下游面 2m	560.00	2018－2－28
143	T5－9	7号	坝 0+310.000	距上游面 2m	574.00	2018－6－19
144	T5－10	7号	坝 0+310.000	距上游面 10m	574.00	2018－6－19
145	T5－11	7号	坝 0+310.000	距下游面 10m	574.00	2018－6－19
146	T5－12	7号	坝 0+310.000	距下游面 2m	574.00	2018－6－19
147	T5－13	7号	坝 0+310.000	距上游面 2m	586.00	2018－11－29
148	T5－14	7号	坝 0+310.000	距上游面 9m	586.00	2018－11－29
149	T5－15	7号	坝 0+310.000	距下游面 9m	586.00	2018－11－29
150	T5－16	7号	坝 0+310.000	距下游面 2m	586.00	2018－11－29
151	T5－17	7号	坝 0+310.000	距上游面 2m	598.00	2019－1－29
152	T5－18	7号	坝 0+310.000	距上游面 8m	598.00	2019－1－29
153	T5－19	7号	坝 0+310.000	距下游面 8m	598.00	2019－1－29
154	T5－20	7号	坝 0+310.000	距下游面 2m	598.00	2019－1－29
155	T5－21	7号	坝 0+310.000	距上游面 3m	610.00	2019－6－10
156	T5－22	7号	坝 0+310.000	距下游面 2m	610.00	2019－6－10
157	T5－23	7号	坝 0+310.000	距上游面 2m	619.50	2019－7－9
158	T5－24	7号	坝 0+310.000	距下游面 8m	619.50	2019－7－9
159	T5－25	7号	坝 0+310.000	距下游面 2m	619.20	2019－7－9
160	T5－26	7号	坝 0+310.000	距上游面 2m	628.00	2019－8－13
161	T5－27	7号	坝 0+310.000	距上游面 2m	634.00	2019－9－2
162	T5－28	7号	坝 0+310.000	距下游面 2m	634.00	2019－9－2
163	T5－29	7号	坝 0+310.000	距上游面 5.3m	640.00	2020－8－24
164	T5－30	7号	坝 0+310.000	距上游面 4.5m	645.00	2020－10－15
165	T6－1	9号	坝 0+404.000	距上游面 2m	586.00	2018－11－29
166	T6－2	9号	坝 0+404.000	距上游面 9m	586.00	2018－11－29
167	T6－3	9号	坝 0+404.000	距下游面 9m	586.00	2018－11－29

续表

序号	编号	坝段	桩　号	位　置	高程/m	安装时间/(年-月-日)
168	T6-4	9号	坝0+404.000	距下游面2m	586.00	2018-11-29
169	T6-5	9号	坝0+404.000	距上游面2m	598.00	2019-1-29
170	T6-6	9号	坝0+404.000	距上游面8m	598.00	2019-1-29
171	T6-7	9号	坝0+404.000	距下游面8m	598.00	2019-1-29
172	T6-8	9号	坝0+404.000	距下游面2m	598.00	2019-1-29
173	T6-9	9号	坝0+404.000	距上游面3m	610.20	2019-5-26
174	T6-10	9号	坝0+404.000	距下游面2m	610.50	2019-5-26
175	T6-11	9号	坝0+404.000	距上游面2m	619.40	2019-7-9
176	T6-12	9号	坝0+404.000	距上游面8m	619.30	2019-7-9
177	T6-13	9号	坝0+404.000	距下游面2m	619.30	2019-7-09
178	T6-14	9号	坝0+404.000	距上游面2m	628.00	2019-8-13
179	T6-15	9号	坝0+404.000	距上游面7m	628.00	2019-8-13
180	T6-16	9号	坝0+404.000	距上游面2m	634.00	2019-9-2
181	T6-17	9号	坝0+404.000	距下游面2m	634.00	2019-9-2
182	T6-18	9号	坝0+404.000	距上游面5.3m	640.00	2019-11-3
183	T6-19	9号	坝0+404.000	距上游面4.5m	645.00	2020-10-25
184	TJ4-1	5号	坝0+404.000	距上游面18m	495.00	2016-11-7
185	TJ4-2	5号	坝0+404.000	距上游面18m	500.00	2016-11-7
186	TJ4-3	5号	坝0+404.000	距上游面18m	502.00	2016-11-7
187	TJ4-4	5号	坝0+404.000	距上游面18m	504.00	2016-11-7

附表 4-21　　垂线测点径向特征值统计表

序号	编号	坝段	代表高程/m	径向位移最大值/mm	最大值时间/(年-月-日)	径向位移最小值/mm	最小值时间/(年-月-日)	变幅/mm	最新测值/mm
1	IP1	左坝肩	610.00	−0.08	2023-3-24	−0.16	2023-3-22	0.08	−0.11
2	IP2	2号	565.00	0.47	2023-4-17	0.27	2023-3-23	0.20	0.44
3	IP3	4号	515.00	2.10	2023-4-14	1.91	2023-3-23	0.19	2.03
4	IP4	5号	515.00	6.29	2023-4-16	5.89	2023-3-31	0.40	6.27
5	IP5	7号	515.00	2.73	2023-3-27	2.60	2023-4-1	0.13	2.63
6	IP6	9号	565.00	−0.14	2023-4-17	−0.28	2023-3-31	0.14	−0.17
7	IP7	右坝肩	610.00	0.41	2023-3-23	−0.02	2023-4-18	0.43	0.00
8	PL1	左坝肩	610.00	−1.08	2023-4-20	−1.18	2023-3-22	0.10	−1.08
9	PL7	右坝肩	610.00	0.53	2023-3-23	0.10	2023-4-15	0.43	0.14
10	PL2-1	2号	628.00	1.71	2023-4-20	0.44	2023-3-24	1.27	1.71
11	PL2-2	2号	610.00	3.41	2023-4-11	2.70	2023-3-23	0.71	3.00

续表

序号	编号	坝段	代表高程 /m	径向位移最大值 /mm	最大值时间 /(年-月-日)	径向位移最小值 /mm	最小值时间 /(年-月-日)	变幅 /mm	最新测值 /mm
12	PL2-3	2号	588.00	2.76	2023-4-9	2.26	2023-3-23	0.50	2.40
13	PL2-4	2号	565.00	1.58	2023-4-13	1.24	2023-3-23	0.34	1.49
14	PL3-1	4号	628.00	12.15	2023-4-9	10.22	2023-3-29	1.93	10.75
15	PL3-2	4号	610.00	12.99	2023-4-9	11.15	2023-4-2	1.84	11.43
16	PL3-3	4号	588.00	14.79	2023-4-9	13.10	2023-4-2	1.69	13.59
17	PL3-4	4号	565.00	13.60	2023-4-9	12.18	2023-3-28	1.42	12.92
18	PL3-5	4号	546.00	13.42	2023-4-8	12.30	2023-03-28	1.12	13.04
19	PL3-6	4号	515.00	8.22	2023-4-14	7.60	2023-3-26	0.62	8.04
20	PL4-1	5号	610.00	26.45	2023-4-9	24.10	2023-4-2	2.35	24.30
21	PL4-2	5号	588.00	25.06	2023-4-11	23.08	2023-4-2	1.98	24.00
22	PL4-3	5号	565.00	24.74	2023-4-10	23.01	2023-4-2	1.73	24.12
23	PL4-4	5号	515.00	17.83	2023-3-23	16.41	2023-3-31	1.42	17.52
24	PL5-1	7号	628.00	12.70	2023-4-7	11.07	2023-3-29	1.63	12.10
25	PL5-2	7号	610.00	14.22	2023-4-7	12.70	2023-4-2	1.52	13.19
26	PL5-3	7号	588.00	14.69	2023-4-7	13.36	2023-4-2	1.33	13.80
27	PL5-4	7号	565.00	12.81	2023-4-7	11.77	2023-4-1	1.04	12.43
28	PL5-5	7号	546.00	10.12	2023-4-11	9.40	2023-4-1	0.72	9.87
29	PL5-6	7号	515.00	7.89	2023-4-11	7.48	2023-4-1	0.41	7.76
30	PL6-1	9号	628.00	1.15	2023-4-20	0.10	2023-3-26	1.05	1.15
31	PL6-2	9号	610.00	1.59	2023-4-12	1.17	2023-3-29	0.42	1.37
32	PL6-3	9号	588.00	1.12	2023-4-17	0.71	2023-3-31	0.41	1.01
33	PL6-4	9号	565.00	0.71	2023-4-17	0.34	2023-3-31	0.37	0.66

附表4-22　　垂线测点切向特征值统计表

序号	编号	坝段	代表高程 /m	切向位移最大值 /mm	最大值时间 /(年-月-日)	切向位移最小值 /mm	最小值时间 /(年-月-日)	变幅 /mm	最新测值 /mm
1	IP1	左坝肩	610.00	0.08	2023-4-20	−0.02	2023-3-24	0.10	0.08
2	IP2	2号	565.00	0.08	2023-4-7	−0.01	2023-4-2	0.09	0.05
3	IP3	4号	515.00	−0.05	2023-4-9	−0.15	2023-4-20	0.10	−0.15
4	IP4	5号	515.00	−0.46	2023-3-30	−0.58	2023-3-22	0.12	−0.46
5	IP5	7号	515.00	−1.44	2023-3-24	−1.53	2023-3-21	0.09	−1.50
6	IP6	9号	565.00	0.47	2023-4-19	0.39	2023-04-12	0.08	0.46
7	IP7	右坝肩	610.00	0.02	2023-3-21	−0.57	2023-3-24	0.59	−0.14

续表

序号	编号	坝段	代表高程 /m	切向位移最大值 /mm	最大值时间 /(年-月-日)	切向位移最小值 /mm	最小值时间 /(年-月-日)	变幅 /mm	最新测值 /mm
8	PL1	左坝肩	610.00	0.01	2023-4-20	−0.04	2023-4-5	0.05	0.01
9	PL7	右坝肩	610.00	0.18	2023-3-21	−0.41	2023-3-23	0.59	0.03
10	PL2-1	2号	628.00	1.83	2023-4-7	1.57	2023-3-26	0.26	1.79
11	PL2-2	2号	610.00	1.46	2023-4-7	1.21	2023-4-2	0.25	1.28
12	PL2-3	2号	588.00	1.31	2023-4-7	1.08	2023-4-2	0.23	1.21
13	PL2-4	2号	565.00	0.84	2023-4-7	0.68	2023-4-2	0.16	0.78
14	PL3-1	4号	628.00	0.07	2023-4-6	−0.34	2023-4-20	0.41	−0.34
15	PL3-2	4号	610.00	−0.32	2023-4-15	−0.62	2023-3-22	0.30	−0.59
16	PL3-3	4号	588.00	−0.18	2023-4-9	−0.53	2023-4-19	0.35	−0.52
17	PL3-4	4号	565.00	−0.48	2023-4-9	−0.83	2023-4-19	0.35	−0.82
18	PL3-5	4号	546.00	−0.22	2023-4-9	−0.56	2023-4-20	0.34	−0.56
19	PL3-6	4号	515.00	−0.13	2023-4-9	−0.44	2023-4-20	0.31	−0.44
20	PL4-1	5号	610.00	−2.74	2023-4-20	−2.97	2023-3-22	0.23	−2.74
21	PL4-2	5号	588.00	−2.01	2023-4-9	−2.12	2023-3-22	0.11	−2.06
22	PL4-3	5号	565.00	−1.57	2023-3-29	−1.68	2023-3-22	0.11	−1.62
23	PL4-4	5号	515.00	−1.99	2023-3-21	−2.08	2023-3-22	0.09	−2.01
24	PL5-1	7号	628.00	−5.06	2023-3-28	−6.01	2023-4-20	0.95	−6.01
25	PL5-2	7号	610.00	−5.09	2023-3-29	−5.88	2023-4-17	0.79	−5.84
26	PL5-3	7号	588.00	−5.64	2023-3-29	−6.32	2023-4-17	0.68	−6.27
27	PL5-4	7号	565.00	−5.97	2023-3-28	−6.47	2023-4-7	0.50	−6.30
28	PL5-5	7号	546.00	−4.97	2023-3-27	−5.23	2023-4-10	0.26	−5.15
29	PL5-6	7号	515.00	−4.31	2023-3-27	−4.53	2023-4-10	0.22	−4.46
30	PL6-1	9号	628.00	−0.75	2023-4-20	−1.02	2023-4-4	0.27	−0.75
31	PL6-2	9号	610.00	−0.46	2023-3-25	−0.83	2023-4-14	0.37	−0.79
32	PL6-3	9号	588.00	−0.58	2023-3-27	−0.74	2023-4-14	0.16	−0.68
33	PL6-4	9号	565.00	−0.57	2023-3-27	−0.66	2023-4-12	0.09	−0.59

附表 4-23　　双金属标测点特征值统计表

序号	测点编号	位　置	垂直位移最大值 /mm	最大值时间 /(年-月-日)	垂直位移最小值 /mm	最小值时间 /(年-月-日)	变幅 /mm	最新测值 /mm
1	DS1-1	高程 515.00m 左岸灌浆洞内	0.79	2023-4-14	0.77	2023-3-28	0.02	0.79
2	DS1-2	高程 515.00m 左岸灌浆洞内	0.72	2023-4-11	0.71	2023-3-24	0.01	0.72
3	DS2-1	高程 515.00m 右岸灌浆洞内	0.09	2023-3-26	0.09	2023-4-20	0.00	0.09
4	DS2-2	高程 515.00m 右岸灌浆洞内	0.11	2023-3-25	0.10	2023-4-20	0.01	0.10

续表

序号	测点编号	位　置	垂直位移最大值/mm	最大值时间/(年-月-日)	垂直位移最小值/mm	最小值时间/(年-月-日)	变幅/mm	最新测值/mm
5	DS3-1	高程 565.00m 左岸灌浆洞内	0.33	2023-4-20	0.30	2023-3-21	0.03	0.33
6	DS3-2	高程 565.00m 左岸灌浆洞内	1.04	2023-4-8	1.03	2023-3-22	0.01	1.04
7	DS4-1	高程 565.00m 右岸灌浆洞内	−0.19	2023-4-7	−0.20	2023-4-20	0.01	−0.20
8	DS4-2	高程 565.00m 右岸灌浆洞内	−0.29	2023-3-29	−0.30	2023-4-20	0.01	−0.30

附表 4-24　　静力水准测点特征值统计表

序号	测点编号	位　置	垂直位移最大值/mm	最大值时间/(年-月-日)	垂直位移最小值/mm	最小值时间/(年-月-日)	变幅/mm	最新测值/mm
1	AL1-1	高程 565.00m 左灌浆洞内	1.38	2023-4-8	1.17	2023-4-3	0.21	1.22
2	AL1-2	高程 565.00m 左灌浆洞内	1.03	2023-4-10	0.68	2023-3-25	0.35	0.86
3	AL1-4	4 号坝段	3.40	2023-4-10	2.89	2023-3-25	0.51	3.20
4	AL1-5	5 号坝段	3.32	2023-4-10	2.72	2023-3-25	0.60	2.97
5	AL1-6	6 号坝段	2.37	2023-4-10	1.83	2023-3-26	0.54	1.99
6	AL1-7	7 号坝段	0.89	2023-4-10	0.46	2023-4-20	0.43	0.46
7	AL1-8	8 号坝段	0.19	2023-4-9	−0.07	2023-3-25	0.26	−0.05
8	AL1-9	高程 565.00m 右灌浆洞内	−0.50	2023-3-21	−1.31	2023-4-20	0.81	−1.31
9	AL2-1	高程 515.00m 左岸灌浆洞内	0.85	2023-4-17	0.82	2023-3-28	0.03	0.85
10	AL2-2	高程 515.00m 左岸灌浆洞内	1.89	2023-4-20	1.19	2023-3-31	0.70	1.89
11	AL2-3	高程 515.00m 左岸灌浆洞内	0.76	2023-4-20	0.49	2023-3-23	0.27	0.76
12	AL2-4	5 号坝段	3.01	2023-4-16	2.73	2023-3-21	0.28	2.98
13	AL2-5	6 号坝段	1.38	2023-4-12	1.19	2023-3-24	0.19	1.25
14	AL2-6	高程 515.00m 右岸灌浆洞内	1.45	2023-4-14	1.18	2023-4-8	0.27	1.44
15	AL2-7	高程 515.00m 右岸灌浆洞内	0.07	2023-4-16	−0.11	2023-4-20	0.18	−0.11
16	AL1-10	高程 565.00m 右灌浆洞内	−0.09	2023-4-7	−0.10	2023-4-20	0.01	−0.10

附表 4-25　　多点位移计测点特征值统计表

序号	编号	测点深度	张开变形最大值/mm	最大值时间/(年-月-日)	张开变形最小值/mm	最小值时间/(年-月-日)	变幅/mm	最新测值/mm
1	MJ2-2-1	孔口	−0.35	2023-3-26	−0.35	2023-4-20	0.00	−0.35
2	MJ2-2-2	20m	0.08	2023-4-17	0.08	2023-3-27	0.00	0.08
3	MJ2-2-3	10m	−0.12	2023-4-10	−0.12	2023-4-20	0.00	−0.12
4	MJ2-2-4	5m	−0.30	2023-3-26	−0.30	2023-4-20	0.00	−0.30
5	MJ2-3-2	20m	−0.49	2023-4-20	−0.49	2023-3-29	0.00	−0.49

续表

序号	编号	测点深度	张开变形最大值 /mm	最大值时间 /(年-月-日)	张开变形最小值 /mm	最小值时间 /(年-月-日)	变幅 /mm	最新测值 /mm
6	MJ2-3-3	10m	−0.42	2023-4-16	−0.42	2023-3-27	0.00	−0.42
7	MJ2-3-4	5m	0.24	2023-4-18	0.24	2023-4-4	0.00	0.24
8	MJ2-4-1	孔口	−2.51	2023-3-25	−2.51	2023-4-20	0.00	−2.51
9	MJ2-4-2	20m	0.50	2023-3-25	0.49	2023-4-20	0.01	0.49
10	MJ2-4-3	10m	−0.10	2023-3-25	−0.11	2023-4-20	0.01	−0.11
11	MJ2-4-4	5m	−0.26	2023-3-22	−0.27	2023-4-20	0.01	−0.27
12	MJ3-1-1	孔口	−2.89	2023-4-2	−2.89	2023-4-20	0.00	−2.89
13	MJ3-1-2	20m	0.59	2023-4-18	0.58	2023-4-14	0.01	0.58
14	MJ3-1-3	10m	0.55	2023-4-2	0.54	2023-4-12	0.01	0.54
15	MJ3-1-4	5m	−1.91	2023-3-23	−1.91	2023-4-20	0.00	−1.91
16	MJ3-2-1	孔口	−6.61	2023-4-8	−6.62	2023-4-15	0.01	−6.62
17	MJ3-2-2	20m	−1.31	2023-4-17	−1.32	2023-3-22	0.01	−1.32
18	MJ3-2-3	10m	−2.09	2023-4-17	−2.10	2023-3-22	0.01	−2.09
19	MJ3-2-4	5m	−4.34	2023-4-8	−4.34	2023-4-15	0.00	−4.34
20	MJ3-3-1	孔口	−4.47	2023-3-22	−4.50	2023-4-20	0.03	−4.50
21	MJ3-3-2	20m	−0.91	2023-4-7	−0.93	2023-4-20	0.02	−0.93
22	MJ3-3-3	10m	−1.81	2023-4-4	−1.83	2023-4-18	0.02	−1.83
23	MJ3-3-4	5m	−0.91	2023-4-7	−0.93	2023-4-17	0.02	−0.93
24	MJ3-4-1	孔口	−0.64	2023-3-26	−0.65	2023-4-18	0.01	−0.64
25	MJ3-4-2	20m	3.66	2023-4-20	3.65	2023-4-1	0.01	3.66
26	MJ3-4-3	10m	1.90	2023-4-20	1.89	2023-3-23	0.01	1.90
27	MJ3-4-4	5m	1.54	2023-4-20	1.53	2023-3-23	0.01	1.54
28	MJ4-1-2	20m	−0.38	2023-4-15	−0.39	2023-4-2	0.01	−0.38
29	MJ4-1-3	10m	−2.34	2023-4-4	−2.35	2023-4-15	0.01	−2.35
30	MJ4-1-4	5m	−2.76	2023-4-15	−2.79	2023-4-2	0.03	−2.76
31	MJ4-2-1	孔口	−8.09	2023-3-22	−8.11	2023-4-20	0.02	−8.11
32	MJ4-2-2	20m	−3.10	2023-3-22	−3.11	2023-4-19	0.01	−3.11
33	MJ4-3-1	孔口	−0.54	2023-3-27	−0.55	2023-4-20	0.01	−0.55
34	MJ4-3-2	20m	−0.09	2023-3-24	−0.10	2023-4-19	0.01	−0.10
35	MJ4-3-3	10m	−0.29	2023-3-25	−0.29	2023-4-20	0.00	−0.29
36	MJ4-3-4	5m	−0.35	2023-4-4	−0.35	2023-4-17	0.00	−0.35
37	MJ4-4-1	孔口	−1.47	2023-3-27	−1.47	2023-4-20	0.00	−1.47

续表

序号	编号	测点深度	张开变形最大值/mm	最大值时间/(年-月-日)	张开变形最小值/mm	最小值时间/(年-月-日)	变幅/mm	最新测值/mm
38	MJ4-4-2	20m	0.27	2023-4-19	0.26	2023-3-26	0.01	0.26
39	MJ4-4-4	5m	−1.35	2023-3-27	−1.35	2023-4-17	0.00	−1.35
40	MJ5-1-1	孔口	−1.84	2023-3-30	−1.85	2023-4-20	0.01	−1.85
41	MJ5-1-2	20m	1.33	2023-3-25	1.33	2023-4-20	0.00	1.33
42	MJ5-1-3	10m	2.78	2023-3-25	0.72	2023-3-21	2.06	2.77
43	MJ5-1-4	5m	1.91	2023-3-30	1.89	2023-4-20	0.02	1.89
44	MJ5-2-1	孔口	−0.63	2023-4-20	−0.64	2023-3-30	0.01	−0.63
45	MJ5-2-2	20m	0.33	2023-4-16	0.32	2023-3-21	0.01	0.33
46	MJ5-2-3	10m	0.53	2023-4-12	0.52	2023-3-26	0.01	0.53
47	MJ5-2-4	5m	0.66	2023-4-17	0.66	2023-4-3	0.00	0.66
48	MJ5-3-1	孔口	−2.87	2023-4-20	−2.88	2023-3-21	0.01	−2.87
49	MJ5-3-2	20m	1.24	2023-4-20	1.23	2023-3-23	0.01	1.24
50	MJ5-3-3	10m	−0.26	2023-4-20	−0.27	2023-3-21	0.01	−0.26
51	MJ5-3-4	5m	−2.04	2023-3-26	−2.04	2023-4-19	0.00	−2.04
52	MJ5-4-1	孔口	−4.37	2023-4-20	−4.38	2023-3-27	0.01	−4.37
53	MJ5-4-2	20m	1.15	2023-4-20	1.13	2023-3-27	0.02	1.15
54	MJ5-4-3	10m	1.42	2023-4-20	1.41	2023-3-27	0.01	1.42
55	MJ5-4-4	5m	−3.74	2023-4-20	−3.76	2023-3-27	0.02	−3.74
56	MJ6-1-1	孔口	−0.08	2023-4-20	−0.09	2023-3-21	0.01	−0.08
57	MJ6-1-2	20m	0.13	2023-4-15	0.12	2023-4-10	0.01	0.13
58	MJ6-1-3	10m	0.24	2023-3-21	0.24	2023-4-20	0.00	0.24
59	MJ6-1-4	5m	0.04	2023-3-24	0.04	2023-4-20	0.00	0.04
60	MJ6-2-1	孔口	1.28	2023-3-23	1.28	2023-4-20	0.00	1.28
61	MJ6-2-2	20m	−0.13	2023-3-23	−0.13	2023-4-20	0.00	−0.13
62	MJ6-2-3	10m	−0.53	2023-3-26	−0.54	2023-4-19	0.01	−0.54
63	MJ6-2-4	5m	−1.10	2023-4-20	−1.11	2023-3-22	0.01	−1.10
64	MJ6-3-1	孔口	−3.40	2023-3-21	−3.42	2023-4-20	0.02	−3.42
65	MJ6-3-2	20m	−0.31	2023-3-21	−0.33	2023-4-20	0.02	−0.33
66	MJ6-3-3	10m	−1.91	2023-3-21	−1.93	2023-4-20	0.02	−1.93
67	MJ6-4-1	孔口	0.06	2023-4-8	0.06	2023-4-16	0.00	0.06
68	MJ6-4-2	20m	−0.13	2023-3-29	−0.13	2023-4-16	0.00	−0.13
69	MJ6-4-3	10m	0.00	2023-3-21	−0.01	2023-4-16	0.01	−0.01
70	MJ6-4-4	5m	−0.07	2023-4-08	−0.07	2023-4-20	0.00	−0.07

附表 4-26　　**水平向多点位移计测点特征值统计表**

序号	编号	测点深度	水平向位移最大值/mm	最大值时间/(年-月-日)	水平向位移最小值/mm	最小值时间/(年-月-日)	变幅/mm	最新测值/mm
1	MJ1-1	孔口	0.32	2023-3-28	0.31	2023-4-20	0.01	0.31
2	MJ1-2	20m	−0.14	2023-3-28	−0.15	2023-4-20	0.01	−0.15
3	MJ1-3	10m	−0.35	2023-3-21	−0.36	2023-4-20	0.01	−0.36
4	MJ1-4	5m	0.35	2023-3-22	0.34	2023-4-19	0.01	0.34
5	MJ2-1	孔口	0.08	2023-4-20	0.03	2023-3-25	0.05	0.08
6	MJ2-2	20m	0.20	2023-4-2	0.15	2023-3-25	0.05	0.20
7	MJ2-3	10m	−3.45	2023-4-16	−3.50	2023-3-25	0.05	−3.45
8	MJ2-4	5m	0.07	2023-4-2	0.02	2023-4-1	0.05	0.07
9	MJ3-2	20m	0.38	2023-3-27	0.37	2023-4-20	0.01	0.37
10	MJ3-3	10m	0.59	2023-3-31	0.58	2023-4-20	0.01	0.58
11	MJ3-4	5m	0.04	2023-3-27	0.03	2023-4-20	0.01	0.03
12	MJ4-1	孔口	−0.32	2023-4-20	−0.32	2023-4-18	0.00	−0.32
13	MJ4-4	5m	0.85	2023-4-20	0.85	2023-3-28	0.00	0.85
14	MJ5-1	孔口	−1.46	2023-4-20	−1.46	2023-4-9	0.00	−1.46
15	MJ5-2	20m	0.39	2023-4-14	0.38	2023-3-26	0.01	0.39
16	MJ5-3	10m	−0.69	2023-4-20	−0.69	2023-4-5	0.00	−0.69
17	MJ5-4	5m	−0.56	2023-4-13	−0.57	2023-4-1	0.01	−0.56
18	MJ6-2	20m	−0.11	2023-4-1	−0.11	2023-4-17	0.00	−0.11
19	MJ6-3	10m	−0.90	2023-4-20	−0.90	2023-4-7	0.00	−0.90
20	MJ6-4	5m	−0.43	2023-4-20	−0.44	2023-3-21	0.01	−0.43
21	NEWMJ1-1	孔口	3.51	2023-4-20	3.51	2023-3-22	0.00	3.51
22	NEWMJ1-2	20m	2.17	2023-4-20	2.16	2023-3-22	0.01	2.17
23	NEWMJ1-3	10m	1.71	2023-4-6	1.70	2023-4-8	0.01	1.70
24	NEWMJ1-4	5m	−0.27	2023-3-31	−0.27	2023-3-21	0.00	−0.27

附表 4-27　　**坝基测缝计测点特征值统计表**

序号	编号	坝段	开合度变化最大值/mm	最大值时间/(年-月-日)	开合度变化最小值/mm	最小值时间/(年-月-日)	变幅/mm	最新测值/mm
1	JJ1	1号	0.01	2023-3-22	0.00	2023-4-16	0.01	0.01
2	JJ2	3号	0.68	2023-3-25	0.68	2023-4-17	0.00	0.68
3	JJ4	5号	0.29	2023-4-20	0.28	2023-4-3	0.01	0.29
4	JJ7	6号	1.05	2023-4-18	1.04	2023-4-20	0.01	1.04
5	JJ8	8号	0.65	2023-4-1	0.63	2023-4-19	0.02	0.63

续表

序号	编号	坝段	开合度变化最大值/mm	最大值时间/(年-月-日)	开合度变化最小值/mm	最小值时间/(年-月-日)	变幅/mm	最新测值/mm
6	JJ9	8号	0.43	2023-4-15	0.41	2023-4-9	0.02	0.42
7	JJ2-1	2号	1.24	2023-3-25	1.23	2023-4-2	0.01	1.24
8	JJ2-2	2号	1.16	2023-4-20	1.15	2023-4-16	0.01	1.16
9	JJ2-3	2号	1.09	2023-3-30	1.08	2023-4-14	0.01	1.09
10	JJ2-4	2号	0.89	2023-4-17	0.88	2023-3-24	0.01	0.89
11	JJ3-1	4号	0.92	2023-4-9	0.90	2023-3-26	0.02	0.91
12	JJ3-2	4号	0.62	2023-4-20	0.62	2023-4-10	0.00	0.62
13	JJ3-3	4号	2.07	2023-3-31	2.06	2023-4-20	0.01	2.06
14	JJ3-4	4号	-0.03	2023-4-3	-0.04	2023-4-19	0.01	-0.04
15	JJ4-1	5号	0.26	2023-3-23	0.22	2023-3-26	0.04	0.26
16	JJ4-2	5号	-0.17	2023-3-27	-0.18	2023-4-15	0.01	-0.18
17	JJ4-3	5号	-0.60	2023-3-22	-0.70	2023-4-9	0.10	-0.70
18	JJ4-4	5号	0.26	2023-3-23	0.25	2023-4-20	0.01	0.25
19	JJ5-2	7号	2.28	2023-4-10	2.28	2023-4-16	0.00	2.28
20	JJ5-3	7号	0.85	2023-3-21	0.84	2023-4-19	0.01	0.85
21	JJ5-4	7号	1.14	2023-3-30	1.12	2023-4-20	0.02	1.12
22	JJ6-2	9号	-0.10	2023-4-18	-0.15	2023-4-3	0.05	-0.11
23	JJ6-4	9号	0.03	2023-4-18	-0.02	2023-3-29	0.05	0.02

附表 4-28　　坝基渗压水头特征值统计表

序号	编号	坝段	安装高程/m	最高水头/m	最高水头时间/(年-月-日)	最新测值/m	渗压水位/m
1	PJ1	1号	627.20	0.16	2023-4-8	0.00	627.20
2	PJ2	3号	544.00	21.80	2023-4-20	21.80	565.80
3	PJ3	3号	544.00	2.03	2023-4-7	2.02	546.02
4	PJ4	5号	503.40	42.43	2023-4-11	41.90	545.30
5	PJ5	5号	503.30	无压	2023-4-5	无压	499.65
6	PJ6	6号	503.50	—	—	—	—
7	PJ7	6号	503.40	无压	2023-3-22	无压	501.37
8	PJ8	8号	560.00	0.55	2023-4-9	0.51	560.51
9	PJ9	8号	560.00	无压	2023-4-8	无压	559.83
10	P2-1	2号	568.00	18.58	2023-4-11	18.03	586.03
11	P2-2	2号	568.00	36.81	2023-4-14	36.63	604.63

续表

序号	编号	坝段	安装高程/m	最高水头/m	最高水头时间/(年-月-日)	最新测值/m	渗压水位/m
12	P2-3	2号	568.00	5.47	2023-3-23	5.33	573.33
13	P2-4	2号	568.00	3.45	2023-4-8	3.27	571.27
14	P3-1	4号	517.10	88.10	2023-4-11	87.05	604.15
15	P3-2	4号	519.70	9.97	2023-4-12	9.76	529.46
16	P3-3	4号	519.30	7.01	2023-4-12	6.75	526.05
17	P3-4	4号	519.70	14.69	2023-4-12	14.31	534.01
18	P4-1	5号	503.40	101.29	2023-4-1	51.21	554.61
19	P4-2	5号	503.50	17.56	2023-4-8	17.37	520.87
20	P4-3	5号	503.50	16.00	2023-4-14	15.93	519.43
21	P4-4	5号	503.40	10.94	2023-3-21	10.35	513.75
22	P5-2	7号	517.80	12.46	2023-4-8	12.35	530.15
23	P5-3	7号	521.40	0.78	2023-4-8	0.56	521.96
24	P5-4	7号	521.30	0.08	2023-4-8	0.06	521.36
25	P6-1	9号	580.00	20.06	2023-4-14	19.44	599.44
26	P6-2	9号	580.00	6.03	2023-4-9	5.81	585.81
27	P6-3	9号	580.00	1.26	2023-4-8	1.13	581.13
28	P6-4	9号	580.00	1.03	2023-4-8	0.87	580.87

附表4-29　　坝体渗压水头特征值统计表

序号	编号	坝段	安装高程/m	最高水头/m	最高水头时间/(年-月-日)	最新测值/m	渗压水位/m
1	P2-5	2号	610.30	0.32	2023-4-15	0.30	610.60
2	P2-6	2号	610.20	0.41	2023-3-28	0.30	610.50
3	P2-7	2号	610.20	0.20	2023-4-8	0.05	610.25
4	P3-6	4号	565.00	0.33	2023-3-21	0.32	565.32
5	P3-7	4号	565.00	0.55	2023-3-21	0.51	565.51
6	P3-8	4号	610.50	0.29	2023-4-8	0.12	610.62
7	P3-9	4号	610.50	0.10	2023-4-8	无压	610.42
8	P3-10	4号	610.60	0.44	2023-4-8	0.04	610.64
9	P4-5	5号	514.00	7.54	2023-3-22	7.46	521.46
10	P4-6	5号	514.00	5.98	2023-3-22	5.85	519.85
11	P4-7	5号	514.00	无压	2023-3-24	无压	513.71
12	P4-8	5号	565.00	0.01	2023-3-21	无压	564.99
13	P4-9	5号	565.00	无压	2023-3-22	无压	564.74
14	P4-10	5号	565.00	无压	2023-3-22	无压	564.93

续表

序号	编号	坝段	安装高程 /m	最高水头 /m	最高水头时间 /(年-月-日)	最新测值 /m	渗压水位 /m
15	P4-11	5号	610.00	0.53	2023-4-9	0.41	610.41
16	P4-12	5号	610.00	0.43	2023-3-26	0.38	610.38
17	P4-13	5号	610.00	0.91	2023-4-8	0.79	610.79
18	P5-5	7号	565.00	3.71	2023-3-22	3.63	568.63
19	P5-7	7号	565.00	2.51	2023-3-30	2.32	567.32
20	P5-8	7号	611.30	0.16	2023-3-25	0.14	611.44
21	P5-9	7号	611.30	0.09	2023-4-8	0.05	611.35
22	P5-10	7号	611.30	无压	2023-4-8	无压	611.26
23	P6-5	9号	610.50	无压	2023-4-20	无压	610.40
24	P6-6	9号	610.50	0.05	2023-4-7	无压	610.46
25	P6-7	9号	610.50	0.08	2023-4-8	0	610.50

附表4-30　　高程515.00～610.00m廊道测压管扬压力特征值统计表

序号	编号	坝　段	安装高程 /m	最大值 /m	最大值时间 /(年-月-日)	测值 /m	扬压水位 /m
1	UP(jc)01	4号	503.38	17.03	2023-4-17	16.43	519.81
2	UP(jc)02	5号	503.40	21.55	2023-4-20	21.55	524.95
3	UP(jc)03	5号	503.38	42.16	2023-4-20	42.16	545.54
4	UP(jc)04	5号～6号	503.36	21.32	2023-4-18	21.30	524.66
5	UP(jc)05	6号	503.38	19.21	2023-4-14	19.01	522.39
6	UP(jc)06	6号	503.40	19.52	2023-4-14	19.27	522.67
7	UP(jc)07	6号～7号	503.34	26.67	2023-4-15	26.47	529.81
8	UP(ld)01	高程515.00m左灌浆洞	503.42	48.96	2023-3-21	45.53	548.95
9	UP(ld)02	高程515.00m左灌浆洞	502.85	22.98	2023-4-8	22.69	525.54
10	UP(ld)03	高程515.00m右灌浆洞	503.43	14.96	2023-4-20	14.96	518.39
11	UP(ld)04	高程515.00m右灌浆洞	503.51	17.94	2023-4-8	17.76	521.27
12	UP(ld)05	高程565.00m左灌浆洞	553.68	16.77	2023-4-15	16.66	570.34
13	UP(ld)06	高程565.00m左灌浆洞	553.55	41.05	2023-4-12	40.44	593.99
14	UP(ld)07	高程565.00m右灌浆洞	553.59	13.01	2023-4-8	12.89	566.48
15	UP(ld)08	高程565.00m右灌浆洞	553.56	1.21	2023-3-27	1.00	554.56
16	UP(ld)09	高程610.00m左灌浆洞	598.48	17.19	2023-4-6	16.50	614.98
17	UP(ld)10	高程610.00m左灌浆洞	598.55	0.26	2023-4-16	0.23	598.78
18	UP(ld)11	高程610.00m右灌浆洞	599.56	7.53	2023-4-15	7.04	606.60
19	UP(ld)12	高程610.00m右灌浆洞	599.60	3.57	2023-4-18	3.48	603.08

附表 4－31　　电梯井渗压计特征值统计表

序号	编号	位置	安装高程/m	最高水头/m	最高水头时间/(年-月-日)	最新测值/m
1	P(dtj)1	靠上游	509.00	3.24	2023－4－12	2.31
2	P(dtj)2	靠右岸	509.00	4.01	2023－3－21	3.30
3	P(dtj)3	靠下游	511.00	3.65	2023－3－25	3.02
4	P(dtj)4	靠右岸	511.00	2.88	2023－4－18	2.88

附表 4－32　　高程 515.00m 廊道内集水井量水堰测点特征值统计表

序号	测点编号	位　　置	最大值/(L/s)	最大值时间/(年-月-日)	最新测值/(L/s)
1	WE1	高程 515.00m 廊道集水井左	5.55	2023－3－21	0.14
2	WE2	高程 515.00m 廊道集水井右	2.07	2023－3－21	0.57

附表 4－33　　左右岸坝肩绕坝渗流特征值统计表

序号	编号	位置	安装高程/m	渗压水头最大值/m	最大值时间/(年-月-日)	渗压水头最新测值/m	目前渗压水位/m
1	UP(yrb)09	右岸	608.84	1.34	2023－4－11	0.51	609.35
2	UP(yrb)13	右岸	608.61	11.85	2023－4－8	11.10	619.71
3	UP(yrb)14	右岸	607.84	无压	2023－3－30	无压	607.74
4	UP(yrb)15	右岸	606.91	1.84	2023－4－20	1.84	608.75
5	UP(yrb)16	右岸	607.36	无压	2023－4－8	无压	607.06
6	UP(zrb)01	左岸	605.30	25.98	2023－4－4	12.83	618.13
7	UP(zrb)03	左岸	609.30	12.45	2023－4－4	无压	609.01
8	UP(zrb)05	左岸	608.50	6.65	2023－4－8	5.97	614.47
9	UP(zrb)06	左岸	615.40	2.50	2023－4－6	1.50	616.90
10	UP(zrb)07	左岸	606.40	13.97	2023－4－8	12.40	618.80
11	UP(zrb)08	左岸	602.00	0.38	2023－4－8	0.21	602.21

附表 4－34　　高程 512.00m 应变计测点特征值统计表

序号	编号	位置	应变最大值/με	最大值时间/(年-月-日)	应变最小值/με	最小值时间/(年-月-日)	变幅/με	最新测值/με
1	SW4－1－3	距上游面 2m	125.75	2023－4－13	118.85	2023－3－28	6.90	124.35
2	SW4－2－1	距上游面 12m	－43.83	2023－3－31	－44.73	2023－4－12	0.90	－44.36
3	SW4－2－4	距上游面 12m	－3.88	2023－4－20	－8.73	2023－3－26	4.85	－3.88
4	SW4－2－5	距上游面 12m	188.76	2023－3－28	185.91	2023－4－8	2.85	186.53
5	SW4－3－1	距下游面 12m	－325.11	2023－4－19	－326.17	2023－3－25	1.06	－325.57
6	SW4－3－3	距下游面 12m	－324.31	2023－3－22	－325.75	2023－4－20	1.44	－325.75
7	SW4－3－5	距下游面 12m	－310.23	2023－3－26	－312.97	2023－4－20	2.74	－312.97

续表

序号	编号	位置	应变最大值/με	最大值时间/(年-月-日)	应变最小值/με	最小值时间/(年-月-日)	变幅/με	最新测值/με
8	SW4-4-2	距下游面2m	−241.15	2023-4-19	−245.76	2023-3-21	4.61	−241.40
9	SW4-4-3	距下游面2m	140.65	2023-4-20	131.26	2023-3-23	9.39	140.65
10	SW4-4-5	距下游面2m	—	—	—	—	—	—

附表4-35　　高程512.00m无应变计测点特征值统计表

序号	编号	位置	无应变最大值/με	最大值时间/(年-月-日)	无应变最小值/με	最小值时间/(年-月-日)	变幅/με	最新测值/με
1	N4-4	距上游面2m	−21.14	2023-3-21	−22.56	2023-4-16	1.42	−22.24
2	N4-5	距上游面2m	204.78	2023-3-21	203.85	2023-4-13	0.93	204.26

附表4-36　　高程533.00m应变计测点特征值统计表

序号	编号	位置	应变最大值/με	最大值时间/(年-月-日)	应变最小值/με	最小值时间/(年-月-日)	变幅/με	最新测值/με
1	SW3-1-1	Ⅲ断面，距上游面2m	137.91	2023-4-2	134.49	2023-4-11	3.42	135.80
2	SW3-1-2	Ⅲ断面，距上游面2m	−131.77	2023-4-9	−137.24	2023-3-30	5.47	−134.80
3	SW3-1-3	Ⅲ断面，距上游面2m	−164.04	2023-4-10	−183.62	2023-3-28	19.58	−170.60
4	SW3-2-1	Ⅲ断面，距上游面12m	−118.94	2023-4-19	−123.50	2023-4-6	4.56	−119.71
5	SW3-2-2	Ⅲ断面，距上游面12m	−346.54	2023-4-12	−348.98	2023-3-21	2.44	−347.80
6	SW3-2-3	Ⅲ断面，距上游面12m	−12.56	2023-4-12	−17.03	2023-3-26	4.47	−13.32
7	SW3-2-4	Ⅲ断面，距上游面12m	−24.32	2023-4-18	−27.28	2023-3-21	2.96	−24.77
8	SW3-2-5	Ⅲ断面，距上游面12m	134.19	2023-4-13	132.22	2023-4-6	1.97	133.44
9	SW3-3-3	Ⅲ断面，距下游面12m	−19.52	2023-4-20	−26.83	2023-3-27	7.31	−19.52
10	SW3-3-4	Ⅲ断面，距下游面12m	59.45	2023-3-30	57.59	2023-4-7	1.86	59.08
11	SW3-3-5	Ⅲ断面，距下游面12m	−39.29	2023-3-26	−43.82	2023-4-17	4.53	−43.81
12	SW3-4-1	Ⅲ断面，距下游面2m	−59.16	2023-3-28	−63.76	2023-4-13	4.60	−63.39
13	SW3-4-2	Ⅲ断面，距下游面2m	−24.12	2023-4-10	−27.38	2023-4-20	3.26	−27.38

附表4-37　　高程533.00m无应变计测点特征值统计表

序号	编号	位置	无应变最大值/με	最大值时间/(年-月-日)	无应变最小值/με	最小值时间/(年-月-日)	变幅/με	最新测值/με
1	N3-1	距上游面2m	−297.46	2023-3-25	−298.40	2023-4-14	0.94	−298.34
2	N3-2	距上游面12m	−241.16	2023-3-22	−243.24	2023-4-12	2.08	−242.47
3	N3-3	距下游面12m	−185.47	2023-3-22	−188.04	2023-4-19	2.57	−187.83

附表4-38　　高程557.00m应变计测点特征值统计表

序号	编号	位　置	应变最大值/με	最大值时间/(年-月-日)	应变最小值/με	最小值时间/(年-月-日)	变幅/με	最新测值/με
1	SW3-5-1	Ⅲ断面，距上游面2m	100.86	2023-3-29	96.92	2023-4-8	3.94	99.13
2	SW3-5-2	Ⅲ断面，距上游面2m	13.28	2023-4-16	11.75	2023-3-22	1.53	12.79
3	SW3-5-3	Ⅲ断面，距上游面2m	19.88	2023-4-9	15.55	2023-3-28	4.33	16.78
4	SW3-5-5	Ⅲ断面，距上游面2m	151.77	2023-4-3	150.38	2023-4-8	1.39	150.86
5	SW3-6-4	Ⅲ断面，距上游面10.5m	-136.53	2023-3-28	-141.03	2023-4-10	4.50	-138.40
6	SW3-6-5	Ⅲ断面，距上游面10.5m	-70.56	2023-3-29	-71.70	2023-4-5	1.14	-71.04
7	SW3-7-1	Ⅲ断面，距下游面10.5m	-180.52	2023-3-31	-185.14	2023-4-15	4.62	-181.57
8	SW3-7-2	Ⅲ断面，距下游面10.5m	-209.92	2023-4-15	-212.61	2023-3-25	2.69	-210.23
9	SW3-7-3	Ⅲ断面，距下游面10.5m	-112.25	2023-4-20	-115.83	2023-3-26	3.58	-112.25
10	SW3-7-4	Ⅲ断面，距下游面10.5m	-235.48	2023-4-3	-239.40	2023-4-9	3.92	-236.22
11	SW3-8-2	Ⅲ断面，距下游面2m	-56.53	2023-3-21	-64.16	2023-4-19	7.63	-64.13
12	SW3-8-3	Ⅲ断面，距下游面2m	-38.77	2023-3-21	-44.03	2023-4-15	5.26	-42.49
13	SW3-8-4	Ⅲ断面，距下游面2m	-123.37	2023-3-22	-131.96	2023-4-20	8.59	-131.96
14	SW3-8-5	Ⅲ断面，距下游面2m	49.90	2023-3-27	42.12	2023-4-20	7.78	42.12
15	SW4-9-4	Ⅳ断面，距上游面2m	34.93	2023-4-1	26.59	2023-4-14	8.34	32.39
16	SW5-1-2	Ⅴ断面，距上游面2m	-276.24	2023-3-31	-277.63	2023-4-19	1.39	-277.48
17	SW5-2-3	Ⅴ断面，距上游面10.5m	-206.51	2023-3-26	-212.15	2023-4-20	5.64	-212.15
18	SW5-4-1	Ⅴ断面，距下游面2m	-303.14	2023-3-23	-308.65	2023-4-9	5.51	-306.58
19	SW5-4-4	Ⅴ断面，距下游面2m	-296.87	2023-3-28	-300.23	2023-4-9	3.36	-298.00
20	SW5-4-5	Ⅴ断面，距下游面2m	-216.44	2023-4-20	-225.94	2023-3-22	9.50	-216.44
21	SW4-10-3	Ⅳ断面，距上游面10m	63.79	2023-4-2	58.15	2023-4-14	5.64	62.39
22	SW4-10-5	Ⅳ断面，距上游面10m	356.60	2023-3-27	348.69	2023-4-14	7.91	353.61
23	SW4-11-1	Ⅳ断面，距下游面10m	-215.64	2023-3-27	-221.78	2023-3-22	6.14	-216.13
24	SW4-11-5	Ⅳ断面，距下游面10m	-101.31	2023-4-11	-103.95	2023-3-27	2.64	-101.42
25	SW4-12-1	Ⅳ断面，距下游面2m	78.34	2023-4-3	67.13	2023-3-22	11.21	77.05
26	SW4-12-2	Ⅳ断面，距下游面2m	93.00	2023-3-29	87.81	2023-4-14	5.19	90.51
27	SW4-12-3	Ⅳ断面，距下游面2m	54.09	2023-4-20	29.95	2023-3-21	24.14	54.09
28	SW4-12-4	Ⅳ断面，距下游面2m	94.59	2023-3-27	87.88	2023-4-14	6.71	91.81
29	SW4-12-5	Ⅳ断面，距下游面2m	30.98	2023-3-22	29.42	2023-4-19	1.56	29.46

附表 4-39　　高程 557.00m 无应变计测点特征值统计表

序号	编号	位　置	无应变最大值 /με	最大值时间 /(年-月-日)	无应变最小值 /με	最小值时间 /(年-月-日)	变幅 /με	最新测值 /με
1	N3-6	距上游面 10.5m	51.56	2023-3-21	49.86	2023-4-20	1.70	49.86
2	N3-7	距下游面 10.5m	58.26	2023-3-22	56.80	2023-4-14	1.46	56.92
3	N3-8	距下游面 2m	15.29	2023-4-20	10.35	2023-3-22	4.94	15.29
4	N5-1	距上游面 2m	69.38	2023-4-1	68.64	2023-4-13	0.74	69.05
5	N5-4	距下游面 2m	218.59	2023-3-21	216.47	2023-4-17	2.12	216.68
6	N4-11	距上游面 2m	−239.26	2023-3-22	−242.46	2023-4-19	3.20	−242.39
7	N4-12	距上游面 10m	−179.16	2023-3-25	−181.32	2023-4-18	2.16	−181.30
8	N4-14	距下游面 2m	−335.29	2023-3-21	−340.07	2023-4-18	4.78	−339.94

附表 4-40　　高程 580.00m 应变计测点特征值统计表

序号	编号	位　置	应变最大值 /με	最大值时间 /(年-月-日)	应变最小值 /με	最小值时间 /(年-月-日)	变幅 /με	最新测值 /με
1	SW2-1-1	距上游面 2m	−87.22	2023-3-24	−89.06	2023-4-19	1.84	−88.51
2	SW2-1-2	距上游面 2m	−80.27	2023-3-26	−82.22	2023-4-19	1.95	−81.68
3	SW2-1-3	距上游面 2m	−111.88	2023-4-8	−116.77	2023-3-28	4.89	−115.86
4	SW2-1-4	距上游面 2m	−131.36	2023-4-8	−136.66	2023-4-1	5.30	−136.33
5	SW2-1-5	距上游面 2m	−21.02	2023-3-24	−23.06	2023-4-11	2.04	−21.89
6	SW2-2-1	距上游面 9.5m	−62.68	2023-4-20	−65.07	2023-4-11	2.39	−62.68
7	SW2-2-2	距上游面 9.5m	−59.32	2023-4-20	−60.82	2023-4-11	1.50	−59.32
8	SW2-2-3	距上游面 9.5m	−256.16	2023-4-14	−258.04	2023-3-28	1.88	−256.45
9	SW2-2-4	距上游面 9.5m	−186.23	2023-4-18	−188.20	2023-4-4	1.97	−186.35
10	SW2-3-1	距下游面 9.5m	−91.94	2023-4-2	−96.96	2023-4-10	5.02	−94.09
11	SW2-3-2	距下游面 9.5m	−78.94	2023-4-18	−80.55	2023-3-21	1.61	−79.01
12	SW2-3-3	距下游面 9.5m	−92.07	2023-4-20	−95.31	2023-3-27	3.24	−92.07
13	SW2-3-4	距下游面 9.5m	−146.69	2023-4-2	−151.14	2023-4-9	4.45	−147.10
14	SW2-3-5	距下游面 9.5m	−71.79	2023-3-25	−73.08	2023-4-20	1.29	−73.08
15	SW2-4-3	距下游面 2m	38.31	2023-3-22	35.12	2023-4-20	3.19	35.12
16	SW2-4-4	距下游面 2m	−33.37	2023-3-29	−45.01	2023-4-20	11.64	−45.01
17	SW2-4-5	距下游面 2m	19.91	2023-4-8	15.05	2023-4-20	4.86	15.05
18	SW3-9-1	距上游面 2m	−22.06	2023-4-2	−26.97	2023-4-7	4.91	−24.29
19	SW3-9-2	距上游面 2m	−24.48	2023-4-2	−34.83	2023-4-7	10.35	−27.92
20	SW3-9-3	距上游面 2m	20.84	2023-3-23	17.46	2023-4-20	3.38	17.46
21	SW3-9-4	距上游面 2m	0.81	2023-3-23	−2.72	2023-4-8	3.53	−2.22

续表

序号	编号	位　置	应变最大值/με	最大值时间/(年-月-日)	应变最小值/με	最小值时间/(年-月-日)	变幅/με	最新测值/με
22	SW3-9-5	距上游面 2m	−47.90	2023-3-24	−49.48	2023-4-8	1.58	−48.84
23	SW5-5-1	距上游面 2m	−91.41	2023-3-28	−96.41	2023-4-9	5.00	−94.04
24	SW5-5-2	距上游面 2m	533.15	2023-3-30	528.75	2023-4-9	4.40	531.47
25	SW5-5-3	距上游面 2m	−28.75	2023-3-24	−32.10	2023-4-20	3.35	−32.10
26	SW5-6-1	距上游面 9m	31.26	2023-4-2	21.23	2023-4-10	10.03	25.51
27	SW5-6-3	距上游面 9m	−181.82	2023-4-9	−183.94	2023-3-31	2.12	−183.77
28	SW5-6-5	距上游面 9m	29.67	2023-3-24	27.74	2023-4-9	1.93	28.09
29	SW5-7-2	距下游面 9m	84.71	2023-4-1	76.43	2023-4-15	8.28	77.14
30	SW5-7-3	距下游面 9m	−181.50	2023-4-12	−187.70	2023-3-26	6.20	−183.99
31	SW5-7-4	距下游面 9m	−56.29	2023-3-22	−63.39	2023-4-20	7.10	−63.39
32	SW5-7-5	距下游面 2m	61.49	2023-3-22	50.93	2023-4-20	10.56	50.93
33	SW5-8-2	距下游面 2m	−156.01	2023-3-22	−166.21	2023-4-20	10.20	−166.21
34	SW3-10-1	距上游面 9m	−69.17	2023-3-30	−74.69	2023-4-10	5.52	−70.99
35	SW3-10-2	距上游面 9m	−45.60	2023-4-20	−47.59	2023-3-21	1.99	−45.60
36	SW3-10-3	距上游面 9m	−16.79	2023-4-20	−19.86	2023-3-28	3.07	−16.79
37	SW3-10-4	距上游面 9m	7.23	2023-4-20	2.95	2023-4-9	4.28	7.23
38	SW3-10-5	距上游面 9m	−6.14	2023-3-22	−7.42	2023-4-20	1.28	−7.42
39	SW3-11-1	距下游面 9.5m	−122.02	2023-3-27	−123.41	2023-3-21	1.39	−122.03
40	SW3-11-3	距下游面 9.5m	−53.81	2023-4-20	−57.37	2023-3-26	3.56	−53.81
41	SW3-11-4	距下游面 9.5m	−95.49	2023-4-3	−99.47	2023-4-11	3.98	−96.43
42	SW3-11-5	距下游面 9.5m	−32.64	2023-3-23	−34.34	2023-4-8	1.70	−34.30
43	SW3-12-1	距下游面 2m	23.86	2023-3-22	−3.78	2023-4-20	27.64	−3.78
44	SW3-12-2	距下游面 2m	17.04	2023-3-27	6.94	2023-4-20	10.10	6.94
45	SW3-12-5	距下游面 2m	118.87	2023-3-24	115.15	2023-4-2	3.72	116.99
46	SW4-13-1	距上游面 2m	−75.01	2023-4-2	−80.89	2023-4-10	5.88	−76.79
47	SW4-13-2	距上游面 2m	−118.40	2023-3-29	−120.29	2023-4-20	1.89	−120.29
48	SW4-13-3	距上游面 2m	−68.10	2023-4-6	−69.96	2023-3-21	1.86	−69.56
49	SW4-13-4	距上游面 2m	−204.32	2023-4-2	−208.74	2023-4-9	4.42	−205.70
50	SW4-13-5	距上游面 2m	292.51	2023-3-25	290.11	2023-4-18	2.40	290.37
51	SW4-14-2	距上游面 9m	−65.76	2023-3-22	−71.82	2023-4-19	6.06	−71.22
52	SW4-15-1	距下游面 9m	21.36	2023-3-27	17.38	2023-4-20	3.98	17.38
53	SW4-15-2	距下游面 9m	−28.81	2023-4-20	−34.74	2023-4-9	5.93	−28.81
54	SW4-15-3	距下游面 9m	−42.07	2023-4-11	−44.94	2023-3-26	2.87	−44.22
55	SW4-15-4	距下游面 9m	−115.34	2023-3-28	−119.33	2023-4-7	3.99	−116.37
56	SW4-16-5	距下游面 2m	−653.30	2023-4-8	−667.62	2023-4-20	14.32	−667.62

附表 4-41　　高程 580.00m 无应变计测点特征值统计表

序号	编号	位　置	无应变最大值/με	最大值时间/(年-月-日)	无应变最小值/με	最小值时间/(年-月-日)	变幅/με	最新测值/με
1	N2-1	距上游面 2m	-72.53	2023-3-28	-73.74	2023-4-20	1.21	-73.74
2	N2-3	距下游面 9.5m	-28.63	2023-3-27	-30.01	2023-4-18	1.38	-29.82
3	N2-4	距下游面 2m	-88.63	2023-4-20	-97.10	2023-3-29	8.47	-88.63
4	N3-9	距上游面 2m	-137.94	2023-3-21	-139.79	2023-4-16	1.85	-139.50
5	N5-5	距上游面 2m	-68.78	2023-3-25	-70.26	2023-4-20	1.48	-70.26
6	N5-6	距上游面 9m	-110.88	2023-3-25	-112.52	2023-4-18	1.64	-112.17
7	N5-8	距下游面 2m	-76.67	2023-4-20	-85.04	2023-3-21	8.37	-76.67
8	N3-10	距上游面 9m	-101.25	2023-3-21	-102.30	2023-4-20	1.05	-102.30
9	N3-11	距下游面 9.5m	-53.75	2023-3-21	-55.12	2023-4-18	1.37	-55.01
10	N3-12	距下游面 2m	-100.45	2023-4-20	-117.15	2023-3-26	16.70	-100.45
11	N4-15	距上游面 2m	-155.63	2023-3-21	-158.48	2023-4-20	2.85	-158.48
12	N4-16	距上游面 9m	-132.46	2023-4-19	-134.93	2023-3-25	2.47	-133.09
13	N4-17	距下游面 9m	-107.99	2023-4-20	-109.46	2023-3-28	1.47	-107.99

附表 4-42　　高程 595.00m 应变计测点特征值统计表

序号	编号	位　置	应变最大值/με	最大值时间/(年-月-日)	应变最小值/με	最小值时间/(年-月-日)	变幅/με	最新测值/με
1	SW2-5-1	距上游面 2m	-62.78	2023-3-30	-65.90	2023-4-17	3.12	-65.75
2	SW2-5-2	距上游面 2m	-161.78	2023-3-26	-166.27	2023-4-20	4.49	-166.27
3	SW2-5-3	距上游面 2m	-310.66	2023-3-21	-320.34	2023-4-20	9.68	-320.34
4	SW2-5-4	距上游面 2m	-198.08	2023-3-21	-205.68	2023-4-20	7.60	-205.68
5	SW2-5-5	距上游面 2m	-33.06	2023-4-20	-36.89	2023-3-21	3.83	-33.06
6	SW2-6-1	距上游面 11.2m	-113.33	2023-3-26	-116.63	2023-4-7	3.30	-114.24
7	SW2-6-2	距上游面 11.2m	-106.93	2023-3-26	-112.61	2023-4-20	5.68	-112.61
8	SW2-6-4	距上游面 11.2m	-236.32	2023-4-2	-241.65	2023-4-9	5.33	-236.33
9	SW2-6-5	距上游面 11.2m	11.05	2023-3-21	8.61	2023-4-18	2.44	9.02
10	SW2-7-1	距下游面 2m	-92.86	2023-3-22	-110.69	2023-4-20	17.83	-110.69
11	SW2-7-2	距下游面 2m	-64.76	2023-3-22	-82.70	2023-4-20	17.94	-82.70
12	SW2-7-3	距下游面 2m	-73.65	2023-3-21	-81.93	2023-4-20	8.28	-81.93
13	SW2-7-4	距下游面 2m	-102.32	2023-3-21	-116.47	2023-4-20	14.15	-116.47
14	SW5-9-3	距上游面 2m	-152.16	2023-3-24	-160.07	2023-4-20	7.91	-160.07
15	SW5-9-4	距上游面 2m	-155.68	2023-3-23	-158.22	2023-4-20	2.54	-158.22
16	SW5-9-5	距上游面 2m	47.79	2023-3-26	40.66	2023-4-20	7.13	40.66

续表

序号	编号	位　置	应变最大值/με	最大值时间/(年-月-日)	应变最小值/με	最小值时间/(年-月-日)	变幅/με	最新测值/με
17	SW6-1-2	距上游面 2m	8.05	2023-4-18	6.81	2023-3-29	1.24	7.13
18	SW6-1-3	距上游面 2m	96.82	2023-3-22	94.89	2023-4-2	1.93	94.90
19	SW6-1-5	距上游面 2m	14.20	2023-3-25	9.80	2023-4-19	4.40	9.88
20	SW6-2-2	距上游面 9.6m	755.17	2023-3-28	747.29	2023-4-20	7.88	747.29
21	SW6-2-3	距上游面 9.6m	60.63	2023-3-21	54.26	2023-4-20	6.37	54.26
22	SW6-2-4	距上游面 9.6m	302.43	2023-3-21	297.27	2023-4-19	5.16	297.33
23	SW6-3-1	距下游面 2m	39.14	2023-3-27	26.32	2023-4-20	12.82	26.32
24	SW6-3-2	距下游面 2m	60.05	2023-3-27	49.82	2023-4-20	10.23	49.82
25	SW6-3-3	距下游面 2m	83.89	2023-4-20	68.26	2023-3-27	15.63	83.89
26	SW6-3-4	距下游面 2m	11.35	2023-3-30	4.83	2023-4-14	6.52	4.84
27	SW3-13-1	距上游面 2m	−116.56	2023-4-1	−122.67	2023-4-9	6.11	−120.09
28	SW3-13-2	距上游面 2m	−72.80	2023-4-2	−76.65	2023-4-9	3.85	−74.62
29	SW3-13-3	距上游面 2m	−114.07	2023-3-26	−119.85	2023-4-20	5.78	−119.85
30	SW3-13-4	距上游面 2m	−134.41	2023-3-26	−140.36	2023-4-20	5.95	−140.36
31	SW3-13-5	距上游面 2m	−13.75	2023-4-17	−15.64	2023-3-27	1.89	−14.04
32	SW3-14-2	距上游面 11m	27.62	2023-4-2	25.85	2023-4-10	1.77	27.19
33	SW3-14-4	距上游面 11m	−70.02	2023-3-28	−71.95	2023-3-21	1.93	−70.97
34	SW4-17-2	距上游面 2m	1.91	2023-3-28	−0.02	2023-3-21	1.93	1.59
35	SW4-17-3	距上游面 2m	−115.17	2023-4-7	−117.86	2023-3-22	2.69	−116.29
36	SW4-17-4	距上游面 2m	−193.86	2023-4-2	−199.48	2023-4-9	5.62	−194.52
37	SW4-17-5	距上游面 2m	−1.69	2023-3-24	−5.75	2023-4-20	4.06	−5.75
38	SW4-18-1	距上游面 10.8m	−96.13	2023-3-28	−102.89	2023-3-21	6.76	−96.13
39	SW4-18-2	距上游面 10.8m	−13.70	2023-3-27	−19.15	2023-3-22	5.45	−13.78
40	SW4-18-3	距上游面 10.8m	−23.44	2023-3-26	−30.06	2023-3-22	6.62	−24.66
41	SW4-18-4	距上游面 10.8m	14.17	2023-3-28	7.85	2023-3-22	6.32	14.17
42	SW4-19-2	距下游面 2m	−127.84	2023-4-2	−134.95	2023-4-9	7.11	−130.82
43	SW4-19-3	距下游面 2m	160.58	2023-3-23	156.79	2023-4-20	3.79	156.79
44	SW4-19-5	距下游面 2m	244.86	2023-3-26	230.30	2023-4-20	14.56	230.30
45	SW5-10-1	距上游面 11m	−85.65	2023-4-20	−89.60	2023-3-24	3.95	−85.65
46	SW5-10-2	距上游面 11m	−106.62	2023-4-20	−113.70	2023-3-24	7.08	−106.62
47	SW5-11-2	距下游面 2m	−248.10	2023-3-28	−257.15	2023-4-10	9.05	−253.71
48	SW5-11-3	距下游面 2m	−269.80	2023-3-26	−274.80	2023-3-22	5.00	−270.04

附表 4－43　　高程 595.00m 无应变计测点特征值统计表

序号	编号	位　置	无应变最大值/με	最大值时间/(年-月-日)	无应变最小值/με	最小值时间/(年-月-日)	变幅/με	最新测值/με
1	N2－5	距上游面 2m	17.69	2023－4－19	16.11	2023－4－4	1.58	17.68
2	N2－6	距上游面 11.2m	83.94	2023－4－18	81.58	2023－3－26	2.36	83.59
3	N2－7	距下游面 2m	－8.44	2023－4－20	－17.68	2023－3－21	9.24	－8.44
4	N5－9	距上游面 2m	－7.45	2023－4－20	－8.53	2023－4－6	1.08	－7.45
5	N6－1	距上游面 2m	－41.90	2023－4－20	－43.58	2023－4－6	1.68	－41.90
6	N6－2	距上游面 9.6m	85.97	2023－4－20	82.48	2023－3－21	3.49	85.97
7	N6－3	距下游面 2m	－77.75	2023－4－20	－80.02	2023－3－23	2.27	－77.75
8	N3－13	距上游面 2m	36.61	2023－4－20	35.46	2023－4－6	1.15	36.61
9	N3－14	距上游面 11m	－82.36	2023－3－21	－83.81	2023－4－18	1.45	－83.45
10	N4－19	距上游面 2m	30.13	2023－3－22	26.95	2023－4－17	3.18	26.96
11	N4－20	距上游面 10.8m	－106.94	2023－3－22	－113.58	2023－3－26	6.64	－113.08
12	N4－21	距下游面 2m	－162.66	2023－4－20	－164.96	2023－3－21	2.30	－162.66
13	N5－10	距上游面 11m	35.65	2023－3－24	29.42	2023－4－15	6.23	29.67
14	N5－11	距下游面 2m	90.42	2023－4－20	83.03	2023－3－26	7.39	90.42

附表 4－44　　高程 607.00m 应变计测点特征值统计表

序号	编号	位　置	应变最大值/με	最大值时间/(年-月-日)	应变最小值/με	最小值时间/(年-月-日)	变幅/με	最新测值/με
1	SW2－8－2	距上游面 2m	－91.59	2023－3－24	－98.69	2023－4－20	7.10	－98.69
2	SW2－8－3	距上游面 2m	－141.83	2023－4－5	－148.11	2023－3－27	6.28	－142.83
3	SW2－9－1	距上游面 9.7m	－655.94	2023－4－19	－659.67	2023－4－10	3.73	－656.51
4	SW2－9－2	距上游面 9.7m	－596.93	2023－4－19	－598.76	2023－3－24	1.83	－597.30
5	SW2－9－3	距上游面 9.7m	－524.11	2023－4－19	－525.79	2023－3－29	1.68	－524.66
6	SW2－9－4	距上游面 9.7m	－681.01	2023－4－19	－685.97	2023－4－9	4.96	－681.08
7	SW2－9－5	距上游面 9.7m	－635.22	2023－4－19	－642.31	2023－3－27	7.09	－635.26
8	SW6－4－1	距上游面 2m	－2.58	2023－3－27	－46.83	2023－4－20	44.25	－46.83
9	SW6－4－3	距上游面 2m	－246.97	2023－3－22	－269.66	2023－4－20	22.69	－269.66
10	SW6－4－4	距上游面 2m	－63.16	2023－3－27	－105.73	2023－4－20	42.57	－105.73
11	SW6－4－5	距上游面 2m	－33.37	2023－3－25	－43.38	2023－3－22	10.01	－38.36
12	SW6－5－1	距上游面 9.8m	－76.42	2023－4－18	－79.86	2023－4－13	3.44	－76.67
13	SW6－5－2	距上游面 9.8m	22.44	2023－4－19	19.33	2023－4－9	3.11	22.42
14	SW6－5－4	距上游面 9.8m	34.67	2023－4－5	32.22	2023－4－15	2.45	32.50
15	SW6－5－5	距上游面 9.8m	－25.11	2023－4－10	－28.29	2023－3－29	3.18	－26.33

续表

序号	编号	位　置	应变最大值/με	最大值时间/(年-月-日)	应变最小值/με	最小值时间/(年-月-日)	变幅/με	最新测值/με
16	SW6-6-1	距下游面 2m	236.34	2023-3-26	171.71	2023-4-20	64.63	171.71
17	SW6-6-2	距下游面 2m	236.83	2023-3-26	198.45	2023-4-20	38.38	198.45
18	SW6-6-3	距下游面 2m	3.50	2023-3-26	-17.53	2023-4-20	21.03	-17.53
19	SW6-6-4	距下游面 2m	-21.15	2023-3-26	-55.19	2023-4-20	34.04	-55.19
20	SW2-10-1	距下游面 2m	-40.52	2023-3-28	-44.00	2023-4-20	3.48	-44.00
21	SW2-10-2	距下游面 2m	47.88	2023-4-20	38.81	2023-3-23	9.07	47.88
22	SW2-10-4	距下游面 2m	242.31	2023-4-20	227.15	2023-3-22	15.16	242.31
23	SW2-10-5	距下游面 2m	-14.22	2023-4-20	-33.63	2023-3-22	19.41	-14.22
24	SW3-16-1	距上游面 2m	-436.45	2023-3-22	-448.02	2023-4-9	11.57	-446.41
25	SW3-16-2	距上游面 2m	-376.92	2023-4-2	-385.73	2023-4-9	8.81	-384.73
26	SW3-16-3	距上游面 2m	-179.09	2023-4-2	-184.85	2023-4-12	5.76	-183.94
27	SW3-16-4	距上游面 2m	-333.98	2023-4-2	-343.71	2023-4-10	9.73	-341.94
28	SW3-17-2	距上游面 9.5m	-394.09	2023-4-2	-398.08	2023-4-7	3.99	-394.22
29	SW3-17-3	距上游面 9.5m	-213.72	2023-4-12	-217.16	2023-3-28	3.44	-214.12
30	SW3-17-4	距上游面 9.5m	-248.73	2023-3-27	-251.67	2023-4-10	2.94	-250.43
31	SW4-20-1	距上游面 2m	-534.56	2023-4-20	-542.05	2023-4-7	7.49	-534.56
32	SW4-20-2	距上游面 2m	-540.59	2023-4-20	-546.69	2023-3-21	6.10	-540.59
33	SW4-20-3	距上游面 2m	-1104.82	2023-4-19	-1110.42	2023-3-26	5.60	-1104.85
34	SW4-20-4	距上游面 2m	-496.77	2023-4-20	-506.62	2023-3-21	9.85	-496.77
35	SW4-20-5	距上游面 2m	-510.98	2023-3-23	-513.74	2023-4-20	2.76	-513.74
36	SW4-21-2	距上游面 9.5m	261.60	2023-3-27	258.43	2023-4-10	3.17	259.37
37	SW4-21-4	距上游面 9.5m	87.72	2023-4-20	77.90	2023-3-21	9.82	87.72
38	SW4-22-1	距下游面 2m	-94.35	2023-3-28	-102.75	2023-4-20	8.40	-102.75
39	SW5-12-1	距上游面 2m	-54.36	2023-3-22	-89.64	2023-4-20	35.28	-89.64
40	SW5-12-2	距上游面 2m	-11.48	2023-3-31	-28.57	2023-4-20	17.09	-28.57
41	SW5-12-3	距上游面 2m	45.26	2023-4-2	37.61	2023-4-20	7.65	37.61
42	SW5-12-4	距上游面 2m	-66.29	2023-3-22	-90.39	2023-4-20	24.10	-90.39
43	SW5-12-5	距上游面 2m	8.62	2023-4-11	5.73	2023-3-24	2.89	7.40
44	SW5-13-1	距上游面 9.5m	-90.08	2023-3-29	-111.96	2023-4-20	21.88	-111.96
45	SW5-13-2	距上游面 9.5m	-56.39	2023-3-22	-77.32	2023-4-20	20.93	-77.32
46	SW5-13-3	距上游面 9.5m	116.90	2023-3-21	99.31	2023-4-20	17.59	99.31
47	SW5-13-4	距上游面 9.5m	47.19	2023-3-22	28.19	2023-4-20	19.00	28.19
48	SW5-13-5	距上游面 9.5m	91.02	2023-3-21	58.65	2023-4-20	32.37	58.65
49	SW5-14-1	距下游面 2m	-46.62	2023-3-22	-57.19	2023-4-20	10.57	-57.19

续表

序号	编号	位　置	应变最大值/με	最大值时间/(年-月-日)	应变最小值/με	最小值时间/(年-月-日)	变幅/με	最新测值/με
50	SW5-14-2	距下游面2m	74.72	2023-3-22	64.77	2023-4-20	9.95	64.77
51	SW5-14-3	距下游面2m	36.14	2023-3-21	23.22	2023-4-20	12.92	23.22
52	SW5-14-4	距下游面2m	-64.08	2023-3-26	-75.26	2023-4-20	11.18	-75.26
53	SW5-14-5	距下游面2m	-50.80	2023-4-15	-52.38	2023-4-1	1.58	-51.12

附表4-45　　高程607.00m无应变计测点特征值统计表

序号	编号	位　置	无应变最大值/με	最大值时间/(年-月-日)	无应变最小值/με	最小值时间/(年-月-日)	变幅/με	最新测值/με
1	N2-8	距上游面2m	138.41	2023-4-20	128.99	2023-3-21	9.42	138.41
2	N2-9	距上游面9.7m	569.30	2023-3-21	568.31	2023-4-15	0.99	568.89
3	N6-4	距上游面2m	-81.35	2023-4-20	-126.28	2023-3-27	44.93	-81.35
4	N6-5	距上游面9.8m	-87.65	2023-3-29	-89.67	2023-4-18	2.02	-89.05
5	N6-6	距下游面2m	-140.42	2023-4-20	-159.96	2023-3-26	19.54	-140.42
6	N2-10	距下游面2m	-120.07	2023-3-22	-129.26	2023-4-9	9.19	-127.79
7	N3-16	距上游面2m	305.15	2023-4-20	296.67	2023-3-21	8.48	305.15
8	N3-17	距上游面9.5m	252.97	2023-4-1	252.05	2023-4-12	0.92	252.76
9	N4-22	距上游面2m	324.01	2023-3-22	319.94	2023-4-20	4.07	319.94
10	N4-23	距上游面9.5m	-107.87	2023-3-23	-108.81	2023-4-19	0.94	-108.72
11	N4-24	距下游面2m	-140.24	2023-4-20	-148.67	2023-3-22	8.43	-140.24
12	N5-12	距上游面2m	-139.56	2023-4-20	-159.73	2023-3-21	20.17	-139.56
13	N5-13	距上游面9.5m	-128.45	2023-3-27	-129.74	2023-4-15	1.29	-129.35
14	N5-14	距下游面2m	-103.43	2023-4-20	-109.13	2023-3-21	5.70	-103.43

附表4-46　　高程619.00m应变计测点特征值统计表

序号	编号	位　置	应变最大值/με	最大值时间/(年-月-日)	应变最小值/με	最小值时间/(年-月-日)	变幅/με	最新测值/με
1	SW6-7-1	距上游面2m	-35.19	2023-3-22	-71.86	2023-4-20	36.67	-71.86
2	SW6-7-2	距上游面2m	-54.38	2023-3-22	-75.39	2023-4-20	21.01	-75.39
3	SW6-7-3	距上游面2m	-72.00	2023-3-22	-95.69	2023-4-20	23.69	-95.69
4	SW6-7-4	距上游面2m	-53.36	2023-3-22	-90.20	2023-4-20	36.84	-90.20
5	SW6-7-5	距上游面2m	44.27	2023-4-20	38.43	2023-3-22	5.84	44.27
6	SW6-8-1	距上游面8.2m	-212.77	2023-4-20	-220.18	2023-3-21	7.41	-212.77
7	SW6-8-2	距上游面8.2m	-172.59	2023-4-20	-185.50	2023-3-21	12.91	-172.59

续表

序号	编号	位　置	应变最大值/με	最大值时间/(年-月-日)	应变最小值/με	最小值时间/(年-月-日)	变幅/με	最新测值/με
8	SW6-8-3	距上游面 8.2m	-35.02	2023-4-20	-51.66	2023-3-21	16.64	-35.02
9	SW6-8-4	距上游面 8.2m	-53.92	2023-4-20	-68.61	2023-3-21	14.69	-53.92
10	SW6-8-5	距上游面 8.2m	-243.59	2023-3-22	-244.77	2023-4-7	1.18	-243.76
11	SW6-9-1	距下游面 2m	-90.82	2023-3-29	-106.00	2023-4-20	15.18	-106.00
12	SW6-9-2	距下游面 2m	-96.30	2023-3-22	-112.56	2023-4-20	16.26	-112.56
13	SW6-9-3	距下游面 2m	-41.32	2023-3-22	-44.48	2023-4-20	3.16	-44.48
14	SW6-9-4	距下游面 2m	-74.83	2023-3-22	-88.15	2023-4-20	13.32	-88.15
15	SW6-9-5	距下游面 2m	-25.39	2023-4-20	-27.57	2023-3-28	2.18	-25.39
16	SW2-11-1	距上游面 2m	-53.72	2023-3-27	-132.43	2023-4-20	78.71	-132.43
17	SW2-11-2	距上游面 2m	-21.33	2023-3-28	-68.46	2023-4-20	47.13	-68.46
18	SW2-11-3	距上游面 2m	-96.15	2023-3-27	-172.42	2023-4-20	76.27	-172.42
19	SW2-11-4	距上游面 2m	-79.68	2023-3-28	-144.16	2023-4-20	64.48	-144.16
20	SW2-11-5	距上游面 2m	-24.27	2023-3-26	-86.43	2023-4-20	62.16	-86.43
21	SW2-12-1	距上游面 8.1m	-331.96	2023-4-20	-338.39	2023-4-8	6.43	-331.96
22	SW2-12-2	距上游面 8.1m	-277.96	2023-4-20	-284.14	2023-3-21	6.18	-277.96
23	SW2-12-3	距上游面 8.1m	-253.73	2023-4-15	-256.07	2023-3-26	2.34	-253.78
24	SW2-12-4	距上游面 8.1m	-99.56	2023-4-20	-105.86	2023-3-26	6.30	-99.56
25	SW2-12-5	距上游面 8.1m	-143.59	2023-3-21	-147.43	2023-4-19	3.84	-147.36
26	SW2-13-1	距下游面 2m	-116.19	2023-3-28	-132.88	2023-4-20	16.69	-132.88
27	SW2-13-2	距下游面 2m	-85.20	2023-3-28	-96.74	2023-4-20	11.54	-96.74
28	SW2-13-3	距下游面 2m	-13.78	2023-3-21	-38.19	2023-4-20	24.41	-38.19
29	SW2-13-4	距下游面 2m	-129.23	2023-3-21	-152.89	2023-4-20	23.66	-152.89
30	SW2-13-5	距下游面 2m	8.34	2023-4-20	6.20	2023-3-27	2.14	8.34
31	SW3-19-1	距上游面 2m	3.68	2023-3-28	-69.30	2023-4-20	72.98	-69.30
32	SW3-19-2	距上游面 2m	10.59	2023-3-28	-28.59	2023-4-20	39.18	-28.59
33	SW3-19-3	距上游面 2m	10.93	2023-3-22	-1.47	2023-4-20	12.40	-1.47
34	SW3-19-4	距上游面 2m	-20.74	2023-3-28	-60.56	2023-4-20	39.82	-60.56
35	SW3-19-5	距上游面 2m	61.58	2023-3-28	52.48	2023-4-20	9.10	52.48
36	SW3-20-1	距上游面 8.1m	-260.18	2023-4-20	-268.53	2023-3-21	8.35	-260.18
37	SW3-20-2	距上游面 8.1m	-186.03	2023-4-20	-194.67	2023-3-21	8.64	-186.03
38	SW3-20-3	距上游面 8.1m	-74.34	2023-4-20	-78.29	2023-3-25	3.95	-74.34
39	SW3-20-4	距上游面 8.1m	-98.49	2023-4-20	-112.27	2023-3-21	13.78	-98.49
40	SW3-20-5	距上游面 8.1m	0.43	2023-3-22	-2.31	2023-4-19	2.74	-2.13
41	SW3-21-1	距下游面 2m	-148.15	2023-3-21	-168.41	2023-4-20	20.26	-168.41

续表

序号	编号	位置	应变最大值/με	最大值时间/(年-月-日)	应变最小值/με	最小值时间/(年-月-日)	变幅/με	最新测值/με
42	SW3-21-2	距下游面2m	11.10	2023-3-21	-16.32	2023-4-20	27.42	-16.32
43	SW3-21-3	距下游面2m	38.24	2023-3-21	25.76	2023-4-20	12.48	25.76
44	SW3-21-4	距下游面2m	-50.13	2023-3-28	-75.51	2023-4-20	25.38	-75.51
45	SW3-21-5	距下游面2m	-16.09	2023-4-20	-29.57	2023-3-21	13.48	-16.09
46	SW4-23-1	距上游面2m	63.09	2023-4-20	47.50	2023-3-26	15.59	63.09
47	SW4-23-2	距上游面2m	127.75	2023-4-20	118.72	2023-3-26	9.03	127.75
48	SW4-23-3	距上游面2m	115.30	2023-3-26	107.19	2023-4-20	8.11	107.19
49	SW4-23-4	距上游面2m	174.30	2023-4-20	167.62	2023-3-25	6.68	174.30
50	SW4-23-5	距上游面2m	30.53	2023-4-20	18.39	2023-3-27	12.14	30.53
51	SW4-24-1	距上游面8m	21.82	2023-3-27	14.33	2023-4-20	7.49	14.33
52	SW4-24-2	距上游面8m	-87.25	2023-3-22	-101.38	2023-4-20	14.13	-101.38
53	SW4-24-3	距上游面8m	-71.27	2023-3-22	-87.87	2023-4-20	16.60	-87.87
54	SW4-24-4	距上游面8m	-6.60	2023-4-4	-8.26	2023-3-27	1.66	-7.85
55	SW4-24-5	距上游面8m	-49.20	2023-3-29	-63.34	2023-4-20	14.14	-63.34
56	SW4-25-1	距下游面2m	-2.84	2023-3-28	-15.31	2023-4-20	12.47	-15.31
57	SW4-25-2	距下游面2m	-102.37	2023-3-22	-106.65	2023-4-6	4.28	-105.52
58	SW4-25-3	距下游面2m	-87.26	2023-4-20	-91.27	2023-4-6	4.01	-87.26
59	SW4-25-4	距下游面2m	-91.77	2023-3-22	-99.75	2023-4-20	7.98	-99.75
60	SW4-25-5	距下游面2m	48.39	2023-3-26	39.43	2023-4-20	8.96	39.43
61	SW5-15-1	距上游面2m	146.63	2023-3-21	77.09	2023-4-20	69.54	77.09
62	SW5-15-2	距上游面2m	192.29	2023-3-22	128.13	2023-4-20	64.16	128.13
63	SW5-15-3	距上游面2m	43.37	2023-3-22	16.15	2023-4-20	27.22	16.15
64	SW5-15-4	距上游面2m	3.30	2023-3-22	-18.84	2023-4-20	22.14	-18.84
65	SW5-15-5	距上游面2m	88.56	2023-3-22	75.94	2023-4-20	12.62	75.94
66	SW5-16-1	距上游面8.1m	-137.38	2023-4-20	-153.77	2023-3-21	16.39	-137.38
67	SW5-16-2	距上游面8.1m	-131.89	2023-4-20	-145.10	2023-3-21	13.21	-131.89
68	SW5-16-3	距上游面8.1m	-13.37	2023-4-20	-32.48	2023-3-21	19.11	-13.37
69	SW5-16-4	距上游面8.1m	-24.21	2023-4-20	-37.01	2023-3-21	12.80	-24.21
70	SW5-16-5	距上游面8.1m	-139.64	2023-4-13	-140.99	2023-3-29	1.35	-140.08
71	SW5-17-1	距下游面2m	-69.85	2023-3-27	-93.26	2023-4-20	23.41	-93.26
72	SW5-17-2	距下游面2m	-85.04	2023-3-21	-112.21	2023-4-20	27.17	-112.21
73	SW5-17-3	距下游面2m	-69.96	2023-3-27	-95.23	2023-4-20	25.27	-95.23
74	SW5-17-4	距下游面2m	-123.18	2023-3-27	-155.70	2023-4-20	32.52	-155.70
75	SW5-17-5	距下游面2m	-548.87	2023-4-20	-558.98	2023-3-28	10.11	-548.87

附表4-47 高程619.00m无应变计测点特征值统计表

序号	编号	位置	无应变最大值/με	最大值时间/(年-月-日)	无应变最小值/με	最小值时间/(年-月-日)	变幅/με	最新测值/με
1	N2-8	距上游面2m	138.41	2023-4-20	128.99	2023-3-21	9.42	138.41
2	N2-9	距上游面9.7m	569.30	2023-3-21	568.31	2023-4-15	0.99	568.89
3	N6-4	距上游面2m	-81.35	2023-4-20	-126.28	2023-3-27	44.93	-81.35
4	N6-5	距上游面9.8m	-87.65	2023-3-29	-89.67	2023-4-18	2.02	-89.05
5	N6-6	距下游面2m	-140.42	2023-4-20	-159.96	2023-3-26	19.54	-140.42
6	N2-10	距下游面2m	-120.07	2023-3-22	-129.26	2023-4-9	9.19	-127.79
7	N3-16	距上游面2m	305.15	2023-4-20	296.67	2023-3-21	8.48	305.15
8	N3-17	距上游面9.5m	252.97	2023-4-1	252.05	2023-4-12	0.92	252.76
9	N4-22	距上游面2m	324.01	2023-3-22	319.94	2023-4-20	4.07	319.94
10	N4-23	距上游面9.5m	-107.87	2023-3-23	-108.81	2023-4-19	0.94	-108.72
11	N4-24	距下游面2m	-140.24	2023-4-20	-148.67	2023-3-22	8.43	-140.24
12	N5-12	距上游面2m	-139.56	2023-4-20	-159.73	2023-3-21	20.17	-139.56
13	N5-13	距上游面9.5m	-128.45	2023-3-27	-129.74	2023-4-15	1.29	-129.35
14	N5-14	距下游面2m	-103.43	2023-4-20	-109.13	2023-3-21	5.70	-103.43

附表4-48 高程628.00m应变计测点特征值统计表

序号	编号	位置	应变最大值/με	最大值时间/(年-月-日)	应变最小值/με	最小值时间/(年-月-日)	变幅/με	最新测值/με
1	SW2-14-3	距上游面2m	-210.47	2023-4-20	-216.70	2023-4-4	6.23	-210.47
2	SW2-14-4	距上游面2m	-89.20	2023-3-22	-101.21	2023-4-20	12.01	-101.21
3	SW2-14-5	距上游面2m	16.92	2023-3-26	-7.44	2023-4-20	24.36	-7.44
4	SW2-15-1	距上游面8.1m	-87.31	2023-3-29	-99.02	2023-4-20	11.71	-99.02
5	SW2-15-2	距上游面8.1m	-64.94	2023-4-12	-67.77	2023-3-27	2.83	-65.14
6	SW2-15-3	距上游面8.1m	-45.23	2023-4-9	-47.35	2023-4-2	2.12	-46.04
7	SW2-15-4	距上游面8.1m	-63.79	2023-3-27	-75.17	2023-4-20	11.38	-75.17
8	SW2-15-5	距上游面8.1m	-2.82	2023-4-12	-8.16	2023-4-20	5.34	-8.16
9	SW3-22-1	距上游面2m	12.99	2023-3-22	-24.09	2023-4-20	37.08	-24.09
10	SW3-22-2	距上游面2m	58.09	2023-4-2	44.67	2023-3-25	13.42	52.15
11	SW3-22-3	距上游面2m	530.88	2023-3-28	519.49	2023-4-19	11.39	519.89
12	SW3-22-4	距上游面2m	16.43	2023-3-30	-13.71	2023-4-20	30.14	-13.71
13	SW3-22-5	距上游面2m	-18.06	2023-4-11	-29.98	2023-3-25	11.92	-21.58
14	SW4-26-1	距上游面2m	145.51	2023-3-26	141.25	2023-4-20	4.26	141.25
15	SW4-26-2	距上游面2m	-7.56	2023-3-23	-8.78	2023-4-18	1.22	-8.39
16	SW4-26-3	距上游面2m	-122.51	2023-4-20	-130.50	2023-3-26	7.99	-122.51

续表

序号	编号	位　置	应变最大值/με	最大值时间/(年-月-日)	应变最小值/με	最小值时间/(年-月-日)	变幅/με	最新测值/με
17	SW4-26-4	距上游面2m	-46.12	2023-4-20	-48.30	2023-4-8	2.18	-46.12
18	SW4-26-5	距上游面2m	58.16	2023-3-22	52.81	2023-4-7	5.35	55.63
19	SW4-27-1	距上游面8.1m	-2.42	2023-4-20	-21.58	2023-3-28	19.16	-2.42
20	SW4-27-2	距上游面8.1m	6.17	2023-4-19	-0.11	2023-3-28	6.28	5.94
21	SW4-27-3	距上游面8.1m	-32.69	2023-3-30	-37.74	2023-4-20	5.05	-37.74
22	SW4-27-4	距上游面8.1m	-38.05	2023-4-20	-45.39	2023-3-25	7.34	-38.05
23	SW4-27-5	距上游面8.1m	40.57	2023-3-22	31.71	2023-4-20	8.86	31.71
24	SW4-28-1	距下游面2m	198.13	2023-3-22	188.31	2023-4-20	9.82	188.31
25	SW4-28-2	距下游面2m	42.53	2023-3-22	38.54	2023-3-26	3.99	41.54
26	SW4-28-3	距下游面2m	21.07	2023-4-20	16.96	2023-3-26	4.11	21.07
27	SW4-28-4	距下游面2m	42.05	2023-4-2	40.06	2023-4-9	1.99	41.14
28	SW4-28-5	距下游面2m	-125.04	2023-3-27	-131.86	2023-4-20	6.82	-131.86
29	SW5-18-1	距上游面2m	0.59	2023-4-20	-4.24	2023-3-27	4.83	0.59
30	SW5-18-2	距上游面2m	15.73	2023-4-19	9.23	2023-3-25	6.50	15.66
31	SW5-18-3	距上游面2m	-12.99	2023-4-20	-19.75	2023-3-25	6.76	-12.99
32	SW5-18-4	距上游面2m	-110.42	2023-3-30	-113.89	2023-4-12	3.47	-113.54
33	SW5-18-5	距上游面2m	-113.25	2023-3-21	-125.44	2023-4-20	12.19	-125.44
34	SW6-10-1	距上游面8.1m	-25.22	2023-3-22	-46.92	2023-4-20	21.70	-46.92
35	SW6-10-2	距上游面8.1m	-34.53	2023-3-28	-65.26	2023-4-20	30.73	-65.26
36	SW6-10-3	距上游面8.1m	9.19	2023-3-28	-31.58	2023-4-20	40.77	-31.58
37	SW6-10-4	距上游面8.1m	5.40	2023-3-22	-24.49	2023-4-20	29.89	-24.49
38	SW6-10-5	距上游面8.1m	39.05	2023-4-20	25.12	2023-3-26	13.93	39.05
39	SW6-11-1	距下游面2m	-33.27	2023-3-24	-47.24	2023-4-20	13.97	-47.24
40	SW6-11-2	距下游面2m	-101.41	2023-3-21	-113.61	2023-4-20	12.20	-113.61
41	SW6-11-3	距下游面2m	-8.72	2023-3-21	-17.78	2023-4-20	9.06	-17.78
42	SW6-11-4	距下游面2m	44.86	2023-4-10	41.63	2023-3-23	3.23	42.97
43	SW6-11-5	距下游面2m	-79.17	2023-3-21	-99.67	2023-4-20	20.50	-99.67

附表4-49　　高程628.00m无应变计测点特征值统计表

序号	编号	位　置	无应变最大值/με	最大值时间/(年-月-日)	无应变最小值/με	最小值时间/(年-月-日)	变幅/με	最新测值/με
1	N2-14	距上游面2m	-106.78	2023-4-20	-140.81	2023-3-21	34.03	-106.78
2	N2-15	距上游面8.1m	-83.34	2023-4-20	-91.04	2023-3-29	7.70	-83.34
3	N3-22	距下游面2m	-226.05	2023-4-20	-266.48	2023-3-28	40.43	-226.05

续表

序号	编号	位　置	无应变最大值/με	最大值时间/(年-月-日)	无应变最小值/με	最小值时间/(年-月-日)	变幅/με	最新测值/με
4	N4-28	距上游面 2m	−329.53	2023-4-20	−342.66	2023-3-22	13.13	−329.53
5	N4-29	距上游面 8.1m	−452.74	2023-4-20	−475.82	2023-3-30	23.08	−452.74
6	N4-30	距下游面 2m	−500.70	2023-4-20	−514.28	2023-3-28	13.58	−500.70
7	N5-18	距上游面 2m	−102.84	2023-4-20	−110.38	2023-3-29	7.54	−102.84
8	N6-10	距上游面 8.1m	−138.38	2023-4-20	−173.22	2023-3-28	34.84	−138.38
9	N6-11	距下游面 2m	−137.46	2023-4-20	−143.55	2023-3-27	6.09	−137.46

附表 4-50　　高程 634.00m 应变计测点特征值统计表

序号	编号	位　置	应变最大值/με	最大值时间/(年-月-日)	应变最小值/με	最小值时间/(年-月-日)	变幅/με	最新测值/με
1	SW2-16-1	距上游面 2m	−60.65	2023-4-17	−86.01	2023-3-25	25.36	−60.74
2	SW2-16-2	距上游面 2m	−16.90	2023-4-20	−34.36	2023-3-25	17.46	−16.90
3	SW2-16-3	距上游面 2m	−82.10	2023-3-28	−104.93	2023-4-14	22.83	−103.89
4	SW2-16-4	距上游面 2m	−93.43	2023-3-28	−107.33	2023-4-14	13.90	−104.68
5	SW2-16-5	距上游面 2m	66.77	2023-4-20	59.02	2023-3-21	7.75	66.77
6	SW2-17-1	距下游面 2m	−4.75	2023-3-22	−24.37	2023-4-20	19.62	−24.37
7	SW2-17-2	距下游面 2m	−17.64	2023-3-22	−31.46	2023-4-20	13.82	−31.46
8	SW2-17-3	距下游面 2m	6.31	2023-3-22	−5.99	2023-4-20	12.30	−5.99
9	SW2-17-4	距下游面 2m	176.79	2023-3-22	140.30	2023-4-20	36.49	140.30
10	SW2-17-5	距下游面 2m	26.01	2023-4-14	20.98	2023-3-28	5.03	24.95
11	SW3-23-2	距上游面 2m	21.19	2023-4-2	4.06	2023-4-20	17.13	4.06
12	SW3-23-3	距上游面 2m	12.84	2023-4-20	5.86	2023-4-15	6.98	12.84
13	SW3-23-4	距上游面 2m	−9.93	2023-3-22	−34.18	2023-4-20	24.25	−34.18
14	SW3-23-5	距上游面 2m	−69.97	2023-3-27	−93.35	2023-4-20	23.38	−93.35
15	SW3-24-1	距下游面 2m	−66.31	2023-3-23	−83.31	2023-4-20	17.00	−83.31
16	SW3-24-2	距下游面 2m	−118.05	2023-3-28	−135.68	2023-4-20	17.63	−135.68
17	SW3-24-3	距下游面 2m	−32.11	2023-3-22	−42.57	2023-4-20	10.46	−42.57
18	SW3-24-4	距下游面 2m	395.98	2023-3-27	170.75	2023-4-20	225.23	170.75
19	SW3-24-5	距下游面 2m	−258.17	2023-4-20	−274.80	2023-3-22	16.63	−258.17
20	SW4-29-1	距上游面 2m	−106.95	2023-4-20	−114.59	2023-3-27	7.64	−106.95
21	SW4-29-2	距上游面 2m	−165.50	2023-4-20	−176.46	2023-3-26	10.96	−165.50
22	SW4-29-3	距上游面 2m	−223.34	2023-4-20	−233.84	2023-3-26	10.50	−223.34
23	SW4-29-4	距上游面 2m	−127.46	2023-3-23	−135.22	2023-4-20	7.76	−135.22
24	SW4-29-5	距上游面 2m	310.91	2023-4-20	307.75	2023-3-21	3.16	310.91

续表

序号	编号	位置	应变最大值/με	最大值时间/(年-月-日)	应变最小值/με	最小值时间/(年-月-日)	变幅/με	最新测值/με
25	SW4-30-1	距上游面2m	-91.73	2023-3-24	-102.23	2023-4-20	10.50	-102.23
26	SW4-30-2	距上游面2m	-164.53	2023-4-20	-167.47	2023-3-27	2.94	-164.53
27	SW4-30-3	距上游面2m	-2.55	2023-4-20	-17.95	2023-3-26	15.40	-2.55
28	SW4-30-4	距上游面2m	-53.58	2023-4-20	-56.04	2023-4-6	2.46	-53.58
29	SW4-30-5	距上游面2m	-64.58	2023-4-20	-67.28	2023-3-23	2.70	-64.58
30	SW5-19-1	距上游面2m	-37.24	2023-3-22	-44.70	2023-4-20	7.46	-44.70
31	SW5-19-2	距上游面2m	-50.58	2023-3-28	-88.79	2023-4-20	38.21	-88.79
32	SW5-19-3	距上游面2m	-80.36	2023-3-28	-122.58	2023-4-20	42.22	-122.58
33	SW5-19-4	距上游面2m	-70.73	2023-3-22	-87.17	2023-4-20	16.44	-87.17
34	SW5-19-5	距上游面2m	-72.93	2023-3-25	-77.56	2023-4-20	4.63	-77.56
35	SW5-20-1	距下游面2m	105.40	2023-4-20	84.14	2023-3-26	21.26	105.40
36	SW5-20-2	距下游面2m	101.94	2023-3-27	69.56	2023-4-20	32.38	69.56
37	SW5-20-3	距下游面2m	60.47	2023-3-28	45.38	2023-4-20	15.09	45.38
38	SW5-20-4	距下游面2m	48.17	2023-3-28	28.65	2023-4-20	19.52	28.65
39	SW5-20-5	距下游面2m	147.47	2023-4-20	138.66	2023-3-27	8.81	147.47
40	SW6-12-1	距上游面2m	-60.49	2023-3-29	-77.78	2023-4-20	17.29	-77.78
41	SW6-12-2	距上游面2m	1088.41	2023-3-27	526.36	2023-4-20	562.05	526.36
42	SW6-12-3	距上游面2m	-111.93	2023-4-13	-117.18	2023-3-25	5.25	-114.21
43	SW6-12-4	距上游面2m	-82.28	2023-4-13	-89.32	2023-3-26	7.04	-84.72
44	SW6-12-5	距上游面2m	2.24	2023-3-25	-54.38	2023-4-20	56.62	-54.38
45	SW6-13-1	距下游面2m	-131.65	2023-3-30	-150.42	2023-4-20	18.77	-150.42
46	SW6-13-2	距下游面2m	-103.68	2023-3-29	-114.04	2023-4-16	10.36	-113.96
47	SW6-13-3	距下游面2m	-69.05	2023-4-14	-70.65	2023-4-16	1.60	-70.12
48	SW6-13-4	距下游面2m	281.45	2023-4-19	275.49	2023-3-21	5.96	281.37
49	SW6-13-5	距下游面2m	-33.91	2023-4-20	-36.70	2023-4-4	2.79	-33.91

附表4-51　　高程634.00m无应变计测点特征值统计表

序号	编号	位置	无应变最大值/με	最大值时间/(年-月-日)	无应变最小值/με	最小值时间/(年-月-日)	变幅/με	最新测值/με
1	N2-16	距上游面2m	-108.80	2023-4-20	-158.85	2023-3-27	50.05	-108.80
2	N2-17	距下游面2m	-196.44	2023-4-20	-210.58	2023-3-28	14.14	-196.44
3	N3-23	距上游面2m	-120.30	2023-4-20	-175.30	2023-3-27	55.00	-120.30
4	N3-24	距下游面2m	-20.96	2023-4-20	-39.10	2023-3-28	18.14	-20.96
5	N5-19	距上游面2m	-119.96	2023-4-20	-147.66	2023-3-27	27.70	-119.96

续表

序号	编号	位　置	无应变最大值 /με	最大值时间 /(年-月-日)	无应变最小值 /με	最小值时间 /(年-月-日)	变幅 /με	最新测值 /με
6	N5-20	距下游面 2m	-205.04	2023-4-20	-220.49	2023-3-29	15.45	-205.04
7	N6-12	距上游面 2m	-61.44	2023-4-20	-85.96	2023-3-21	24.52	-61.44
8	N6-13	距下游面 2m	-60.45	2023-4-20	-69.07	2023-3-29	8.62	-60.45

附表 4-52　　高程 640.00m 应变计测点特征值统计表

序号	编号	位　置	应变最大值 /με	最大值时间 /(年-月-日)	应变最小值 /με	最小值时间 /(年-月-日)	变幅 /με	最新测值 /με
1	SW2-18-1	距上游面 2m	-1.28	2023-3-28	-11.37	2023-4-20	10.09	-11.37
2	SW2-18-2	距上游面 2m	27.38	2023-3-27	5.67	2023-4-20	21.71	5.67
3	SW2-18-3	距上游面 2m	40.13	2023-3-22	29.55	2023-4-14	10.58	33.02
4	SW2-18-4	距上游面 2m	74.25	2023-3-27	31.06	2023-4-20	43.19	31.06
5	SW2-18-5	距上游面 2m	60.75	2023-3-28	56.91	2023-4-20	3.84	56.91
6	SW2-19-1	距下游面 2m	-73.12	2023-4-2	-80.03	2023-4-20	6.91	-80.03
7	SW2-19-2	距下游面 2m	-34.26	2023-3-22	-43.11	2023-4-20	8.85	-43.11
8	SW2-19-3	距下游面 2m	26.14	2023-3-24	17.93	2023-4-19	8.21	18.08
9	SW2-19-4	距下游面 2m	-46.14	2023-4-2	-50.27	2023-4-7	4.13	-48.34
10	SW2-19-5	距下游面 2m	-178.85	2023-3-22	-186.82	2023-4-20	7.97	-186.82
11	SW3-25-2	距下游面 2m	-129.48	2023-3-26	-145.00	2023-4-20	15.52	-145.00
12	SW3-25-3	距下游面 2m	-13.17	2023-3-27	-28.75	2023-4-20	15.58	-28.75
13	SW3-25-5	距下游面 2m	-45.43	2023-3-25	-80.94	2023-4-20	35.51	-80.94
14	SW3-26-1	距下游面 2m	-111.80	2023-3-27	-123.73	2023-4-20	11.93	-123.73
15	SW3-26-2	距下游面 2m	-139.45	2023-3-28	-151.85	2023-4-20	12.40	-151.85
16	SW3-26-3	距下游面 2m	-76.24	2023-3-28	-85.23	2023-4-19	8.99	-85.08
17	SW3-26-4	距下游面 2m	-124.42	2023-3-29	-129.28	2023-4-19	4.86	-129.07
18	SW3-26-5	距下游面 2m	-125.67	2023-4-16	-127.18	2023-3-22	1.51	-126.48
19	SW4-31-1	距下游面 2m	545.93	2023-4-20	531.94	2023-4-8	13.99	545.93
20	SW4-31-2	距下游面 2m	132.16	2023-3-22	125.30	2023-4-8	6.86	125.71
21	SW4-31-3	距下游面 2m	-272.10	2023-3-21	-279.90	2023-4-17	7.80	-279.11
22	SW4-31-4	距下游面 2m	307.01	2023-4-20	290.53	2023-3-21	16.48	307.01
23	SW4-31-5	距下游面 2m	777.46	2023-4-20	763.14	2023-3-27	14.32	777.46
24	SW4-32-1	距上游面 2m	73.00	2023-3-29	65.57	2023-4-14	7.43	67.03
25	SW4-32-2	距上游面 2m	-103.92	2023-4-20	-108.85	2023-4-1	4.93	-103.92
26	SW4-32-3	距上游面 2m	-225.58	2023-4-20	-231.47	2023-4-6	5.89	-225.58
27	SW4-32-4	距上游面 2m	62.93	2023-4-20	49.64	2023-3-27	13.29	62.93

续表

序号	编号	位 置	应变最大值/με	最大值时间/(年-月-日)	应变最小值/με	最小值时间/(年-月-日)	变幅/με	最新测值/με
28	SW4-32-5	距上游面 2m	−133.32	2023-4-20	−140.66	2023-3-21	7.34	−133.32
29	SW5-21-2	距下游面 2m	438.44	2023-4-20	337.93	2023-3-27	100.51	438.44
30	SW5-21-3	距下游面 2m	−263.24	2023-4-15	−278.01	2023-3-22	14.77	−265.65
31	SW5-21-4	距下游面 2m	−143.32	2023-3-27	−162.28	2023-4-20	18.96	−162.28
32	SW5-21-5	距下游面 2m	−33.01	2023-3-27	−39.64	2023-3-22	6.63	−34.73
33	SW5-22-1	距下游面 2m	−22.97	2023-3-21	−34.27	2023-4-20	11.30	−34.27
34	SW5-22-2	距下游面 2m	−66.04	2023-3-21	−82.10	2023-4-20	16.06	−82.10
35	SW5-22-3	距下游面 2m	−102.89	2023-3-27	−129.76	2023-4-20	26.87	−129.76
36	SW5-22-4	距下游面 2m	−61.34	2023-3-27	−82.81	2023-4-20	21.47	−82.81
37	SW5-22-5	距下游面 2m	−169.25	2023-3-21	−184.71	2023-4-20	15.46	−184.71
38	SW6-14-1	距上游面 2m	−34.94	2023-3-22	−48.99	2023-4-15	14.05	−48.98
39	SW6-14-2	距上游面 2m	−51.43	2023-3-22	−63.37	2023-3-24	11.94	−57.09
40	SW6-14-3	距上游面 2m	−52.01	2023-4-2	−60.76	2023-3-25	8.75	−56.31
41	SW6-14-4	距上游面 2m	−36.91	2023-3-22	−58.96	2023-4-20	22.05	−58.96
42	SW6-14-5	距上游面 2m	74.39	2023-3-28	37.59	2023-4-20	36.80	37.59
43	SW6-15-1	距下游面 2m	−508.27	2023-3-29	−518.58	2023-4-20	10.31	−518.58
44	SW6-15-2	距下游面 2m	−6.51	2023-3-31	−10.49	2023-4-20	3.98	−10.49
45	SW6-15-3	距下游面 2m	−21.34	2023-3-28	−26.87	2023-4-20	5.53	−26.87
46	SW6-15-4	距下游面 2m	10.36	2023-3-28	5.88	2023-4-20	4.48	5.88
47	SW6-15-5	距下游面 2m	145.44	2023-4-18	143.66	2023-3-26	1.78	144.91

附表 4-53 高程 640.00m 无应变计测点特征值统计表

序号	编号	位 置	无应变最大值/με	最大值时间/(年-月-日)	无应变最小值/με	最小值时间/(年-月-日)	变幅/με	最新测值/με
1	N2-18	距上游面 2m	−148.40	2023-4-20	−196.79	2023-3-27	48.39	−148.40
2	N2-19	距下游面 2m	−87.11	2023-4-20	−96.63	2023-3-23	9.52	−87.11
3	N3-25	距上游面 2m	−27.70	2023-4-20	−65.27	2023-3-27	37.57	−27.70
4	N3-26	距下游面 2m	26.31	2023-4-20	10.35	2023-3-28	15.96	26.31
5	N4-31	距上游面 2m	−195.00	2023-4-20	−196.99	2023-3-25	1.99	−195.00
6	N4-32	距下游面 2m	−125.46	2023-3-23	−127.09	2023-4-15	1.63	−126.76
7	N5-21	距上游面 2m	−85.68	2023-4-20	−109.17	2023-3-21	23.49	−85.68
8	N5-22	距下游面 2m	−31.33	2023-4-20	−45.95	2023-3-21	14.62	−31.33
9	N6-14	距上游面 2m	−50.27	2023-4-20	−86.76	2023-3-28	36.49	−50.27
10	N6-15	距下游面 2m	−88.05	2023-4-20	−99.02	2023-3-27	10.97	−88.05

附表 4 - 54　　拱肩基础压应力计特征值统计表

序号	测点名称	坝段	高程/m	最大压力/MPa	最大压力时间/(年-月-日)	最新测值/MPa
1	E1	1 号	628.20	−0.62	2023 - 4 - 20	−0.62
2	E4	3 号	545.00	0.20	2023 - 4 - 14	0.19
3	E5	3 号	545.00	−2.14	2023 - 4 - 20	−2.14
4	E8	7 号	526.90	−0.23	2023 - 4 - 17	−0.24
5	E9	7 号	527.30	−1.69	2023 - 4 - 20	−1.69
6	E10	8 号	560.00	−0.69	2023 - 4 - 8	−0.74
7	E12	9 号	594.00	−1.10	2023 - 3 - 28	−1.19
8	E13	9 号	593.80	−3.01	2023 - 4 - 1	−3.03

附表 4 - 55　　电梯井应变计特征值统计表

序号	测点名称	高程/m	应变最大值/με	最大值时间/(年-月-日)	应变最小值/με	最小值时间/(年-月-日)	变幅/με	最新测值/με
1	S(dtj)1	556.00	−3.49	2023 - 3 - 27	−6.35	2023 - 4 - 12	2.86	−5.11
2	S(dtj)2	556.00	−45.41	2023 - 4 - 20	−53.61	2023 - 4 - 6	8.20	−45.41
3	S(dtj)3	556.00	175.89	2023 - 4 - 20	95.07	2023 - 3 - 26	80.82	175.89
4	S(dtj)4	556.00	9.84	2023 - 4 - 20	−44.87	2023 - 3 - 27	54.71	9.84
5	S(dtj)5	604.00	156.49	2023 - 4 - 19	154.07	2023 - 3 - 22	2.42	156.45
6	S(dtj)6	604.00	−46.33	2023 - 4 - 4	−62.91	2023 - 3 - 22	16.58	−50.35
7	S(dtj)7	604.00	−80.32	2023 - 4 - 20	−117.01	2023 - 3 - 25	36.69	−80.32
8	S(dtj)8	604.00	67.16	2023 - 3 - 22	48.27	2023 - 3 - 24	18.89	62.93
9	S(dtj)9	637.00	−53.21	2023 - 4 - 20	−79.53	2023 - 3 - 25	26.32	−53.21
10	S(dtj)10	637.00	−5.49	2023 - 4 - 20	−35.77	2023 - 3 - 26	30.28	−5.49
11	S(dtj)12	637.00	69.41	2023 - 4 - 20	48.72	2023 - 3 - 22	20.69	69.41

附表 4 - 56　　电梯井无应力计特征值统计表

序号	测点名称	高程/m	无应变最大值/με	最大值时间/(年-月-日)	无应变最小值/με	最小值时间/(年-月-日)	变幅/με	最新测值/με
1	N(dtj)1	556.00	−88.70	2023 - 4 - 20	−116.83	2023 - 3 - 21	28.13	−88.70
2	N(dtj)2	556.00	−40.79	2023 - 4 - 20	−69.55	2023 - 3 - 21	28.76	−40.79
3	N(dtj)5	604.00	−218.56	2023 - 4 - 20	−249.93	2023 - 3 - 21	31.37	−218.56
4	N(dtj)6	604.00	−144.79	2023 - 4 - 20	−231.21	2023 - 3 - 26	86.42	−144.79
5	N(dtj)7	604.00	−103.65	2023 - 4 - 20	−163.13	2023 - 3 - 27	59.48	−103.65
6	N(dtj)8	604.00	−154.60	2023 - 4 - 20	−217.69	2023 - 3 - 27	63.09	−154.60
7	N(dtj)9	637.00	−141.81	2023 - 4 - 20	−204.63	2023 - 3 - 27	62.82	−141.81
8	N(dtj)10	637.00	−176.54	2023 - 4 - 20	−258.94	2023 - 3 - 26	82.40	−176.54
9	N(dtj)11	637.00	−161.45	2023 - 4 - 20	−268.02	2023 - 3 - 26	106.57	−161.45
10	N(dtj)12	637.00	−286.17	2023 - 4 - 20	−376.81	2023 - 3 - 26	90.64	−286.17

附表 4-57 电梯井钢筋计特征值统计表

序号	测点名称	高程/m	钢筋应力最大值/MPa	最大值时间/(年-月-日)	钢筋应力最小值/MPa	最小值时间/(年-月-日)	变幅/MPa	最新测值/MPa
1	AS(dtj)1	556.00	-36.19	2023-3-24	-38.90	2023-4-20	2.71	-38.90
2	AS(dtj)2	556.00	-3.57	2023-3-28	-11.42	2023-4-20	7.85	-11.42
3	AS(dtj)3	556.00	-48.66	2023-3-23	-50.75	2023-4-20	2.09	-50.75
4	AS(dtj)4	556.00	-18.04	2023-3-27	-23.31	2023-4-20	5.27	-23.31
5	AS(dtj)5	556.00	-11.86	2023-4-4	-27.48	2023-3-22	15.62	-18.87
6	AS(dtj)6	556.00	15.67	2023-3-22	9.51	2023-4-4	6.16	10.84
7	AS(dtj)8	556.00	141.26	2023-4-20	82.48	2023-3-26	58.78	141.26
8	AS(dtj)9	604.00	-22.77	2023-3-27	-26.49	2023-4-20	3.72	-26.49
9	AS(dtj)10	604.00	3.72	2023-4-12	-4.10	2023-3-25	7.82	2.66
10	AS(dtj)11	604.00	-2.23	2023-3-22	-9.75	2023-3-25	7.52	-4.07
11	AS(dtj)12	604.00	0.51	2023-4-12	-7.63	2023-3-25	8.14	-0.41
12	AS(dtj)13	604.00	1.76	2023-4-20	0.64	2023-3-27	1.12	1.76
13	AS(dtj)14	604.00	-16.13	2023-3-24	-31.03	2023-4-12	14.90	-29.20
14	AS(dtj)15	604.00	3.17	2023-3-25	-10.65	2023-4-12	13.82	-10.55
15	AS(dtj)16	604.00	21.05	2023-3-25	8.54	2023-4-12	12.51	9.37
16	AS(dtj)17	637.00	-1.82	2023-3-22	-10.10	2023-3-25	8.28	-4.99
17	AS(dtj)18	637.00	-14.78	2023-3-25	-29.63	2023-4-12	14.85	-29.08
18	AS(dtj)19	637.00	-16.90	2023-3-22	-21.27	2023-3-25	4.37	-18.43
19	AS(dtj)20	637.00	-16.52	2023-3-25	-29.59	2023-4-12	13.07	-29.26
20	AS(dtj)21	637.00	-13.90	2023-3-22	-18.06	2023-4-4	4.16	-17.22
21	AS(dtj)22	637.00	8.82	2023-3-25	-8.18	2023-4-20	17.00	-8.18
22	AS(dtj)23	637.00	-23.21	2023-3-22	-29.04	2023-3-26	5.83	-24.08
23	AS(dtj)24	637.00	-30.93	2023-3-24	-43.86	2023-4-20	12.93	-43.86